AutoCAD 与工程制图实训教程

任崇桂　主编

山东大学出版社

图书在版编目(CIP)数据

AutoCAD与工程制图实训教程/任崇桂主编.—济南:
山东大学出版社,2008.5(2021.7重印)
ISBN 978-7-5607-3575-7

Ⅰ.A…
Ⅱ.任…
Ⅲ.工程制图:计算机制图—应用软件,AutoCAD—高等学校—教材
Ⅳ.TB237

中国版本图书馆CIP数据核字(2008)第060275号

山东大学出版社出版发行
(山东省济南市山大南路27号 邮政编码:250100)
新 华 书 店 经 销
泰安金彩印务有限公司印刷
787毫米×1092毫米 1/16 17.5印张 424千字
2008年5月第1版 2021年7月第5次印刷
定价:36.00元

内容简介

本教程是根据工程类本科专业以及高职高专的培养目标，以 AutoCAD 软件在工程制图中的应用为主旨，结合近几年来枣庄学院实际教学需要而编写的，以实用为主、以够用为原则的计算机绘图指导教材。

本教程共分 18 章，前 11 章主要介绍 AutoCAD 2008 中文版的基础知识，第 12～18 章按教学的先后顺序和难易程度，以实例的形式编排了 18 个上机范例，供学生每次上机学习和参考。18 个实例都是由有多年工厂机械设计和工作与教学经验的教师亲手绘制。实例严格按国家标准《机械制图》、《建筑制图标准》绘制，每一个实例就是一张工程图纸。目的是使学生能够在全面掌握软件功能的同时，能更灵活快捷地应用软件进行工程制图，更好地为实际工作服务。

本教程具有完整的知识体系，信息量大，特色鲜明，对 AutoCAD 2008 进行了全面详细的讲解，在讲解基本知识点后，还精心设计了“小实例”呼应前面的知识点和操作，章后所提出的思考练习主要是为了理解基本概念和方法。

本教程按 36 学时上机编写，如果加上理论教学大约需要 46 学时。既可作为工程类本科、高职高专 AutoCAD 课程的教材，又可作为 AutoCAD 上机培训教材，亦可供成人教育和工程技术人员使用和参考。

内容简介

前　言

计算机辅助设计(Computer Aided Design,即 CAD),是指利用计算机的计算功能和高效的图形处理能力,对装备或产品进行辅助设计分析、修改和优化。它是计算机知识和工程设计知识的综合成果,并且随着计算机硬件性能和软件功能不断提高而逐渐完善。

AutoCAD 是由美国 Autodesk 公司开发的通用计算机辅助设计软件包,具有易掌握、使用方便、体系结构开放等优点,能够实现绘制平面图形与三维图形、尺寸标注、渲染图形以及打印输出图纸、数据管理和互联网通信等功能,被广泛用于机械、建筑、电子、航天、造船、石油化工、土木工程、冶金、地质、气象、轻工、商业等领域。在中国,AutoCAD 已成为工程设计领域应用最为广泛的计算机辅助设计软件之一。

AutoCAD 2008 中文版是 Autodesk 公司最新推出的版本。从概念设计到草图和局部详图,AutoCAD 2008 为用户提供了创建、展示、记录和共享构想所需的所有功能。AutoCAD 2008 将惯用的 AutoCAD 命令和熟悉的用户界面与更新的设计环境结合起来,使用户能够以前所未有的方式实现并探索构想。

本教程共分为 18 章。第 1 章介绍 AutoCAD 2008 基础;第 2 章介绍图形的显示控制;第 3 章介绍图形的精确绘制;第 4～5 章介绍二维图形的绘制和编辑;第 6 章介绍文字的输入方法;第 7 章介绍常用尺寸标注与形位公差标注;第 8 章介绍图案填充与二维填充图形;第 9 章介绍块的创建及插入;第 10 章介绍三维图形处理基础;第 11 章介绍图形的打印输出;第 12～18 章按教学的先后顺序和难易程度,以实例的形式编排了 18 个上机范例,供学生每次上机学习和参考,工程制图实例上机练习是本教程的重点内容。

本教程面向 AutoCAD 的初、中级用户及工程类本科专业以及高职高专的在校学生,采用由浅入深、循序渐进的讲述方法,结构安排合理,实例均来自工程一线,具有很强的实用性,特别适合读者自学,同时也是开设“工程制图”与“AutoCAD”课程的学生和教师的首选。本教程按工程类专业“工程制图”的教学大纲的要求编写,凡“工程制图”中涉及的软件基础知识都作了介绍,本着够用为原则,“工程制图”中未涉及的软件功能未作详细介绍。为了适应教学的需要,本教程在每章的后面安排了思考与练习,类型包括填空题、选择题、上机练习题。使读者或学生在学习完一章后能够及时检查知识的掌握程度。

参加本书编写与制作的还有枣庄学院的韩学政、丛兴顺、刘宗峰、徐伟、鞠彩霞和枣庄技术学院的郑付联等人。此外，枣庄学院教授刘书银、刘雪静、王守兴等给予了大力的支持并提出了宝贵意见，在此表示衷心的感谢。由于作者水平有限，加之时间仓促，本书不足之处在所难免，欢迎广大读者和同行批评指正。

任崇桂

2008 年 3 月

目　录

第 1 章　AutoCAD 2008 基础

［教学目标］

了解 AutoCAD 的发展历程与基本功能，熟悉 AutoCAD 2008 操作界面的组成及其功能，并掌握使用 AutoCAD 2008 命令输入的方法、AutoCAD 2008 图形管理以及绘图环境的设置。

［教学重点与难点］

1. AutoCAD 2008 的操作界面的组成。

2. AutoCAD 2008 的图形管理。

3. 设置绘图环境。

4. 命令输入方式。

1.1　AutoCAD 2008 简介

美国的 Autodesk 公司自 20 世纪 80 年代起，先后发行了 AutoCAD R11、AutoCAD R12、AutoCAD R13、AutoCAD R14、AutoCAD 2000、AutoCAD 2000i、AutoCAD 2002、AutoCAD 2004、AutoCAD 2005、AutoCAD 2006、AutoCAD 2007、AutoCAD 2008 等版本。

AutoCAD 2005 继续保留了 AutoCAD 其他版本在二维图形设计方面具有的全部优点，全面增强了它的绘图功能。AutoCAD 2005 添加了图纸集，可帮助用户更好地组织图形文件。用户能以任何次序结合图纸，甚至能将它们分组为子集。图纸集使用户能够轻松地发布、归档和对工程文件进行电子传递。AutoCAD 2005 还添加了一个新的智能化 TABLE 对象，可消除繁琐的任务，节省用户的时间。创建表，就像处理标注和文字一样，用户可以首先在“表格样式”对话框中设置表样式。填充表，在位编辑使用户可以轻松地填充单元格，还可从 Excel 获取表。

图案填充是在很多 AutoCAD 图形中经常用到的。在 2006 版中进行了很大的增强，可以让用户更有效地创建图案填充。边界填充和填充（也称为阴影和渐变）以及填充编辑对话框都进行了改进。它提供了更多更容易操作的选项，包括可伸缩屏来访问高级选项。另外，2006 版中还增加了动态块、动态输入等功能。动态块中定义了一些自定义特性，可用于在位调整块，而无须重新定义该块或插入另一个块。使用动态输入功能可以在工具栏提示中输入坐标值，而不必在命令行中进行输入。光标旁边显示的工具栏提示信息将随着光标的移动而动态更新。当某个命令处于活动状态时，可以在工具栏提示中输入值。

AutoCAD 2007 版本将直观强大的概念设计和视觉工具结合在一起，促进了 2D 设计向 3D 设计的转换。AutoCAD 2007 软件能够帮助用户在一个统一的环境下灵活地完成概念和细节设计,并且在一个环境下进行创作、管理和分享设计作品。它的概念设计特点使得用户可以更快、更轻松地寻找到适合的设计方式,然后将这种信息作为进行设计的基础。AutoCAD 2007 非常适合那些用手工进行概念设计的专业人员,能够加快设计进程。AutoCAD 2007 平台拥有强大直观的界面,可轻松而快速地进行外观图形的创作和修改。它还具有一些新特性,能够使得更多行业的用户可以在项目设计初期探索设计构思,为设计探索提供了更快的反馈和更多的机会。AutoCAD 2007 引入了立体软件常用的面板控制台,致力于提高 3D 设计效率,它通过扩展和增强现有的特性满足了 AutoCAD 不同用户的需求。

在 AutoCAD 2007 中引入的面板,在 AutoCAD 2008 中有新的增强。它包含了 9 个新的控制台,更易于访问图层、注解比例、文字、标注、多种箭头、表格、二维导航、对象属性以及块属性等多种控制。从概念设计到草图和局部详图,最新版的 AutoCAD 2008 为用户提供了创建、展示、记录和共享构想所需的所有功能。AutoCAD 2008 将惯用的 AutoCAD 命令和熟悉的用户界面与更新的设计环境结合起来,使用户能够以前所未有的方式实现并探索构想。AutoCAD 2008 扩展了已有的功能强大的共享工具(例如,可将当前 DWG 文件输出为旧版本的 DWG,而且可以输出和输入具有红线圈阅和标记信息的 DWF™ 文件),并且改进了输入并将 DWF 文件作为图形参考底图进行操作的功能。此外,AutoCAD 2008 现在已具备以 Adobe® PDF 格式发布图形文件的功能。

Autodesk 的产品还将利用 AutoCAD 平台改进的优势,为本来已经非常强大的 3D 模型环境提供更多显著的改进。对于使用多种 Autodesk 设计工具(比如 AutoCAD 和 Autodesk Revit 或 Autodesk Inventor)的用户来说,资料交换和协同工作的能力已经显著地提高了。通过在整个产品线中将技术标准化,客户可以利用这些应用软件,将 3D 设计环境上升到新水平。

1.2 启动 AutoCAD 2008

AutoCAD 2008 的启动方式有三种:

(1)从 Windows 开始菜单。

(2)在 Windows 资源管理器中双击 AutoCAD 的文档文件。

(3)在桌面上建立快捷图标“ ”,然后双击该图标。

1.3 AutoCAD 2008 的操作界面

1.3.1 AutoCAD 2008 的用户界面

AutoCAD 2008 提供了三种不同风格的用户界面:一是采用传统视图的“AutoCAD 经典”界面,二是采用三维视图的“三维建模”界面,三是采用“二维草图与注释”界面。三个界面的选择可以通过“工作空间”工具栏进行转换。AutoCAD 2008 新增的“二维草图与注释”界面如图 1-1 所示。

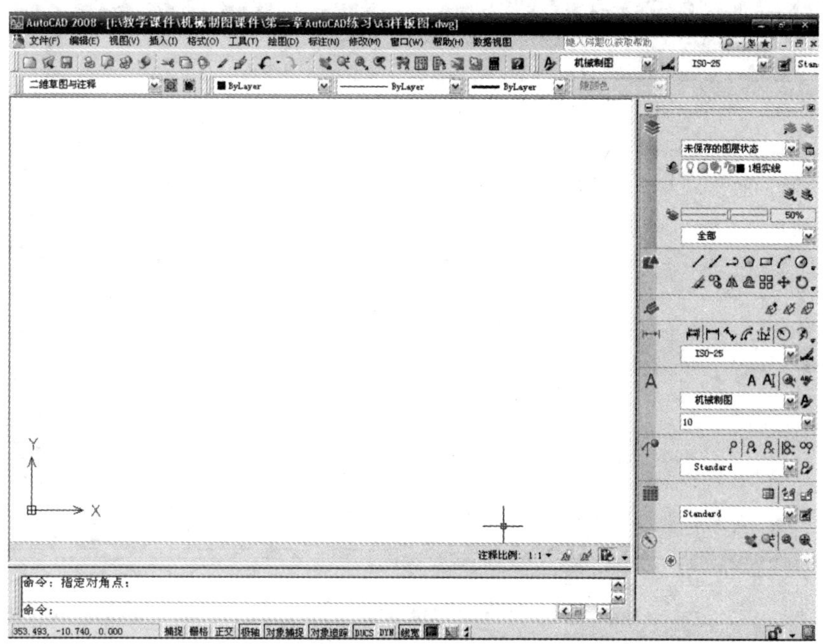

图 1-1 AutoCAD 2008“二维草图与注释”界面

在“工作空间”工具栏的下拉菜单中选择“三维建模”选项后，将出现如图 1-2 所示的 AutoCAD 2007 以后的“三维建模”界面。

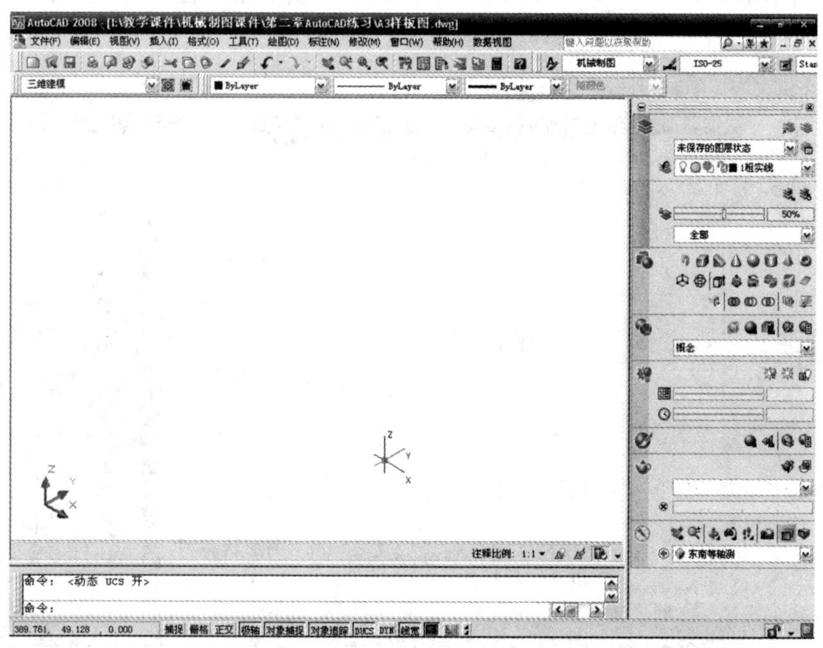

图 1-2 AutoCAD 2008“三维建模”界面

在“工作空间”工具栏的下拉菜单中选择“AutoCAD 经典”选项后，将出现如图 1-3 所示的 AutoCAD 2008 的“AutoCAD 经典”界面。

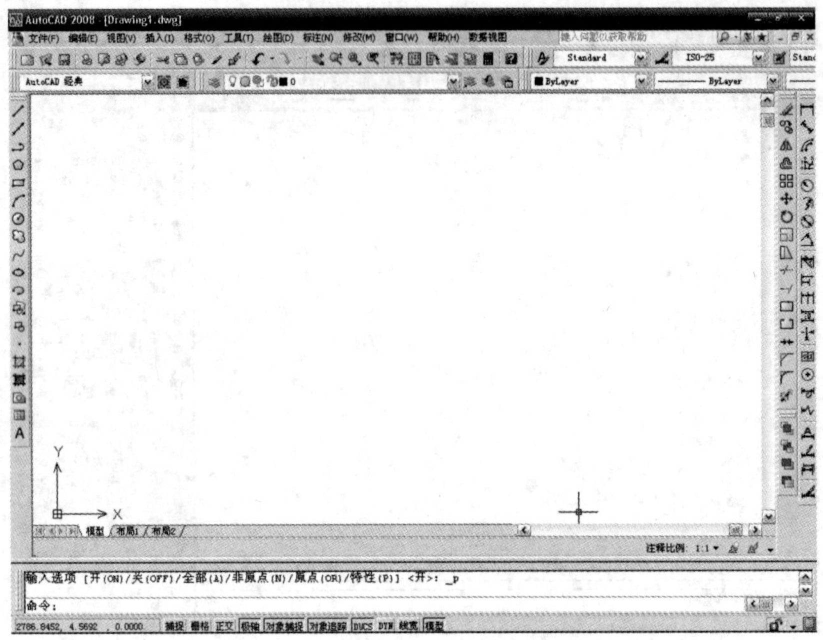

图 1-3　AutoCAD 2008 中“AutoCAD 经典”界面

1.3.2　AutoCAD 2008 经典界面的组成

图 1-4 所示的 AutoCAD 2008 经典界面主要由标题栏、菜单栏、工具栏、绘图窗口、文本窗口与命令行、状态栏等元素组成。

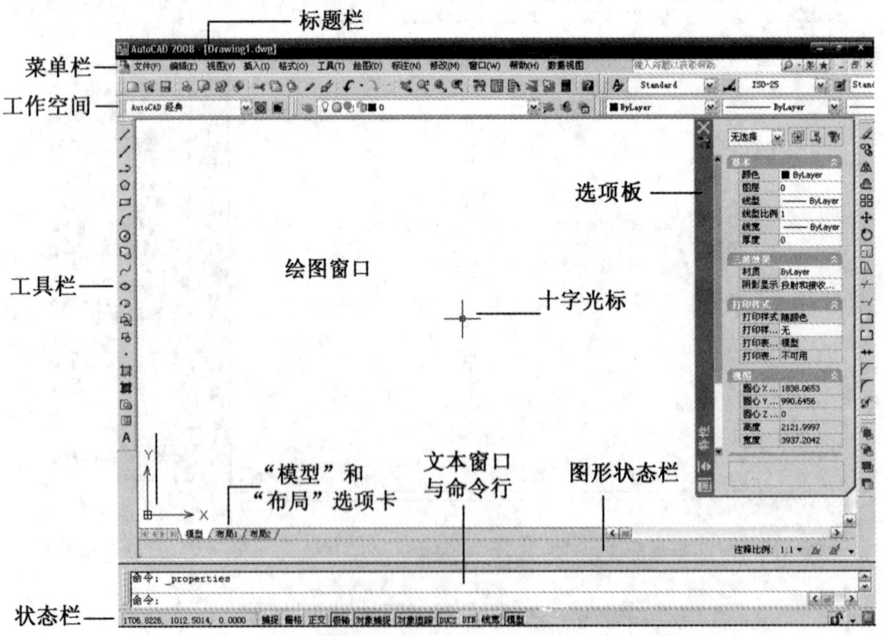

图 1-4　“AutoCAD 经典”工作界面

(1)标题栏:标题栏用于显示当前正在运行的程序名及文件名等信息。默认的图形文件名为:Drawing N. dwg。

(2)菜单栏与快捷菜单

①菜单栏:菜单栏包含文件、编辑、视图、插入、绘图、格式、工具等几乎全部的功能和命令。图 1-5 所示为 AutoCAD 2008“视图”菜单。注意命令后有三角符号,表示该命令下还有子命令。命令后跟有“…”符号,表示执行该命令可打开一个对话框。

图 1-5 AutoCAD 2008 的视图菜单

②快捷菜单:快捷菜单又称“上下文相关菜单”。在绘图区域、工具栏、状态栏、模型与布局选项卡以及一些对话框上单击鼠标右键时,将弹出一个快捷菜单,该菜单中的命令与 AutoCAD 当前状态有关,如图 1-6 所示。

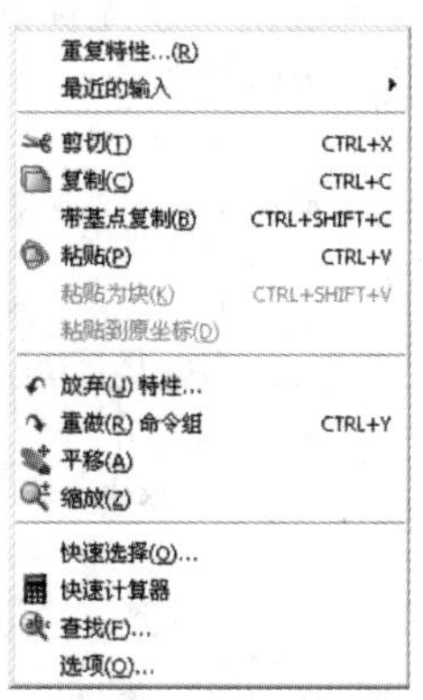

图 1-6 快捷菜单

(3)工具栏:工具栏是应用程序调用命令的另一种方式,系统共提供了几十种已命名的工具栏,如图 1-7 所示的各工具栏。如果要显示当前隐藏的工具栏,用户可在任意工具栏上单击鼠标右键,选择要使用的工具栏;用户也可以选择“视图”|“工具栏”命令,打开“自定义用户界面”对话框,在“工具栏”选项卡中进行编辑选择,如图 1-7 所示。

图 1-7 工具栏快捷菜单及自定义用户界面

(4)绘图区:这是用户工作区域,内有坐标、滚动条、“模型”和“布局”选项卡。

(5)命令行与文本窗口:显示从键盘输入的命令与 AutoCAD 信息的提示窗口。

(6)状态栏:状态栏显示当前十字光标的三维坐标、命令和功能按键的帮助说明等。它包括 10 个功能按钮,如图 1-8 所示。

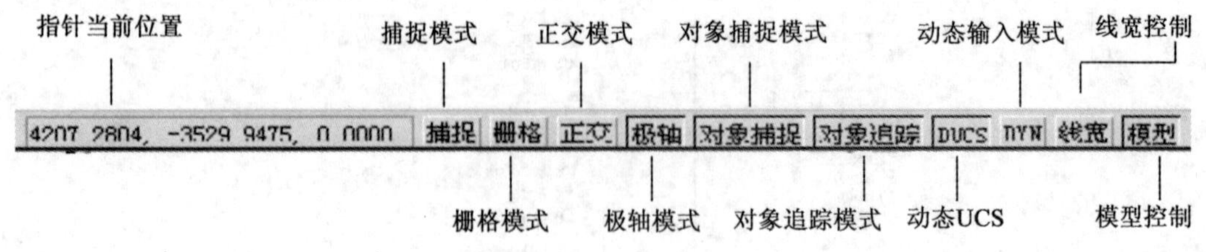

图 1-8 “AutoCAD”状态栏

(7)“工作空间”工具栏:AutoCAD 2007 新增的“工作空间”工具栏,用于控制工作空间的显示。在当前工作空间下拉列表框中可以选择使用“AutoCAD 经典”、“二维草图与注释”和“三维建模”空间来绘制和编辑图形,也可以设置或自定义工作空间。

(8)图形状态栏:图形状态栏包括注释比例、注释可见性、自动缩放三个选项。它是 AutoCAD 2008 新增加的工具。

(9)选项板:选项板是快速进行常用编辑操作的一种浮动面板,AutoCAD 2008 提供了 13 种不同用途的选项板。用户可以选择"工具"|"选项板"命令,从出现的菜单中选择要在窗口中显示的选项板。

1.3.3 AutoCAD 2008"三维建模"界面的组成

AutoCAD 2008 提供了一个全新的三维建模环境,该环境中只包含了与三维绘图相关的工具栏、菜单和选项板,如图 1-9 所示。

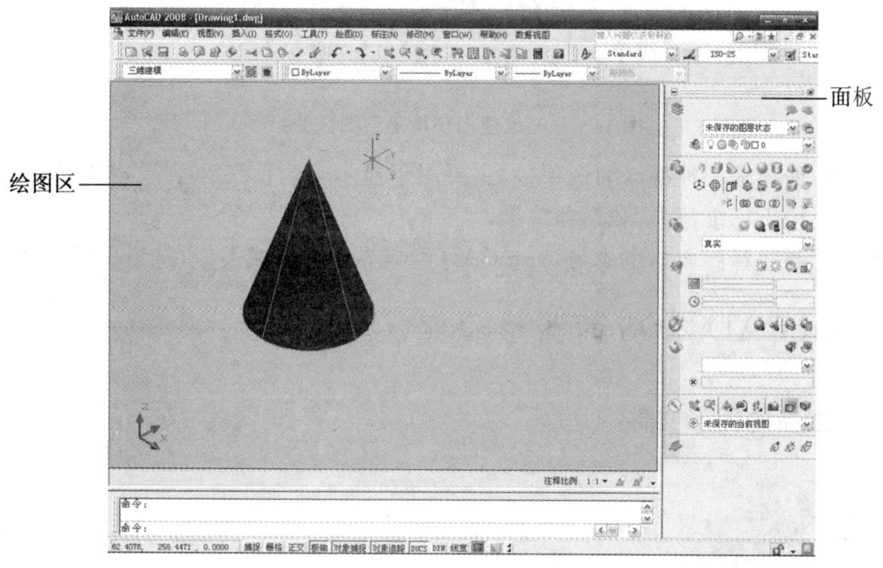

图 1-9 "三维建模"界面组成

(1)与传统的二维绘图环境相比,三维环境主要用于创建实体、线框和网格模型。其主要特点如下:

①可以从任何角度和位置观察模型。

②可以自动生成二维视图。

③可以创建截面和二维图形。

④可以消除隐藏线并进行真实感着色和渲染。

⑤可以进行干涉检查。

⑥可以在场景中添加光源。

⑦可以很灵活地浏览模型。

⑧可以使用模型制作动画效果。

⑨可以进行工程分析并提取出工艺数据。

(2)绘图区:三维建模环境下绘图区由图 1-10 所示的几个部分组成。其中涉及的重要概念有:

①地平面:三维建模环境下 UCS 的 XY 面会显示为具有渐变色的地平面,地平面从地

面水平线到地面原点显示渐变色。

②天空:天空是指地平面上未覆盖的区域。天空从天空水平线到天空顶点显示渐变色。

③平面网格:打开透视投影时,栅格将显示为平面网格。系统将为主栅格线、辅栅格线和轴线设置颜色。

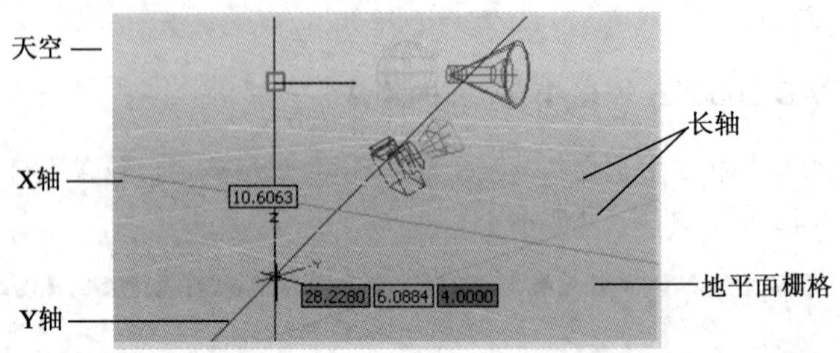

图 1-10　三维建模环境下绘图区的组成

(3)面板:面板是一种特殊的选项板,主要用于显示与当前工作空间相关联的按钮和控件。面板主要用于三维建模、观察和渲染。

二维草图与注释界面的组成与 AutoCAD 经典界面的组成类似,这里不再赘述。

1.4　AutoCAD 2008 的图形管理

1.4.1　建立新的图形文件

启动命令:

①命令:New。

②"文件"|"新建"命令。

③标准工具栏上单击图标"□"。

④快捷键[Ctrl+N]。

执行以上命令,AutoCAD 2008 将打开一个对话框"选择样板",用户可以选择相应的样板文件打开;如不选择,在"选择样板"对话框的右下角,有一个旁边带有箭头的"打开"按钮,单击下拉菜单选择"英制"或"公制"选项,则按系统默认的配置,打开文件名为"Drawing N. dwg"的文件,如图 1-11 所示。

如果要用"使用向导"和"从草图开始"创建新图形,就要将 Startup 系统变量设置为"1",将 Filedla 系统变量设置为"1"。此时启动"创建新图形"命令时,将出现如图 1-12 所示的对话框。用户可以根据对话框提示"使用向导"或"从草图开始"创建新图形。

图 1-11 “选择样板”对话框

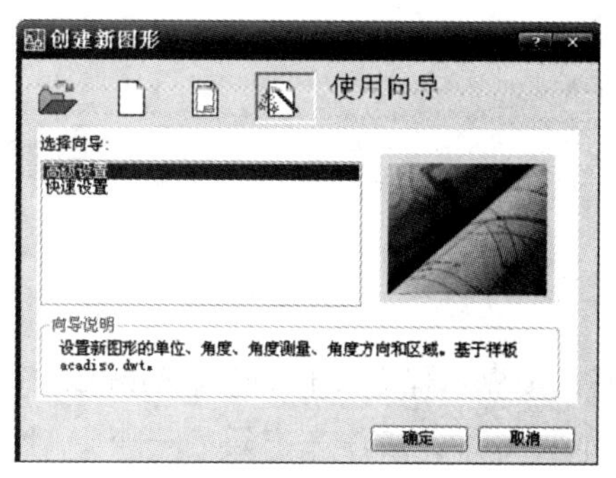

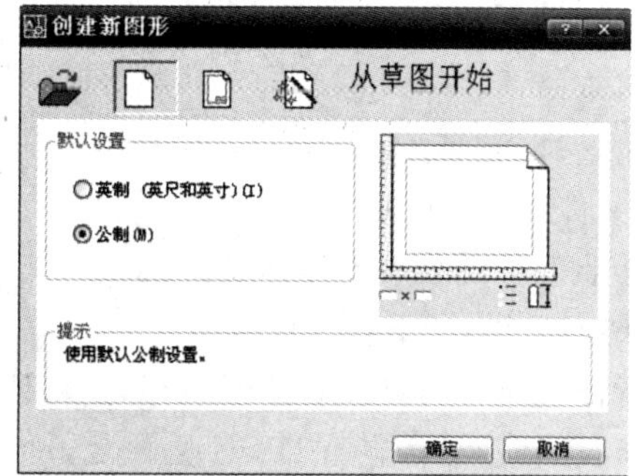

图 1-12 “创建新图形”对话框

1.4.2 打开原有图形

启动命令：

①命令：Open。

②“文件”|“打开”命令。

③标准工具栏上单击图标“ ”。

④快捷键[Ctrl+O]。

执行以上命令，AutoCAD 2008 将打开一个对话框“选择文件”，用户可以选择样板文件打开，也可选择以前保存在某文件夹的图形文件，如图 1-13 所示。

单击“打开”按钮右侧的下拉箭头，可以选择“打开”、“以只读方式打开”、“局部打开”、“以只读方式局部打开”选项。以只读方式打开图形不能修改。以局部打开方式打开，系统要求用户选择“要加载几何图形的视图”和“要加载几何图形的图层”选项，选择后单击“打开”，系统将按用户选择的内容打开图形。

图 1-13 “选择文件”对话框

1.4.3 保存当前的文件图形

启动命令：

①命令：Save 或 Qsave。

②“文件”|“保存”或“另存为”命令。

③标准工具栏上单击图标“”。

④快捷键[Ctrl+S]。

执行任一命令，均出现“图形另存为”对话框。按提示保存文件，退出 AutoCAD 2008。

提示：在将图形保存为 DWG 文件后，用户可以发现在文件夹中还有一个 BAK 后缀的文件，BAK 文件是一个副本文件，可以用来恢复备份副本。

1.4.4 退出 AutoCAD 2008

启动命令：

①命令：Close 或 Quit。

②“文件”|“关闭”命令。

③单击右上角按钮“”。

④快捷键[Ctrl+F4]。

1.5 设置绘图环境

用户在进行初次绘图操作时，AutoCAD 默认的绘图环境非常简单，绘图的图层只有一个默认的“0”图层，绘图界限为 3 号图尺寸，绘图单位为“公制”等。为此，在动手绘图之前，应对绘图环境进行设置。如绘图区域的背景色、图层、绘图单位、绘图界限、各种辅助工具的设置等，可通过系统设置来实现。

1.5.1 建立图层

图层是 AutoCAD 提供的一个管理图形对象的工具，它像没有厚度的透明纸，各层之间的坐标基点完全对齐。

1.5.1.1 创建新图层

启动命令：

①命令：Layer 或 La。

②“格式”|“图层”命令：打开“图层特性管理器”对话框，单击“ ”子命令，在图层列表中将创建名为“图层 1”的新图层。

③“图层”工具栏上单击图标“ ”。

默认情况下，新建图层与当前图层的状态、颜色、线性、线宽等设置相同，如图 1-14 所示。

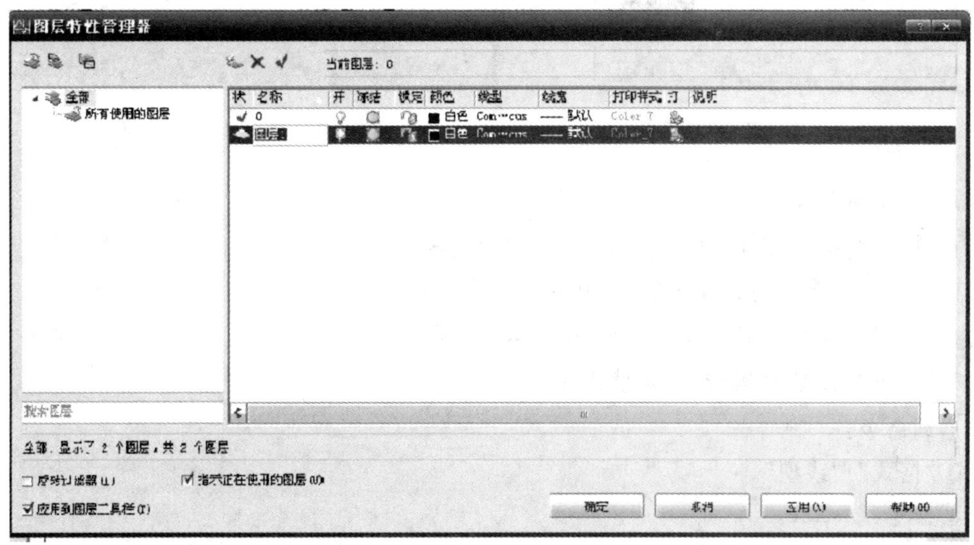

图 1-14　图层特性管理器

1.5.1.2 设置图层颜色

在 AutoCAD 中，设置图层颜色的作用主要在于区分对象的类别，因此，在同一图形中，不同的对象可以使用不同的颜色。

在“图层特性管理器”中单击“颜色”，打开“选择颜色”对话框，它包括 5 个选项，如图 1-15 所示。

(1)标准颜色：标准颜色包括红、黄、绿、青、蓝、紫以及 3 种不同灰度值的标准索引颜色，共 9 种标准颜色。

(2)灰度：灰度值共 6 种，颜色序号为：250～255。

(3)逻辑颜色：逻辑颜色用于确定图层颜色的跟随方式、随层、随块。

(4)全色调色板：全色调色板包含 240 种颜色，“颜色”文本框显示：10～249。

(5)“颜色”文本框：“颜色”文本框用于显示或编辑所选的颜色。

另外，选择“格式”|“颜色”命令也可打开“选择颜色”对话框。

1.5.1.3 设置图层线型

默认情况下，图层线型为“Continuous”（连续），要改变线型，可在图层列表中单击“线型”列的“Continuous”，打开“选择线型”对话框，如图 1-16 所示，在已加载的线型中选择一种线型，单击“确定”即可。

图 1-15 “选择颜色”对话框

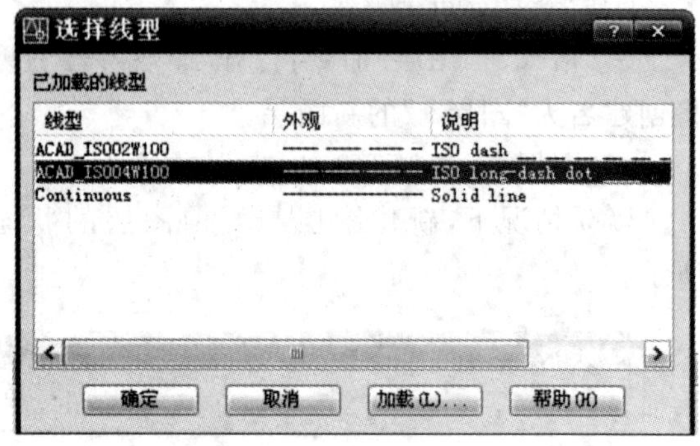

图 1-16 “选择线型”对话框

1.5.1.4 加载线型

在“选择线型”对话框中单击“加载”，打开“加载或重加载线型”对话框，如图 1-17 所示，从当前线型库中选择要加载的线型，单击“确定”即可。

AutoCAD 线型库中定义文件为：acad. lin（英制），acadiso. lin。

1.5.1.5 设置线型比例（对非连续线型）

启动命令：

①“格式”|“线型”。

②命令：Ltscale。

打开“线型管理器”对话框，如图 1-18 所示，使用它来设置图形中的线型比例。

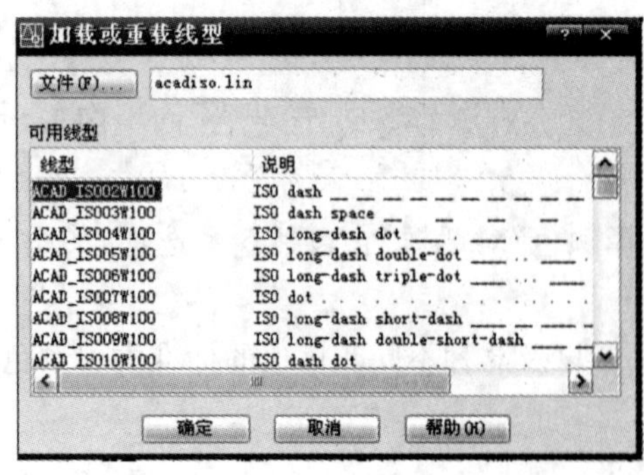

图 1-17 “加载或重载线型”对话框

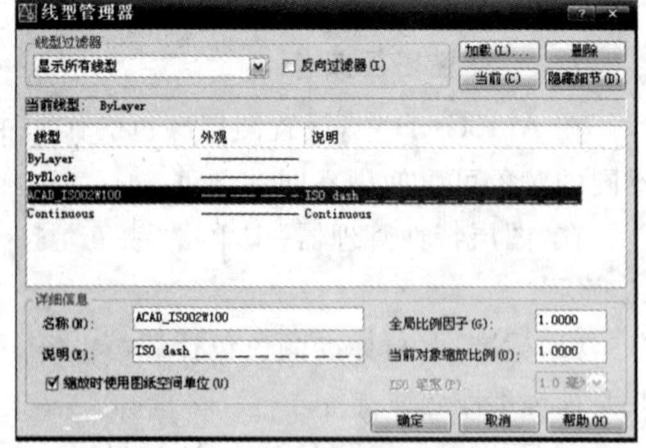

图 1-18 “线型管理器”对话框

“全局比例因子”，用于设置图形中所有线型的比例；“当前对象缩放比例”，用于设置当前选中线型的比例。

1.5.1.6 设置图层线宽

线宽设置有两个途径：

(1)在打开的“图层管理器”对话框中“线宽”列单击线宽对应的“——默认”，打开“线宽”对话框。

(2)“格式”|“线宽”命令，打开“线宽设置”对话框，如图 1-19 所示。

1.5.2 管理图层

在“图层特性管理器”对话框中不仅可以创建图层，设置图层的颜色、线型、线宽，还可以对图层进行更多的设置与管理。

1.5.2.1 设置图层特性

图层特性包括图层名称、打开/关闭、冻结/解冻、锁定/解锁、线型、颜色、线宽、打印样式等特性，如图 1-20 所示。

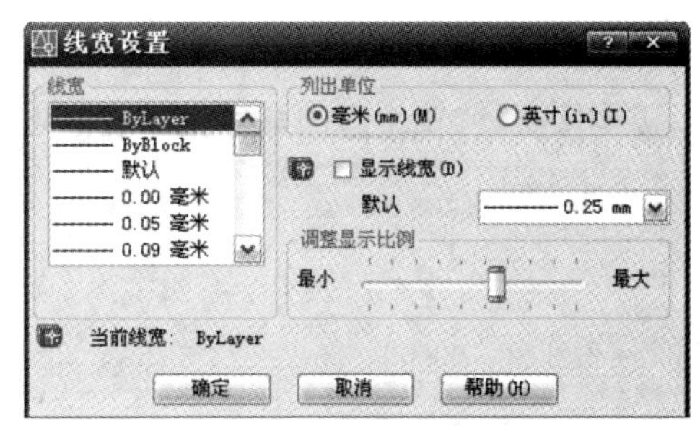

图 1-19 “线宽设置”对话框

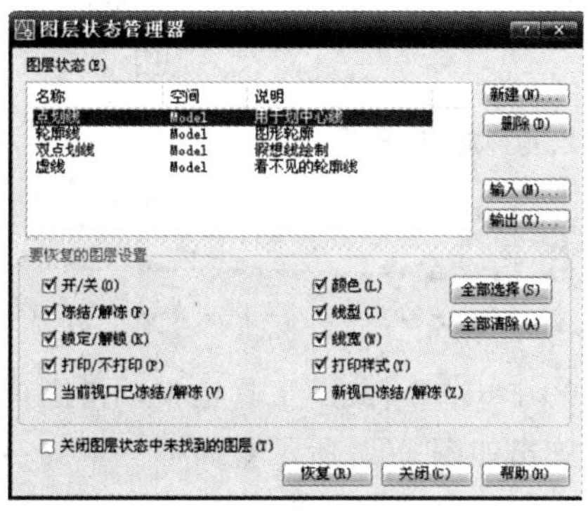

图 1-20 “图层状态管理器”对话框

(1)名称：名称是图层的唯一标识，即图层的名字。

(2)打开/关闭：此选项用于打开或关闭图层。关闭的图层，不能显示，也不能打印输出，但它参加系统的运算。

(3)冻结/解冻：同(2)，但冻结的图层不参加系统的运算。

(4)锁定/解锁：锁定状态并不影响图形的显示，但用户不能编辑锁定图形上的对象，但可以绘制新图形对象，还可以在锁定的图层上使用查询命令和对象捕捉功能。

(5)打印样式和打印：确定图层的“打印样式”，但不能设置彩色绘图仪的打印样式。

1.5.2.2 切换当前层

切换当前层有两种途径：

(1)在“图层特性管理器”中选中某一图层，单击图标“✔”按钮即可。

(2)在“图层”工具栏中单击下拉列表，选中某一图层即可。

1.5.2.3 过滤图层

当图形中包含大量图层时，可利用“图层特性管理器”对话框中“图层过滤器特性”过滤图层，如图 1-21 所示。

(1)图层过滤器特性：图层过滤器包括图层名称、状态、颜色、线型、线宽等过滤条件。可使用通配符,“*”代替任意多个字符,“?”代表任意一个。

(2)设置其他过滤条件:“反向过滤器”、“应用到图层工具栏”。

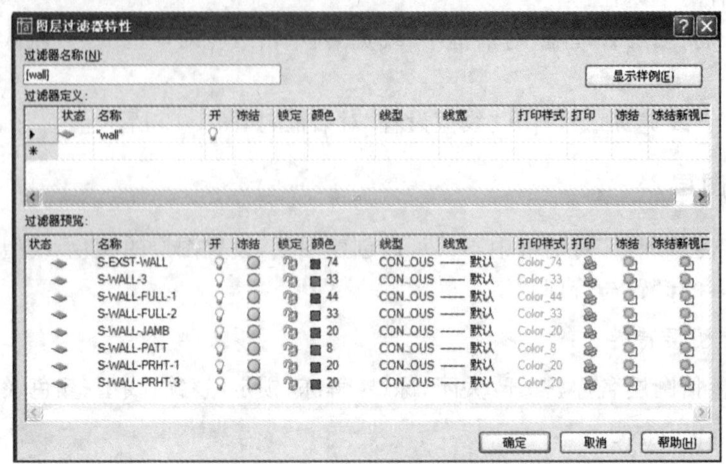

图 1-21 “图层过滤器特性”对话框

1.5.2.4 转换图层

在 AutoCAD 2008 中,使用“图层转换器”可以转换图层,实现图形的标准化和规范化。

(1)启动命令:

①“工具”|“CAD 标准”|“图层转换器”命令。

②在“CAD 标准”工具栏中单击图标“ ”。

弹出如图 1-22 所示对话框。

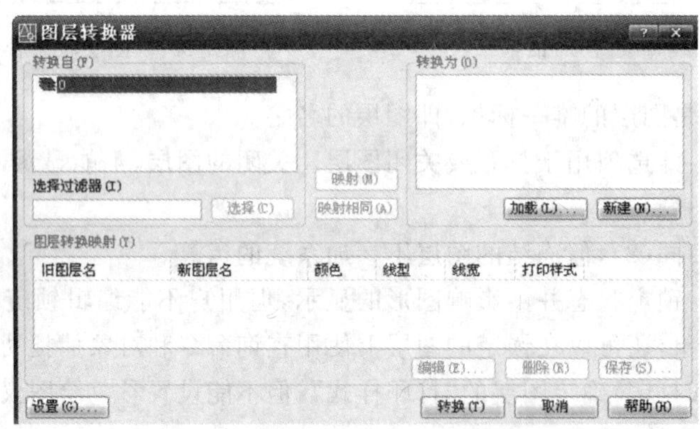

图 1-22 “图层转换器”对话框

(2)其他功能选项:

①“转换自”:此选项会显示当前图形中即将转换的图层结构,也可用“选择过滤器”选择。

②“转换为”:此选项会显示可以将当前图形的图层转换成的图层名称,并可以“加载”图层标准的图形文件和“新建”图层。

③“映射”:此选项可以将在“转换自”列表框中选中的图层映射到“转换为”列表框中,且

原图层被删除。

④“映射相同”:此选项用于将“转换自”列表框中和“转换为”列表框中名称相同的图层进行转换影射。

⑤“图层转换映射”:在该选项区的列表框中,显示了已经影射的图层名称及相关的特性值。当选中一个图层后,可编辑转换后的图层特性。

⑥“设置”:打开“设置”对话框,可以设置图层转换规则。

⑦“转换”:点击该按钮,开始转换图层,并关闭“图层转换”对话框。

1.5.2.5 改变对象所在图层

选中对象,并在“图层”工具栏的图层控制下拉菜单列表中选择预设图名,然后按下“Esc”键即可。

提示:用户不能删除当前图层、0图层、依赖外部参考的图层或包含对象的图层。另外,被块定义参考的图层,以及包含名字为“定义点”的特殊图层,即使不包含可见对象也不能被删除。

1.5.3 设置绘图界限

(1)绘图界限:

绘图界限是指在模型空间中设置一个想象的矩形绘图区域。图限用于确定栅格的显示区域,如图1-23所示。

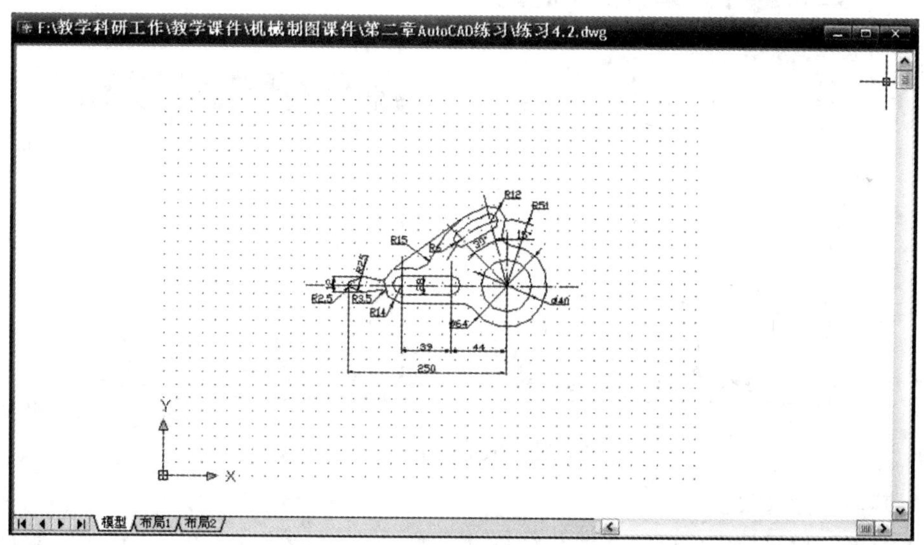

图1-23 使用可见栅格表明的图限

(2)启动命令:

①命令:Limits。

②“格式”|“绘图界限”命令。

③系统要求:指定左下角点或[开(ON)/关(OFF)]〈〉。

(3)其他功能选项:

“开(ON)”或“关(OFF)”,用户可以决定能否在图线之外指定一点。

选择“开(ON)”将打开图限检查,用户不能在图限之外结束一个对象,也不能使用“移动”、“复制”等命令将图形移动到图外,但可以指定两个点(中心和圆周上的点)来画圆,但圆的一部分可能在界限之外。

选择“关(OFF)”(或默认值),AutoCAD 将禁止界限检查,用户可以在界限之外工作。

提示:模型空间和图纸空间的图形界限是互相独立的,需要分别进行设置,设置方法相同。

界限检查只是帮助用户避免将图形画在假想的矩形区域之外,打开图限检查可以避免在图形界限之外指定点。但是,如需要指定这样的点时,则图限检查是一个障碍。

1.5.4 设置绘图单位

在 AutoCAD 中,可以采用 1∶1 的比例因子绘图。所有的直线、圆和其他对象都可以以真实大小绘制。在打印出图时,再将图形按图纸大小进行缩放。

(1)启动命令:

①命令:Units。

②“格式”|“单位”命令。

打开“图形单位”对话框来设置绘图时使用的长度单位、角度单位,以及单位的显示格式和精度等参数,如图 1-24 所示。

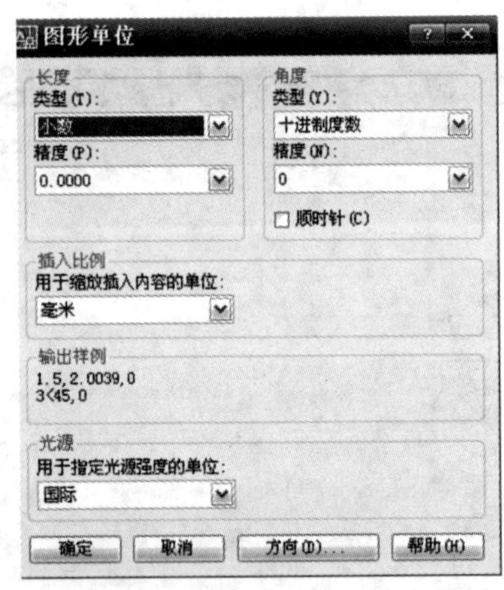

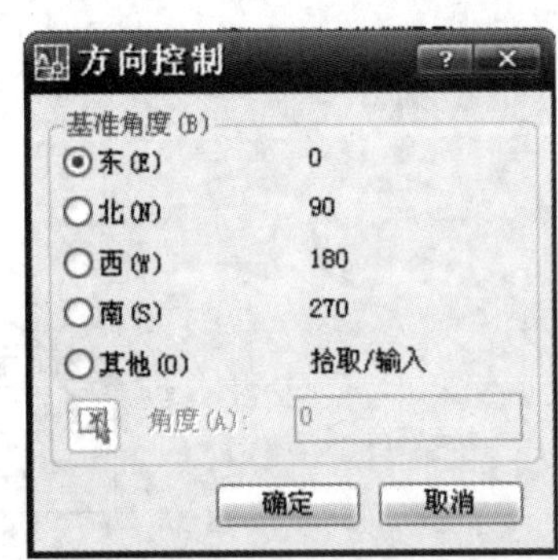

图 1-24 “图形单位”对话框

(2)其他功能选项:

①“长度”:设置长度单位的类型与精度。类型分为“分数”、“工程”、“建筑”、“科学”和“小数”五种。其中“工程”和“建筑”类型以英尺和英寸显示,每一图形单位代表一英寸,其他无假定,每个图形单位可以代表任何实际的单位。

②“角度”:角度类型分为“百分度”、“度/分/秒”、“弧度”、“勘探单位”和“十进制度数”五种。精度用户自选。

默认情况下,角度以逆时针方向为正方向,如选“顺时针”复选框,则以顺时针方向为正方向。下侧“输出样式”选项区显示它们对应的样式。

③“插入比例”:选项区的“用于缩放插入内容的单位:”下拉列表框中,可以选择插入时

的图形单位，如“厘米”、“千米”、“秒差距”等，默认单位为“毫米”。

④“方向”：利用“方向”按钮打开“方向控制”对话框，可设置基准角度的方向。默认基准角度指向东(0)，逆时针方向为正。

⑤“光源”：此选项用于指定光源强度的单位，分为“国际”、“美国”、“常规”三项。

1.6 命令输入方式

AutoCAD 常用的输入方法是鼠标和键盘输入，在绘图时两种设备是配合使用的。利用键盘输入命令和参数可实现精确绘图，利用鼠标执行工具栏中的命令、选择对象和捕捉关键点等。

1.6.1 命令与系统变量

在 AutoCAD 中，系统变量用于控制某些命令工作方式的设置。它们可以打开或关闭模式，如状态栏上的“捕捉”、“栅格”等；可以设置填充图案的默认模式；还可以用系统标量控制文字、多线等的显示方式；可以存储关于当前图形和 AutoCAD 配置的信息。

命令是用户需要进行的某项操作。系统变量的控制一般在命令行中执行，一些情况下也可以通过单击按钮执行。

大部分的 AutoCAD 命令都可以通过键盘在命令行中执行(部分命令只有在命令行中执行)，并且文本内容、坐标、数值以及各种参数的输入，大部分是通过键盘来执行的。

1.6.2 通过鼠标绘图

使用鼠标绘图包含两方面的意思：利用鼠标执行命令和利用鼠标在绘图区域里选择对象并绘图。

鼠标在绘图中能够引导系统弹出预置菜单和快捷菜单，快捷菜单的内容是由右击鼠标的位置以及是否配合其他键来决定的。通过快捷菜单可以方便快捷地完成一系列的操作，包括命令和变量的输入、设置等。对于三键鼠标，弹出按钮通常是鼠标的中间按钮。

例如，利用鼠标绘制矩形，其绘图过程如下：在菜单栏中选择“绘图”|“矩形”命令，即可执行矩形绘图命令。命令行提示：

命令：_rectang

指定第一个角点或[倒角(C)/标高(E)/圆角(F)/厚度(T)/宽度(W)]：//系统提示用户在绘图区用鼠标或者坐标值指定矩形的第一个角点

1.6.3 通过按钮命令绘图

通过按钮命令绘图是指用户通过单击工具栏中的相应的绘图按钮来执行命令。用按钮执行“矩形”绘图命令的过程如下：用鼠标单击“绘图”工具栏中的“矩形”按钮“□”，系统执行矩形绘图命令。命令行提示：

命令：_rectang

指定第一个角点或[倒角(C)/标高(E)/圆角(F)/厚度(T)/宽度(W)]：//系统提示用户在绘图区用鼠标或者坐标值指定矩形的第一个角点

1.6.4 通过命令形式绘图

在 AutoCAD 中，大部分命令都具有别名，用户可以直接在命令行中输入别名并按下“Enter”键或空格键来执行命令。

通过命令形式执行“矩形”绘图命令的过程如下：在命令行直接输入“rectang”，按“Enter”键或空格键。命令行提示：

命令：rectang

指定第一个角点或[倒角(C)/标高(E)/圆角(F)/厚度(T)/宽度(W)]：//系统提示用户在绘图区用鼠标或者坐标值指定矩形的第一个角点

提示：在 AutoCAD 中，命令不区分大小写，例如，对于直线命令来说，“LINE”，“line”和“Line”执行的效果是一样的，甚至“LiNe”也可以执行直线命令。

1.6.5 使用透明命令

在执行某一命令的过程中去执行另一命令，这叫透明的使用命令。例如，在画直线的过程中需要缩放视图，则可以使用透明命令，缩放视图之后回来接着绘制直线。

使用透明命令主要用于修改视图设置或打开绘图的辅助工具，如对象捕捉和正交模式，以及捕捉模式的设置等，而选择对象、创建新对象、重新生成图像或结束绘图任务的命令不可以透明地调用。

以“直线”命令为例，单击绘图工具栏中按钮“”执行“直线”命令，同时单击“标准”工具栏中的“实时缩放”按钮“”。命令行提示：

命令：_line 指定第一点：_zoom //执行“直线”命令的同时执行“实时缩放”命令//

>>指定窗口的角点，输入比例因子(nX 或 nXP)，或者 //系统提示信息//

[全部(A)/中心(C)/动态(D)/范围(E)/上一个(P)/比例(S)/窗口(W)/对象(O)]〈实时〉： //缩放视图//

>>按“Esc”或“Enter”键退出，或单击右键显示快捷菜单

//按“Enter”键或“Esc”键退出//

正在恢复执行 LINE 命令//系统提示信息//

指定第一点：//继续执行直线命令，系统提示用户在绘图区用鼠标或坐标值定位第一点

1.6.6 重复执行上一次命令

用户在执行完上一次命令之后，如果还想执行这个命令，可以按回车键或空格键继续执行。

例如，如果用户在执行完“直线”命令之后，还想继续使用“直线”命令绘图，命令行提示：

命令：_line 指定第一点： //系统提示用户在绘图区用鼠标或坐标值定位第一点

指定下一点或[放弃(U)]：//系统提示用户在绘图区用鼠标或坐标值定位第二点

指定下一点或[放弃(U)]：//按“Enter”键完成一次直线操作

命令： //按“Enter”键，重复执行“直线”命令

LINE 指定第一点： //系统提示用户在绘图区用鼠标或坐标值定位第一点

1.6.7 退出执行命令

在绘图过程中，如果用户不想执行当前命令，按“Esc”键，退出命令的执行即可。

1.7 思考练习题

1.7.1 填空题

(1)AutoCAD 被广泛用于机械、建筑、电子、航天、造船、石油化工、土木工程、冶金、地质、气象、轻工、商业等领域。概括起来，它具有________和________、________、________四大功能。

(2)在 AutoCAD 2008 中，增强了________的功能，新增加了________和________功能。

(3)在设置绘图界限时，可以使用________________命令。

(4)AutoCAD 常用的输入方法是________和________输入，在绘图时两种设备是配合使用的。

1.7.2 选择题

(1)在 AutoCAD 菜单中，如果命令后跟有“…”符号，表示(　　)。

A. 该命令下还有子菜单　　B. 该命令在当前状态下不可用

C. 该命令菜单未完全打开　　D. 单击该命令可打开一个对话框

(2)如果一张图纸的左下角点为(20,10)，右上角点为(100,90)，那么该图纸的图限范围为(　　)。

A. 100×90　　B. 80×100　　C. 80×80　　D. 20×10

(3)下列选项中，不属于图层特性的是(　　)。

A. 颜色　　B. 线宽　　C. 打印样式　　D. 锁定

1.7.3 上机练习题

(1)设置一个图形单位，要求长度单位为小数后二位，角度单位为十进制读数后两位小数。

(2)练习最基本的“直线”命令的各种输入方式。其中，“绘图”工具栏中的按钮“/”，命令行中可以输入“直线”的绘图命令是“Line”，菜单栏命令是“绘图”|“直线”。

(3)新建一个文件，保存文件名称为“练习 3”，文件类型为样板文件。

第2章　图形的显示控制

［**教学目标**］

了解并掌握缩放、平移视图的方法，并能够通过命名视图、平铺视口来观察图形。

［**教学重点与难点**］

1. 缩放与平移视图
2. 命名视图
3. 创建平铺视图
4. 使用鸟瞰视图

在 AutoCAD 2008 中，用户在绘制与编辑图形时，通过控制图形的显示和快速移动到图形的不同区域，可以灵活地观察图形的整体效果或局部细节。观察绘图窗口中绘制的图形的方法很多，例如，用户可以使用“视图”菜单中的命令、“视图”工具栏中的工具按钮，以及视口、鸟瞰窗口等。

2.1　缩放与平移视图

按照某种比例、观察位置和角度显示的图形称为视图。在 AutoCAD 中，改变视图最常见的方法是缩放或平移绘图区域的图像。

2.1.1　缩放视图

缩放视图可以增加或减少图形对象的屏幕显示尺寸，但对象的真实尺寸保持不变。通过改变显示区域和图形对象的大小，用户可以更详细、更准确地绘图。选择“视图”|“缩放”命令中的子命令或使用“缩放”工具栏(图 2-1)，可以缩放视图。

“缩放”工具栏中按钮，从左到右依次为：窗口缩放、动态缩放、比例缩放、中心缩放、缩放对象、放大、缩小、全部缩放、范围缩放。

通常，在绘制图形的局部细节时，需要使用缩放工具放大该绘图区域，当绘制完成后，再使用缩放工具缩小图形来观察图形的整体效果。

在 AutoCAD 2008 中，“视图”|“缩放”命令包括“实时”、“上一步”、“窗口”、“动态”等多个子命令，它们的功能如下：

①“实时”命令：在该模式下，光标变为放大镜符号。此时，按住鼠标左键向上拖动光标可放大整个图形，向下拖动鼠标可缩小整个图形，释放鼠标后停止缩放。

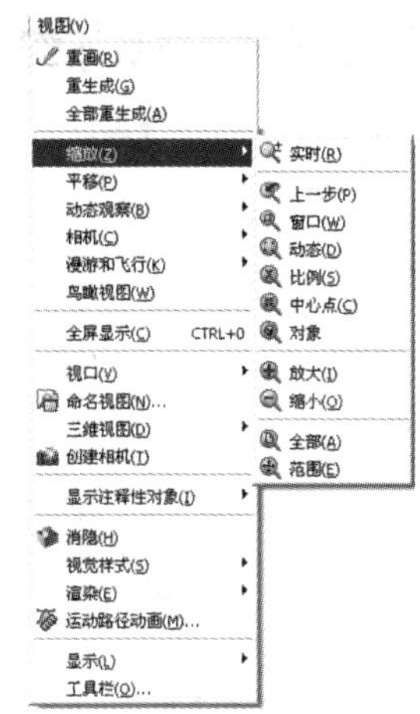

图 2-1　“缩放”菜单和“缩放”工具栏

注意：在使用缩放工具时，如果图形放大到了最大程度，光标显示“Q”时，表示不能再进行放大；反之，如果缩小到最小程度，光标显示为“Q+”时，表示不能再行缩小。

②“上一步”命令：此选项用于恢复当前视口内上一次显示的图形，最多可恢复 10 次。

③“窗口”命令：此选项通过用户在屏幕上拾取两个对角点以确定一个矩形窗口，之后，系统将矩形范围内的图形放大至整个屏幕。

④“动态”命令：此选项可以动态缩放视图。当进入动态缩放模式时，在屏幕上将显示一个带“×”的矩形方框，单击鼠标左键，此时选择中心的“×”消失，显示一个位于右边框的方向箭头，拖动鼠标可以改变选择窗口的大小，以确定选择区域的大小，最后，按下“Enter”键，即可缩放图形。

⑤“比例”命令：此选项能以一定的比例来缩放视图。它要求用户输入一个数字作为缩放的比例因子，该比例因子适用于整个图形。输入的数字大于 1 时放大视图，等于 1 时不改变视图，小于 1(必须大于 0)时缩小视图。

⑥“中心点”命令：在图形中指定一点，然后指定一个缩放比例因子或者指定高度值来显示一个新视图，而选择的点作为该新视图的中心点。

⑦“对象”命令：选择该命令，系统提示选择对象，当用户选择对象后，系统将该对象全屏放大。

⑧“放大”命令：选择该命令一次，系统将整个图形放大一倍，即默认比例因子为 2。

⑨“缩小”命令：选择该命令一次，系统将整个图形缩小一倍，即默认比例因子为 0.5。

⑩“全部”命令：此选项可以显示整个图形中的所有对象，在平面视图中，它以图形界限或当前图形范围为显示边界，在具体情况下，哪个范围更大就将其作为显示边界。如果图形延伸到图形界限以外，则仍将显示图形中的所有对象，此时的显示边界是图形范围。

⑪“范围”命令：此选项可以在屏幕上尽可能大地显示所有图形对象。与全部缩放模式不同的是，缩放范围使用的显示边界只是图形范围而不是图形边界。

例题 2-1　使用动态缩放的功能，放大图 2-2 所示图形。

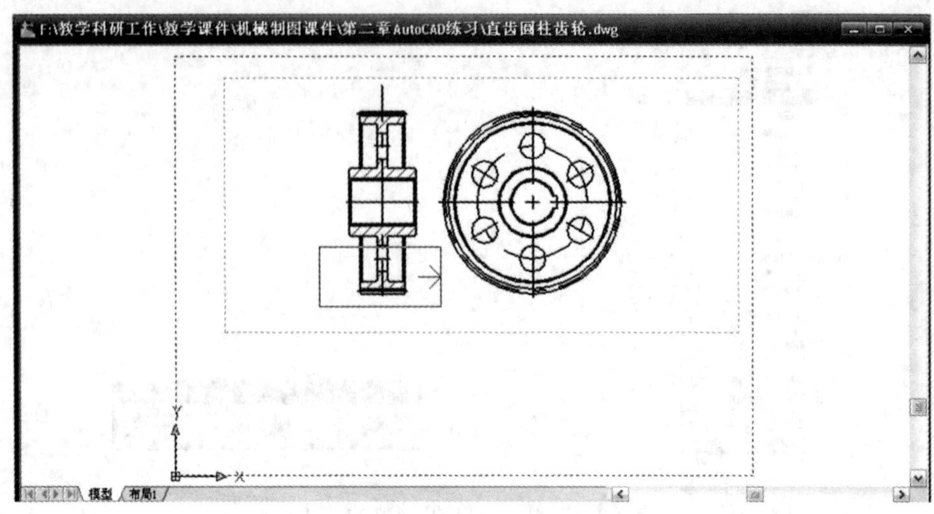

图 2-2　动态缩放功能放大图形

①选择"视图"|"缩放"|"动态"命令，此时，在绘图窗口中将显示图形范围，如图 2-3 所示。

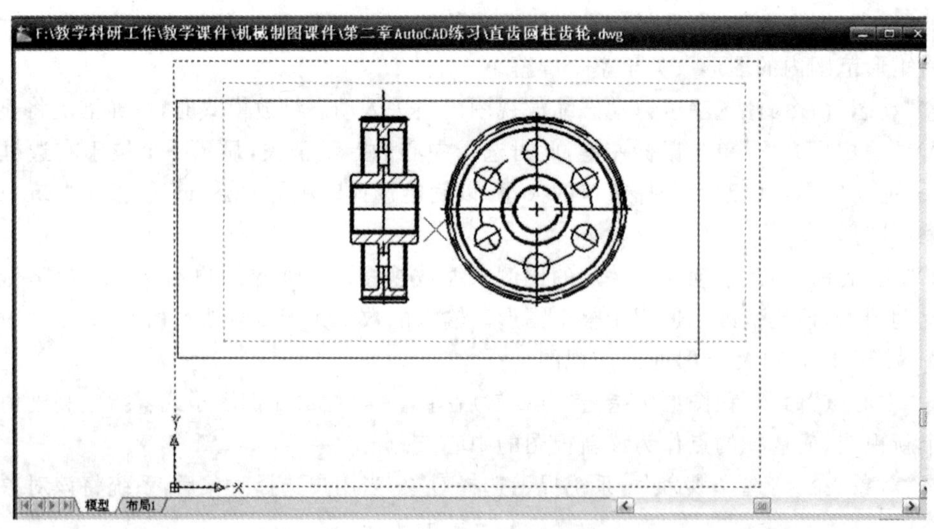

图 2-3　进入动态缩放模式

②当视图框包含一个"×"时，在屏幕上拖动视图框以平移到不同的区域。

③当缩放到不同的大小，可以单击鼠标左键，这时视图框中"×"将变成一个箭头。左右移动指针调整视图尺寸，上下移动光标可调整视图框位置。如果视图框较大，则显示出的图像较小，如果视图框较小，则显示出的图像较大，最后调整结果如图 2-4 所示。

④调整完毕再次单击鼠标左键。

⑤如果当视图框指定的区域正是想查看的区域，按下"Enter"键确认，则视图框所包围的图像就成为当前视图，如图 2-5 所示。

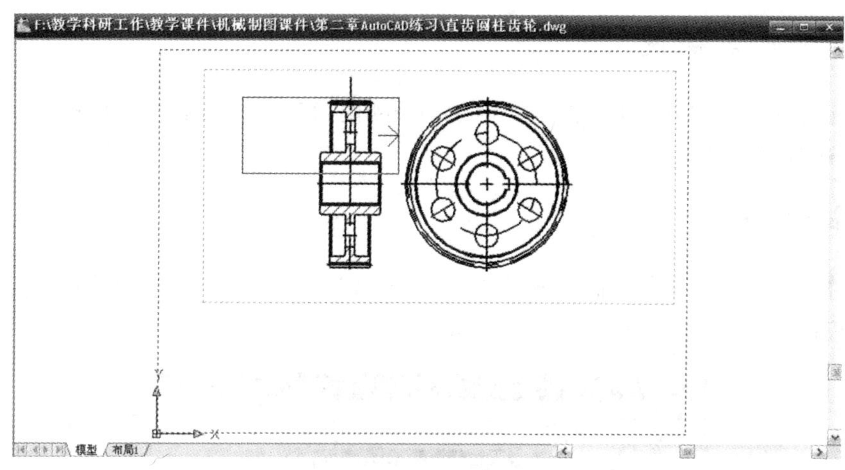

图 2-4 调整视图框大小和位置

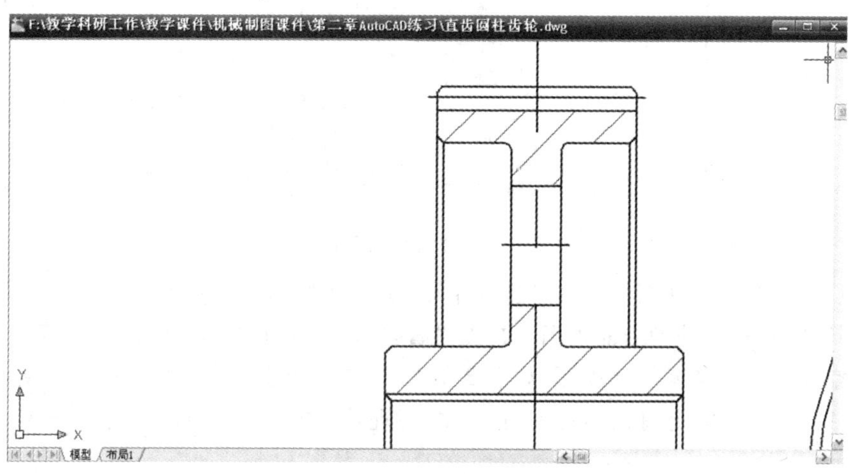

图 2-5 放大后的效果

2.1.2 平移视图

使用平移视图命令时，用户可以重新定位图形，以便看清图形的其他部分。该命令可在命令行直接输入，也可通过单击“标准”工具栏中的“实时平移”工具或选择“视图”|“平移”命令中的子命令来执行，如图 2-6 所示。

使用平移命令平移视图时，视图的显示比例不变。用户除了可以左、右、上、下平移视图外，还可以使用“实时”和“定点”命令平移视图。其功能如下：

①“实时”命令：实时平移模式下，光标指针变成一只小手，按下鼠标左键拖动，窗口内的图形就按光标移动的方向移动，释放鼠标，可返回到平移等待状态。按“Esc”或“Enter”键，可以退出实时平移模式。

②“定点”命令：此命令通过指定基点和位移值来平移视图。

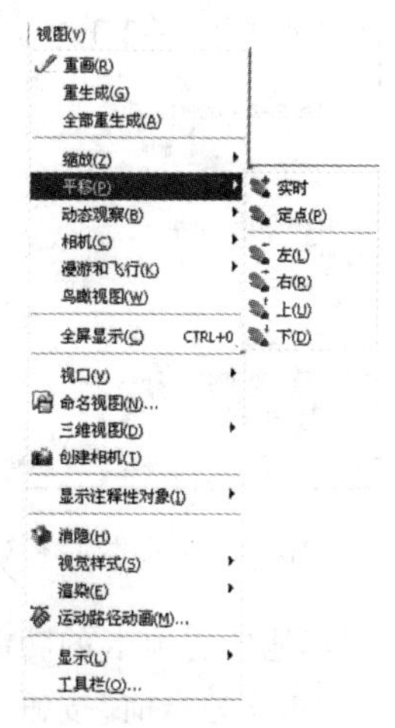

图 2-6 视图平移菜单

2.2 使用命名视图

用户可以在一张复杂的工程图纸上创建多个视图，当要观看、修改图纸上的某一部分视图时，将该视图恢复出来即可。

2.2.1 命名视图

选择“视图”|“命名视图”命令，或在“视图”工具栏中单击“视图命名”按钮“”，打开“视图管理器”对话框，如图 2-7 所示。

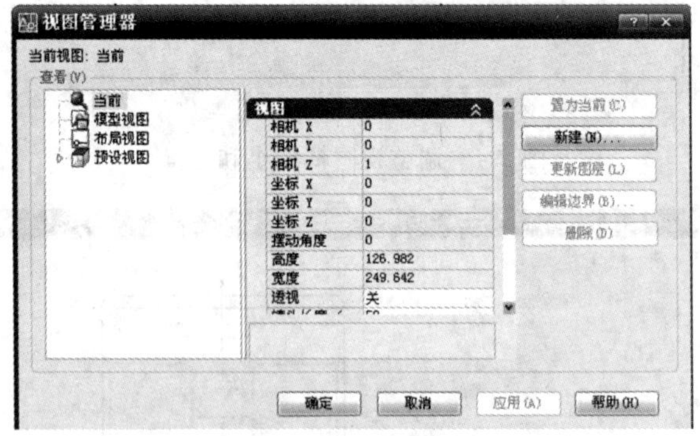

图 2-7 “视图管理器”对话框

在“视图管理器”对话框的“查看”选项卡中，显示了“当前”、“模型视图”、“布局视图”和“预设视图”选项，默认的是当前视图的视图设置，中间显示了当前视图的设置情况。用户可以在模型空间或布局空间新建视图，如图 2-8 所示。在“新建视图”对话框“视图名称”中，输入“左视图”后单击“确定”按钮，在新的“视图管理器”中显示左视图的详细设置，如图 2-9 所示。

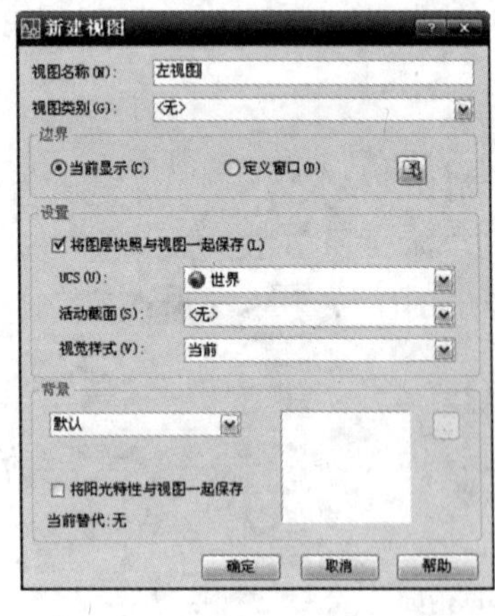

图 2-8 “新建视图”对话框

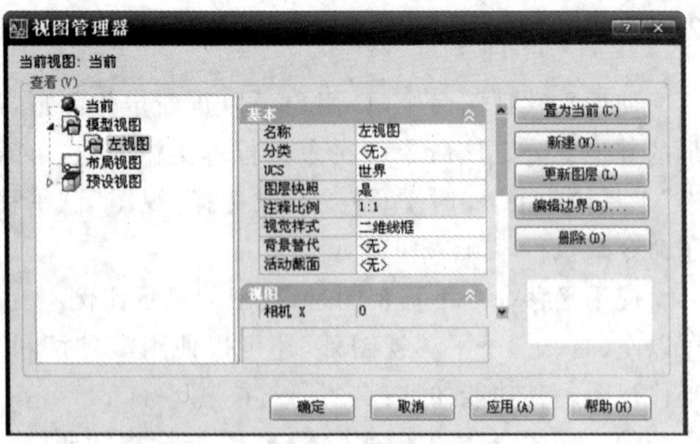

图 2-9 新建视图的详细信息

其他各选项卡的功能如下：

①“置为当前”按钮：此按钮用于将选中的命名视图设置为当前视图。

②"更新图层"按钮:此按钮用于更新新建的视图中的图层。

③"编辑边界"按钮:单击"编辑边界"按钮,系统回到绘图空间,要求用户指定第一角点和对角点来确定视图空间的大小。

④"删除"按钮:此按钮用于删除新建的视图。

2.2.2　恢复命名视图

在 AutoCAD 中,用户可以一次命名多个视图,当需要重新使用一个已命名的视图时只需要将该视图恢复到当前视口即可。如果绘图窗口中包含多个视口,用户也可以将视图恢复到活动视口中,或将不同的视图恢复到不同的视口中,以同时显示模型的多个视图。

恢复视图时可以恢复视口的中点、查看方向、缩放比例因子、透视图(镜头长度)等设置。如果在命名视图时将当前的 UCS 随视图一起保存起来,当恢复视图时,也可以恢复 UCS。

例题 2-2　创建一个命名视图,并在当前视口中恢复命名视图。

①选择"文件"|"打开"命令,打开"选择文件"对话框,选择一个文件,并将其打开,如图 2-10 所示。

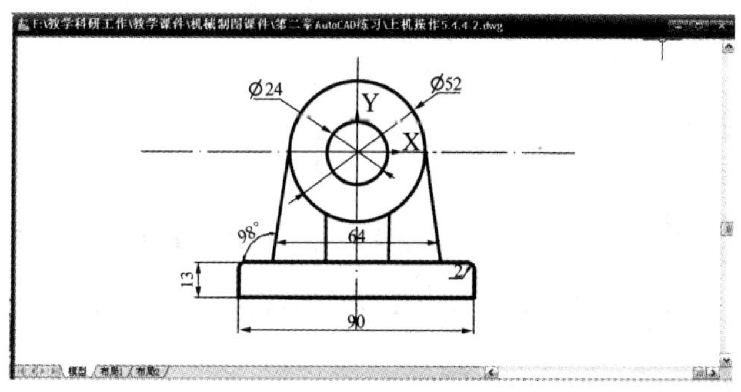

图 2-10　打开图形

②选择"视图"|"命名视图"命令,或在"视图"工具栏中单击"命名视图"按钮,打开视图管理对话框。

③单击"新建"按钮,打开"新建视图"对话框,在"视图名称"文本框中输入新建视图"MyView",然后单击"确定"按钮,这时创建的视图将显示在"视图管理器"的右下方,基本设置显示在中间可修改的文本框中,如图 2-11 所示。

④单击"确定"按钮,关闭"视图"对话框,并返回到视图绘图窗口。

⑤选择"视图"|"缩放"|"窗口"命令,放大图形中的上部部分,如图 2-12 所示。

⑥选择"视图"|"命名视图"命令,打开"视图管理"对话框,在"查看"选项卡中选择已命名的视图"MyView",单击"置为当前"按钮,然后单击"确定"按钮,则命名的视图将恢复为当前视图,效果如图 2-10 所示。

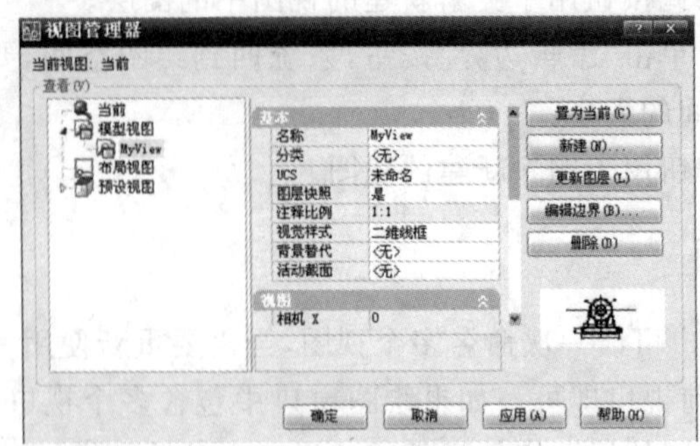

图 2-11 “新建”MyView 视图对话框

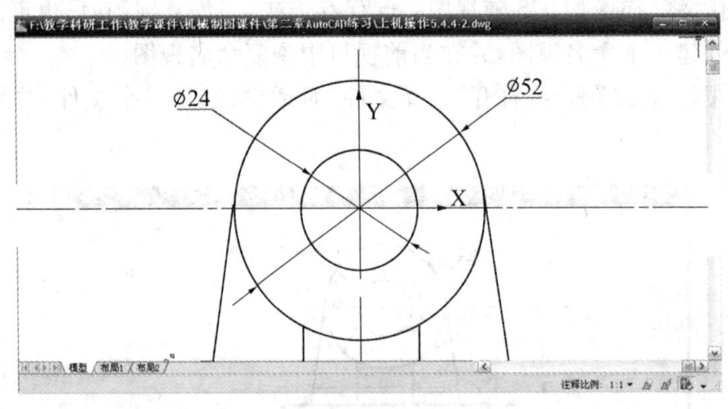

图 2-12 放大图形

2.3 使用平铺视口

在绘图时，为了方便编辑，常常需要将图形的局部进行放大，以显示详细细节。当用户还希望观察图形的整体效果时，仅仅需要单一的绘图视口已无法满足需要了。此时，可借助于 AutoCAD 的平铺视口功能，将视图划分为若干视口。

2.3.1 平铺视口的特点

平铺视口是指把绘图窗口分成多个矩形区域，从而创建多个不同的绘图区域，其中的每一个区域都可用来查看图形的不同部分。在 AutoCAD 中，用户可以打开多达 32000 个可视视口，同时屏幕上还可以保留菜单栏和命令提示窗口。

在 AutoCAD 中，用户使用“视图”命令、“视口”命令中的子命令或视口工具栏，可以在模型空间创建和管理平铺视口，如图 2-13 所示。

视口工具栏中的图标按钮从左至右依次为：显示“视口”对话框、单个视口、多边形视口、将对象转换为视口、剪裁现有视口。

当打开一个新图形时，默认情况下，将用一个单独的视口填满模型空间的整个绘图区域。而当系统变量 Tilemode 被设置为“1”后（即在模型空间模式下），用户就可以将屏幕的绘图区域分割成多个平铺视口。在 AutoCAD 中，平铺视口具有以下特点：

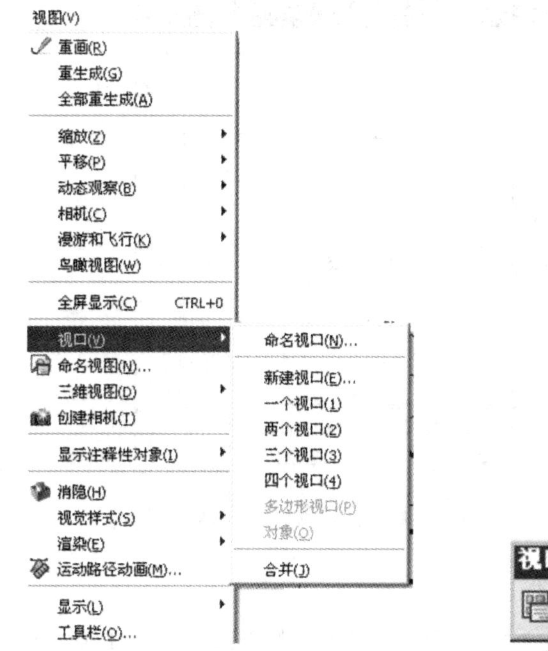

图 2-13 “视口”菜单和工具栏

①每个视口都可以平移和缩放，设置捕捉、栅格和用户坐标系等，且每个视口都可以有独立的坐标系统。

②在命令执行期间，可以切换视口以便在不同的视口中绘图。

③可以命名视口的配置，以便在模型空间中恢复视口或者将它们应用到布局。

④用户只能在当前视口中工作。要将某个视口设置为当前视口，只需用鼠标单击该视口的任意位置。此时，当前视口的边框将加粗显示。

⑤只有在当前视口中，指针才显示为十字形状；当指针移出当前视口后变为箭头形状。

⑥当在平铺视口中工作时，可全局控制所有视口中的图层的可见性。如果在某一个视口中关闭了某一图层，系统将关闭所有视口中的相应的图层。

2.3.2 创建平铺视图

选择“视图”|“视口”|“新建视口”命令，或在“视口”工具栏单击“显示视口对话框”按钮，打开“视口”对话框(如图 2-14 所示)。使用“新建视口”选项卡可以显示标准视口配置列表和创建并设置新的平铺视口。例如，在创建多个平铺视口时，用户需要在“新名称”文本框中输入新建的平铺视口名称，在“标准视口”列表框中选择可用的标准的视口配置，此时“预览”区中将显示用户所选视口配置以及赋给每个视口的默认视图的预览图像。此外，用户还需要设置以下选项：

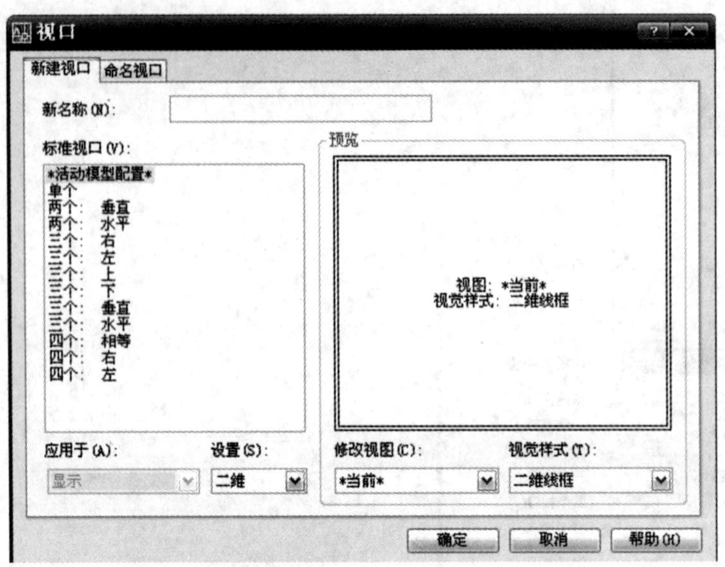

图 2-14 “视口”对话框

①“应用于”下拉列表框：此列表框用于设置将所选的视口配置是用于整个显示屏幕还是当前视口。此列表框包括“显示”和“当前视口”两个选项。其中，“显示”选项用于设置将所选的视口配置用于模型空间中的整个显示区域，为默认选项；“当前视口”选项用于设置将所选的视口配置用于当前视口。

②“设置”下拉列表框：此列表框用于指定 2D 或 3D 设置。如果选择 2D 选项，则使用视口中的当前视图来初始化视口配置；如果选择 3D 选项，则使用正交的视图来配置视口。

③“修改视图”的下拉列表框：此列表框用于选择一个视口配置代替已选择的配置视口。

在“视口”对话框中，使用“命名视口”选项卡，可以显示图形中已命名的视口配置。当用户选择了一个视口配置后，该视口配置的布局情况将显示在预览窗口中，如图 2-15 所示。

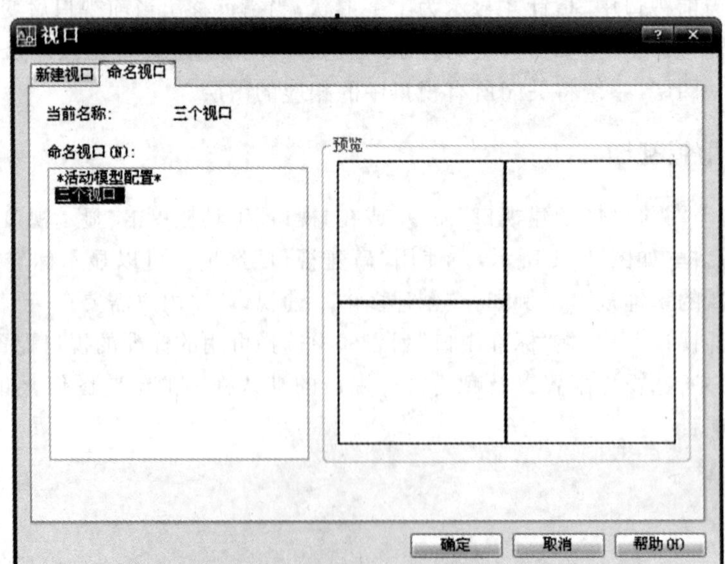

图 2-15 “视口”对话框中“命名视口”选项卡

2.3.3 分割与合并视口

在 AutoCAD 2008 中，选择"视图"|"视口"命令中的某些子命令，还可以在不改变视口显示的情况下，分割或合并当前视口。例如，选择"视图"|"视口"|"一个视口"命令，可以将当前视口扩大到充满整个视图窗口；选择"视图"|"视口"|"两个视口"（"三个视口"或"四个视口"）命令，可以将当前视口分割为 2 个（3 个或 4 个）视口。例如，将图 2-10 所示视口分割为四个视口后，效果如图 2-16 所示。

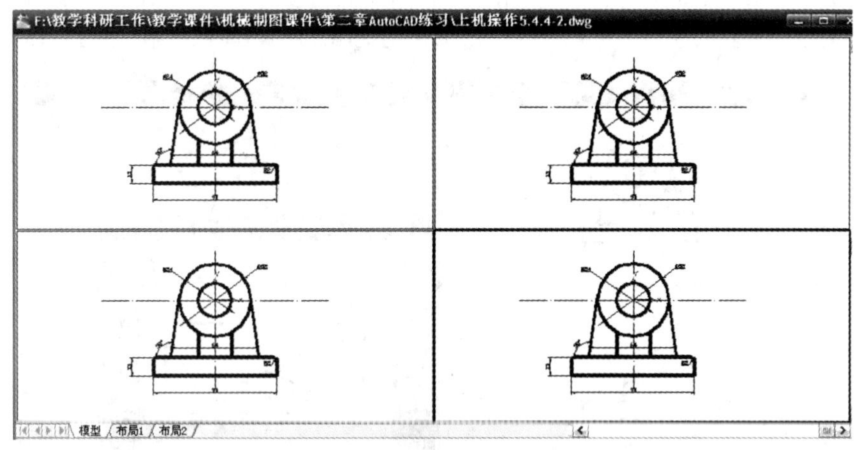

图 2-16　将当前视口分割为四个视口

选择"视图"|"视口"|"合并"命令，系统要求用户选定一个视口作为主视口，然后选择一个相邻视口，并将该视口与主视口合并。例如，如图 2-16 所示图形的右面两个视口合并为一个视口，其结果如图 2-17 所示。

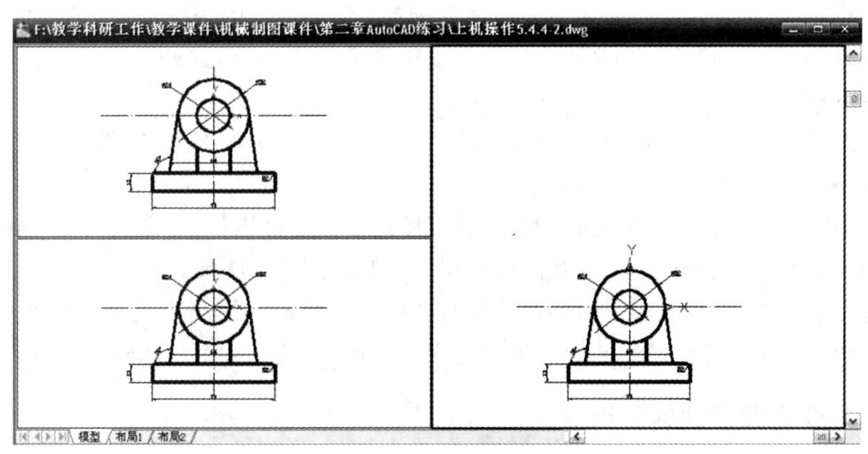

图 2-17　合并视口

2.4 使用鸟瞰视图

"鸟瞰视图"属于定位工具，它提供了一种可视化平移和缩放视图的方法，既可用来缩放视图，也可用来平移视图。用户还可以在另外一个独立的窗口中显示整个图形视图以快速移动到目的区域。在绘图时，如果鸟瞰视图保持打开状态，则可以直接缩放和平移图形，无须选择菜单选项或输入命令。

2.4.1 使用鸟瞰视图观测图形

选择"视图"|"鸟瞰视图"命令，打开鸟瞰视图。用户可以使用其中的矩形框来设置图形观察范围。如果要放大图形，可以放大矩形框，如果要缩小图像，可以缩小矩形框。

使用鸟瞰视图观测图形的方法与使用动态视图缩放图形的方法相似，但使用鸟瞰视图观察图像时，是在一个独立的窗口中进行，其结果反映在绘图窗口的当前视口中，如图 2-18 所示。

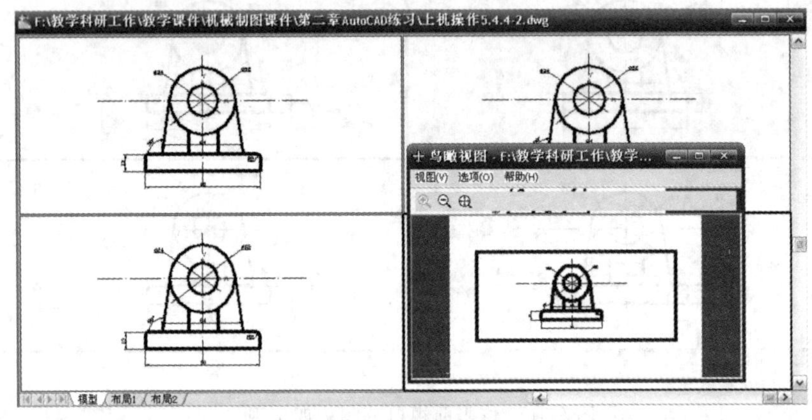

图 2-18 使用鸟瞰视图观察图形

2.4.2 改变鸟瞰视图中图像大小

在鸟瞰视图中，使用"视图"菜单中的命令或单击工具栏中的相应工具按钮，可以显示整个图形或递增调整图像的大小来改变鸟瞰视图中图像的大小，但这些改变并不会影响到绘图区域中的视图。这些命令的功能如下：

①"放大"命令：此命令可以拉近视图，将鸟瞰视图放大一倍，从而更清楚地观察到更大的视图区域细节。

②"缩小"命令：此命令可以拉远视图，将视图缩小一倍，以观察到更大视图区域。

③"全局"命令：此命令可以在鸟瞰视图窗口中观察到整个图形。

此外，当鸟瞰视图窗口中显示整幅图像时，"缩小"命令无效；当当前视图快要填满鸟瞰视图窗口时，"放大"命令无效；当显示图形范围的时候，这两个命令可能同时无效。

2.4.3 改变鸟瞰视图的更新状态

默认情况下，AutoCAD 自动更新鸟瞰视图窗口，以反映在图形中所作的修改。当绘制复杂的图形时，关闭此动态更新功能，可以提高程序性能。

在"鸟瞰视图"窗口中，使用"选项"菜单中的命令，可以改变鸟瞰视图的更新状态，包括以下选项：

①"自动视口"命令：此命令用于自动地显示模型空间的当前有效视口。当该命令不被

选中时，鸟瞰视图就不会随有效视口的变化而变化。

②“动态更新”命令：此命令用于控制鸟瞰视图中的内容是否随绘图区中的图形的改变而改变。

③“实时缩放”命令：此命令用于控制在鸟瞰视图中缩放时绘图区中的图形显示是否实时变化。

例题 2-3 将图 2-19 所示视口命名为“MyViewports”，并将该视口合并为一个视口，然后使用鸟瞰视图放大视图，最后再恢复到命名视口时的状态。

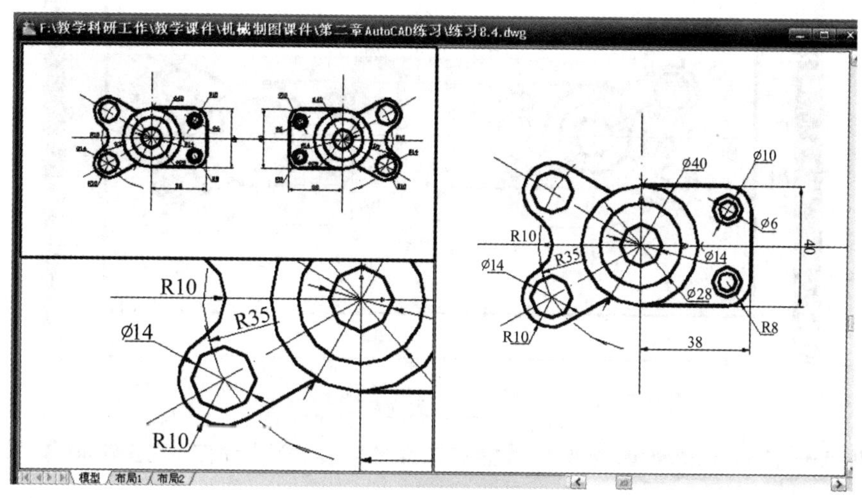

图 2-19 原始视口状态

①选择“视图”|“视口”|“命名视口”命令，打开“视口”对话框，在“新建视口”选项卡的“新名称”文本框中输入视口名称“MyViewports”，然后单击“确定”按钮。

②单击右边视口，将该视口设置为当前视口。

③选择“视图”|“视口”|“一个视口”命令，将该视口放大，使其充满整个绘图窗口，如图 2-20 所示。

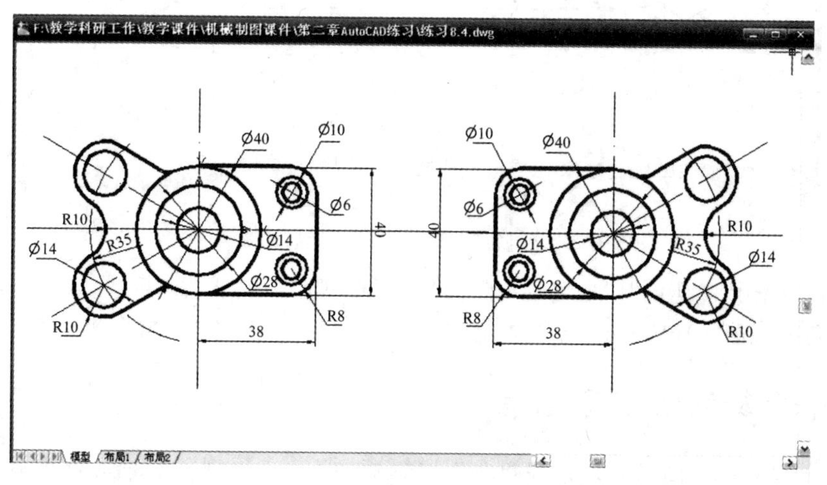

图 2-20 将视图设置为一个视口

④选择“视图”|“鸟瞰视图”命令，打开“鸟瞰视图”窗口。

⑤在“鸟瞰视图”窗口中调整黑色矩形框大小和位置，使图形正好显示矩形框之内，如图 2-21 所示。

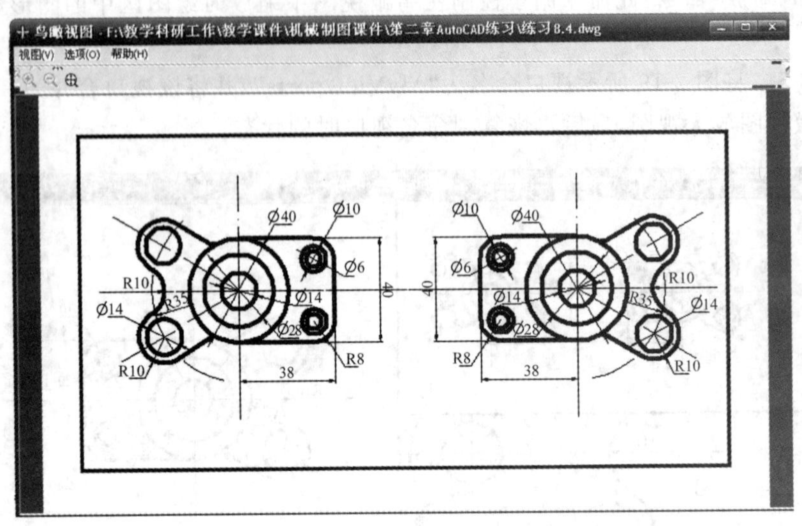

图 2-21　使用“鸟瞰视图”放大图形

⑥按“Enter”键确定，这时图形将全部显示在绘图窗口中，如图 2-22 所示。

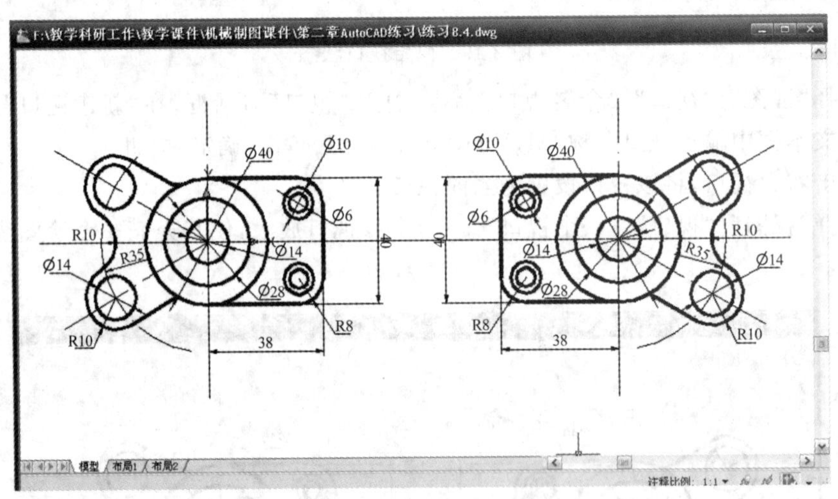

图 2-22　使用“鸟瞰视图”放大后的效果

⑦选择“视图”|“视口”|“命名视口”命令，打开“视口管理器”对话框。在“查看”选项卡中选择命名的视图“MyViewports”，然后单击“确定”按钮，这时绘图窗口将如图 2-19 所示。

2.5　打开或关闭可见元素

在 AutoCAD 中，图形的复杂程度会直接影响 AutoCAD 刷新屏幕或处理命名的速度。为了提高程序的性能，用户可以关闭文字、显示线宽或填充。

2.5.1 打开或关闭填充

在 AutoCAD 中，使用 Fill 变量可以打开或关闭线宽、宽多段线和实体填充（图 2-23）。当关闭填充时，可以提高 AutoCAD 的显示处理速度。

打开填充模式（Fill=ON）

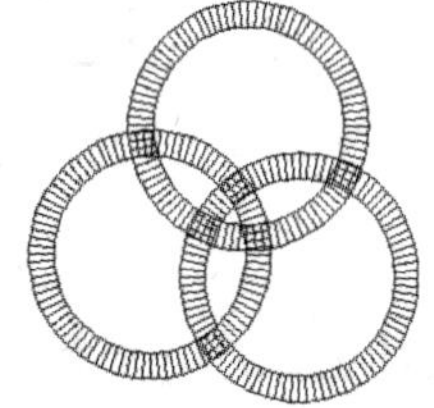

关闭填充模式（Fill=OFF）

图 2-23 打开与关闭填充模式时的效果

当实体填充模式是关闭的时候，填充不可打印。但是，改变填充模式的设置并不影响显示具有线宽的对象。当修改了实体填充模式后，使用“视图”|“重生成”菜单可以查看其效果，且新对象将自动反映新的设置。

2.5.2 打开或关闭线宽显示

当在模型空间或图纸空间中工作时，为了提高 AutoCAD 的显示处理速度，可以关闭线宽显示。通过单击状态栏上的“线宽”按钮或使用“线宽设置”对话框可以切换线宽显示的开和关。线宽以实际尺寸打印，但在模式选项卡中与像素成比例显示，任何线宽的宽度如果超过了一个像素就有可能降低 AutoCAD 的显示处理速度。如果要使 AutoCAD 的显示性能最优，则在图形中工作时把线宽显示关闭。图 2-24 所示为图形在线宽打开和关闭模式下的显示效果。

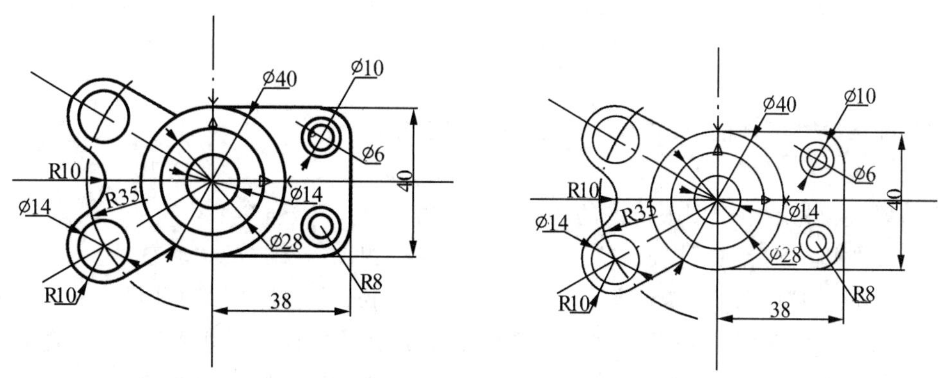

图 2-24 线宽打开和关闭模式下的显示效果

2.5.3 打开或关闭文字快速显示

在 AutoCAD 中，可以通过设置 Qtext 系统变量打开“快速文字”模式或关闭文字的显示。“快速文字”模式打开时，只显示定义文字的框架，如图 2-25 所示。

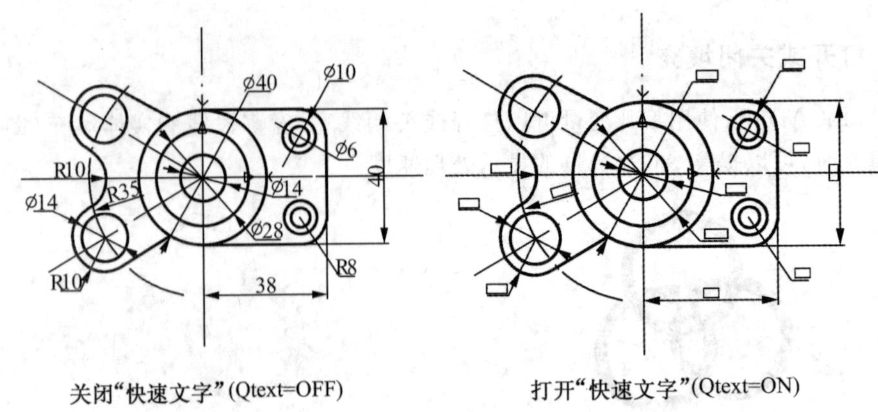

图 2-25 打开或关闭文字快速显示

与填充模式一样,关闭文字显示可以提高 AutoCAD 的显示处理速度。“快速文字”模式下,则只打印文字框而不打印文字。无论何时修改了“快速文字”模式,都可以选择“视图”|“重生成”菜单查看现有文字上的改动效果,且新的文字自动反映新的设置。

2.6 思考练习题

2.6.1 填空题

(1)在 AutoCAD 中,用于平移图形的命令都设置在________菜单中。

(2)在鸟瞰视图中,可以使用矩形框来设置图形观察范围。其中,若要放大图形,可以________矩形框。

(3)____视图是一种可视化平移和缩放视图的方法,既可以缩放视图,也可以平移视图。

(4)在 AutoCAD 中,为了提高程序性能,用户可以________文字、显示线宽或填充。

(5)在 AutoCAD 中,可以通过设置______系统变量打开“快速文字”模式或关闭文字的显示。

2.6.2 选择题

(1)在“缩放”工具栏中,共有(　　)种缩放工具。

A. 6　　B. 8　　C. 9　　D. 10

(2)要快速显示整个图限范围的所有图形,可使用(　　)命令。

A.“视图”|“缩放”|“窗口”　　B.“视图”|“缩放”|“动态”

C.“视图”|“缩放”|“全部”　　D.“视图”|“缩放”|“范围”

(3)在 AutoCAD 中,要将当前视口扩大到充满整个绘图窗口,可选择(　　)命名。

A.“视图”|“视口”|“一个视口”　　B.“视图”|“视口”|“两个视口”

C.“视图”|“视口”|“三个视口”　　D.“视图”|“视口”|“四个视口”

2.6.3 问答题

(1)如何创建与使用命名视口?

(2)如何使用鸟瞰视图来观察图形?

第3章　图形的精确绘制

［教学目标］

掌握使用坐标、对象捕捉与对象追踪绘图的方法，并利用对象捕捉与对象追踪等功能精确绘制图形。了解动态输入的功能和使用方法。

［教学重点与难点］

1. 点的坐标表示法
2. 创建和使用用户坐标系
3. 设置捕捉、栅格和正交以及动态输入
4. 使用对象捕捉功能精确绘图
5. 使用自动追踪功能绘制图形

3.1　使用AutoCAD坐标系

AutoCAD 2008中的坐标系按定制对象的不同，可分为世界坐标系（WCS）和用户坐标系（UCS）。

3.1.1　世界坐标系

AutoCAD默认的坐标系为世界坐标系（WCS），如图3-1所示。根据笛卡儿坐标系的习惯，沿X轴正方向向右为水平距离增加的方向，沿Y轴正方向向上为竖直距离增加的方向，垂直于XY平面，沿Z轴正方向从所视方向向外为Z轴距离增加的方向。这一套坐标轴确定了世界坐标系，简称“WCS”。该坐标系的特点是：它总是存在于一个设计图形之中，并且不可更改。

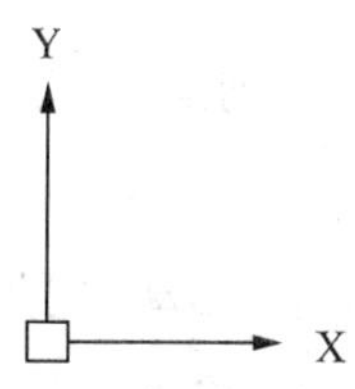

图3-1　WCS坐标

3.1.2　用户坐标系

相对于世界坐标系WCS，可以创建无限多的坐标系，这些坐标系通常称为用户坐标系（UCS），并且可以通过调用UCS命令来创建用户坐标系。尽管世界坐标系WCS是固定不变的，但可以从任意角度、任意方向来观察或旋转世界坐标系WCS，而不用改变其他坐标系。AutoCAD提供的坐标系图标，可以在同一图纸不同坐标系中保持同样的视觉效果。这种图标将通过指定X和Y轴的正方向来显示当前UCS的方位。

3.1.3 坐标输入方式

任何物体在空间中的位置都是通过一个坐标系定位的。同样，这些物体反映到 AutoCAD 的图形文件中，也是通过坐标系来确定相应实体对象的位置，坐标系是确定对象位置最基本的手段。掌握各种坐标系的概念，掌握坐标系的创建以及正确的坐标数据输入法，对于正确、高效地绘图是非常重要的。

AutoCAD 采用笛卡儿坐标系来定位实体。在进入 AutoCAD 绘图区时，系统自动进入笛卡儿坐标系(世界坐标系 WCS)第一象限，其左下角点为(0,0)。AutoCAD 就是采用这个坐标系来确定矢量图形的。

通常在调用一条 AutoCAD 命令时，还需要用户提供某些附加信息与参数，以便指定该命令所要完成的工作或动作执行的方式、位置等。在系统提示用户输入信息时就要输入相关数据来响应提示。鼠标虽然使作图方便了许多，但当要精确地定位一个点时，仍然要采用坐标输入方式。

坐标输入方式有：绝对直角坐标、相对直角坐标、相对极坐标。

①绝对直角坐标：以坐标原点(0,0,0)为基点定位所有的点。用户可以通过输入(X,Y,Z)坐标的方式来定义一个点的位置。

②相对直角坐标：以某点相对于另一特定点的相对位置定义该点的位置。相对特定坐标点(X,Y,Z)增量为(ΔX,ΔY,ΔZ)的坐标点的输入格式为：@ΔX,ΔY,ΔZ。

相对坐标输入格式为：@X,Y。“@”字符表示使用相对坐标输入。

③相对极坐标：以某一特定点为参考极点，输入相对于参考极点的距离和角度来定义一个点的位置。其使用格式为：@距离<角度。相对极坐标输入格式为：@A<角度。“A”指该点与特定点的距离。

在绘图中，多种坐标输入方式配合使用会使绘图更灵活，再配合目标捕捉、夹点编辑等方式，则使绘图更精确和快捷。

3.1.4 创建与使用用户坐标系

在 AutoCAD 2008 中，使用“工具”菜单中的“命名 UCS”、“新建 UCS”命令及其子命令，可以命名、移动或创建用户坐标系。

3.1.4.1 命名 UCS

选择“工具”|“命名 UCS”命令，打开 UCS 对话框，如图 3-2 所示。单击“命名 UCS”选项卡，并在“当前 UCS”列表中选中“世界”或某个 UCS，然后单击“置为当前”按钮，可见其置为当前坐标系；也可以单击“详细信息”按钮，在“UCS 详细信息”对话框中查看坐标系的详细信息，如图 3-3 所示。

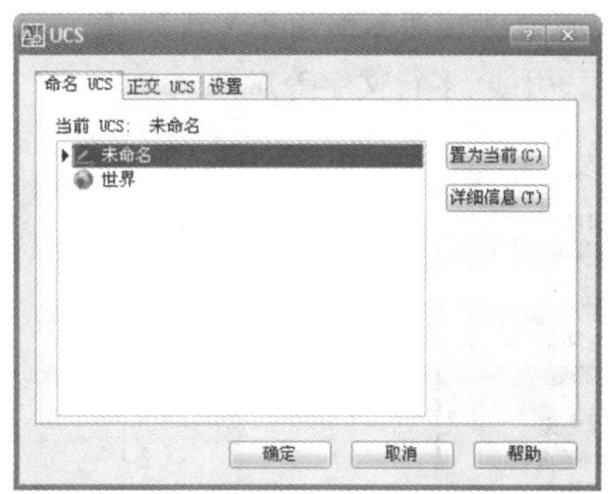

图 3-2 命名 UCS

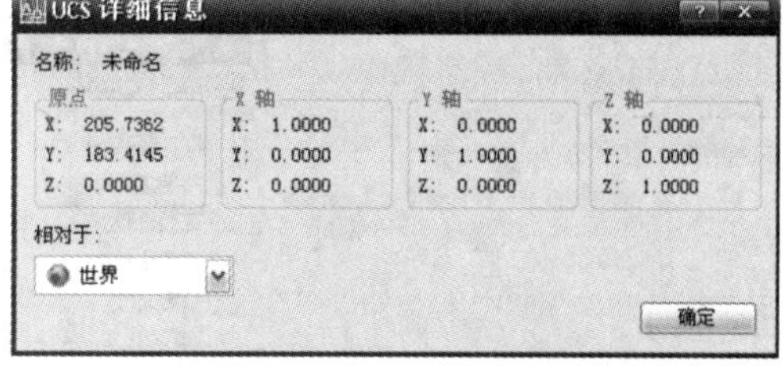

图 3-3 UCS 详细信息

此外,在“当前 UCS”列表中的坐标系选项上右击,这时将弹出一个快捷菜单,利用它可以重新命名坐标系、删除坐标系和将坐标系置为当前坐标系。

3.1.4.2 使用正交 UCS

选择“工具”|“命名 UCS”命令,打开 UCS 对话框,如图 3-4 所示。单击“正交 UCS”选项卡,可以从弹出的子命令中选择相对于 WCS 而预设的正交 UCS,如俯视、仰视、主视、后视、左视、右视等。“设置”选项卡用于设置“UCS 图标设置”和“UCS 设置”,如图 3-5 所示。

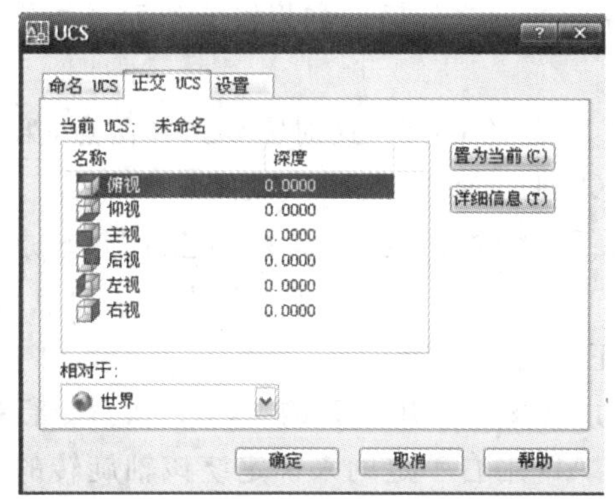

图 3-4 “正交 UCS”选项卡

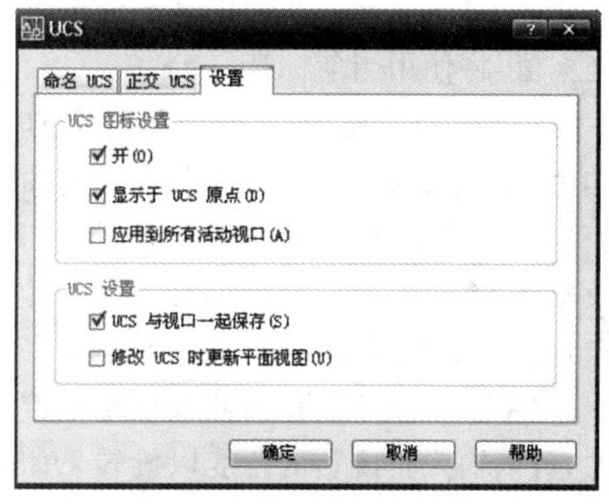

图 3-5 “设置”选项卡

3.1.4.3 新建 UCS

在 AutoCAD 2008 中,选择“工具”|“新建 UCS”命令,利用它的子命令可以方便地创建 UCS,包括“世界”、“上一个”、“面”、“对象”等子命令,如图 3-6 所示。其意义如下:

①“世界”命令:此选项用于从当前的用户坐标系恢复到世界坐标系。WCS 是所有坐标系的基准,不能重新被定义。

②“上一个”命令:此选项用于恢复到上一个坐标系。

③“面”命令:此选项用于将 UCS 与实体对象的选定面对齐。要选择一个面,可在该面的边界内或面的边上单击,被选中的面将亮显,UCS 的 X 轴将与找到的第一个面上的最近的边对齐。

④“对象”命令:此选项用于根据选取的对象快速简单地建立 UCS,使对象位于新的 XY

平面，其中，X 和 Y 轴的方向取决于用户选择的对象类型。该项不能用于三维实体、三维多段线、视口、多线、面域、样条曲线、椭圆、射线、参照线、引线、多行文字等对象。

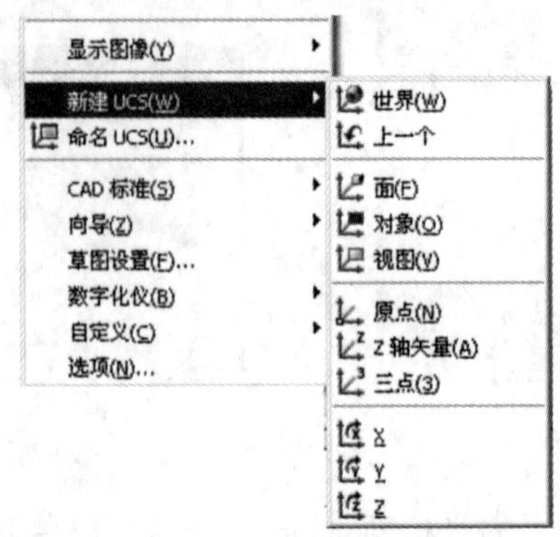

图 3-6 “工具”|“新建 UCS”命令及其子命令菜单

⑤“视图”命令：此选项用于以垂直于观察方向（平行于屏幕）的平面为 XY 平面，建立新的坐标系，UCS 原点保持不变。在注释当前视图且要使文字以平面方式显示时，该选项十分有用。

⑥“原点”命令：此选项通过移动当前 UCS 的原点，保持其 X、Y 和 Z 轴方向不变，从而定义新的 UCS 坐标系。使用该选项可以在任意高度建立坐标系。如果没有给原点指定 Z 轴坐标值，将使用当前标高。

⑦“Z 轴矢量”命令：此选项用特定的 Z 轴正半轴定义 UCS。这时需要选择两点，第一点作为新的坐标系原点，第二点决定 Z 轴的方向，XY 平面垂直于新的 Z 轴。

⑧“三点”命令：此选项用于通过在 3D 空间的任意位置指定三点，来确定新 UCS 原点以及其 X 和 Y 轴的正方向，Z 轴由右手定则确定。其中，第一点定义了新的坐标系原点，第二点定义了 X 轴的正方向，第三点定义了 Y 轴的正方向。

⑨“X”/“Y”/“Z”命令：此选项用于旋转当前的 UCS 轴来建立新的 UCS。在命令行提示中，可以输入正或负的角度以旋转 UCS。AutoCAD 用右手定则来确定绕该轴旋转的正方向。

3.2 通过状态栏工具辅助绘图

为了快速准确地绘图，AutoCAD 提供了辅助绘图工具，在状态栏中列出了捕捉、栅格、正交、极轴、对象捕捉、对象追踪等选项，用于关闭或打开以上功能。

3.2.1 捕捉与栅格的设置

3.2.1.1 捕捉

捕捉用于设定光标指针移动的间距。如设固定间距为 1，在“捕捉”开的状态下，用鼠标拾取点的坐标都是 1 的倍数。

启动命令：

①单击状态栏中“捕捉”。

②按 F9 键。

③“工具”|“草图设置”命令，选择“启用捕捉”，如图 3-7 所示。

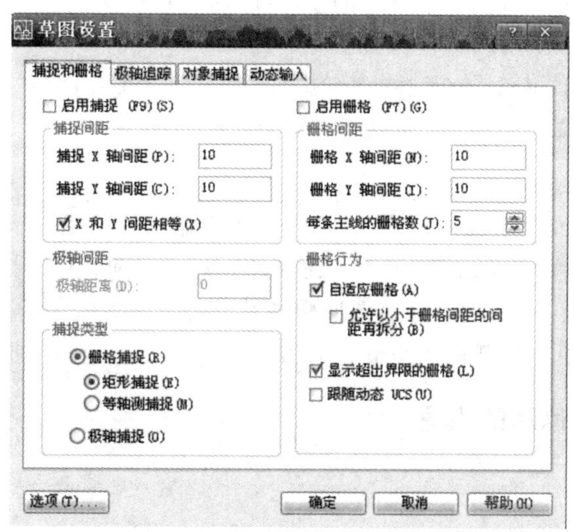

图 3-7 “草图设置”对话框中“捕捉和栅格”的设置

3.2.1.2 栅格

栅格是一种可见的位置参考图标，由一系列有规则的点组成，类似于坐标纸。

启动命令：

①单击状态栏中“栅格”。

②按 F7 键。

③“工具”|“草图设置”命令，选择“启用栅格”，如图 3-7 所示。

3.2.1.3 “捕捉和栅格”的设置

单击“草图设置”对话框中“捕捉和栅格”选项区，用于设置捕捉和栅格的间距、类型、样式等功能，如图 3-7 所示。

功能区设置：

①“捕捉”：此选项用于设置捕捉 X、Y 轴间距，角度及 X、Y 基点坐标。

②“栅格”：此选项用于设置栅格的 X、Y 轴间距，如果设置 X、Y 值为 0，则栅格采用捕捉 X、Y 轴间距的值。

③“捕捉类型”：此选项用于选择捕捉类型，分“栅格捕捉”和“极轴捕捉”两个样式。“栅格捕捉”又分“矩形捕捉”模式和“等轴测捕捉”模式两种。

④“极轴间距”文本框：在选择“极轴捕捉”时可用此选项来设置极轴间距。

⑤“栅格行为”：栅格行为有四个复选项，“自适应栅格”、“显示超出界限的栅格”、“跟随动态 UCS”以及“允许以小于栅格间距的间距再拆分”。

3.2.2 使用命令设置捕捉与栅格

3.2.2.1 “捕捉”设置

命令“Snap”：打开或关闭捕捉模式，也可设置相关参数。

指定捕捉间距(x)或[开(on)/关(off)/纵横向间距(A)/旋转(R)/样式(S)/类型(T)]〈10.0000〉:

“旋转(R)”:此选项可设置捕捉栅格的原点和旋转角,可在−90°~90°之间指定旋转角,但不影响UCS的原点和方向。

注意:在捕捉旋转的状态下,光标指针的方向也发生了旋转,此时,即使正交方式是打开的,也只能沿栅格方向画线,而不是沿坐标方向。

3.2.2.2 “栅格”设置

命令“Grid”:打开或关闭栅格模式,也可设置栅格显示及间距。

指定栅格间距(x)或[开(on)/关(off)/捕捉(S)/纵横向间距(A)]〈10.0000〉:

栅格间距值不能太小,否则将导致图形模糊及屏幕重划太慢,甚至无法显示栅格。

“捕捉(S)”:此选项可将栅格间距设置为由“Snap”命令指定的捕捉间距。

3.2.3 正交与极轴追踪的设置

3.3.3.1 正交模式

在该模式下,用户可以方便地绘制与当前X轴或Y轴平行的线段。在状态栏中单击“正交”或按F8键可打开或关闭正交模式。

打开正交功能后,输入的第一个点是任意的,但当移动指针准备绘制第二点时,引出的橡皮筋线已不再是这两点之间的连线,而是起点到光标十字线的垂直线中的较长的那段线,此时单击鼠标,该橡皮筋线就变成所绘直线。

3.3.3.2 “极轴追踪”的设置

“极轴追踪”是按事先给定的角度增量来追踪特性点;而“对象捕捉追踪”则是按与对象的某种特定的关系来追踪,这种特定关系确定了一个事先并不知道的角度。也就是说,如果我们事先知道要追踪的方向,则用极轴追踪;如果我们事先不知道追踪方向,但知道与其他对象的某种关系,则用对象捕捉追踪。在AutoCAD 2008后的版本中,极轴追踪和对象捕捉追踪可以同时使用。

“启用极轴追踪”可按F10键或在“草图设置”对话框中选择本选项复选框,如图3-8所示。

功能区设置:

①“极轴角设置”:此选项用于设置极轴角度,在“增量角”下拉表中选择系统预设的角度。“附加角”复选框可设置“增量角”中不满足要求的附加角。然后单击“新建”按钮,在“附加角”中增加新角度。

②“对象捕捉追踪设置”:选择“仅正交追踪”,则仅追踪捕捉正交路径上的目标。选择“用所有极轴角设置追踪”,则追踪捕捉增量角倍数角度方向的目标。注意一点,正交和极轴追踪模式不能同时打开。

③“极轴角测量”:此选项用于选择极轴追踪对齐角度的测量基准,分“绝对”和“相对于上一段”两种。

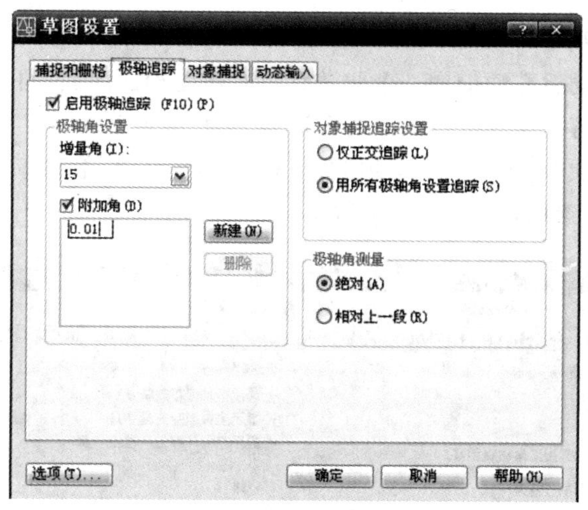

图 3-8 “草图设置”对话框中“极轴追踪”选项的设置

3.2.4 对象捕捉、自动追踪的设置

3.2.4.1 对象捕捉的设置

如果在每一捕捉对象特征点时都要先选择捕捉模式，工作效率太低。AutoCAD 提供了一种自动对象捕捉模式。

自动捕捉是指用户预先设定好要捕捉的各种特性点，当用户把光标放在一个对象上时，系统自动捕捉到该对象上所有符合预设条件的几何特征点，并显示出相应标记，如果多停一会，系统还会显示该捕捉点的提示，所以可保证该点捕捉正确。

“对象捕捉”选项区中，两个复选框与状态栏上的按钮同效。“对象捕捉模式”设置有各种特征点，包括端点、切点、中点、圆心、节点、交点等 13 项，由用户在使用自动捕捉前预先设定，如图 3-9 所示。

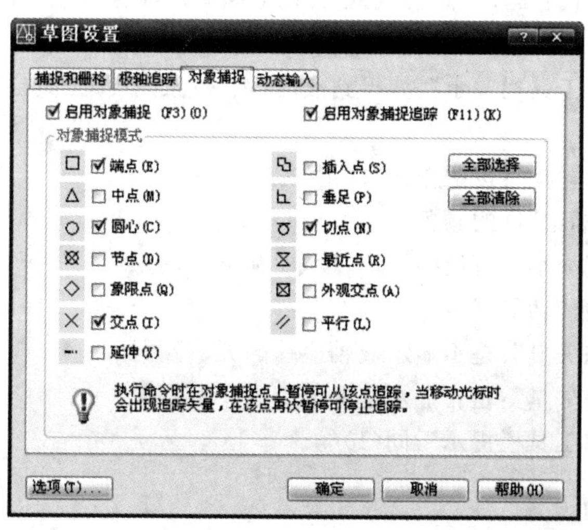

图 3-9 “草图设置”对话框中“对象捕捉”选项的设置

3.2.4.2 自动捕捉与自动追踪的设置

AutoCAD中,自动追踪功能是一个非常有用的辅助绘图工具,可按指定角度绘制对象或绘制与其他对象有特定关系的对象。自动追踪分为"极轴追踪"和"对象捕捉追踪"两种。

选择"工具"|"选项"命令,打开"选项"对话框,单击"草图"选项卡,可设置"自动捕捉设置"和"自动追踪设置"选项,如图3-10所示。

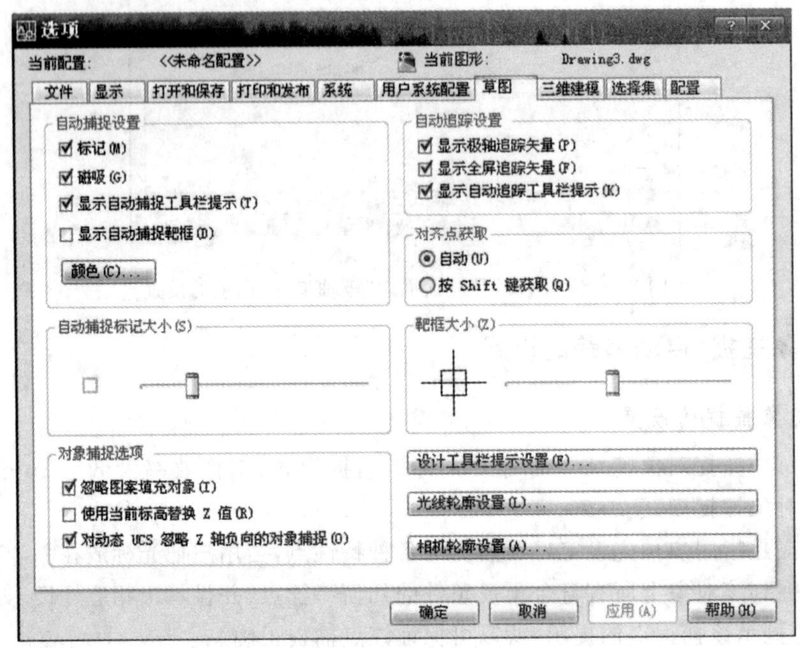

图3-10 "选项"对话框中"草图"设置

(1)"自动捕捉设置"功能区设置:

①"标记"复选框:设置自动捕捉到特征点时是否显示特征标记框。

②"磁吸":设置捕捉到特征点后像磁铁一样将光标吸到特征点上。

③"显示自动捕捉工具栏提示":捕捉到点时,在"对象捕捉"工具栏上显示相应按钮的文字提示。

④"显示自动捕捉靶框":该靶框比"标记"大两倍。

⑤"颜色":设置"标记"框的颜色。

⑥"自动捕捉标记大小":可调整滑块,设定"标记"框的大小。

(2)"自动追踪设置"功能区设置:

①"显示极轴追踪矢量":是否显示极轴追踪的矢量数据。

②"显示全屏追踪矢量":是否显示全屏追踪的矢量数据。

③"显示自动追踪工具栏提示":同(1)③。

3.2.5 动态输入的设置

动态输入是AutoCAD 2006以后的版本中新增加的一项功能,使用动态输入功能可以在工具栏提示中输入坐标值,而不必在命令行中进行输入。光标旁边显示的工具栏提示信息将随着光标的移动而动态更新。当某个命令处于活动状态时，可以在工具栏提示中输入值。动态输入不会取代命令窗口。

打开“草图设置”对话框，可以自定义设置“动态输入”，如图 3-11 所示。

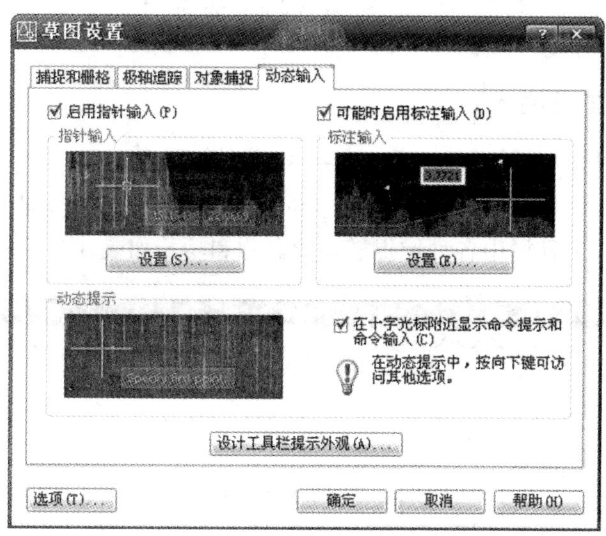

图 3-11　“草图设置”对话框中“动态输入”选项的设置

功能区设置：

①“指针输入”：此选项用于在鼠标指示处输入坐标值。单击“指针输入”下方的“设置”，可打开“指针输入设置”对话框，可以对指针输入的格式、可见性进行设置。

选中“启用指针输入”复选项，当有命令在执行时，十字光标的位置将在光标附近的工具栏提示中显示为坐标。用户可以在工具栏提示中输入坐标值，而不用在命令行中输入。

要输入坐标，用户可以按“Tab”键将焦点切换到下一个工具栏提示，然后输入下一个坐标值。在指定点时，第一个坐标是绝对坐标，第二个或下一个点的格式是相对极坐标。如果要输入绝对值，则需要在值前加上前缀“#”符号。

②“标注输入”：此选项用于动态输入尺寸标注中的距离和角度。单击“标注输入”下方的“设置”，可以打开“标注输入的设置”对话框，可以对标注输入的可见性进行设置。

选中“可能时启用标注输入”复选项，当命令提示输入第二个点时，工具栏提示将显示距离和角度值。在工具栏提示中的值将随着光标移动而改变，按“Tab”键可以移动到要改变的值。标注输入可用“ARC”、“CIRCLE”、“ELLIPSE”、“LINE”和“PLINE”等命令。

启用“标注输入”后，坐标输入字段将与正在创建或编辑的几何图形上的标注绑定。工具栏提示中的值将随着光标的移动而改变。

③“动态提示”：用户可以在工具栏提示而不是命令行中输入命令以及对提示作出响应。如果提示包含多个选项，可以按下箭头键查看这些选项，然后单击选择一个选项。“动态提示”可以与“指针输入”和“标注输入”一起使用。

当用户使用夹点编辑对象时，标注输入工具栏提示可能会显示旧的长度、移动夹点时更新的长度、长度的改变、角度、移动夹点时角度的变化和圆弧的半径等信息。

用户可以通过单击状态栏上的“DYN”来打开或关闭动态输入，或在命令行中使用

DYNMODE 变量来打开或关闭动态输入。该变量设置为非 0 值时，输入是相对的而不是绝对的。

3.3　对象捕捉工具栏与对象捕捉快捷菜单

3.3.1　对象捕捉工具栏

“对象捕捉”工具栏如图 3-12 所示。在绘图过程中，当要求用户指定点时，单击该工具栏相应的特征点按钮，再把光标移动到要捕捉对象上的特征点附近，即可捕捉到相应的对象特征点。“对象捕捉”工具栏中各种捕捉模式的名称和功能如表 3-1 所示。

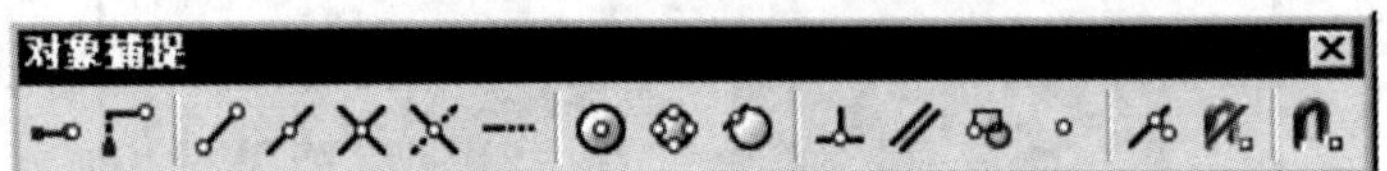

图 3-12　“对象捕捉”工具栏

表 3-1　对象捕捉工具及其功能

图　标	名　称	功　能
	临时追踪点	创建对象捕捉所使用的临时点
	捕捉自	从临时参照点偏移
	捕捉到端点	捕捉到线段或圆弧的最近端点
	捕捉到中点	捕捉到线段或圆弧等对象的中点
	捕捉到交点	捕捉到线段、圆弧或圆等对象的交点
	捕捉到外观交点	捕捉到两个对象的外观的交点
	捕捉到延长线	捕捉到直线或圆弧的延长线上的点
	捕捉到圆心	捕捉到圆或圆弧的圆心
	捕捉到象限点	捕捉到圆或圆弧的象限点
	捕捉到切点	捕捉到圆或圆弧的切点
	捕捉到垂足	捕捉到垂直于线、圆或圆弧上的点
	捕捉到平行线	捕捉到与指定线平行的线上的点
	捕捉到节点	捕捉到节点对象
	捕捉到插入点	捕捉块、图形、文字或属性的插入点

续表

	捕捉到最近点	捕捉离拾取点最近的线段、圆、圆弧或点等对象上的点
	无捕捉	关闭对象捕捉模式
	对象捕捉设置	设置自动捕捉模式

3.3.2 对象捕捉快捷菜单

当系统要求指定点时，用户可以按下"Shift"键或者"Ctrl"键，并单击鼠标右键，即可弹出对象捕捉快捷菜单，如图 3-13 所示。从该菜单上选择需要的子命令，再把光标移动到要捕捉对象上的特征点附近，即可捕捉到相应的对象特征点。

在对象捕捉快捷菜单中，除了"点过滤器"子命令外，其余各项都与"对象捕捉"工具栏中的各种捕捉模式一一对应。"点过滤器"子命令中的各项用于捕捉满足指定坐标条件的点。

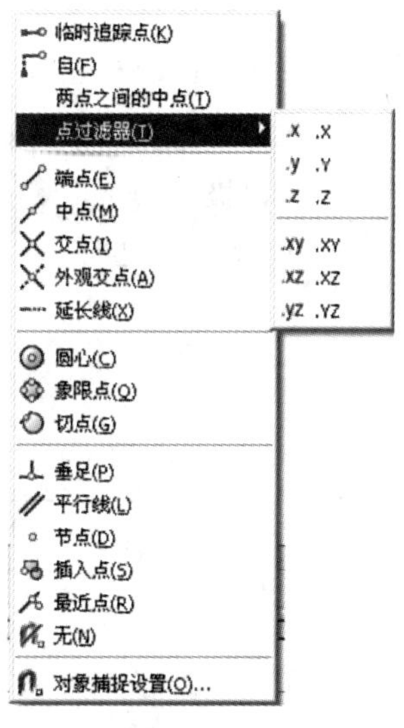

图 3-13 对象捕捉快捷菜单

注意：对象捕捉模式可细分为运行捕捉模式和覆盖捕捉模式。在"草图设置"对话框的"对象捕捉"选项卡中设置的对象捕捉模式始终处于运行状态，直到关闭它为止，这种捕捉模式称为运行捕捉模式。单击"对象捕捉"工具栏中工具或在对象捕捉快捷菜单中选择相应命令，此时只是临时打开捕捉模式，这种捕捉模式称为覆盖捕捉模式，它仅对本次捕捉点有效，在命令行中显示一个"于"标记。

例题 3-1 使用自动捕捉、自动追踪等功能，绘制如图 3-14 所示的图形。

①选择"工具"|"草图设置"命令，打开草图设置对话框，在"捕捉和栅格"选项卡中选择"启用捕捉"复选项，在"捕捉类型"选项区中选择"极轴捕捉"单选按钮，在"极轴间距"文本框中设置极轴间距为 1。

②在状态栏中单击"极轴"、"对象捕捉"、"对象追踪"按钮，打开极轴、对象捕捉以及对象捕捉追踪功能。

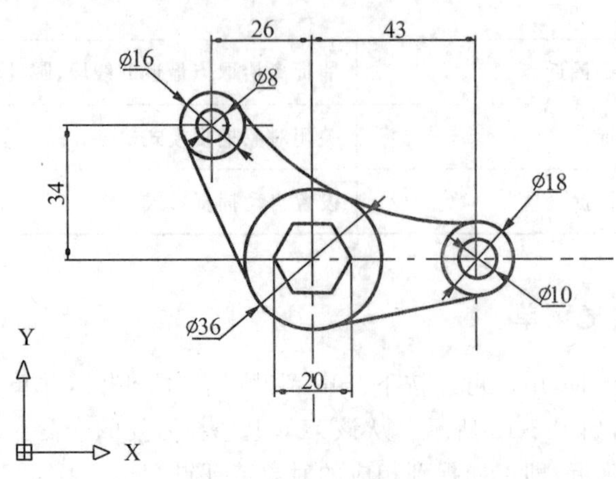

图 3-14　绘制图形

③在“绘图”工具栏中单击“构造线”按钮“↗”，然后在绘图窗口中绘制一条水平构造线和一条垂直构造线作为辅助线。

④在“绘图”工具栏中单击“正多边形”按钮“⬠”，设置正多边形的边数为 6，并捕捉辅助线的交点 O 作为正多边形的中心点，设置多边形绘制方式为“内接于圆”方式，然后沿水平线移动指针，追踪 10 个单位，此时将显示“极轴：10.0000<0°”，如图 3-15 所示。然后单击鼠标，从而绘制出一个内接于圆半径为 10 的正六边形。

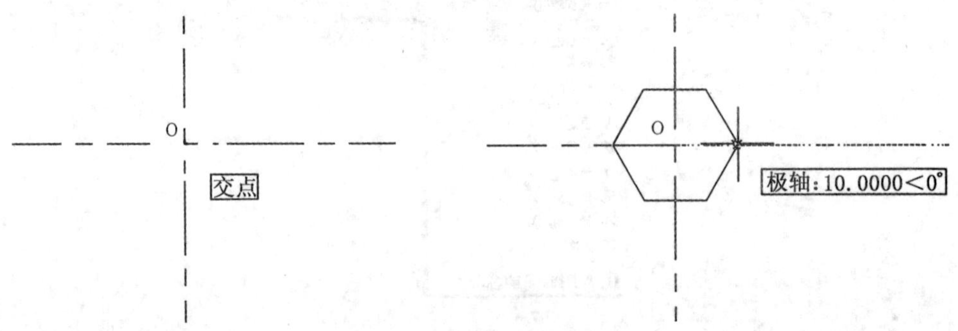

图 3-15　绘制正六边形

⑤在“绘图”工具栏中单击“圆”按钮“⊙”，以辅助线的交点 O 为圆心，绘制一个半径为 18 的圆。

⑥在“绘图”工具栏中单击“圆”按钮“⊙”，从辅助线的交点 O 向右追踪 43 个单位，单击确定圆心位置 O′，然后再向右追踪 5 个单位，单击鼠标绘制半径为 5 的圆，如图 3-16 所示。

⑦在“绘图”工具栏中单击“圆”按钮“⊙”，按步骤⑥中方法确定圆的圆心，然后绘制一个半径为 9 的圆，如图 3-17 所示。

⑧在“绘图”工具栏中单击“圆”按钮“⊙”，在“对象捕捉”工具栏中单击“临时追踪点”按钮“⊷”，然后从辅助线的交点 O 向左追踪 26 个单位后单击鼠标，再垂直向上追踪 34 个单位后单击鼠标，确定圆心位置(图 3-18)，最后绘制一个半径为 4 的圆。

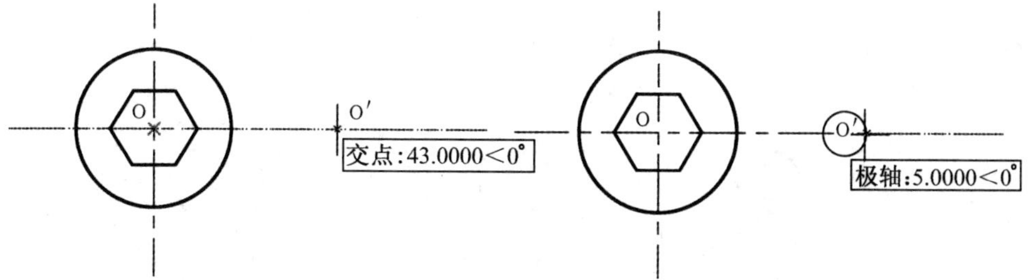

图 3-16 绘制圆

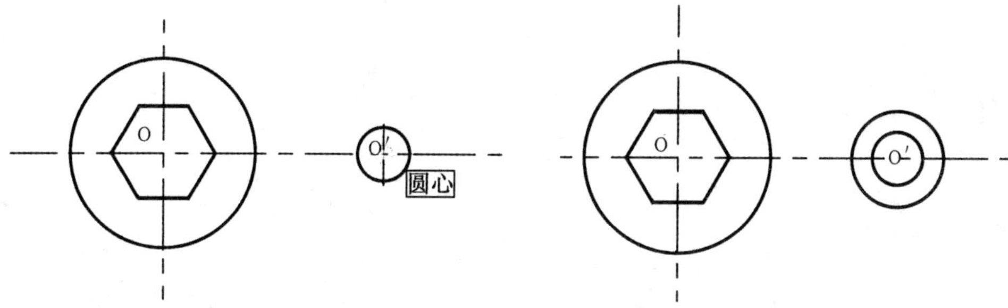

图 3-17 绘制同心圆

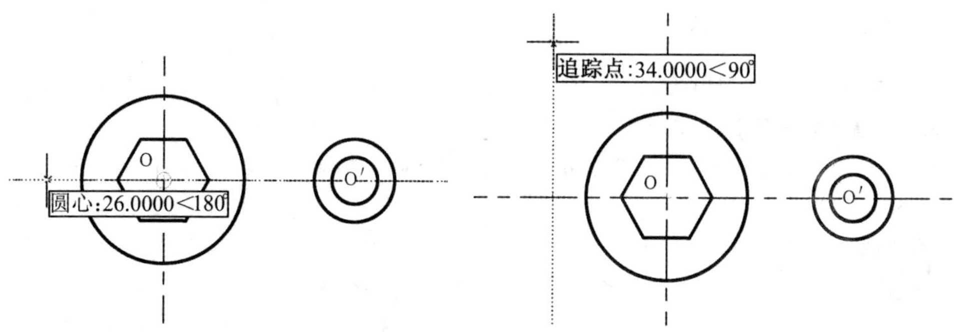

图 3-18 确定圆心位置

⑨在“绘图”工具栏中单击“圆”按钮“”,捕捉步骤⑧中绘制的圆的圆心,然后绘制一个半径为 8 的圆。

⑩在“绘图”工具栏中单击“直线”按钮“”,在“对象捕捉”工具栏中单击“捕捉到切点”按钮“”,并单击 O′处半径为 9 的圆,获得一个切点;然后再在“对象捕捉”工具栏中单击“捕捉到切点”按钮“”,并单击 O 处半径为 18 的圆,获得另一个切点,从而绘制一条公切线,如图 3-19 所示。

⑪使用同样方法,绘制另一条切线,结果如图 3-20 所示。

⑫选择“绘图”|“圆”|“相切、相切、相切”命令,绘制一个与半径为 9、18 和 8 相切的圆,如图 3-21 所示。

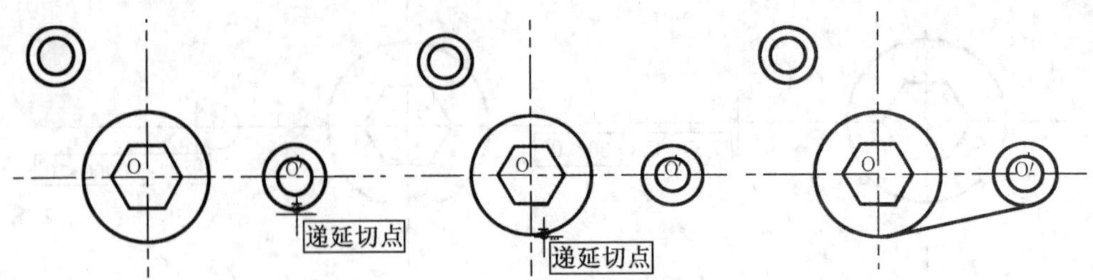

图 3-19 绘制切线

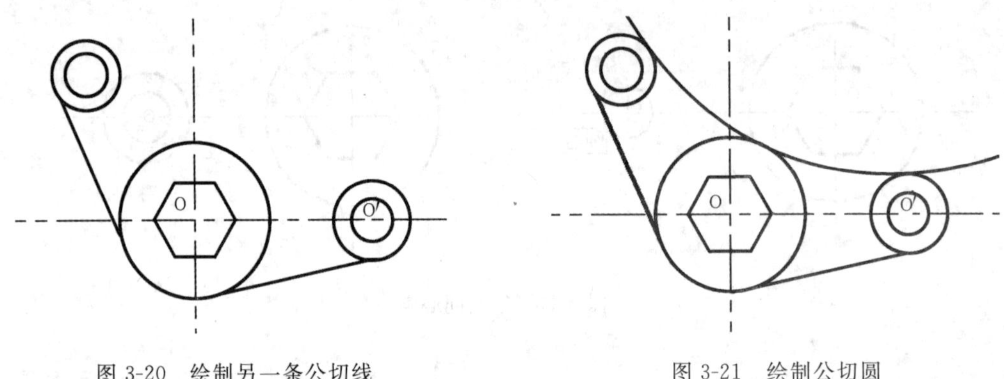

图 3-20 绘制另一条公切线　　图 3-21 绘制公切圆

⑬在“修改”工具栏中单击“修剪”按钮“-/--”，以半径为 8 和 9 的圆为修剪边，修剪公切圆的外面部分，结果如图 3-22 所示。

⑭选择绘制的辅助线，然后按“Delete”键将其删除，结构如图 3-23 所示。

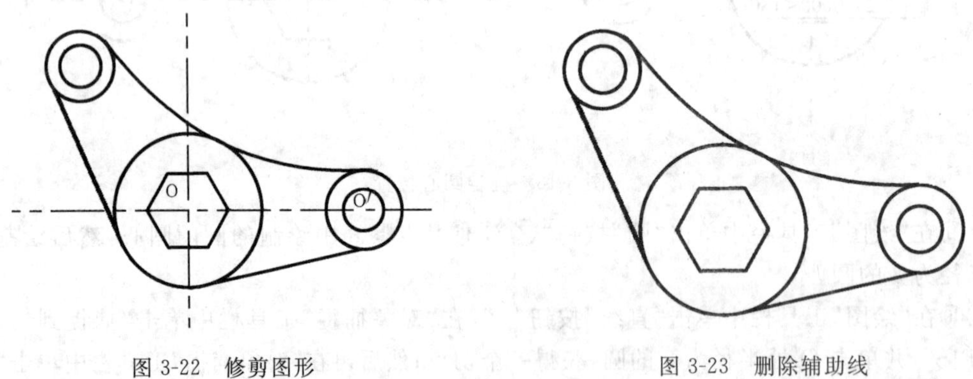

图 3-22 修剪图形　　图 3-23 删除辅助线

⑮关闭绘图窗口，并保存图形。

注意：本例题中用到的“绘图”与“修改”命令详见第 4、5 章相关命令详解。

3.4 思考练习题

3.4.1 填空题

(1)AutoCAD 中,自动追踪功能是一个非常有用的辅助绘图工具,它可按________绘制对象或绘制与其他对象有________的对象。

(2)在 AutoCAD 中,点的坐标表示法有四种,分别是__________、__________、__________、__________。

(3)所谓________功能,就是当用户把光标放在一个对象上时,系统自动捕捉到该对象上所有符合条件的几何特征点,并显示出相应标记。

(4)在绘制图形时,使用________工具,可在一次操作中创建多条追踪线,然后根据这些追踪线确定所要定位的点。

(5)使用动态输入功能可以在工具栏提示中输入________,而不必在命令行中进行输入。光标旁边显示的________将随着光标的移动而________。

3.4.2 选择题

(1)极轴追踪和对象捕捉追踪是非常有用的绘图辅助工具,如果我们事先知道要追踪的方向,则用(   )。

A. 对象捕捉追踪　　B. 极轴追踪

C. 对象捕捉追踪或极轴追踪　　D. 同时使用

(2)在 AutoCAD 中,下列坐标中使用相对极坐标的是(   )。

A. (50,20)　　B. (50＜25)　　C. (@30＜15)　　D. (@20,60)

(3)在 AutoCAD 中,打开或关闭捕捉,可按(   )键。

A. F7　　B. F9　　C. F2　　D. F12

3.4.3 上机练习题

(1)使用自动追踪和捕捉功能,绘制如图 3-24 所示图形。

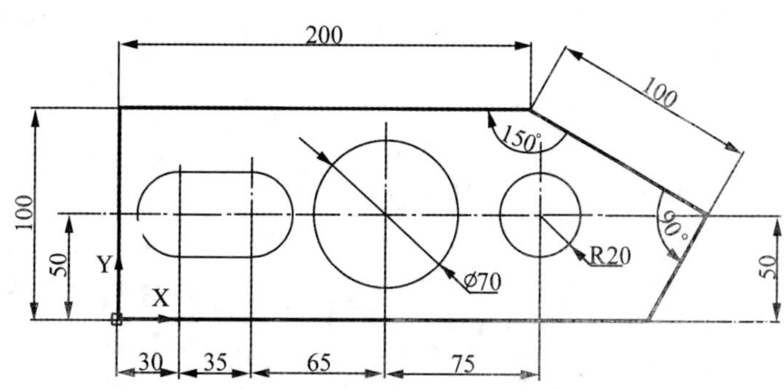

图 3-24　绘制图形

(2)使用自动追踪和捕捉功能,绘制如图 3-25 所示图形。

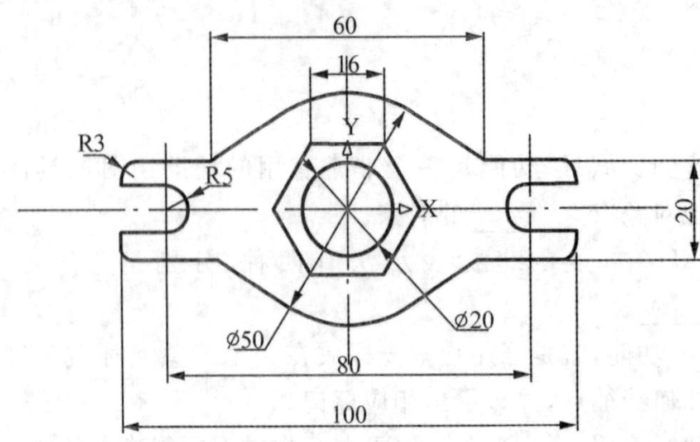

图 3-25 绘制图形

(3)使用坐标输入法,精确绘制如图 3-26 所示的图形。

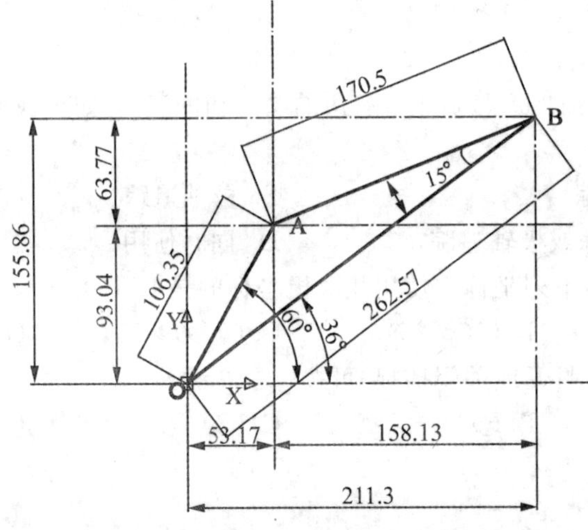

图 3-26 绘制图形

第 4 章　绘制二维基本图形

[教学目标]

了解二维绘图命令的使用方法，并能够熟练地使用它们绘制二维图形。

[教学重点与难点]

1. 二维图形的绘制方法
2. 绘制直线、射线、构造线和多段线
3. 绘制圆、圆弧、椭圆和椭圆弧
4. 绘制矩形和多边形
5. 绘制点、多线和样条曲线

4.1　二维图形的绘制方法

为了满足不同用户的需要，体现操作的灵活性、方便性，AutoCAD 提供了多种实体绘图命令，调用方法有四种：一是使用“绘图”菜单；二是使用“绘图”工具栏；三是使用“屏幕菜单”；四是在命令行中输入绘图命令。

4.1.1　使用“绘图”菜单

“绘图”菜单是绘制图形最基本、最常用的方法，如图 4-1 所示。“绘图”菜单中包含了 AutoCAD 2008 的大部分绘图命令，用户通过选择该菜单中的命令或子命令，可绘制出相应的二维图形。

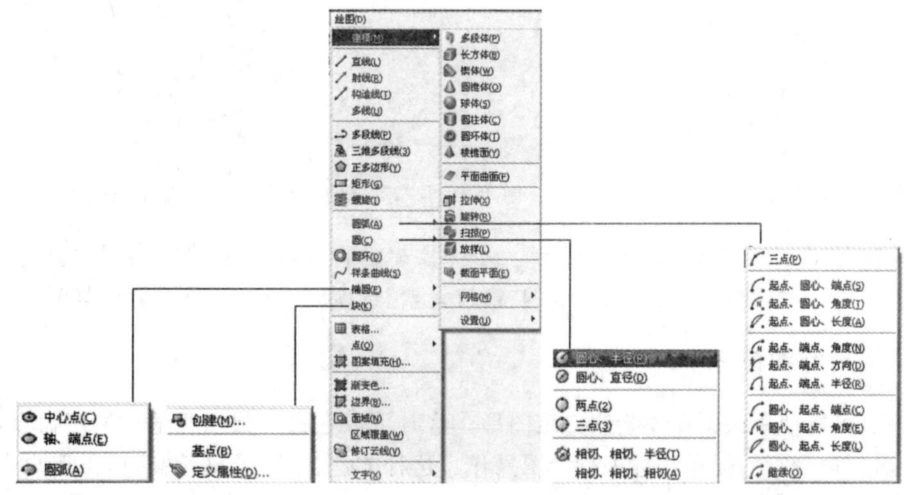

图 4-1　“绘图”菜单

4.1.2 使用“绘图”工具栏

“绘图”工具栏的每一个工具按钮分别对应于“绘图”菜单中的相应绘图命令，用户单击它们即可执行相应的绘图命令，如图 4-2 所示。

图 4-2 “绘图”工具栏

“绘图”工具栏按钮，自左到右依次为：直线、构造线、多段线、正多边形、矩形、圆弧、圆、修订云线、样条曲线、椭圆、椭圆弧、插入块、创建块、点、图案填充、渐变色、面域、插入表格、多行文字。

4.1.3 使用“屏幕菜单”

“屏幕菜单”是 AutoCAD 的另一种菜单形式，如图 4-3 所示。用户使用其中的“绘制 1”和“绘制 2”子菜单，可以绘制基本二维图形。“绘制 1”和“绘制 2”子菜单中的每个命令选项分别与 AutoCAD 的绘图命令相对应，如图 4-4 所示。

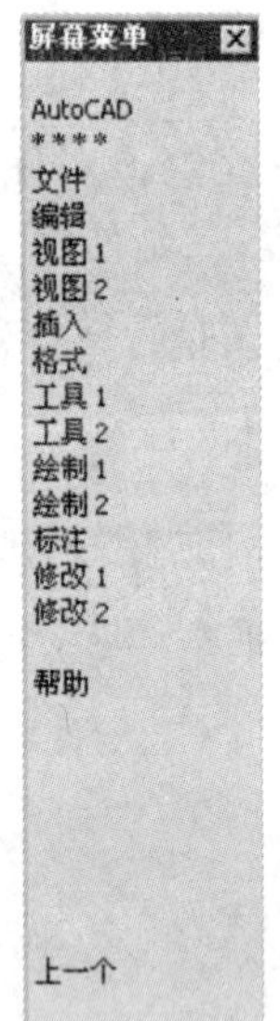

图 4-3 屏幕菜单

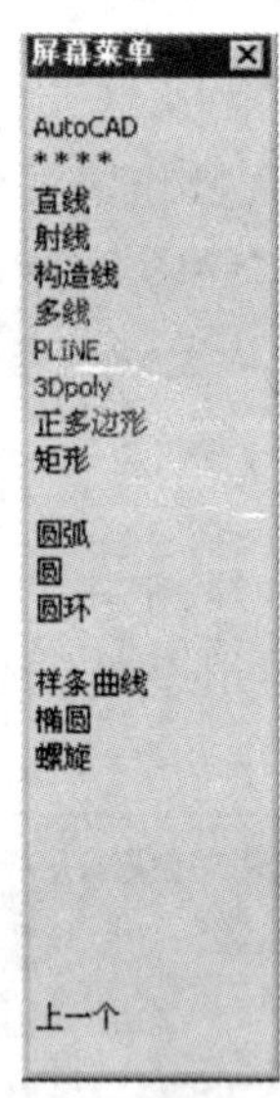

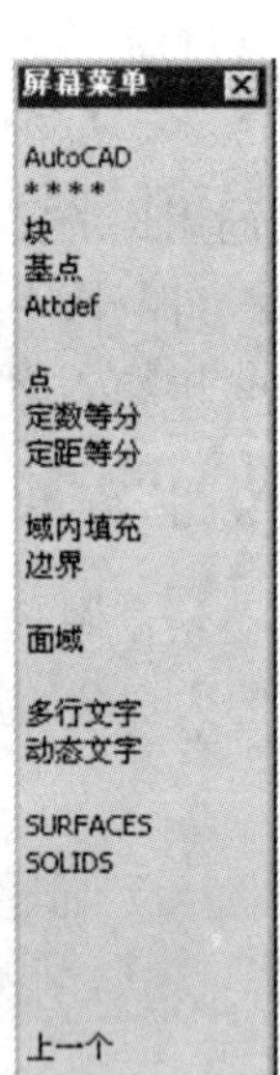

图 4-4 屏幕菜单的“绘制 1”和“绘制 2”子菜单

默认情况下，系统不显示“屏幕菜单”。如果要显示它，用户可选择“工具”|“选项”命令，打开“选项”对话框，并在“显示”选项卡的“窗口元素”选项区中选中“显示屏幕菜单”复选项。

4.1.4 使用绘图命令

用户也可以使用绘图命令绘制二维图形。这时可以在命令提示行输入绘图命令，按回车键，并根据命令行的提示信息进行绘图操作。这种方法快捷、准确性高，但需用户掌握绘图命令及其选择项的具体功能。

注意：AutoCAD 在实际绘图时，采用的是命令行工作机制，以命令的方式实现用户与系统的信息交互，而前面介绍的绘图方法是为了方便用户操作而设置的三种不同的调用绘图命令的方式。

4.2 绘制直线、射线、构造线和多段线

4.2.1 绘制直线

直线是各种绘图中最常用、最简单的一类图形对象，用户只要指定了起点和终点即可绘制一条直线。在 AutoCAD 中，可以用二维或三维坐标来指定端点，也可以混合使用二维坐标和三维坐标。如果键入二维坐标，AutoCAD 用当前的高度作为 Z 坐标值，默认值为 0。

启动命令：

①Line。

②“绘图”|“直线”命令。

③在“绘图”工具栏上单击图标“/”。

用户可以在命令行输入坐标值，也可以用鼠标在绘图窗口单击确认。绘制的直线实际上是直线段，它不同于几何学中的直线。

4.2.2 绘制射线

射线为一端固定、另一端无限延伸的直线。

启动命令：

①Ray。

②“绘图”|“射线”命令。

指定射线的起点和通过点，即可绘制一条射线。在 AutoCAD 中，射线主要用于绘制辅助线，特别是起点在圆心的辅助中心线。

4.2.3 绘制构造线

构造线为两端可以无限延伸的直线，它没有起点和终点，可以放置在三维空间的任何地方，在 AutoCAD 中，构造线也主要用于绘制辅助线。

(1)启动命令

①“绘图”|“构造线”命令。

②在“绘图”工具栏上单击图标“/”。

命令行显示：

指定点或[水平(H)/垂直(V)/角度(A)/二等分(B)/移动(O)]：

用户可以指定两点来绘制构造线，第一点为构造线概念上的中点。

(2)其他命令选项的功能

①“水平(H)”或“垂直(V)”选项：此选项用于创建经过指定点(中点)且平行于 X 轴或 Y 轴的构造线。

②“角度(A)”选项：此选项用于先选择一条参考线，再指定与构造线的角度；或者指定

构造线的角度，再设置必经的点，从而创建与 X 轴成指定角度的构造线。

③“二等分(B)”选项：此选项用于创建二等分指定角的构造线。需指定等分角的顶点、起点和端点。

④“偏移(O)”选项：此选项用于创建平行于指定基线的构造线，需要指定偏移距离，选择基线，然后指明构造线位于基线的哪一侧。

例题 4-1 使用“射线”和“构造线”命令，绘制如图 4-5 所示图形中的辅助线。

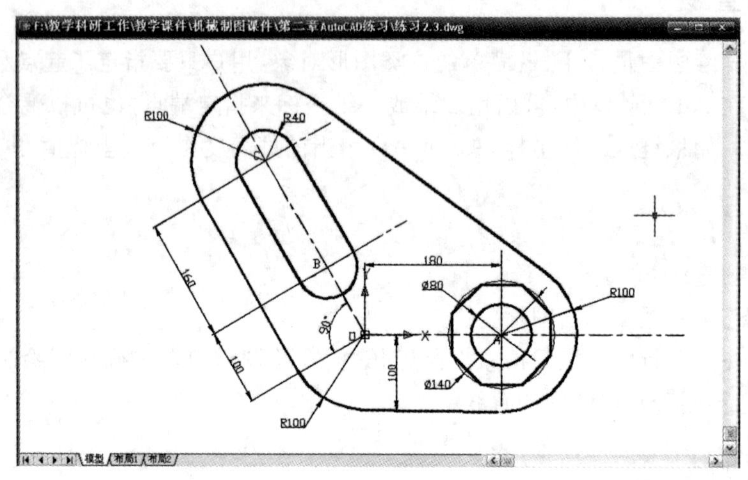

图 4-5 平面图形

①选择“工具”|“草图设置”命令，打开“草图设置”对话框，选择“极轴追踪”选项卡，并选择“启用极轴追踪”复选框，在“增量角”下拉列表框中选择“30”，然后单击“确定”按钮。

②选择“工具”|“选项”命令，打开“选项”对话框，单击“草图”选项卡，并在“自动追踪设置”选项卡中选择“显示自动追踪工具栏提示”复选框。

③选择“绘图”|“射线”命令，并在“指定起点”提示下输入“(0,0)”，指定射线的起点(0,0)。

④沿水平方向移动指针，当极轴角显示为 0°时，单击鼠标创建出第一条射线，然后移动鼠标，当极轴角显示 120°时，单击鼠标创建第二条射线，如图 4-6 所示。

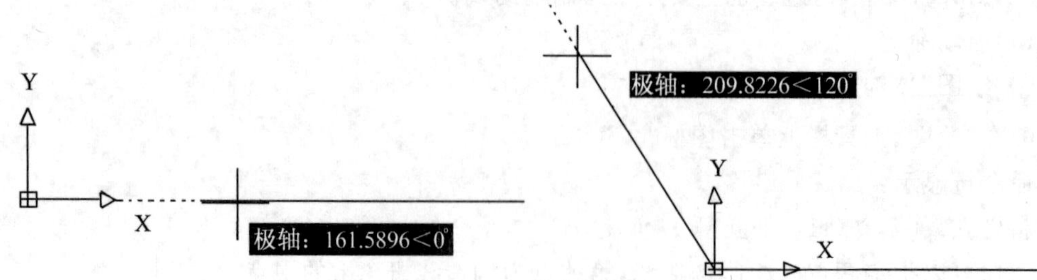

图 4-6 绘制射线

⑤选择“绘图”|“构造线”命令，在“指定点或[水平(H)/垂直(V)/角度(A)/二等分(B)/移动(O)]:”提示下输入“V”，并在“指定通过点”提示下输入“(180,0)”，然后回车，结

束构造线绘制命令，从而绘制出一条过(180,0)的垂直构造线，如图 4-7 所示。

⑥选择“工具”|“新建 UCS”|“Z”命令，然后在“指定绕 Z 轴的旋转角度〈90〉:”提示下输入“30”，见坐标系统绕 Z 轴旋转 30°。

⑦选择“绘图”|“构造线”命令，在“指定点或[水平(H)/垂直(V)/角度(A)/二等分(B)/移动(O)]:”提示下输入“H”，并在“指定通过点”提示下输入“(0,100)”和“(0,260)”，然后回车，结束构造线绘制命令，从而绘制出一条过(0,100)和点(0,260)的水平构造线，如图 4-8 所示。

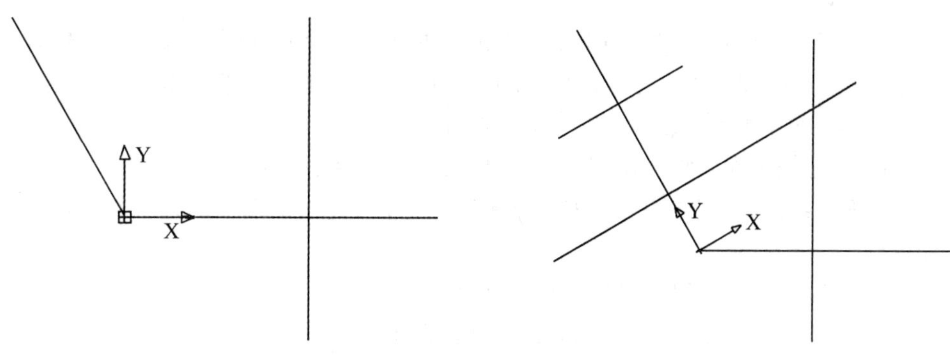

图 4-7　绘制垂直构造线　　　　图 4-8　绘制水平构造线

⑧选择“工具”|“新建 UCS”|“世界”命令，恢复世界坐标系，然后关闭绘图窗口，并保存绘制的图形。

4.2.4　绘制多段线

多段线是一种非常有用的线段对象，是由多段直线段或圆弧段组成的一个组合体，它们既可以一起编辑，也可以分别编辑，还可以具有不同的宽度。

(1)启动命令

①Pline。

②“绘图”|“多段线”命令子菜单。

③在“绘图”工具栏上单击图标“ ”，系统提示“指定起点:”，当指定了起点后系统提示：

指定下一点或[圆弧(A)/半宽(H)/长度(L)/放弃(U)/宽度(W)]:

默认情况下，指定了下一点后，则系统将从起点到该点绘制一条多段线。

(2)其他选项功能：

①“圆弧(A)”:此选项用于从绘制直线方式切换到绘制圆弧方式。

②“半宽(H)”:此选项用于设置多段线的半宽度，另外，还可指定起点和端点的半宽。

③“长度(L)”:此选项用于指定绘制的直线段的长度。

④“放弃(U)”:此选项用于删除多段线上的上一段直线或者圆弧段。

⑤“宽度(W)”:此选项用于设置多段线的宽度，用户可以分别指定对象的起点半宽和端点半宽。具有宽度的多段线填充与否，可通过 Fill 命令来设置。选项“开(ON)”为填充，选项“关(OFF)”为不填充。

(3)当选择“圆弧(A)”时，系统提示：

指定圆弧的端点或[角度(A)/圆心(CE)/闭合(CL)/方向(D)/半宽(H)/直线(L)/半径(R)/第二点(S)/放弃(U)/宽度(W)]:

①“角度(A)”:此选项用于根据圆弧对应的圆心角来绘制圆弧段,需在命令行输入圆弧的包含角。圆弧的方向与角度的正负有关,同时也与测量方向有关。

②“圆心(CE)”:此选项用于根据圆弧的圆心位置来绘制圆弧段。此选项需指定圆心的位置,并指定圆弧的起点、包含角或对应弦长中的一个条件来绘制圆弧。

③“闭合(CL)”:此选项可根据最后点和多段线的起点为圆弧的两个端点绘制一个圆弧,以封闭多段线并结束命令。

④“方向(D)”:此选项用于根据起始点处的切线方向来绘制圆弧。此选项可输入起点方向与水平方向的夹角来确定圆弧的起点方向,也可指定一点,系统将把起点与该点的连线作为圆弧的起点切向,再确定圆弧的另一个端点既可。

⑤“直线(L)”:此选项可将绘制圆弧方式切换到绘制直线方式。

⑥“半径(R)”:此选项用于根据半径来绘制圆弧,并通过指定端点和包含角中的一个条件来绘制圆弧。

⑦“第二点(S)”:此选项用于根据三点来绘制一个圆弧。

⑧“半宽(H)”、“放弃(U)”、“宽度(W)”的功能同上。

4.3 绘制圆、圆弧、椭圆和椭圆弧

4.3.1 绘制圆

在 AutoCAD 中,圆、圆弧、椭圆、椭圆弧都属于曲线对象,它们的绘制方法对于线性对象来说要复杂点,并且方法也比较多。

(1)启动命令:

①命令:Circle。

②“绘图”|“圆”命令子菜单。

③在“绘图”工具栏单击图标“”。

(2)圆的绘图方法共有六种,如图 4-9 所示,相应命令功能如下:

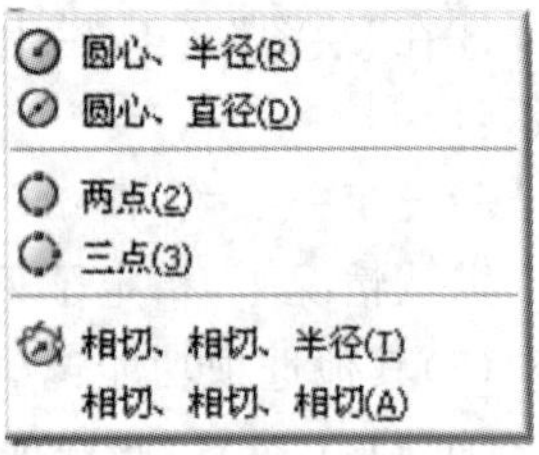

圆心、半径(R)
圆心、直径(D)
两点(2)
三点(3)
相切、相切、半径(T)
相切、相切、相切(A)

图 4-9 绘制圆的“命令”选项

①“圆心、半径”命令:此选项用于指定圆心和半径绘制圆。

②“圆心、直径”命令:此选项用于指定圆心和直径绘制圆。

③“两点”命令:此选项用于指定两点,并以两点之间的距离为直径绘制圆。

④“三点”命令:此选项用于由圆弧上的三个点决定一个圆。

⑤“相切、相切、半径”命令:此选项用于指定与圆相切的两个对象,并指定圆半径绘制一个圆。在机械制图中,此命令常用来绘制连接弧。

⑥“相切、相切、相切”命令:此选项用于通过依次指定与圆相切的三个对象来绘制圆。

指定三点后，系统总是在距离拾取点最近的部位绘制相切的圆，所以拾取位置不同，得到的结果也不相同。

4.3.2 绘制圆弧

(1)启动命令：

①Arc。

②“绘图”|“圆弧”命令子菜单。

③在绘图工具栏上单击图标“”。

(2)圆弧的绘制方法有 11 种，如图 4-10 所示。

以上命令的功能与圆类似，不再一一介绍。最后一个命令“继续”的功能如下：选择该命令，并在命令行的“指定圆弧的起点或[圆心(C)]：”提示下直接按回车键，系统将以最后一次绘制的线段或圆弧过程中确定的最后一点作为新圆弧的起点，以最后所绘制线段方向或圆弧终止点处的切线方向为新圆弧在起始点处的切线方向，然后再指定一点，就可以绘制出一个新圆弧。

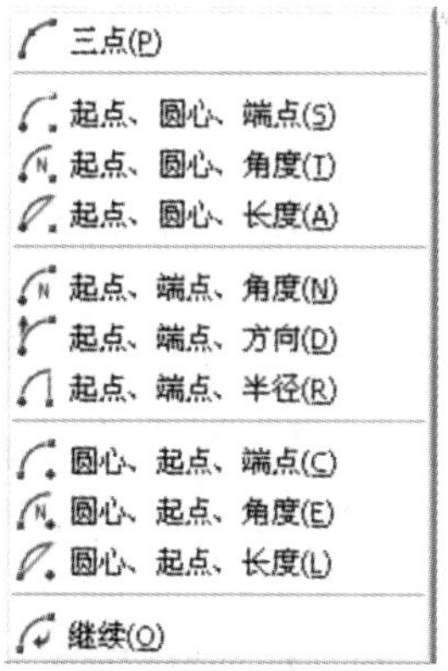

三点(P)
起点、圆心、端点(S)
起点、圆心、角度(T)
起点、圆心、长度(A)
起点、端点、角度(N)
起点、端点、方向(D)
起点、端点、半径(R)
圆心、起点、端点(C)
圆心、起点、角度(E)
圆心、起点、长度(L)
继续(O)

图 4-10 绘制圆弧的“命令”选项

4.3.3 绘制椭圆

启动命令：

①Ellipse。

②“绘图”|“椭圆”命令子菜单。

③在绘图工具栏上单击图标“”。

椭圆的绘制方法有两种：选择“绘图”|“椭圆”|“中心点”命令，可以指定椭圆中心、一个轴的端点(主轴)以及另一个轴的半轴长度绘制椭圆；选择“绘图”|“椭圆”|“轴、端点”命令，可以通过指定一个轴的两个端点和另一个轴的半轴长度绘制椭圆。

如果打开“等轴测”功能，在“Ellipse”命令下可绘制等轴测面的椭圆。

4.3.4 绘制椭圆弧

启动命令：

①Ellipse。与椭圆的绘图命令相同，但子选项不同。

②“绘图”|“椭圆”|“圆弧”命令。

③在“绘图”工具栏上单击图标“”。

命令行显示：

指定椭圆的轴端点或[圆弧(a)/中心点(c)]：a

指定椭圆弧的轴端点或[中心点(c)]：

确定椭圆形状同绘制椭圆，当形状确定后，命令行显示“指定起始角度或[参数]：”，默认情况下，通过指定椭圆弧的起始角来确定椭圆弧。当指定了起始角后，命令行显示“指定终止角度或[参数(P)/包含角(I)]：”的提示，输入终止角回车，或选择“包含角(I)”选项，由系统根据圆弧的包含角来确定椭圆弧。如选择“参数(P)”选项，将通过参数确定圆弧另一端点的位置。

4.4 绘制矩形和多边形

4.4.1 绘制矩形

(1)启动命令:

①Rectangle。

②“绘图”|“矩形”命令子菜单。

③在“绘图”工具栏上单击图标“▭”。

命令行提示:

指定第一个角点或[倒角(C)/标高(E)/圆角(F)/厚度(T)/宽度(W)]:

当指定第一点后,系统提示“指定另一个角点或[尺寸(D)]:”,可直接指定另一点绘制矩形,也可选择“尺寸(D)”选项,通过指定矩形的长度、宽度和矩形另一角点的方向来绘制矩形。

(2)其他选项功能:

①“倒角(C)”:此选项用于绘制一个带倒角的矩形,此时需指定矩形的两个倒角距离。当指定了倒角距离后,系统仍返回原提示信息,提示用户完成矩形的绘制。

②“标高(E)”:此选项用于指定矩形所在的平面高度。该选项用于绘制三维图形。

③“圆角(F)”:此选项用于绘制一个带圆角的矩形,此时需指定圆角的半径。

④“厚度(T)”:此选项用于以设定的厚度绘制矩形。该选项用于绘制三维图形。

⑤“宽度(W)”:此选项用于以设定的线宽绘制矩形。此时需指定矩形的线宽。

4.4.2 绘制正多边形

启动命令:

①Polygon。

②“绘图”|“正多边形”命令子菜单。

③在“绘图”工具栏上单击图标“⬠”。

此命令可绘制边数为3～1024的正多边形。指定正多边形的边数后,命令行提示:“指定正多边形的中心点或[边(E)]:”。默认条件下指定中心点后,命令行提示:“输入选项[内接于圆(I)/](I):”。选择“内接于圆(I)”选项,表示绘制的多边形将内接于假想的圆;选择“外接于圆(C)”选项,表示绘制的多边形将外接于假想的圆。

此外,如果选择“[边(E)]”选项,可以指定两个点作为多边形一条边的两个端点绘制多边形。

例题4-2 绘制图4-5所示的平面图形。

①参照例题4-1,绘制图形中的辅助线,并在状态栏上单击“对象捕捉”按钮,打开对象捕捉模式。

②选择“绘图”|“圆”|“圆心、半径”命令,或在“绘图”工具栏中单击按钮“⊙”,分别以辅助线的交点A、B、C点为圆心,绘制半径为40的圆,如图4-11所示。

③选择“绘图”|“直线”命令,捕捉点B和点C处圆与辅助线的交点,绘制直线,如图4-12

所示。

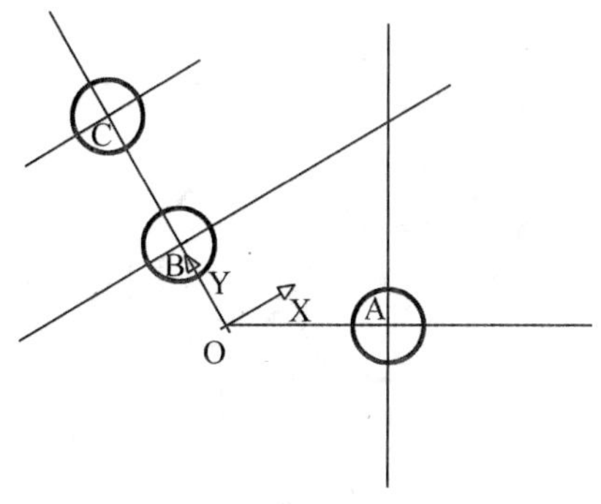

图 4-11 绘制圆

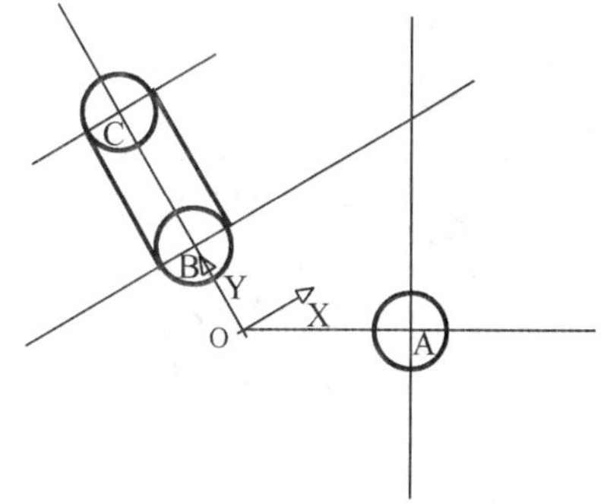

图 4-12 绘制直线

④选择“绘图”|“正多边形”命令，然后以点 A 为中心，绘制一个内接圆半径为 70 的正八边形，如图 4-13 所示。

⑤选择“绘图”|“圆”|“圆心、半径”命令，分别以辅助线交点 A、O 和 C 为圆心，绘制半径为 100 的圆，结果如图 4-14 所示。

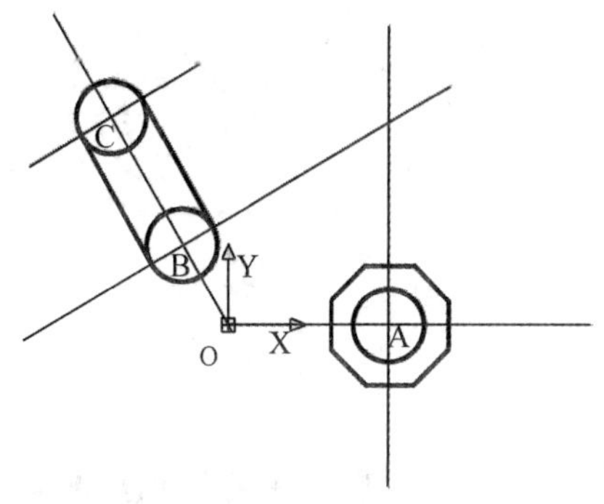

图 4-13 绘制正八边形

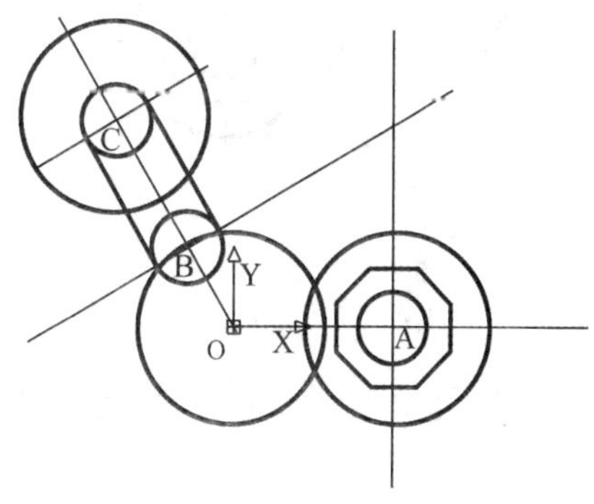

图 4-14 绘制圆

⑥选择“绘图”|“直线”命令，在“对象捕捉”工具栏中单击“捕捉到切点”按钮“○”，并单击点 A 处半径为 100 的圆的下方，然后再在“对象捕捉”工具栏中单击“捕捉到切点”按钮“○”，并单击点 O 处半径为 100 的圆的下方，从而绘制出两圆的切线，结果如图 4-15 所示。

⑦使用同样方法，绘制出其他两条切线，结果如图 4-16 所示。

⑧在“修改”工具栏中单击“修剪”按钮“-/--”，选择绘制的三条切线为修剪边，单击半径为 100 的圆，对其进行修剪，结果如图 4-17 所示。

⑨使用同样方法，修剪图形中其他多余的线段，并使用“修改”工具栏中的“打断”按钮，打断辅助线，最终结果如图 4-18 所示。

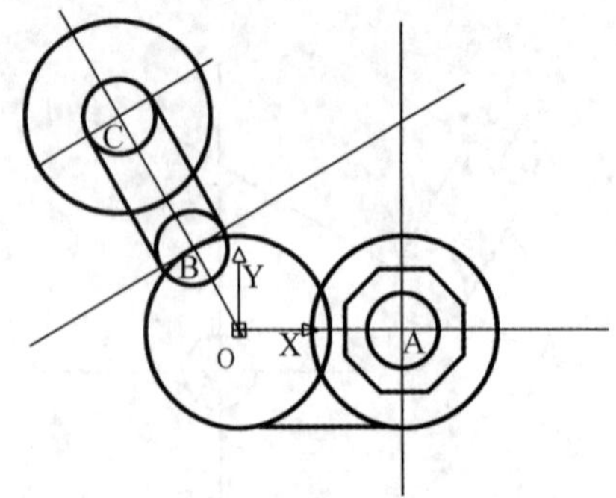

图 4-15　绘制切线

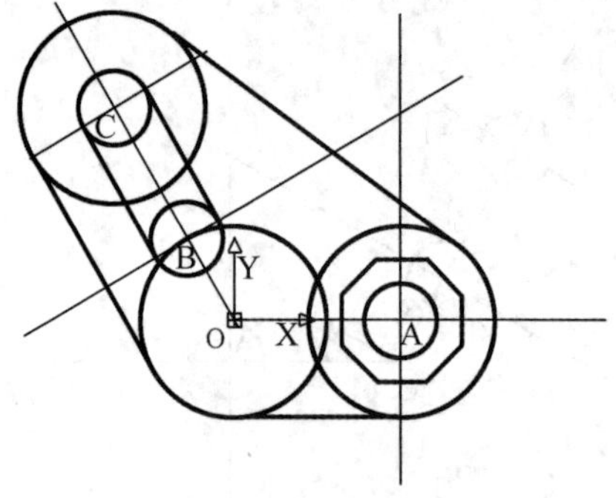

图 4-16　绘制其他两条切线

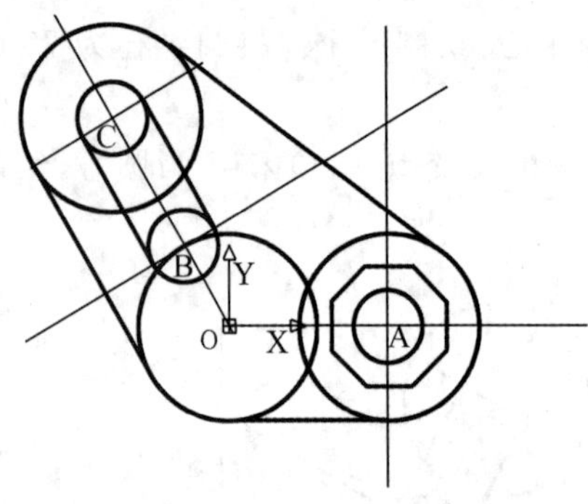

图 4-17　修剪图形

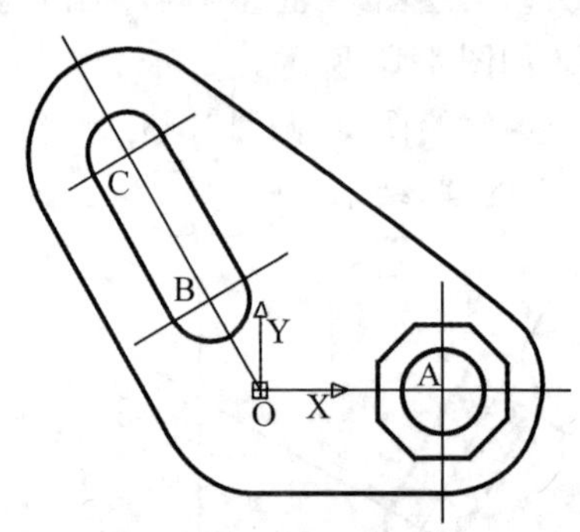

图 4-18　完成图形

4.5　绘制点、多线和样条曲线

4.5.1　绘制点

启动命令：

①Point。

②“绘图”|“点”命令子菜单。

③在“绘图”工具栏上单击图标“■”。

绘制点可分为以下四种：单点、多点、定数等分、定距等分。用户可选择“格式”|“点样式”命令或“Ddptype”命令，打开“点样式”对话框，设置点的样式和大小，如图 4-19 所示。

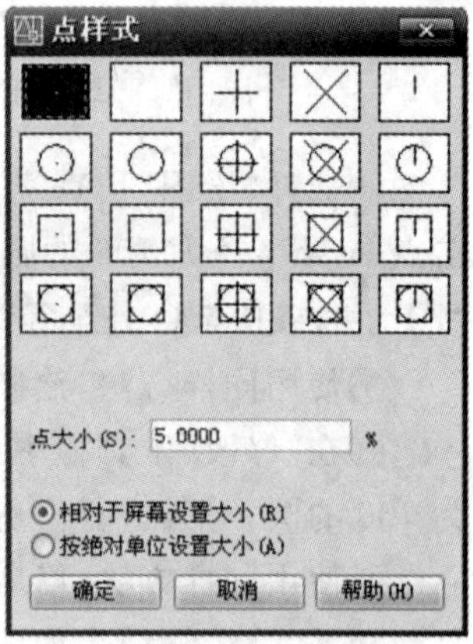

图 4-19　选择“点样式”

4.5.2　绘制与编辑多线

多线是由多条(1～16 条)平行线组成的组合对象，这些平行线称为元素。通过指定每一个元素距多线原点的偏移量可以确定元素的位置。用户可以自己创建和保存多线样式，或者使用包含两个元素的默认样式。用户可以设置每一个元素的颜色、线型，以及显示或隐蔽多线的接头。所谓接头，就是指那些出现在多线元素每个顶点处的线条。

多线多用于建筑设计和园林设计领域，或用于建筑墙体的绘制、电子线路图中的平行线等对象。

4.5.2.1 绘制多线

(1)启动命令：

①Mline。

②“绘图”|“多线”命令子菜单。

执行该命令，可以绘制多线，此时命令行显示如下提示信息：

当前设置：对正＝上，比例＝1.00，样式＝STANDARD

指定起点或[对正(J)/比例(S)/样式(ST)]：

在命令行中，“当前设置：对正＝上，比例＝1.00，样式＝STANDARD”提示信息显示了当前多线绘图格式的对正方式、比例及其样式。默认情况下，用户需要指定多线的起始点，以当前的格式绘制多线，其绘制方法与绘制直线相似。

(2)该命令中的其他选项的功能如下：

①“对正(J)”选项：此选项用于指定多线的对正方式。此时命令行显示“输入对正类型[上(T)/无(Z)/下(B)]〈上〉：”提示信息。其中，“上(T)”选项表示当从左至右绘制多线时，多线上最顶端的线将随光标移动；“无(Z)”选项表示绘制多线时，多线的中心将随光标点移动；“下(B)”选项表示当从左至右绘制多线时，多线上最下端的线将随光标移动。

②“比例(S)”选项：此选项用于指定所绘制的多线宽度相对于多线定义宽度的比例因子，该比例不影响多线的线型比例。

③“样式(ST)”选项：此选项用于指定绘制的多线样式，默认样式为标准型。当命令行显示“输入多线样式名或[?]：”提示信息时，可以直接输入已有的多线样式名，也可以输入“?”来显示已定义的多线样式。

4.5.2.2 创建多线样式

选择“格式”|“多线样式”命令，将打开“多线样式”对话框，如图4-20所示。用户可以根据需要创建多线样式，设置其线条数目和线的拐角方式。

在“多线样式”对话框的“样式”列表区，显示当前已加载的多线样式，用户可以从中选择当前所需要的多线样式；用户也可以对已有的多线样式更名；而在“说明”文本框中，显示了用于说明当前定义的多线样式的特征描述。

在“多线样式”对话框中单击“加载”按钮，将打开“加载多线样式”对话框，如图4-21所示。用户可以从中选取多线样式将其加载到当前图形中，也可以单击“文件”按钮，打开“从文件加载多线样式”对话框，选择多线样式文件。默认情况下，AutoCAD提供的多线样式文件为acad.mln。

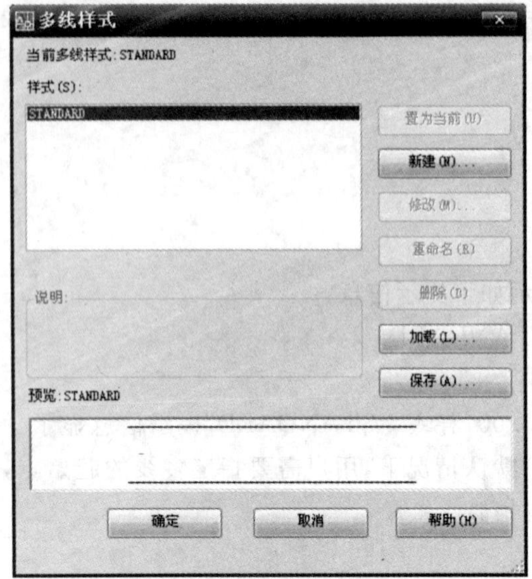

图 4-20 “多线样式”对话框

图 4-21 “加载多线样式”对话框

在“多线样式”对话框中单击“新建”按钮，将打开“创建新的多线样式”对话框，如图 4-22 所示。在“新样式名”文本框中输入“三线样式”并单击“继续”按钮，系统将打开“新建多线样式:三线样式”对话框，如图 4-23 所示。用户可以在此对话框中设置新建多线特性，如“封口”、“填充”等。另外，也可以设置多线样式的元素特性，包括多线的线条数目、每条线的颜色和线型等特性。其中，“图元”列表框中列举了当前多线样式中各线条元素及其特性，包括线条元素相对于多线中心线的偏移量、线条颜色和线型。如果用户要增加多线中线条的数目，可单击“添加”按钮，这时在“图元”列表中将加入一个偏移量为 0 的新线条元素，并通过“偏移”文本框设置线条元素的偏移量，“颜色”文本框设置当前线条的颜色，“线型”文本框设置线元素的线型。

图 4-22 “创建新的多线样式”对话框

图 4-23 “新建多线样式”对话框

此外，用户如果要删除某一线条，可在“图元”列表框中选中该线条元素，然后单击“删除”按钮即可。

在“多线样式”对话框中，单击“保存”按钮，打开“保存多线样式”对话框，可以将当前的多线样式保存为一个多线文件(*. mln)；单击“重命名”按钮，还可以修改当前多线样式的名称；单击“修改”按钮，可以修改当前多线样式；单击“删除”按钮，可以删除当前多线样式。

4.5.2.3 编辑多线

在 AutoCAD 中，选择“修改”|“对象”|“多线”子命令，打开“多线编辑工具”对话框，用户可以使用其中的 12 种编辑工具编辑多线，如图 4-24 所示。

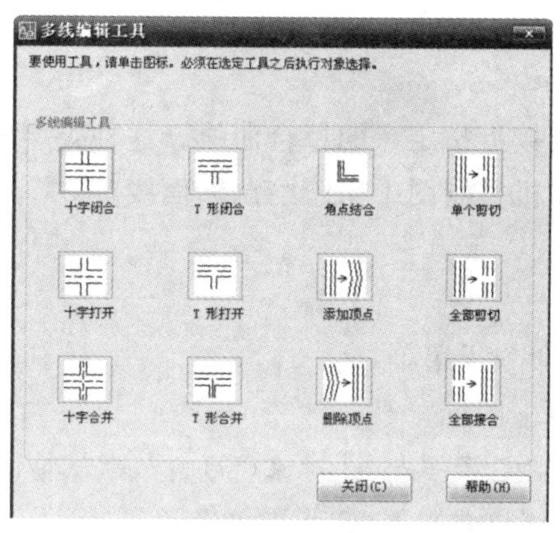

图 4-24 “多线编辑工具”对话框

使用三个十字形工具可以消除各种相交线段，如图 4-25 所示。当用户选择十字形中某工具后，还需要选择两条多线，AutoCAD 总是切断所选的第一条多线，并根据所选工具切断第二条线。在使用“十字合并”工具时，可以生成配对元素的直角，如果没有配对元素，则多线将不被剪断。

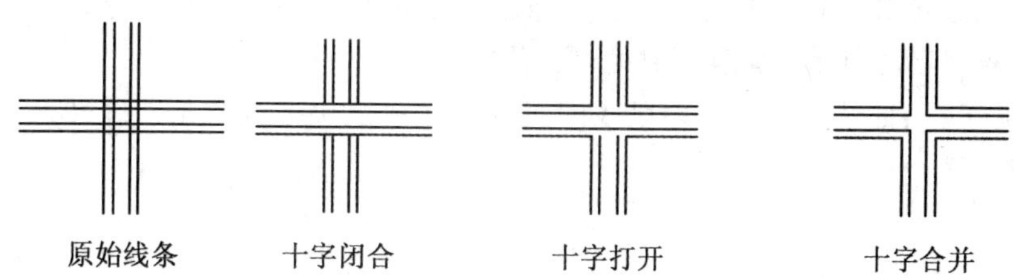

图 4-25 多线的十字形编辑效果

使用 T 字形工具和交点结合工具也可以消除相交线，如图 4-26 所示。此外，交点结合工具还可以消除多线一侧的延伸线，从而形成直角。使用该工具时，需要选取两条多线，用户只需在想保留的多线某部分上拾取点，系统就将多线剪裁或延伸到它们相交点。

图 4-26 多线的 T 型编辑效果

使用添加顶点工具“|||→⟫”可以为多线增加若干顶点，使用删除顶点工具“⟫→|||”则可以从包含三个或更多顶点的多线上删除顶点，若选取的多线只有两个顶点，那么该工具将无效。

使用剪切工具“![]”可以切断多线。其中,“单个剪切”工具用于切断多线中一条,只需简单地拾取要切断的多线某一条元素上的两点,则这两点中的连线即被删去(实际上是不显示);“全部剪切”工具用于切断整条多线。

此外,使用“全部结合”工具“![]”可以重新显示所选两点间的任何切断部分。

4.5.3 绘制样条曲线

样条曲线是一种通过或接近指定点的拟合曲线。这种类型的曲线适宜于表达具有不规则变化曲率半径的曲线。在机械制图中用于绘制断面线等。

(1)启动命令:

①Spline。

②“绘图”|“样条曲线”命令子菜单。

③在“绘图”工具栏上单击图标“~”。

执行该命令系统提示“指定第一点或[对象(O)]:”,默认情况下,指定一点后系统提示:

指定下一点或[闭合(C)/拟合公差(F)]〈起点切向〉:

(2)各选项功能:

①“起点切向”:在完成控制点的指定后,按回车键,系统要求确定样条曲线在起始点处的切线方向,用户可以输入角度值,也可以用移动鼠标的方法来确定样条曲线在起始点处的切线方向和在指定终点处的切线方向。

②“闭合(C)”:此选项用于封闭样条曲线,并显示“指定切向”,起点也是终点。

③“拟合公差(F)”:此选项用于设置样条曲线的拟合公差。拟合公差是指实际样条曲线与输入的控制点之间允许偏移距离的最大值。

④“对象(O)”:此选项可以将多段线编辑的二次或三次拟合样条曲线转换成等价的样条曲线。

4.6 思考练习题

4.6.1 填空题

(1)在 AutoCAD 中,绘制二维图形的方法有四种,即________、________、________、________。

(2)在 AutoCAD 中,绘制椭圆弧的命令和绘制椭圆的命令相同,都是________,但命令行的提示不同。

(3)在绘制矩形命令中,子选项“标高”用于绘制________图形的平面高度,“宽度”用于设定________绘制矩形。

(4)在 AutoCAD 中,点对象有四种创建方法,即________、________、________、________。

(5)多线是一种非常有用的线段对象,它是由多线________或________组成的一个组合体。

(6)在编辑多线时,使用“多线编辑工具”中的________工具,可以重新显示所选两点间的任何切断部分。

(7)样条曲线是一种通过或接近指定点的________曲线。在 AutoCAD 中，样条曲线的类型是__________。

4.6.2 选择题

(1)在 AutoCAD 中，使用“矩形”绘图命令可以绘制多种图形，以下答案中最恰当的是(　　)。

A. 圆角矩形　　B. 倒角矩形　　C. 有厚度的矩形　　D. 以上全正确

(2)在机械制图中，常使用“绘图”|“圆”命令中的(　　)子命令绘制连接弧。

A.“圆心、半径”　　B.“二点”

C.“相切、相切、半径”　　D.“三点”

(3)在绘制圆弧时，已知道圆弧的圆心、弦长和起点，可以使用“绘图”|“圆弧”命令中的(　　)子命令绘制圆弧。

A.“起点、圆心、角度”　　B.“起点、圆心、长度”

C.“起点、端点、角度”　　D.“起点、端点、方向”

(4)在下列编辑工具中，表示“十字打开”的是(　　)。

A.　　B.　　C.　　D.

(5)在绘制多段线时，当自命令行输入“A”时，表示切换到(　　)绘制方式。

A. 圆弧　　B. 角度　　C. 直线　　D. 直径

4.6.3 上机练习题

(1)绘制如图 4-27 所示的房屋平面图。

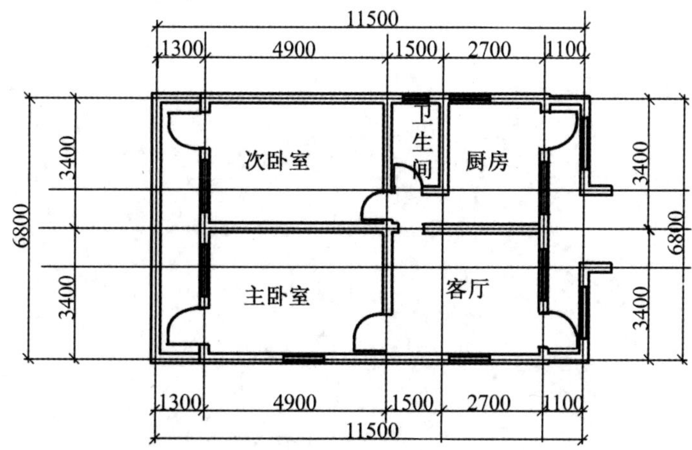

图 4-27 绘制房屋平面图

(2)绘制如图 4-28 所示的平面图形。

(3)绘制如图 4-29 所示的断面图。

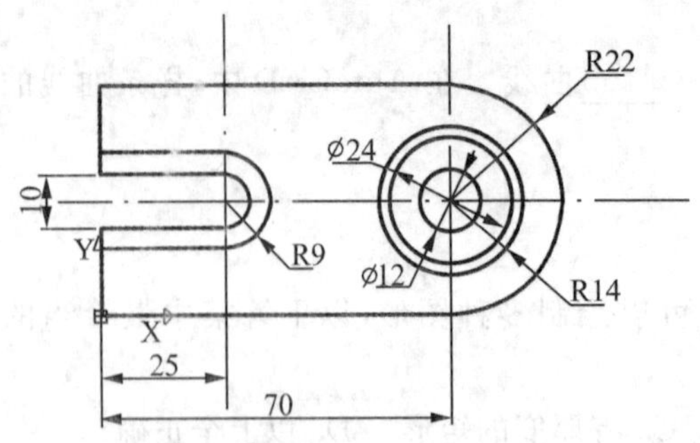

图 4-28 绘制平面图形

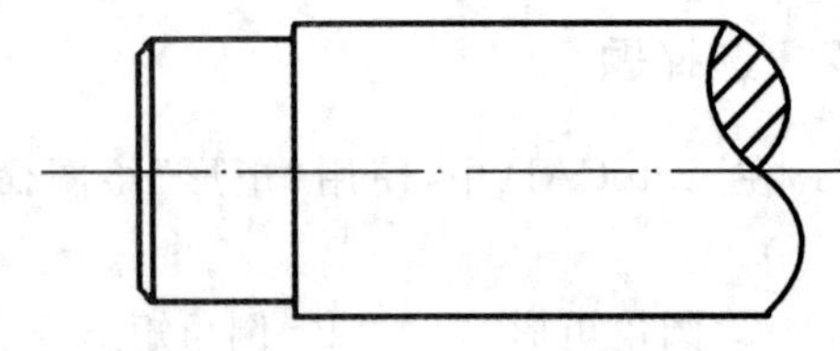

图 4-29 绘制断面图

(4)绘制如图 4-30 所示的平面图形。

(5)绘制如图 4-31 所示的平面图形。

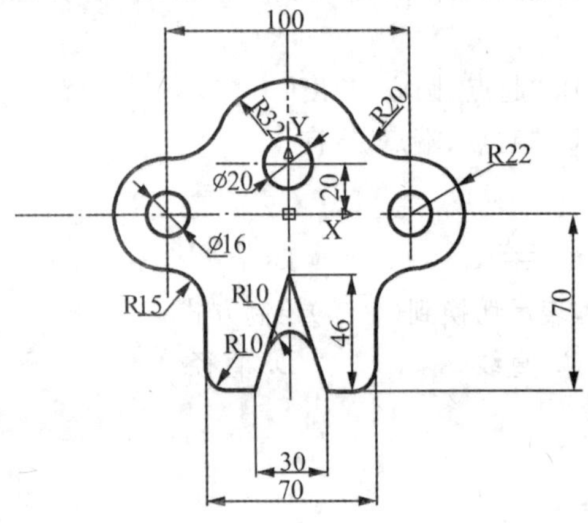

图 4-30 绘制平面图形

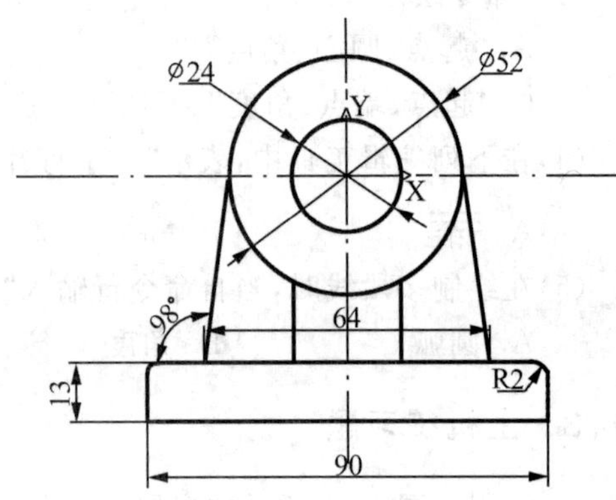

图 4-31 绘制平面图形

第5章　二维图形的编辑和修改

［教学目标］

掌握二维图形对象的编辑与修改的方法和技巧，并能够使用绘图工具和修改命令绘制复杂的图形。

［教学重点与难点］

1. 选择对象
2. 使用夹点编辑对象
3. 编辑修改命令的功能

图形的编辑和修改就是对用基本绘图命令绘制的图形进行移动、旋转、缩放、复制、删除和参数修改等操作的过程。在AutoCAD中，系统提供了丰富的图形编辑修改命令，将它们与绘图工具结合起来，可以帮助用户合理地构造和组织图形，保证绘图的准确性，简化绘图操作，提高工作效率。

用户在编辑修改图形时，首先要选择对象，然后再对其进行编辑修改。当选中对象时，图形的象限点显示若干小方框（即夹点），利用它们可方便地对图形进行简单的夹点编辑。

5.1　选择对象

5.1.1　选择对象选择集模式

(1)启动命令："工具"|"选项"命令。打开"选项"对话框，使用其中的"选择集"选项卡可以设置选择集模式、拾取框大小等。选择集模式共有6个复选项，如图5-1所示。

(2)各选项的功能如下：

①"先选择后执行(N)"：此选项用于设置是否可以先选择对象，构造出一个选择集，然后再对该选择集进行编辑操作的命令。

②"用Shift键添加到选择集(F)"：选中此选项时，必须按住"Shift"键，才能向已有的选择集添加对象。

③"按住并拖动(D)"：此选项用于控制鼠标定义选择窗口的方式。选中此选项时，需按住拾取键并拖动才能生成一个选择窗口，用户也可分两次在屏幕上用鼠标定义选择窗口的角点。

④"隐含窗口(I)"：此选项用于是否自动生成一个选择窗口。选中此选项时，可以在出现选择对象提示后直接在绘图区拖动绘出一个矩形窗口来选择对象，用户也可分两次在屏幕上用鼠标定义选择窗口的角点。

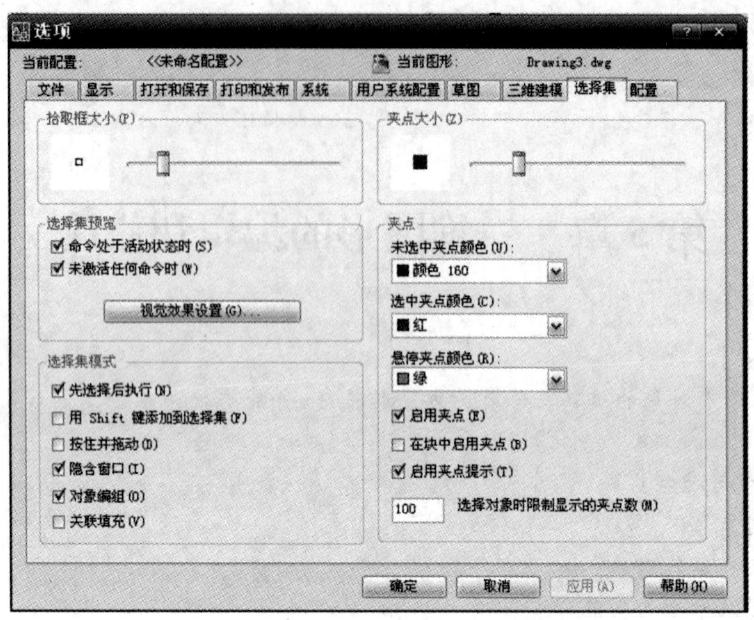

图 5-1 使用“选项”对话框设置选择模式

⑤“对象编组(O)”:此选项用于控制是否可以自动按组选择对象。选中此选项时,当选择某个对象编组中的一个对象时,将会选中这个对象编组中的所有对象。

⑥“关联填充(V)”:此选项用于控制是否可以从关联填充中选择对象。选中此选项时,用户就可以选择一个关联性填充,即能选择该填充的所有对象,包括边界。

5.1.2 选择对象的方法

在 AutoCAD 中,选择对象的方法很多,可以通过单击对象选取,也可以利用矩形窗口或交叉窗口选择,可以选择最近创建的对象、前面的选择集或选择图形中的所有对象,也可以向选择集中添加对象或删除对象。

在“选择对象”提示下输入“?”后回车,系统提示:

需要点或[窗口(W)/上一个(L)/窗交(C)/框(B)/全部(ALL)/栏选(F)/圈围(WP)/圈交(CP)/编组(G)/添加(A)/删除(R)/多个(M)/前一个(P)/放弃(U)/自动(AU)/单个(SI)]:

常用的选择方法有以下四种:

①直接用鼠标拾取。

②全部选择(ALL):此方法可选中图形中没被冻结、锁定的对象。

③窗口选择(W):从左往右拖动鼠标可以选择矩形区域以内的对象。

④交叉窗口选择(C):从右往左拖动鼠标可以选择矩形区域以内和与矩形框相交的对象。

5.2 使用夹点编辑对象

在 AutoCAD 中,夹点是一种集成的编辑模式,具有非常实用的功能。它为用户提供了一种方便快捷的编辑操作途径,使用夹点可以对对象进行拉伸、移动、旋转、缩放、镜像等操作。

5.2.1 拉伸对象

在不执行任何任务的情况下选择对象，显示夹点，然后单击其中一个夹点，该夹点将被作为拉伸的基点，此时命令行显示如下提示：

* * 拉伸 * *

指定拉伸点或[基点(B)/复制(C)/放弃(U)/退出(X)]：

默认情况下，当指定拉伸点后，AutoCAD 将把对象拉伸或移动到新的位置。但对于某些夹点，移动它们时只能移动对象而不能拉伸对象，如文字、块、直线中心、圆心、椭圆中心和点对象上的夹点。

其他各选项功能如下：

①“基点(B)”：此选项用于重新确定拉伸基点。

②“复制(C)”：此选项允许用户确定一系列的拉伸点，以实现多次拉伸。

③“放弃(U)”：此选项用于取消上一次操作。

④“退出(X)”：此选项用于退出当前操作。

5.2.2 移动对象

移动对象仅仅是位置上的平移，而对象的方向和大小并不会被改变。要精确地移动对象，可使用捕捉模式、坐标、夹点和对象捕捉模式四种方法。在夹点模式下，当确定了基点后，在命令行输入“MO”或单击右键从快捷菜单中选择“移动”命令，此时命令行显示如下提示：

* * 移动 * *

指定移动点或[基点(B)/复制(C)/放弃(U)/退出(X)]：

用户通过输入点的坐标或拾取点的方式确定平移对象的目的点后，即可以基点为平移的起点，以目的点为终点将所选对象平移到新位置。

5.2.3 旋转对象

在夹点模式下，当确定了基点后，在命令行输入“RO”或单击右键从快捷菜单中选择“旋转”命令，此时命令行显示如下提示：

* * 旋转 * *

指定旋转角度或[基点(B)/复制(C)/放弃(U)/参考(R)/退出(X)]：

默认情况下，当输入旋转的角度后，或通过拖动方式确定了旋转角度后，即可将对象绕基点旋转该角度。也可以选择“参考(R)”选项，以参考方式旋转对象，这与“ROTATE”(旋转)命令中的“参照”选项功能相同。

5.2.4 缩放对象

在夹点模式下，当确定了基点后，在命令行输入“SC”或单击右键从快捷菜单中选择“缩放”命令，此时命令行显示如下提示：

* * 比例缩放 * *

指定比例因子或[基点(B)/复制(C)/放弃(U)/参考(R)/退出(X)]：

默认情况下，当确定了比例因子后，即可相对于基点缩放对象。当比例因子大于 1 时，放大对象;当比例因子大于 0 且小于 1 时,缩小对象。

5.2.5 镜像对象

在夹点模式下,当确定了基点后,在命令行输入"MI"或单击右键从快捷菜单中选择"镜像"命令,此时命令行显示如下提示:

＊＊镜像＊＊

指定第二点或[基点(B)/复制(C)/放弃(U)/退出(X)]:

当用户指定了镜像线上的第二点后,即可以基点作为镜像线上的第一点,新指定的点为第二点,对对象作镜像操作,并删除原对象。

注意:在使用夹点移动、旋转、镜像时,如果在命令行输入"C",可以在进行编辑操作时复制图形。

例题 5-1 使用夹点编辑功能绘制如图 5-2 所示图形。

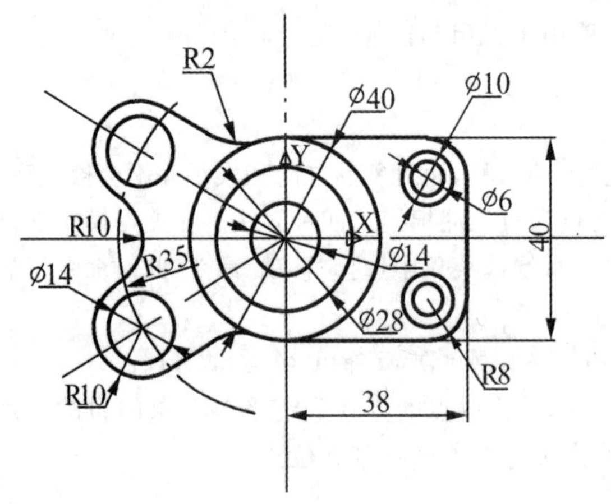

图 5-2 平面图形

①创建一个新图形,按第一章中所述内容对图形作必要的设置,并创建"粗实线"、"细实线"、"中心线"、"标注线"等图层。

②打开"中心线"图层,选择"绘图"|"构造线"命令,绘制一条水平构造线和一条垂直构造线。

③选择"绘图"|"射线"命令,以构造线的交点为起点,绘制一条与水平构造线成 210°角的辅助线。

④在"绘图"工具栏中单击"圆"按钮"",以构造线的交点为圆心,绘制一个半径为 35 的辅助圆。

⑤在"修改"工具栏中单击"打断"按钮"",打断图中的线条和圆,并删除其中的多余部分,如图 5-3 所示。

⑥在"图层"工具栏的图层下拉列表框中单击"粗实线"选项,将该层置为当前层。

⑦选择"工具"|"移动 UCS"命令,将坐标系移动到辅助线的交点 O 处。

⑧在"绘图"工具栏中单击"矩形"按钮"",以点(0,－20)和(38,20)为对交点,绘制一个矩形。用"分解"命令分解矩形并删除与中心线重合的边。

⑨在"修改"工具栏中单击"圆角"按钮"",设置圆角半径为 8,对绘制的矩形右边的两

个角修圆角，结果如图 5-4 所示。

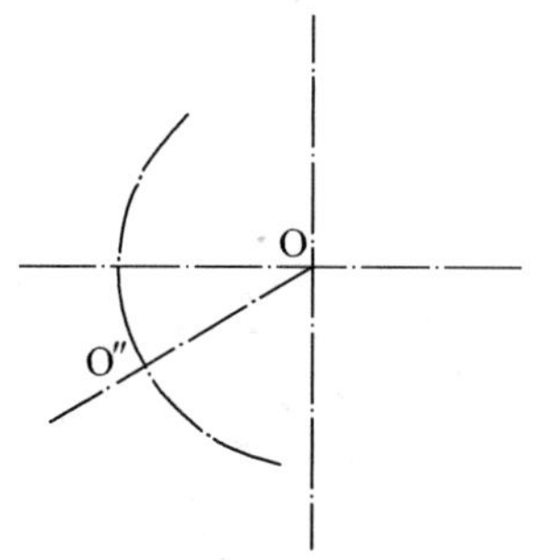

图 5-3 打断并删除辅助线

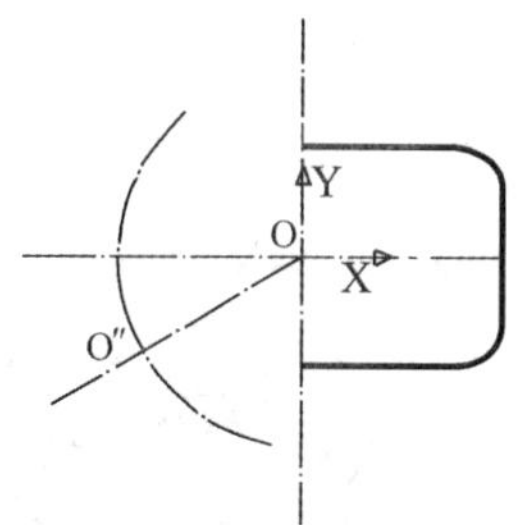

图 5-4 绘制矩形并修剪角

⑩在“绘图”工具栏中单击“圆”按钮“⊘”，以矩形右下角的圆角的圆心为圆心，绘制一个半径为 3 和一个半径为 5 的圆。

⑪选择绘制的两个圆和水平构造线，并单击水平构造线的端点 A，将其作为基点（该点将显示为红色），接着在命令行输入“MI”，镜像选中的对象，再输入“C”，在镜像的同时复制图形，然后打击水平构造线的另一端 B，即可得到镜像图形，如图 5-5 所示。

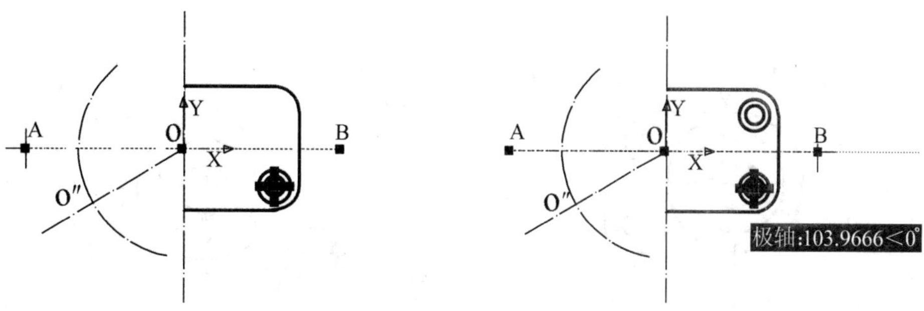

图 5-5 绘制并镜像圆

⑫在“绘图”工具栏单击“圆”按钮“⊘”，以构造线交点 O 为圆心，绘制一个半径为 20 的圆。

⑬选择绘制的圆，并单击圆的最上端夹点，将其作为基点，接着在命令行输入“C”，在拉伸的同时复制图形，然后再在命令行输入“(0,14)”，即可得到一个半径为 14 的拉伸圆，如图 5-6 所示。

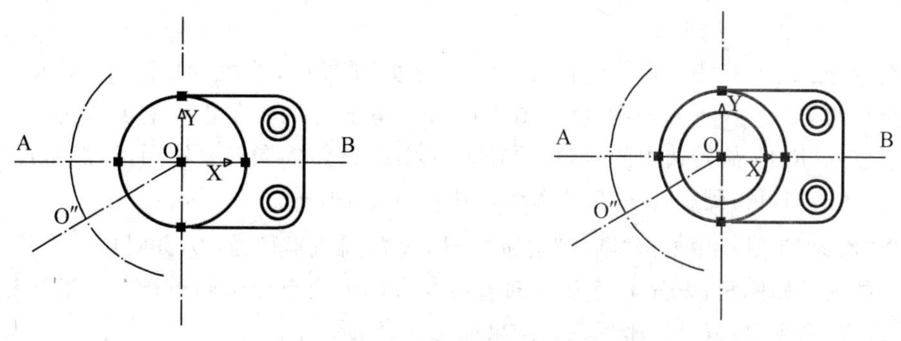

图 5-6 使用夹点的拉伸功能绘制圆

⑭选择通过拉伸得到的圆，并单击圆的中心夹点，将其作为基点，接着在命令行输入“SC”，缩放选中的对象，再输入“C”，在缩放的同时复制图形，然后再在命令行输入缩放比例“0.5”，即可得到一个半径为 7 的圆，如图 5-7 所示。

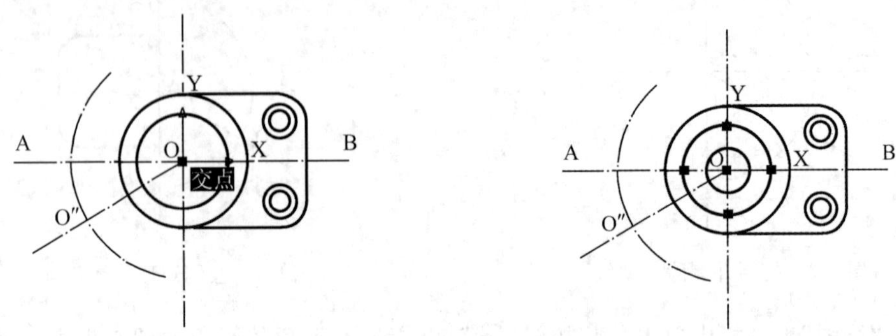

图 5-7　使用夹点的缩放功能绘制圆

⑮选择通过缩放得到的圆，并单击圆的中心夹点，将其作为基点，接着在命令行输入“MO”，移动选中的对象，再输入“C”，在移动的同时复制对象，然后单击辅助线的交点 O″，在该点将得到一个半径为 7 的圆，如图 5-8 所示。

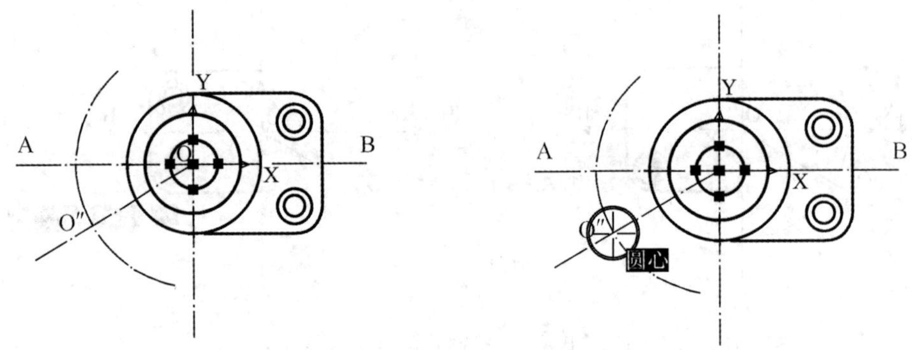

图 5-8　使用夹点的移动功能绘制圆

⑯在“绘图”工具栏单击“圆”按钮“”，以辅助圆 O″为圆心，绘制一个半径为 10 的圆。

⑰在“修改”工具栏中单击“偏移”按钮“”，选择绘制的射线辅助线，向两边偏移 10 个单位，然后选中偏移复制的直线，在“图层”工具栏下拉列表框中选中“粗实线”，将其转换为粗实线层，结果如图 5-9 所示。

⑱在“修改”工具栏中单击“修剪”按钮“”，修剪图中多余线段，如图 5-10 所示。

⑲选择修剪后的图形和辅助线(见图 5-11 左)，单击辅助线的端点，将其作为基点，接着在命令行输入“RO”，旋转选中的对象，再输入“C”，在旋转的同时复制图形，然后再在命令行输入“－60”，即可得到旋转－60°的图形，如图 5-11 右所示。

⑳在“修改”工具栏中单击“圆角”按钮“”，设置圆角半径为 10，并对旋转得到的图形与原图形的夹角修圆角；设置半径为 2，对直线与大圆的交点处修圆角；选择“工具”|“新建UCS”|“世界”命令，恢复世界坐标系。结果如图 5-12 所示。

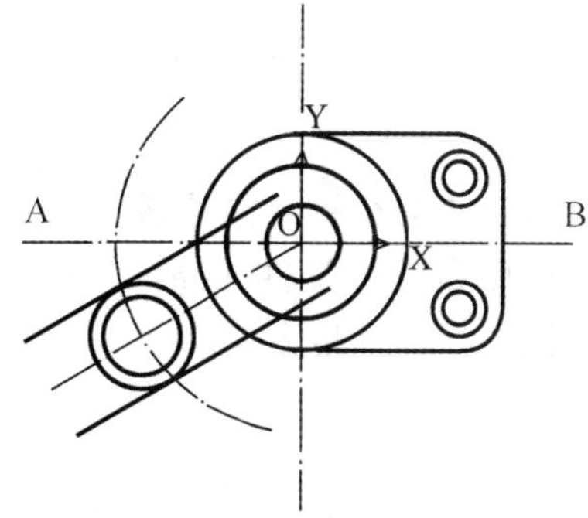

图 5-9 偏移复制图形

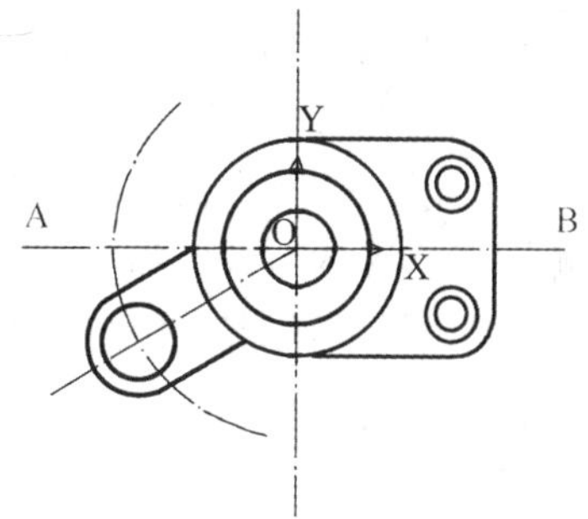

图 5-10 修剪图形

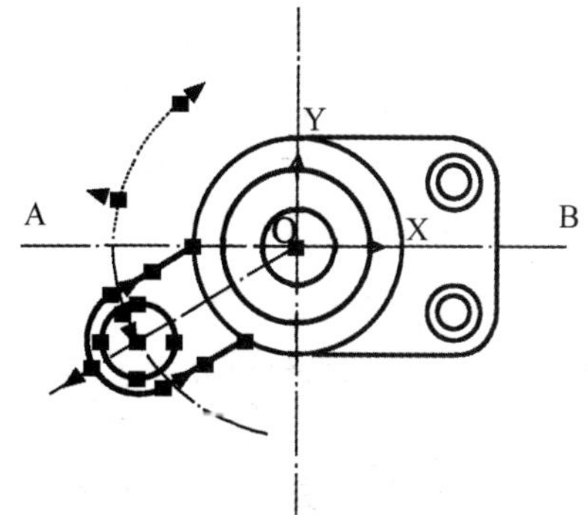

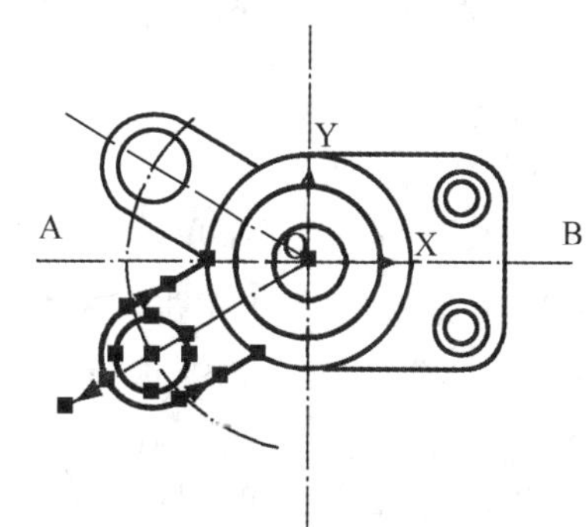

图 5-11 使用夹点的旋转功能绘制图形

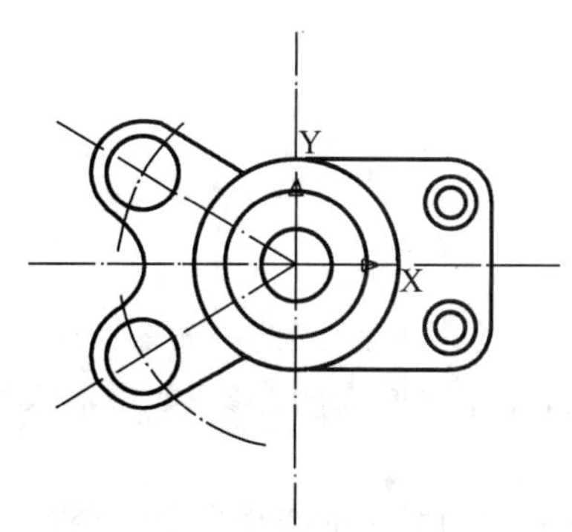

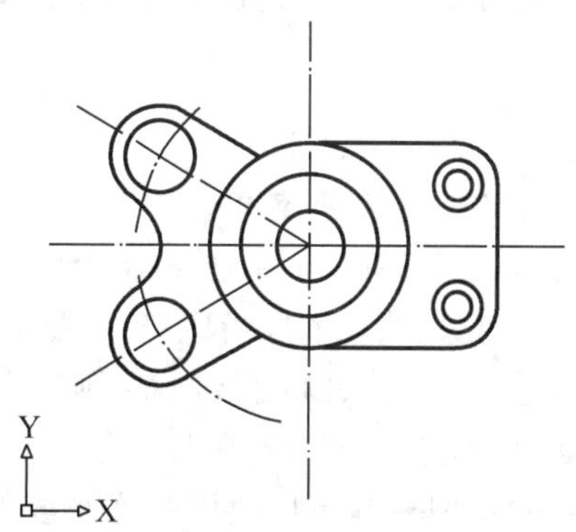

图 5-12 对图形修圆角并恢复世界坐标系

5.3 编辑修改命令

5.3.1 删除命令

启动命令：

①命令：Erase 或 E。

②"修改"|"删除"子菜单。

③在"修改"工具栏上单击图标"✎"。

④选择对象,按"Del"键。

通常发出删除命令后,用户需选择要删除的对象,然后按回车键或空格键结束对象选择,同时删除已选择的对象。如果"选择集"选项卡中"选择集模式"选项区的"先选择后执行"被选中,那么就可以先选择对象,然后单击"删除"按钮"✎"将其删除。

5.3.2 恢复命令

如果进行了误操作使用了删除命令,删除了一些有用的实体,可用"Oops"命令(但只能恢复最后一次)或取消命令(Undo)将删除的实体恢复。

5.3.3 复制命令——复制图形实体

启动命令:

①命令:Copy 或 Co。

②"修改"|"复制"子菜单。

③在"修改"工具栏上单击图标"%"。

执行该命令时,首先需要选择对象,然后指定位移的基点和位置矢量(相对基点的方向和大小)。

使用"复制"命令还可以同时创建多个副本,在命令行输入"M",并指定基点,然后通过连续指定位移的第二点来创建该对象的其他副本,直到按"Enter"键结束。

5.3.4 镜像命令——将图形实体镜像复制

启动命令:

①命令:Mirror 或 MI。

②"修改"|"镜像"子菜单。

③在"修改"工具栏上单击图标"⚠"。

先选择对象,然后依次指定镜像线的两个端点。命令行提示:"是否删除原对象? [是(y)/否(n)]〈N〉:"。如果直接回车,则镜像复制对象,并保留原来的对象;如果输入"y",则在镜像复制原对象的同时删除原对象。

在 AutoCAD 中,可以使用系统变量 MIRRTEXT 控制文字的镜像方向。变量为 1,则文字对象完全镜像;变量为 0,则文字对象不镜像。

5.3.5 偏移命令——生成从已有图形对象等距离偏移的新对象

启动命令:

①命令:Offset 或 O。

②"修改"|"偏移"子菜单。

③在"修改"工具栏上单击"⌓"图标。

"偏移"命令是一个对象编辑命令,只能以直接拾取方式选择对象。选择对象,执行该命令:

指定偏移距离或[通过(T)/删除(E)/图层(L)]〈T〉:

用户可通过指定偏移距离,再选择要偏移复制的对象,然后指定偏移方向即可复制出对象。如命令行输入“T”,再选择对象,然后指定一个通过点,这时复制出的对象将经过通过点。选择选项“删除(E)”,则在偏移后删除源对象。选择选项“图层(L)”,系统要求输入偏移对象的图层是源图层还是当前图层。

偏移命令复制对象时,复制结果不一定与源对象相同。对于曲线段,如圆、椭圆、圆弧等,复制的对象与源对象同心且具有相同的包含角,但半径、轴长、弦长要发生变化。对直线、射线、构造线是平行复制。

5.3.6 阵列命令

(1)启动命令:

①命令:Array。

②“修改”|“阵列”子菜单。

③在“修改”工具栏上单击“器”图标。

(2)执行以上命令,系统打开“阵列”对话框,可以以矩形阵列或环形阵列方式多次重复复制对象。

①矩形阵列复制:单击“阵列”对话框中“矩形阵列”单选按钮,可以以矩形阵列方式复制图形,此时对话框如图 5-13 所示。

在“行”和“列”文本框中,设置矩形阵列的行和列数;使用“偏移距离和方向”选项区中的“行偏移”、“列偏移”、“阵列角度”文本框,设置矩形阵列的行距、列距和阵列角度。也可以单击右边按钮,在绘图窗口上通过指定点来确定。

单击“选择对象”按钮,可切换到绘图窗口,可以选择进行阵列复制的对象;在预览窗口中,显示了当前的阵列模式、行距和列距以及阵列角度;单击“预览”按钮,可切换到绘图窗口,可预览复制效果。如确认当前设置,则按“接受”按钮,结束阵列复制;如果不确认当前设置,则可按“修改”按钮,返回到“阵列”对话框,可以重新修改阵列参数;如果单击“取消”按钮,则退出“阵列”命令,不作任何编辑。

②环形阵列复制:单击“阵列”对话框中“环形阵列”单选按钮,可以以环形阵列方式复制图形,此时对话框如图 5-14 所示。

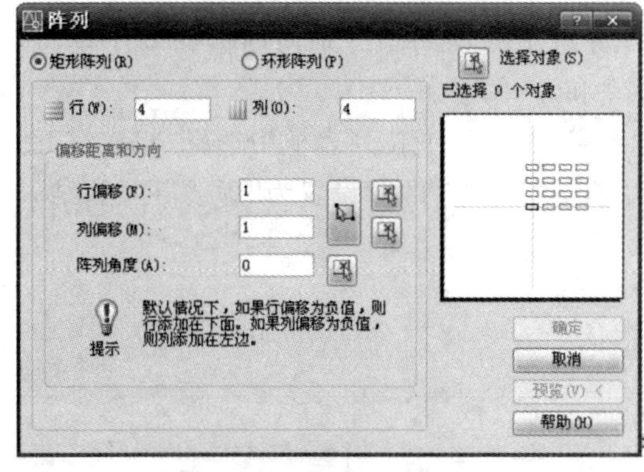

图 5-13 “阵列”对话框中的“矩形阵列”选项

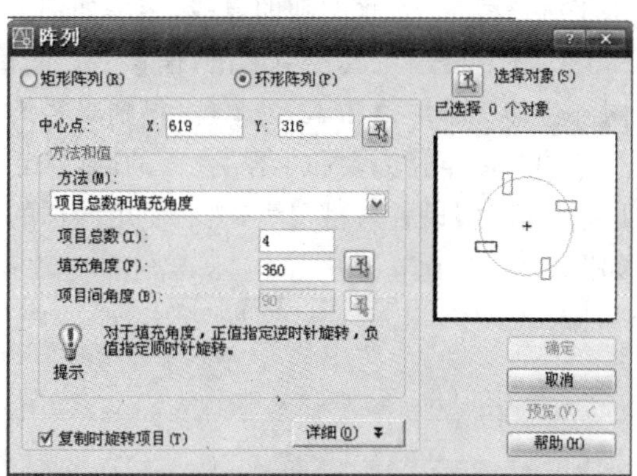

图 5-14 “阵列”对话框中的“环形阵列”选项

在对话框的“中心点”选项区，使用“X”和“Y”文本框可以输入环形阵列的中心坐标，也可以单击右边的按钮，切换到绘图窗口，直接指定一点作为阵列的中心点。使用“方法和值”选项区，可以设置环形阵列的方法和值。其中，在“方法”下拉列表框中可以选择环形阵列的方法，包括“项目总数和填充角度”、“项目总数和项目间的角度”、“填充角度和项目间的角度”三种。

此外，如果选择“复制时旋转项目”复选框，可以设置在复制阵列时是否将复制出的对象旋转；单击“详细”按钮，对话框中将显示对象的基点信息，用户可以设置对象的基点。

例题 5-2 使用“偏移”、“阵列”等命令，绘制如图 5-15 所示的图形。

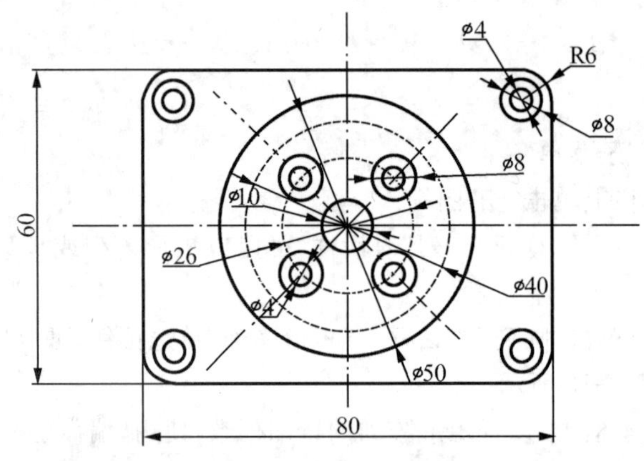

图 5-15 绘制的图形

①创建一个新图形，按第 1 章中所述内容对图形作必要的设置，并创建“粗实线”、“细实线”、“中心线”、“标注线”等图层。

②打开“中心线”图层，选择“绘图”|“构造线”命令，绘制一条水平构造线和一条垂直构造线作为辅助线。

③在“绘图”工具栏中单击“圆”按钮“”，以构造线交点 O 为圆心，绘制一个半径为 13 的圆作为辅助圆。

④在“绘图”工具栏中单击“直线”按钮“”，以构造线交点 O 为直线的端点，绘制一条与水平构造线成 45°角的辅助直线，结果如图 5-16 所示。

⑤在“修改”工具栏中单击“偏移”按钮“”，将绘制的辅助圆分别向内偏移 8 个单位，向外偏移 7 个单位和 12 个单位，得到半径为 5、20 和 25 的圆。

⑥选择半径为 5 和半径为 25 的圆，然后在“图层”工具栏下拉列表框中选择“粗实线”图层，将其图层设置为粗实线，然后使用同样的方法将半径为 20 的圆设置为“虚线”图层，结果如图 5-17 所示。

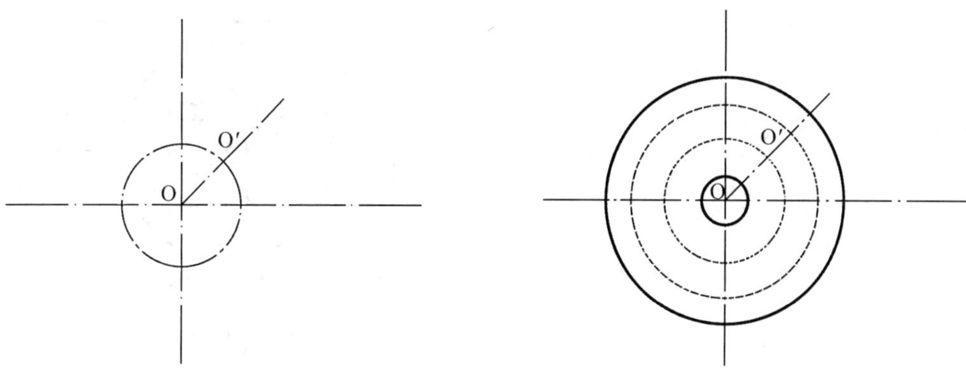

图 5-16 绘制辅助线

图 5-17 通过偏移绘制圆

⑦在“图层”工具栏下拉列表中选择“粗实线”层。在“绘图”工具栏中单击圆按钮“⊘”，以 O′为圆心，绘制一个半径为 2 和 4 的圆，如图 5-18 所示。

⑧选择“工具”|“移动 UCS”命令，将坐标系移动到构造线的交点 O 处。

⑨在“修改”工具栏中单击“阵列”按钮“器”，打开“阵列”对话框，选择“环形阵列”单选按钮，设置“中心点”的 X 和 Y 值都为 0，即(0,0)点，在“方法”下拉列表框中选择“项目总数和填充角度”选项，设置项目总数为 4，填充角度为 360。

⑩单击“选择对象”按钮，在绘图窗口中选择刚绘制的两个圆，然后单击“确定”按钮进行阵列复制，结果如图 5-19 所示。

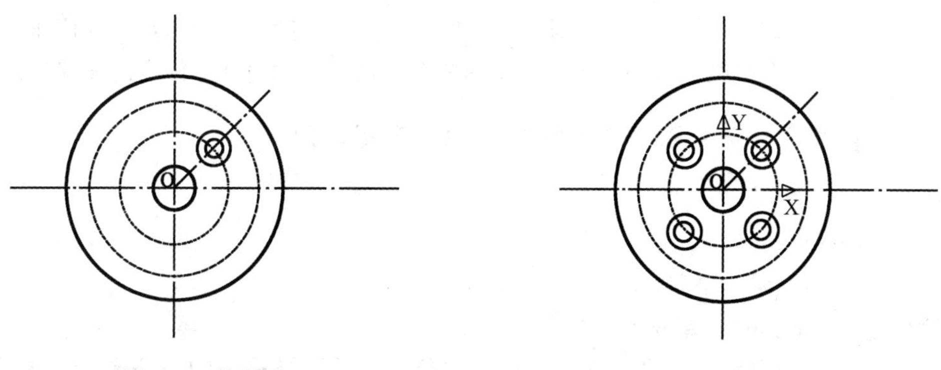

图 5-18 绘制圆

图 5-19 阵列复制结果

⑪在“绘图”工具栏中单击“矩形”按钮“▭”，设置圆角半径为 6，以点(−40，−30)和(40,30)为对角点，绘制一个圆角矩形，如图 5-20 所示。

⑫在“绘图”工具栏中单击“圆”按钮“⊘”，以圆角矩形中圆角的圆心为圆心，绘制一个半径为 2 和一个半径为 4 的圆，结果如图 5-21 所示。

⑬在“修改”工具栏中单击“阵列”按钮“器”，打开“阵列”对话框，选择“矩形阵列”单选按钮，设置阵列复制的行和列都为 2，行偏移为 48，列偏移为 68，单击“选择对象”按钮，在绘图窗口中选择刚绘制的两个圆，然后单击“确定”按钮进行阵列复制，结果如图 5-15 所示。

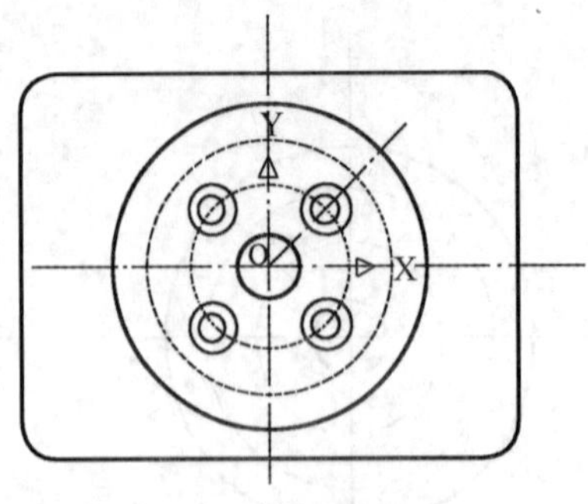

图 5-20　绘制圆角矩形

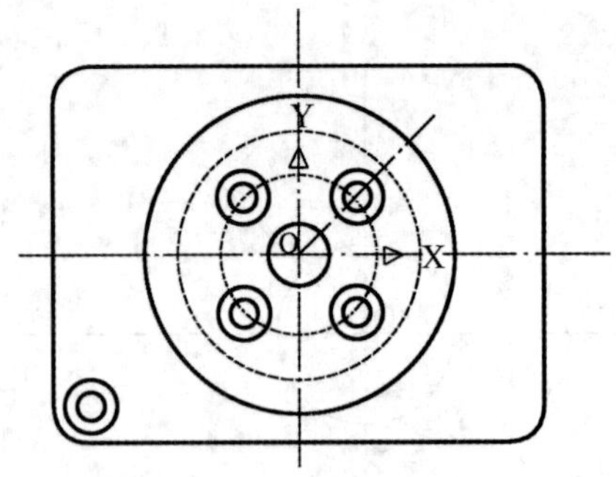

图 5-21　绘制圆

5.3.7　移动命令——指定对象的重定位

启动命令：

①命令：Move。

②“修改”|“移动”子菜单。

③在“修改”工具栏上单击“✥”图标。

执行该命令，可以在指定方向上按指定距离移动对象，对象的位置发生了变化，但方向和大小不变。

移动对象时，用户首先选择移动的对象，然后指定位移的基点和位移矢量即可移动对象。如果在命令行的“指定基点或位移：”提示下，通过鼠标或键盘输入基点坐标，系统提示：“指定位移的第二点或〈用第一点作位移〉：”。如果按回车键，则给出的基点坐标值作为偏移量。也就是将该点作为原点(0,0)，然后将图形相对于该点移动由基点设定的偏移量。

5.3.8　旋转命令——可以将对象绕基点旋转指定的角度

启动命令：

①命令：Rotate。

②“修改”|“旋转”子菜单。

③在“修改”工具栏上单击“↻”图标。

执行该命令，可以将对象绕基点旋转指定的角度。系统提示：“UCS 当前的正角方向：Angdir＝逆时针，Angbase＝0”。即：正角方向为逆时针方向，零角度方向与 X 轴正方向的夹角为零度。

选择要旋转的对象，并指定旋转的基点，此时命令行将显示“指定旋转角度或[参照(R)]：”的提示信息。如果直接输入角度值，则可以将对象绕基点转动该角度，且为逆时针旋转，角度为负角时顺时针旋转；如果选择“参照(R)”选项，这是将以参照方式旋转对象，需要依次指定参照方向的角度值和相对于参照方向的角度值。

5.3.9　比例(缩放)命令

启动命令：

①命令：Scale。

②“修改”|“缩放”子菜单。

③在“修改”工具栏上单击“”图标。

此命令可将对象按指定的比例因子相对于基点进行尺寸缩放。执行该命令时，须先选择对象，然后指定基点，系统显示“指定比例因子或[参照(R)]:”的提示信息，如果直接指定缩放的比例因子，对象将根据该比例因子相对于基点缩放，效果同夹点缩放命令。如选择“参照(R)”选项，对象将按照参照的方式缩放，需依次输入参照长度值和新的长度值，系统根据两长度值自动计算比例因子，然后进行缩放。

5.3.10　拉伸命令

(1)启动命令：

①命令：Stretch。

②“修改”|“拉伸”子菜单。

③在“修改”工具栏上单击“”图标。

此命令可以移动或拉伸对象，操作方式根据图形在选择框中的位置决定。框内的对象移动，与选择窗口边界相交的对象拉伸或压缩。

(2)对于由直线、圆弧、区域填充和多段线等对象，若其所有部分均在选择窗口内，那么它们将被移动，如果它们只有一部分在窗口内，则遵守以下拉伸规则：

①直线：直线拉伸时，位于窗口外的端点不动，位于窗口内的端点移动。

②圆弧：拉伸规则与直线类似，但在圆弧改变的过程中，圆弧的弦高不变，同时由此来调整圆心的位置和圆弧起始角、终止角值。

③区域填充：拉伸时位于窗口外的端点不动，窗口内的端点移动。

④多段线：拉伸规则与直线类似，但多段线两端的宽度、切线方向以及曲线拟合信息均不改变。

⑤其他对象：拉伸时如果定义点位于窗口内，对象发生移动，否则不动。其中，圆对象的定义点为圆心，形和块对象的定义点为插入点，文字和属性定义的定义点为字串基线的左端点。

5.3.11　拉长命令——改变直线的长度或圆弧的圆心角

(1)启动命令：

①命令：Lengthen。

②“修改”|“拉长”子菜单。

执行该命令，系统提示：

选择对象或[增量(DE)/百分数(P)/全部(T)/动态(DY)]:

默认情况下，用户选择对象后，系统会显示当前选中的对象的长度、包含角等信息。

(2)其他选项的功能如下：

①“增量(DE)”：此选项以增量方式修改圆弧的长度。此时可以直接输入长度增量来拉长直线或圆弧，增量为正时拉长，增量为负时缩短；也可以输入“A”，通过指定圆弧的包含角来修改圆弧的长度。

②“百分数(P)”：此选项以相对于原长度的百分比来修改直线或圆弧的长度。

③“全部(T)”:此选项以给定直线新的总长度或圆弧的新包含角来改变长度。

④“动态(DY)”:此选项允许用户动态地改变圆弧或者直线的长度。

5.3.12 修剪(剪切)命令

(1)启动命令:

①命令:Trim。

②“修改”|“修剪”子菜单。

③在“修改”工具栏上单击“-/--”图标。

可以以某一对象为剪切边修剪其他对象。执行该命令,并选择了作为修剪边的对象后,按回车键或空格键后系统提示:

选择要修剪的对象,按住Shift键选择要延伸的对象,或[投影(P)/边(E)/放弃(U)]:

默认情况下,选择要修剪的对象,系统将以剪切边为界,将被剪切对象上位于拾取点一侧的部分剪切掉。如果按下“Shift”键,同时选择与修剪边不相交的对象,修剪边将变为延伸边界,将选择的对象延伸至与修剪边界相交。

(2)其他选项的功能如下:

①“投影(P)”:此选项可以指定执行修剪的空间。该选项主要用于三维空间中两个对象的修剪,这时可以将对象投影到某一平面上执行修剪操作。

②“边(E)”:选此项时,命令行显示“输入隐含边延伸模式[延伸(E)/不延伸(N)]〈不延伸〉:”提示信息,此项功能同按住“Shift”键。

③“放弃(U)”:选此项时,取消上一次操作。

5.3.13 延伸命令——延伸实体到选定的边界上

启动命令:

①命令:Extend。

②“修改”|“延伸”子菜单。

③在“修改”工具栏上单击“--/”图标。

延伸命令的使用与修剪命令相似,不同的地方在于:使用延伸命令时,如果按住“Shift”键同时选择对象,则执行修剪命令;使用修剪命令时,如果按下“Shift”键同时选择对象,则执行延伸命令。

5.3.14 打断命令

启动命令:

①命令:Break。

②“修改”|“打断”子菜单。

③在“修改”工具栏上单击“[ ]”图标。

此命令可以部分删除对象或把对象分解成两部分。执行该命令,并选择要打断的对象,这时命令行显示“指定第二个打断点或[第一点(F)]:”的提示信息。

默认情况下,以选择对象时拾取点作为第一点,如拾取第二点,则从两点间断开。如选择“第一点(F)”,则可以重新确定第一个断点。

另外，在"修改"工具栏中单击"打断于点"按钮"□"，可以将对象在一点处断开成两个对象。

5.3.15 倒角命令——在两条不平行的直线间生成直线倒角

(1)启动命令：

①命令：Chamfer 或 CHA。

②"修改"|"倒角"子菜单。

③在"修改"工具栏上单击"◜"图标。

执行该命令，系统提示：

选择第一条直线或[多段线(P)/距离(D)/角度(A)/修剪(T)/方法(M)]：

默认情况下，用户需要选择进行倒角的两条直线，这两条直线必须相邻，然后按当前的倒角大小对这两条直线进行倒角。

(2)其他选项功能如下：

①"多段线(P)"：此选项可以以当前设置的倒角大小对多段线的各顶点修倒角。

②"距离(D)"：此选项可以设置倒角距离尺寸。

③"角度(A)"：此选项可以根据第一个倒角距离和角度来设置倒角尺寸。

④"修剪(T)"：此选项用于设置倒角后是否保留原拐角边，可以设置为"修剪"和"不修剪"两种模式。

⑤"方法(M)"：此选项用于设置倒角的方法，此时命令行显示"输入修剪方法[距离(D)/角度(A)]〈距离〉："提示。可以选择两条边的倒角距离修倒角，或选择以一条边的距离以及相应的角度来修倒角。

5.3.16 倒圆角命令——可以对对象用圆弧倒圆角

启动命令：

①命令：Fillet。

②"修改"|"圆角"子菜单。

③在"修改"工具栏上单击"◜"图标。

执行该命令，系统提示："选择第一个对象或[多段线(P)/半径(R)/修剪(T)]："。各选项的功能与倒角命令中相似，其中"半径(R)"选项，可以设置圆角的半径大小。

在 AutoCAD 2008 中，允许对两条平行线倒圆角。此时圆角半径为两平行线距离的一半。

5.3.17 分解命令

对于矩形、块等对象，它们是由多个对象组成的组合对象。如果需要对单个成员进行编辑，就需要先将它分解开。

启动命令：

①命令：Explode。

②"修改"|"分解"子菜单。

③在“修改”工具栏上单击“ ”图标。

选择需要分解的对象，然后按下回车键，分解图形并结束该命令。

5.3.18 对齐对象命令——可以使当前对象与其他对象对齐

启动命令：

①命令：Align。

②“修改”|“三维操作”|“对齐”子命令。

该命令既适用于二维对象也适用于三维对象。在对齐二维对象时，用户可以指定一对或两对对齐点(源点和目标点)，在对齐三维对象时，则需要指定三对对齐点。

在对齐对象时，如果命令行显示“是否基于对齐点缩放对象？[是(Y)/否(N)]〈否〉：”。提示时，选择“否(N)”选项，对象改变位置，且对象的第一源点与第一目标点重合，第二源点位于第一目标点与第二目标点的连线上，即对象先平移，后旋转；选择“是(Y)”选项时，则对象除平移和旋转外，还基于对齐点进行缩放。由此可见，“对齐”命令是“移动”命令和“旋转”命令的组合。

5.3.19 合并命令

启动命令：

①命令：Join。

②“修改”|“合并”子菜单。

③在“修改”工具栏上单击“ ”图标。

此命令可以将直线、圆、椭圆弧和样条曲线等独立的线段合并为一个对象；也可以合并具有相同圆心和半径的多条连续或不连续的弧线段；也可以合并连续或不连续的椭圆弧线段；也可以封闭椭圆弧；也可以合并一条或多条连续的样条曲线，将第一条样条曲线和第二条样条曲线通过其连接点连接起来；也可以将一条多段线与一条或多条直线、多段线、圆弧或样条曲线合并在一起。

5.4 思考练习题

5.4.1 填空题

(1)选择对象常用的四种方法是________、________、________、________。

(2)在 AutoCAD 中，使用夹点可以对对象进行________、________、________、________等操作。

(3)偏移命令是一个单对象编辑命令，只能以________方式选择对象。

(4)在 AutoCAD 中，可以使用________窗口来查看当前选择集中对象的所有特性和特性值。

(5)在 AutoCAD 中，有________和________两种倒角方式。

5.4.2 选择题

(1)下面(　　)图形不能分解。

A. 多线　　B. 块　　C. 圆　　D. 圆弧

(2)下面(　　)图形对象不能延伸。

A. 矩形　　B. 直线　　C. 多段线　　D. 圆弧

(3)圆角和倒角命令对(　　)不适用。

A. 样条曲线　　B. 直线　　C. 多线　　D. 构造线

(4)偏移命令复制对象时,复制结果不一定与源对象相同。所以我们常用此命令复制(　　)。

A. 构造线和射线　　B. 圆和椭圆　　C. 多段线　　D. 以上三个都不对

5.4.3 上机练习题

(1)按照尺寸绘制 5-22 所示的图形。

(2)按照尺寸绘制 5-23 所示的图形。

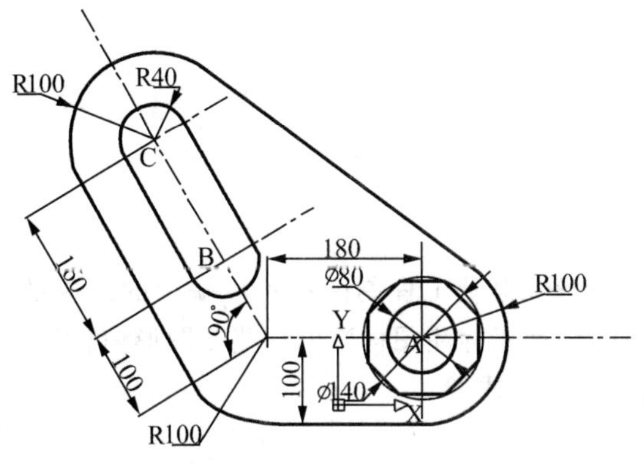

图 5-22 绘制图形

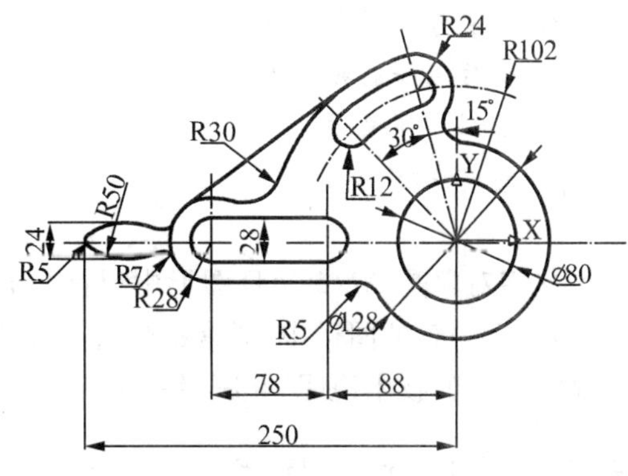

图 5-23 绘制图形

(3)按照尺寸绘制 5-24 所示的图形。

(4)按照尺寸绘制 5-25 所示的图形。

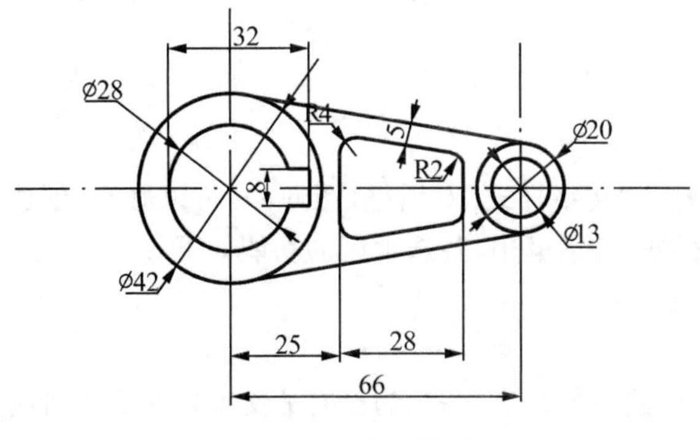

图 5-24 绘制图形

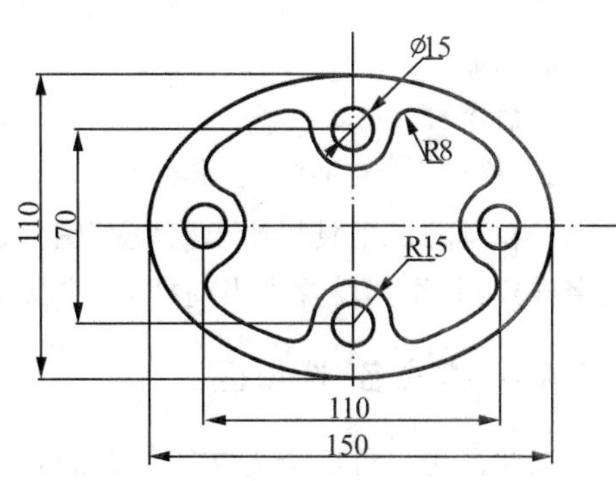

图 5-25 绘制图形

第6章 文字的输入

［教学目标］

了解并掌握文字样式创建的基本方法，并能够设置文字样式，来创建单行文字和多行文字。

［教学重点与难点］

1. 构造文字样式
2. 创建并编辑单行文字
3. 多行文字的输入与编辑
4. 控制文字显示
5. 创建表格

文字对象是AutoCAD图形中很重要的图形元素，也是工程制图中不可缺少的组成部分，在一个完整的图样中，通常都包含一些文字注释，用于标注图样中的一些非图形信息，如机械制图中的技术说明、标题栏的文字填写、加工技术要求等。

6.1 构造文字样式

在AutoCAD中，所有文字都有与之相关联的文字样式。在创建文字注释和尺寸标注时，系统通常使用当前的文字样式，用户可以根据具体要求重新设置文字样式，或创建新的文字样式。文字样式包括字体、字型、高度、宽度系数、倾斜角、反向倒置以及垂直等参数。

启动命令：

①命令：Style。

②“格式”|“文字样式”命令。

③在“样式”工具栏中单击“A”图标。打开“文字样式”对话框（图6-1），可以修改、创建文字样式，并将其设置为当前样式。“文字样式”对话框中，各选项区的功能如下。

6.1.1 “样式名”选项区

在此区用户可以查看文字样式的名称，创建新的文字样式，为已有的文字样式重命名或删除文字样式。

“样式名”下拉菜单中，列举了当前可以使用的文字样式，默认文字样式为“Standard”，默认文字样式不能编辑。

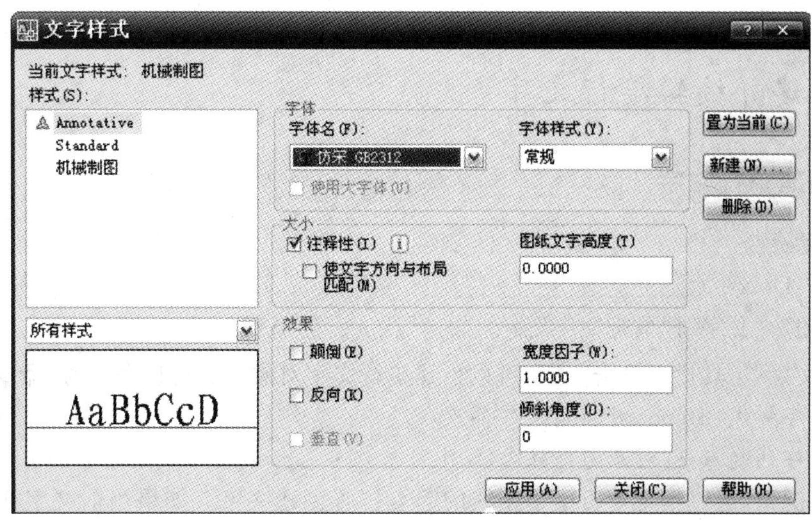

图 6-1 “文字样式”对话框

6.1.2 “字体”选项区

在此区用户可以设置文字样式使用的字体和高度等属性。文字分两大类,一类是 AutoCAD 提供的绘图专用字体,称为“shx 字体”。在“shx 字体”下拉列表框中,列出了当前系统中可用的字体。另外,系统提供了符合中国国标的大字体工程汉字字体(如 gbcbig. shx)。但是只有在“字体名”列表框中选择了 shx 字体时,系统才允许使用大字体。大字体,通常是指亚洲文字字体,如中文、日文、韩文等。

AutoCAD 支持 TrueType 字体,即文字样式由 TrueType 字体定义。此时,使用系统变量 Textqlty 和 Textfill 可以设置所标注的文字是否填充,以及文字的光滑程度。其中,当 Textfill 为 0(默认值)时不填充,为 1 时则进行填充。Textqlty 的取值范围是 0~100,默认值为 50。此值越大文字越光滑,图形输出时花费的时间越长。

注意:字体高度,一般设置为 0,在使用“Text”命令时,系统要求输入字体高度。如果设置了高度,则系统按此高度标注文字,而不再提示指定高度信息。

6.1.3 “效果”选项区

在此区用户可以设置文字显示效果。“颠倒”复选框,用来设置是否将文字颠倒过来书写。“反向”复选框,用于设置是否将文字反向标注。“垂直”复选框,用于设置是否将文字垂直标注,但垂直效果对汉字无效,实现汉字的垂直效果可以在“字体”选项区的“字体名”下拉菜单中选择最上部的汉字“字体名”。“宽度比例”文本框,用于设置文字字符的高度和宽度之比。“倾斜角度”文本框,用于设置文字的倾斜角度。

6.1.4 “预览”选项区

在此区用户可以预览所选择或设置的文字样式的效果。

注意:单行文字和多行文字使用的文字样式,用户可以在对象“特性”选项面板的“文字”

卷展栏中对其进行修改。

6.2 创建并编辑单行文字

6.2.1 创建单行文字

(1)启动命令

①命令:Dtext。

②“绘图”|“文字”|“单行文字”命令。

③在“文字”工具栏上单击“A”,可以创建单行文字对象。执行该命令时,命令行提示:

当前文字样式:Standard 当前文字高度:2.5

指定文字的起点或[对正(J)/样式(S)]:

默认情况下,通过指定单行文字基线的起点位置创建文字。如果当前文字样式的高度设置为 0 时,命令行将显示“指定高度〈2.5〉:”提示信息,要求指定文字高度。否则不显示该提示,而使用“文字样式”对话框中设置的文字高度。当指定了文字高度后,命令行显示“指定文字的旋转角度〈0〉:”提示信息,回车后,在“输入文字:”提示下输入文字。

(2)其他选项的功能

①“对正(J)”:选择此选项,可以设置文字的排列方式,此时命令行显示如下提示:

输入选项[对齐(A)/调整(F)/中心(C)/中间(M)/右(R)/左上(TL)/中上(TC)/右上(TR)/左中(ML)/正中(C)/右中(MR)/左下(BL)/中下(BC)/右下(BR)]:

缺省设置为“左下(BL)”。

②“样式(S)”:选择此选项时,命令行提示:

输入样式名或[?]〈Standard〉:

用户可以直接输入文字样式的名称,也可键入“?”,这将打开 AutoCAD 文本窗口,并显示当前图形已有的文字样式。

6.2.2 使用文字控制符

在实际绘图中,往往需要标注一些特殊的符号,例如,标注“°(度)”、“±”、“∅”等符号。由于这些特殊符号不能从键盘上直接输入,因此,AutoCAD 提供了相应的控制符,以实现这些标注要求。常用的控制符见表 6-1。

表 6-1 AutoCAD 常用的标注控制符

控制符	功 能
%%O	打开或关闭文字上划线
%%U	打开或关闭文字下划线
%%D	标注度(°)符号
%%P	标注正负公差(±)符号
%%C	标注直径(∅)符号

6.2.3 编辑单行文字

编辑单行文字包括：文字的内容、对正方式及比例，可以使用“修改”|“对象”|“文字”子命令。

①“编辑”命令(Ddedit)：选择该子命令，并在绘图窗口中单击要编辑的单行文字，此时可以直接编辑修改单行文字。

②“比例”命令(Scaletext)：选择该子命令，并在绘图窗口中单击要编辑的单行文字，此时需要输入缩放的基点以及指定新高度或匹配对象(M)、缩放比例(S)，命令行提示：

输入缩放的基点选项[现有(E)/左(L)/中心(C)/中间(M)/右(R)/左上(TL)/中上(TC)/右上(TR)/左中(ML)/正中(MC)/右中(MR)/左下(BL)/中下(BC)/右下(BR)]〈现有〉：

指定新高度或[匹配对象(M)/缩放比例(S)]〈10〉：

③“对正”命令(Justifytext)：选择该子命令，并在绘图窗口中单击要编辑的单行文字，此时可以重新设置文字的对正方式，其命令行提示如下：

输入对正选项[左(L)/对齐(A)/调整(F)/中心(C)/中间(M)/右(R)/左上(TL)/中上(TC)/右上(TR)/左中(ML)/正中(MC)/右中(MR)/左下(BL)/中下(BC)/右下(BR)]〈左〉：

6.3 多行文字的输入与编辑

多行文字又称为段落文字，是一种更易于管理的文字对象，它可以由两行以上的文字组成，而且各行文字都作为一个整体处理。在机械制图中，常使用多行文字来创建较为复杂的文字说明，如图样的技术要求。

6.3.1 多行文字输入

启动命令：

①命令：Mtext。

②“绘图”|“文字”|“多行文字”命令。

③在“文字”工具栏上单击“A”。

此命令用于在绘图窗口中指定一个用于放置文字的矩形区域，即可打开“文字格式”对话框，如图 6-2 所示，可以设置并输入文字。

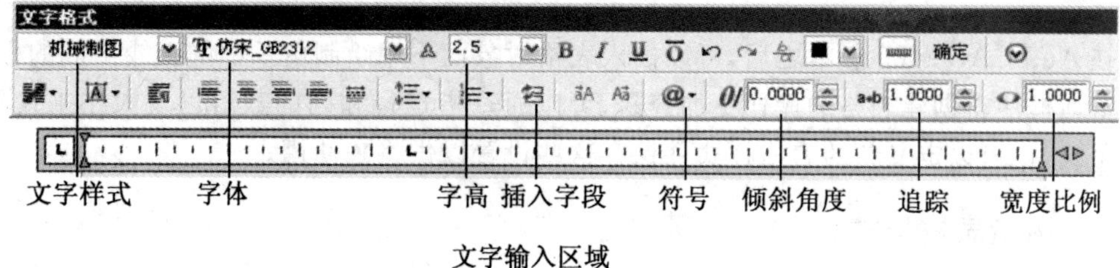

图 6-2 “文字格式”对话框

6.3.2 编辑多行文字

要编辑多行文字，可选择“修改”|“对象”|“文字”|“编辑”命令或在命令行输入“Ddedit”

并单击创建的多行文字。打开“文字格式”对话框,然后参照多行文字的设置方法,修改并编辑多行文字。

6.4 控制文字显示

在绘制图形时,为了加速图形在重生成过程中的速度。可以使用“Qtext”命令来控制文字对象的显示模式。

在“输入模式[开(ON)/关(OFF)]〈OFF〉:”提示下输入“ON”,则不显示文字。

也可在“工具”|“选项”命令中“显示”选项卡的“显示性能”选项区中,通过“仅显示文字边框”复选框来设置是否显示文本,如图 6-3 所示。

“Qtext”命令并不是一个绘制和编辑对象的命令,它的作用是控制文字的显示方式。当通过该命令将显示模式设置成“开(ON)”状态,在图形重生成时,因为 AutoCAD 不必对文字的笔画进行具体的计算与绘制操作,因而可以节省系统资源,提高计算效率。

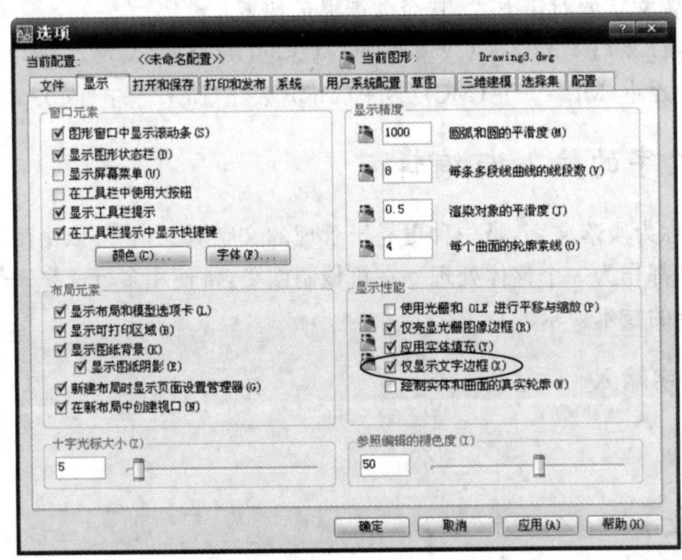

图 6-3 “选项”中“仅显示文字边框”

6.5 创建表格

在 AutoCAD 2005 版本之后,可以插入表格对象而不用绘制由单独的直线组成的栅格。新的对话框使得创建表格的操作更加容易,可以通过指定行和列的数目以及大小来设置表格的格式,也可以定义新的表格样式并保存这些设置以供将来使用。

6.5.1 构造表格样式

在 AutoCAD 2005 后的版本中,用户可以根据具体要求重新修改表格样式,或创建新的表格样式。

(1)启动命令

①命令:Tablestyle。

②“格式”|“表格样式”命令。

③在“样式”工具栏中单击“”图标。打开“表格样式”对话框(图 6-4),可以修改、新建、删除表格样式,并将其设置为当前样式。

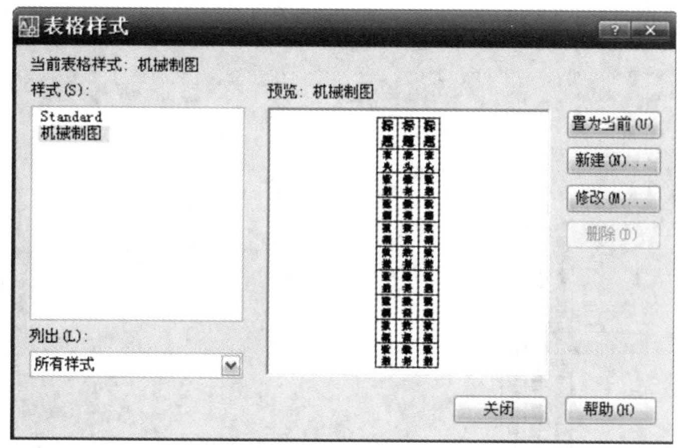

图 6-4 “表格样式”对话框

(2)其他选项的功能

①“新建”:在“表格样式”对话框中单击“新建”,可以打开“新建表格样式”对话框,如图 6-5 所示。可以在“起始表格”选项区单击“”图标,返回绘图区域选择起始表格;“基本”选项区的“表格方向”分为“向上”、“向下”两个选项;“单元样式”选项区下拉菜单有“数据”、“表头”、“标题”三个选项和“创建新单元样式”、“管理单元样式”两个对话框;右中部由三个主要菜单组成,“基本”菜单中列出了表格的“特性”和“页边距”选项供用户选择,“文字”菜单中列出“文字样式”、“文字高度”、“文字颜色”、“文字角度”选项供用户选择,“边框”菜单中列出了“线宽”、“线性”、“颜色”、“间距”和“双线”复选框等供用户选择;还有“表格预览”和“单元样式预览”区域。

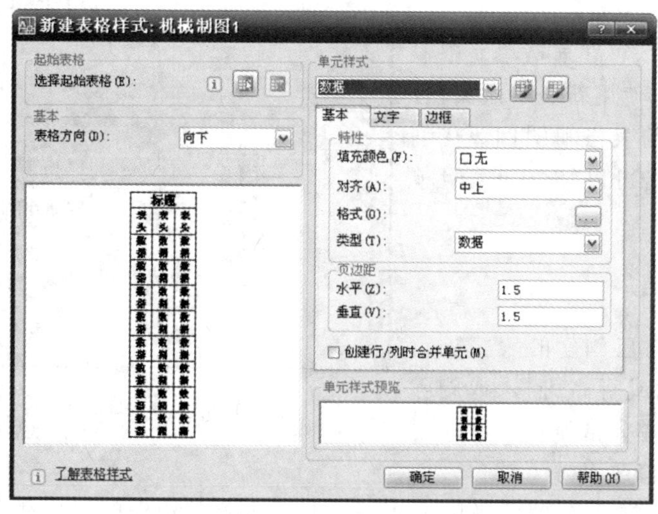

图 6-5 “新建表格样式”对话框

对话框中“表头”、“标题”、“数据”中的内容除“单元样式”不同外，其他选项基本相同。

②“修改”：在“表格样式”对话框中单击“修改”，可以打开“修改表格样式”对话框，如图6-6所示。对话框中内容同“新建”。

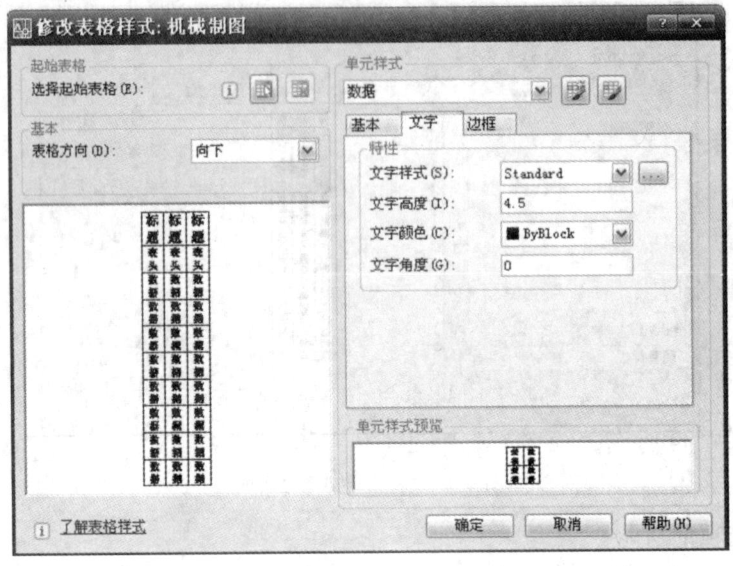

图 6-6 “修改表格样式”对话框

6.5.2 创建表格

启动命令：

①命令：Table。

②“绘图”|“表格”命令。

③在“绘图”工具栏中单击“▦”图标。

此命令打开“插入表格”对话框（图6-7），可以创建新的表格。

在创建表格后，可在表格单元中输入文字或添加块。使用新表格对象，可以轻松创建图形的表格和图例。在创建好的表格中双击可以修改和编辑单元格中的文字。

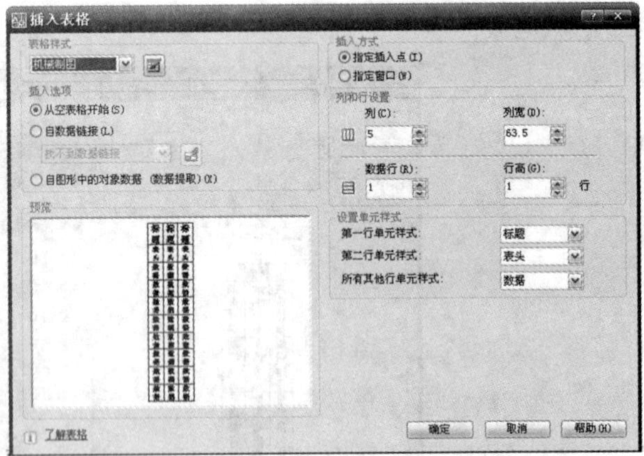

图 6-7 “插入表格”对话框

6.5.3 编辑表格

此命令可以对已创建的表格进行修改，如修改列宽或行高、插入或删除列和行、合并相邻单元格等。

(1)使用夹点修改表格

单击要修改的单元格，即可将其选中，选中后单元格的边框的中央都将出现夹点，如图6-8所示。

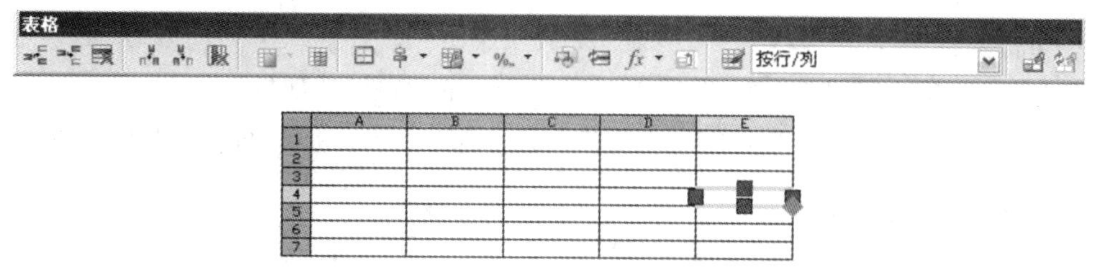

图 6-8 选中单元格上的夹点

用户可以利用表格的编辑工具修改表格，也可以在选中的单元格夹点上单击右键，将出现如图 6-9 所示的快捷菜单。使用其中的选项可以很方便地插入/删除列和行、合并相邻单元或进行其他修改。要选择多个单元格，可使用拖动的方法，也可以按住“Shift”键并在另外的单元格内单击。

要选中整个表格，可以单击网格线，选中后将出现图 6-10 所示的夹点。对整个表格的主要编辑操作有：

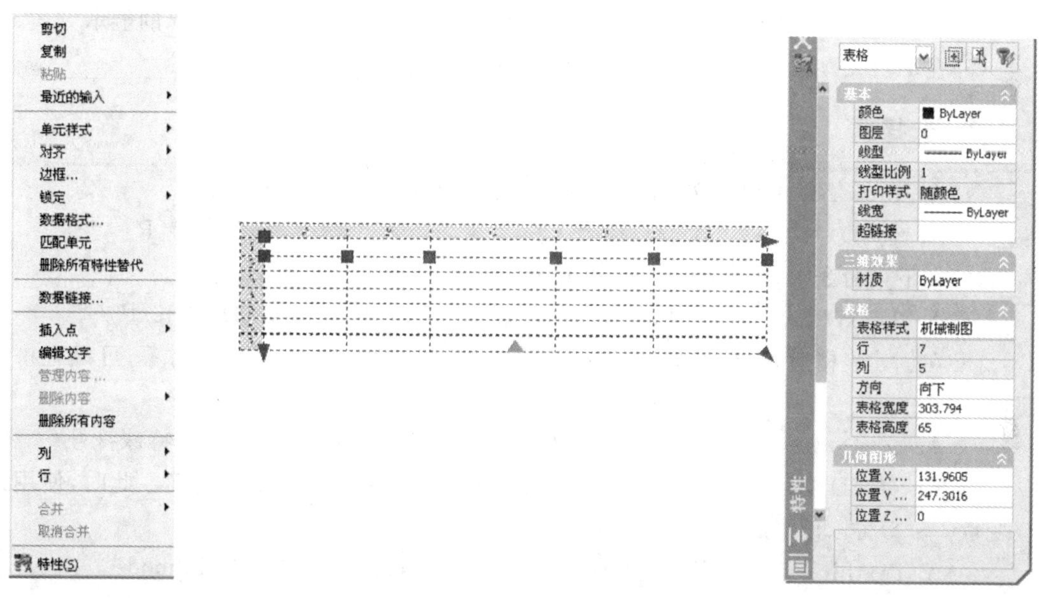

图 6-9 快捷菜单

图 6-10 选中整个表格时的夹点

图 6-11 利用“特性”选项板修改表格

①拖动左上夹点，可以移动表格。

②拖动右上夹点，可以修改表宽并按比例修改所有列。

③拖动左下夹点，可以修改表高并按比例修改所有行。

④拖动右下夹点，可以修改表高和表宽并按比例修改行和列。

⑤拖动列夹点(位于列标题的顶部)，可以将列的宽度修改到夹点的左侧，并加宽或缩小表格以适应此修改。

⑥按住“Ctrl”键拖动列夹点，可以加宽或缩小相邻列而不改变表宽。

(2)使用“特性”选项板修改表格

选中表格后，也可以使用“特性”选项板来修改表格，具体方法如下：

①单击网格线，选中表格。

②选择“工具”|“特性”命令，出现如图 6-11 所示的“特性”选项板。

③在“特性”选项板中，单击要修改的值并输入或选择一个新值，再按回车键即可。

6.6 思考练习题

6.6.1 填空题

(1)在 AutoCAD 中，系统默认的文字样式为________，它使用基本字体文件名______________。

(2)在 AutoCAD 2005 后的版本中，用户可以根据具体要求重新修改________，或________新的表格样式。

(3)文字“效果”选项区“垂直”复选框用于设置是否将文字垂直标注，但垂直效果对________无效，实现汉字的垂直效果可在________下拉菜单中选择最上面的汉字名称。

(4)“Qtext”命令并不是一个________对象的命令，它的作用是________的显示方式。

(5)在 AutoCAD 中，如果要在文字中插入特殊符号的控制符，可以使用________。

6.6.2 选择题

(1)在 AutoCAD 中创建文字时，圆的直径的表示方法是(　　)。

A. %%D　　B. %%P　　C. %%C　　D. %%R

(2)在下列命令中，用来创建多行文字的命令是(　　)。

A. “Dtext”　　B. “Mtext”　　C. “Text”　　D. “Qtext”

(3)在创建表格后，可在表格单元中输入文字或添加块。使用新表格对象，可以轻松创建(　　)。

A. 文字　　B. 图形表格和图例　　C. 块　　D. 特殊符号

(4)AutoCAD 支持 TrueType 字体，即文字样式由 TrueType 字体定义。此时，使用系统变量(　　)可以设置所标注的文字是否填充。

A. Textfill　　B. Textqlty　　C. Pdsize　　D. Pdmode

6.6.3 上机练习题

(1)创建文字样式“注释文字”，要求其字体为仿宋体，倾角为 15°，宽度为 1.2。

(2)使用文字样式“注释文字”，创建如图 6-12 所示的标题栏。

<table>
<tr><td colspan="3" rowspan="2">(图名)</td><td>比例</td><td></td><td rowspan="2">(图号)</td></tr>
<tr><td>件数</td><td></td></tr>
<tr><td>制图</td><td></td><td>(日期)</td><td>重量</td><td></td><td>共 张 第 张</td></tr>
<tr><td>描图</td><td></td><td></td><td colspan="3" rowspan="2">(校 名)</td></tr>
<tr><td>审核</td><td></td><td></td></tr>
</table>

图 6-12　标题栏

第7章　常用尺寸标注与形位公差标注

[教学目标]

学会创建特定的尺寸标注样式，了解常用尺寸标注与形位公差标注的方法和技巧，并能够根据图纸要求对图形进行正确标注。

[教学重点与难点]

1. 创建与设置标注样式
2. 常用的尺寸标注
3. 形位公差的标注
4. 编辑标注对象

AutoCAD提供了一套完整的尺寸标注命令和使用工具，使用它们足以帮助用户按照系统要求完成尺寸标注，适用于机械、建筑、电气工程等许多行业。例如，用户可以使用“线性标注”、“直径”、“角度”、“连续标注”、“中心标注”等标注命令，对直线、直径、角度、众多的图形、圆心位置等进行标注。

7.1　创建与设置标注样式

在AutoCAD中，所有的尺寸标注都有与之相关联的标注样式。系统默认的标注样式为ISO-25，用户可以根据具体要求重新修改标注样式，或新建标注样式并将其置为当前标注样式。

启动命令：

①命令：Ddim或D。

②“格式”|“标注样式”命令。

③在“样式”或“标注”工具栏中单击“”图标。打开“标注样式管理器”对话框(图7-1)，可以修改、创建、替代、比较标注样式，并将其设置为当前样式。“标注样式管理器”对话框中各选项区的功能如下。

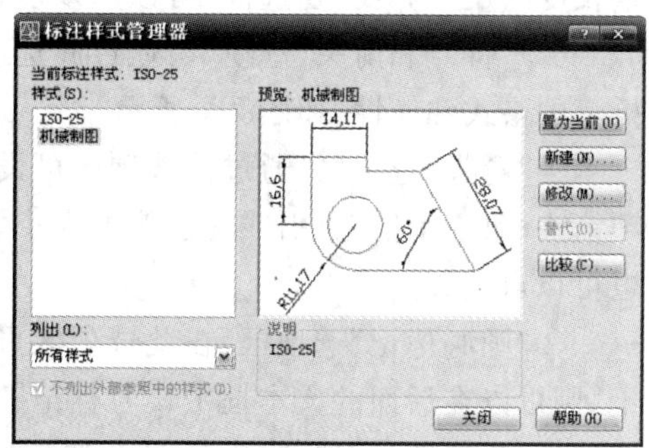

图7-1　“标注样式管理器”对话框

7.1.1　置为当前

“置为当前”用于将修改或新建的标注样式置为当前尺寸标注样式。

7.1.2 创建新标注样式

“创建新标注样式”用于新建尺寸标注。单击该按钮，将打开如图 7-2 所示的“创建新标注样式”对话框。

在“新样式名”文本框中填入所要创建的标注样式名，如“机械制图”。单击“继续”按钮，弹出如图 7-3 所示的“新建标注样式”对话框。该对话框中有“线”、“符号和箭头”、“文字”、“调整”、“主单位”、“换算单位”、“公差”七个选项卡，它们的功能如下：

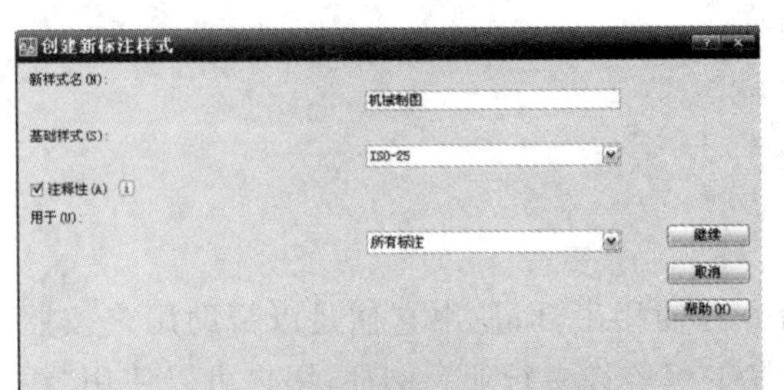

图 7-2 “创建新标注样式”对话框

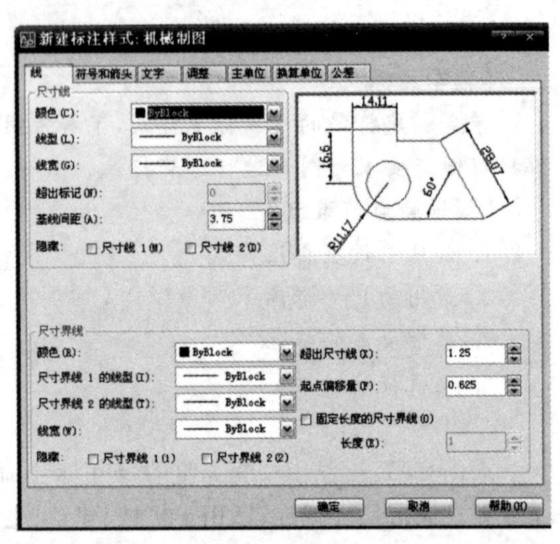

图 7-3 “新建标注样式”对话框

(1)“线”选项卡：通过此选项区可以设置尺寸线、尺寸界线的格式与属性。

①“尺寸线”选项区：通过此选项区可以设置尺寸线的“颜色”、“线型”、“线宽”、“超出标记”、“基线间距”和尺寸线的“隐藏”等选项。

②“尺寸界线”选项区：通过此选项区可以设置尺寸界线的“颜色”、“线宽”、“尺寸界线1”和“尺寸界线 2”的线型、“超出尺寸线”、“起点偏移量”和尺寸界线的“隐藏”等选项。“固定长度的尺寸界线”复选框，可以用来设置尺寸界线的固定长度。

(2)“符号和箭头”选项卡：通过此选项区可以设置箭头、圆心标记、弧长符号、半径标注折弯的格式和属性，如图 7-4 所示。

①“箭头”选项区：通过此选项区可设置尺寸箭头的样式。在该设置区中可以设置第一项箭头、第二个箭头、引线和箭头的大小。系统中存储了多种箭头样式，用户可以从中选取，也可以自定义。

②“圆心标记”选项区：在此选项区可以选择圆心是否标记，或用直线标记。如果选择标记，则可以在后面的文本框中设置标记圆心的大小。

③“弧长符号”选项区：通过此选项区可以选择将弧长符号标注在“标注文字的前缀”、“标注文字的上方”或不标注。

④“半径折弯标注”选项区：通过此选项区可以在文本框中设置半径折弯标注的折弯角度。

⑤“折断标注”选项区：通过此选项区可以在文本框中设置“折断大小”的数值。

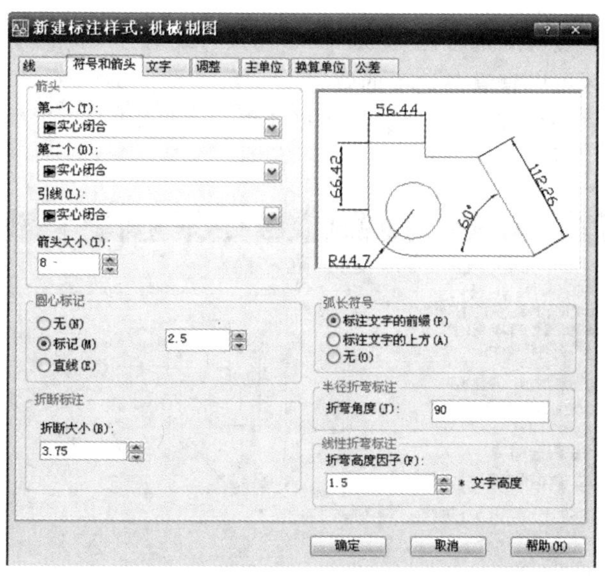

图 7-4 “新建标注样式”对话框中“符号和箭头”选项卡

⑥“线性折弯标注”选项区:通过此选项区可以在文本框中设置“折弯高度因子”的大小。

(3)“文字”选项卡:通过此选项区可以设置“文字外观”、“文字位置”、“文字对齐”选项,如图 7-5 所示。

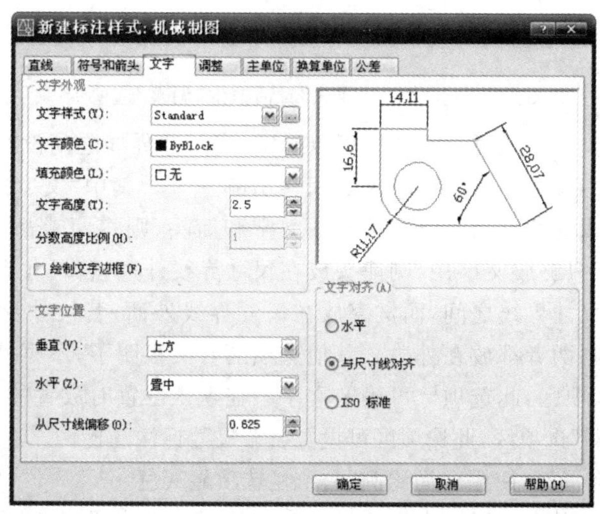

图 7-5 “新建标注样式”对话框中“文字”选项卡

①“文字外观”选项区:通过此选项区可以确定尺寸标注的文字样式、颜色和大小。如选择复选项“绘制文字边框”,则尺寸标注的文字将带边框。

②“文字位置”选项区:通过此选项区可以设置标注文字的垂直位置在尺寸线的上方、置中、外部等,水平位置有“置中”、“靠近第一条尺寸界线”、“靠近第二条尺寸界线”、“第一条尺寸界线上方”、“第二条尺寸界线上方”等选项供用户选择,另外还可以设置标注文字“从尺寸线偏移”数值的大小。

③“文字对齐”选项区：此选项区有“水平”、“与尺寸线对齐”和“ISO 标准”三个选项供用户选择。同时，预览区可以查看各选项的效果。

(4)“调整”选项卡：通过此选项可以设置尺寸文字、尺寸线、尺寸箭头等的位置，如图 7-6 所示。

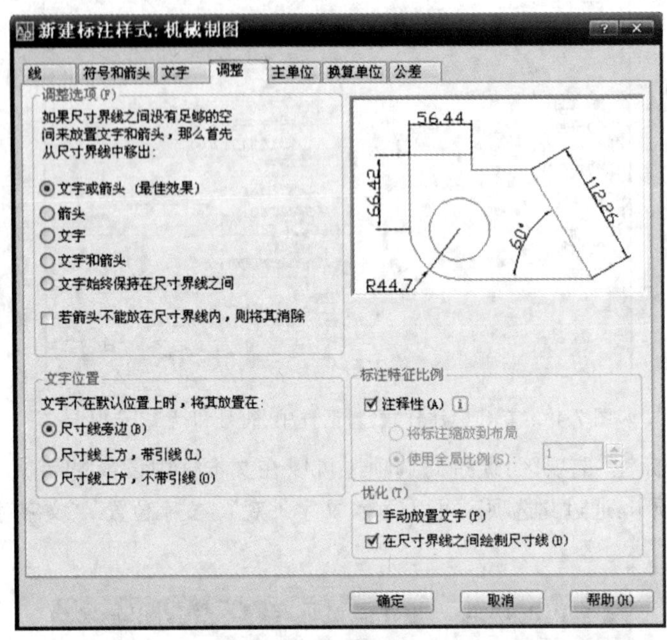

图 7-6 “新建标注样式”对话框中“调整”选项卡

①“调整选项”选项区：通过此选项区可以确定，当尺寸界线之间没有足够的空间能够同时放置文字和箭头时，应首先从尺寸界线之间移出哪一个。其中“文字或箭头(最佳效果)”的含义是：若尺寸界线间的空间能够同时放下文字和箭头，则将两者都放在尺寸界线之间；若尺寸界线间的空间只够放文字用，则箭头放在尺寸界线外边；若尺寸界线间的空间不够放下文字，则箭头放在尺寸界线之间，而文字放在尺寸界线外面；若尺寸界线间的空间两者中的任一种都放不下，则两者都放在外边。其他选项的含义很明了，不再赘述。

②“文字位置”选项区：此选项区可确定文字不在默认位置时放置的位置。

③“标注特征比例”选项区：此选项区可设置整个尺寸标注的比例。选择“注释性”复选框，此时“将标注缩放到布局”、“使用全局比例”两个复选项显灰色。

④“优化”选项区：此选项区可在标注尺寸时进行附加优化调整。“手动放置文字”选项：忽略默认的位置，而放在用户指定的位置。“在尺寸界线之间绘制尺寸线”选项：即使 AutoCAD 将箭头放在尺寸界线外面，但尺寸线仍放在尺寸界线的里面。

(5)“主单位”选项卡：此选项用于设置主单位的格式与精度以及尺寸文字的前缀和后缀，如图 7-7 所示。

①“线性标注”选项区：此选项区用于设置线性标注的格式和精度。在该选项区可设置单位格式，分为科学、小数、工程、建筑、分数、Windows 桌面六种格式；精度(标注尺寸的精度)共预设九种；分数格式分为水平、对角、非堆叠；小数分隔符分为逗号、句号、空格；舍入自定；前缀、后缀用于在标注数字前或后添加文字或数字。

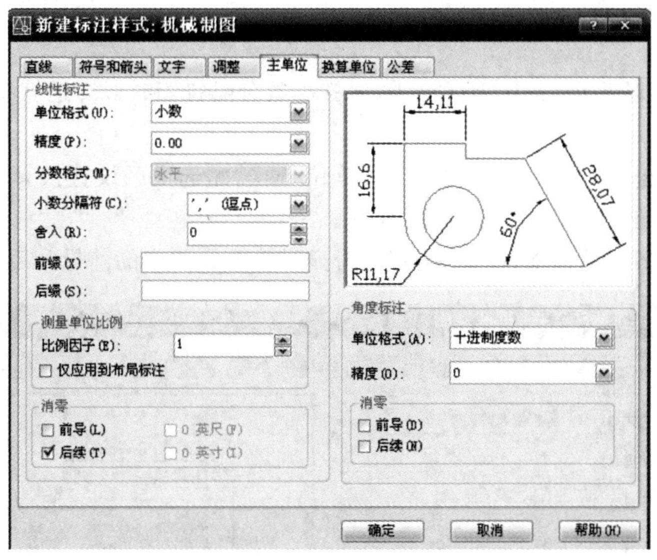

图 7-7 “新建标注样式”对话框中“主单位”选项卡

②“测量单位比例”选项区:此选项区用于设置比例因子和是否仅应用到布局标注。

③“消零”选项区:此选项区用于确定是否显示尺寸标注中的前导和后续零。

④“角度标注”选项区:此选项区用于确定角度标注的单位、精度及消零否。

(6)“换算单位”选项卡:此选项用于确定换算单位的格式,如图 7-8 所示。

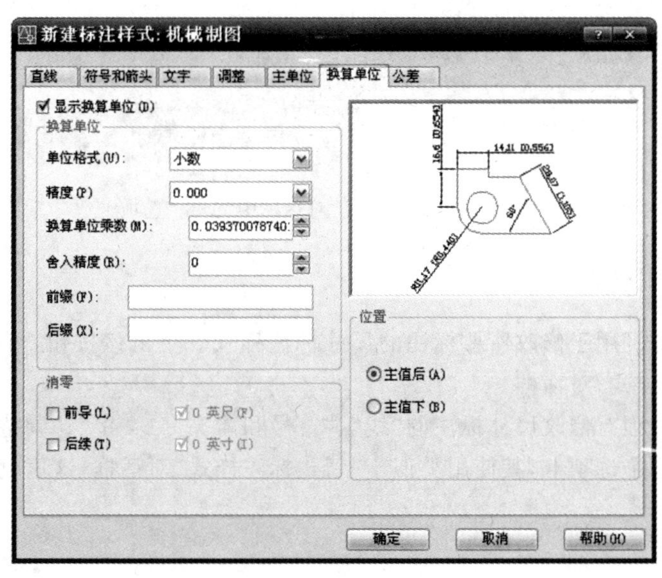

图 7-8 “新建标注样式”对话框中“换算单位”选项卡

①“换算单位”选项区:单位格式、精度、舍入精度、前缀、后缀的选项同“主单位”选项卡,只是多了一项“换算单位乘数”。

②“位置”选项区:此选项区用于确定换算后的数值是标注在主值后还是主值下。

(7)“公差”选项卡:此选项用于设置公差标注方式,如图 7-9 所示。各选项区功能如下:

①“公差格式”选项区。“方式”有五种选择:无、极限尺寸、基本尺寸、极限偏差、对称。

“精度”有九种等级可选。“垂直位置”分下、中、上三种。上偏差、下偏差、高度比例可自行设置。

②“公差对齐”选项区：此选项区分为“对齐小数分隔符”和“对齐运算符”两个选项，二者选其一。

③“换算单位公差”选项区：如使用换算单位，通过此选项区设置换算单位的精度，确定是否显示换算单位公差标注中前导和后续零。

④“消零”选项区：此选项区用于确定是否显示公差标注中的前导和后续零。

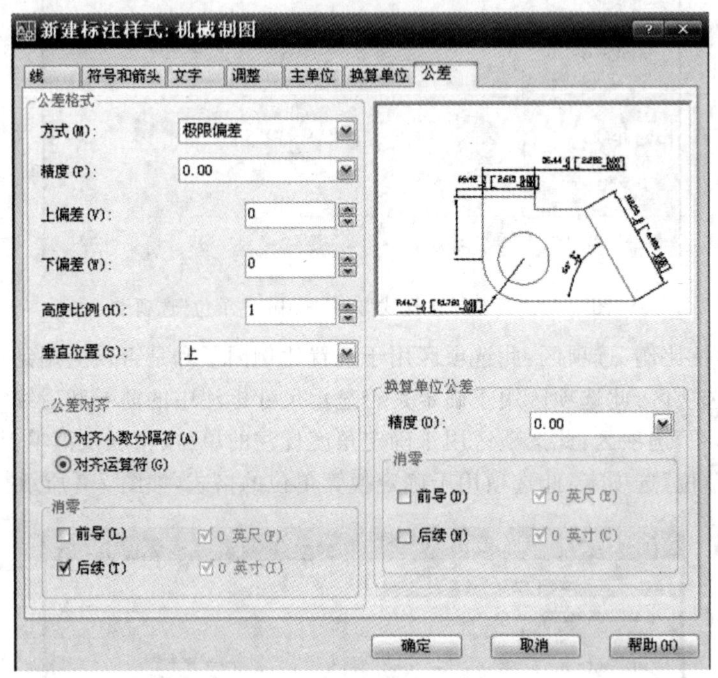

图 7-9 “新建标注样式”对话框中“公差”选项卡

7.1.3 修改标注样式

“修改标注样式”用于修改所要标注的尺寸标注样式。单击该按钮，可以打开如图 7-10 所示的“修改标注样式”对话框。

该对话框中分别有修改尺寸标注的“线”、“符号和箭头”、“文字”、“调整”、“主单位”、“换算单位”、“公差”七个选项卡，其使用类似于“新建标注样式”对话框，这里就不再赘述。

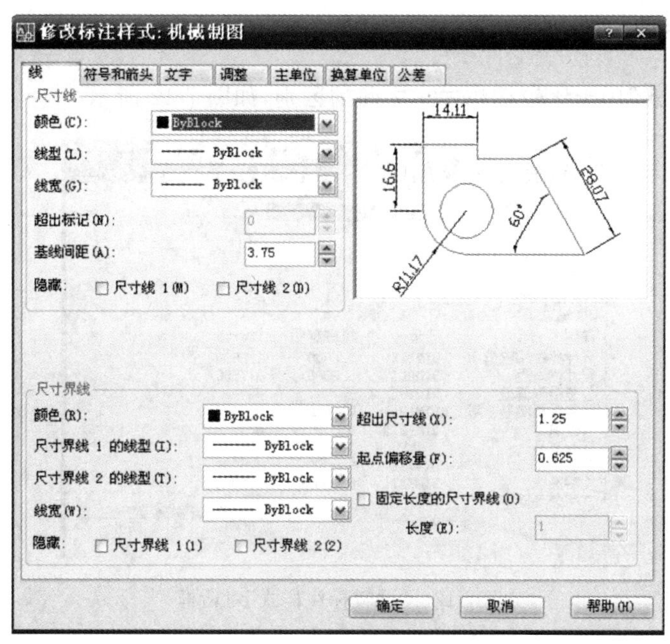

图 7-10 “修改标注样式”对话框

7.1.4 替代当前样式

单击“替代当前样式”按钮将出现“替代当前样式”对话框，如图 7-11 所示。该对话框中的各选项卡与“修改标注样式”和“新建标注样式”类似，这里不再赘述。

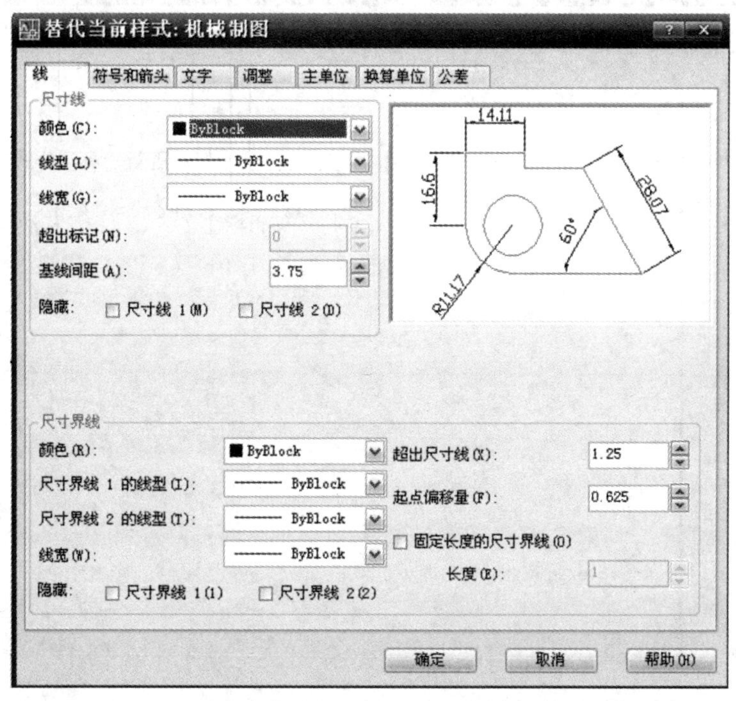

图 7-11 “替代当前样式”对话框

7.1.5 比较标注样式

“比较标注样式”用于比较标注样式之间的区别，如图 7-12 所示。

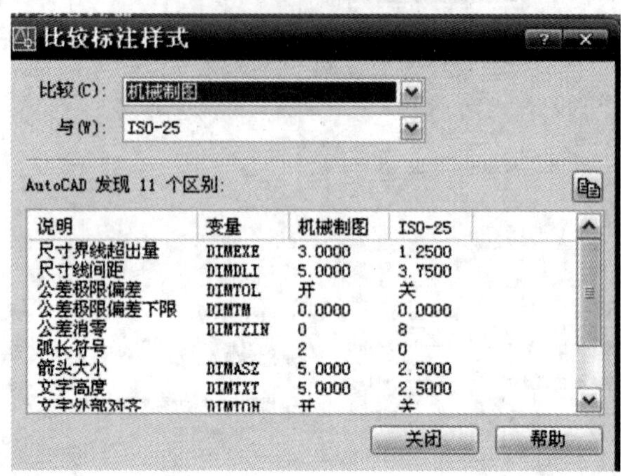

图 7-12 “比较标注样式”对话框

7.2 常用的尺寸标注

AutoCAD 为用户提供了十余种标注工具用于测量图形对象的尺寸，它们位于“标注”菜单下或“标注”工具栏中，使用它们可以进行角度、直径、半径、线性、对齐、连续、圆心、基线等标注。“标注”工具栏和菜单如图 7-13 所示。

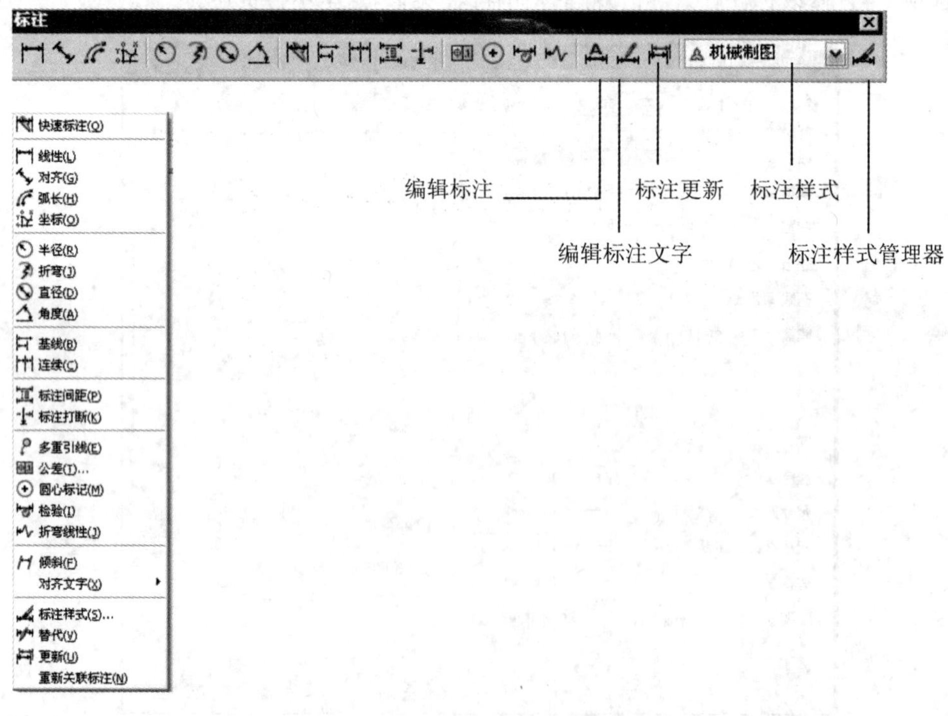

图 7-13 “标注”工具栏和菜单

7.2.1 线性标注

"线性标注"用于标注图形中两点之间的长度,这些点可以是端点、交点、圆弧弦线端点或用户能够识别的任意两个点。

(1)启动命令

①Dimlinear。

②"标注"|"线性"命令子菜单。

③在"标注"工具栏上单击图标"⊢⊣"。

此命令可创建用于标注用户坐标系 XY 平面内的两个点之间的测量值,并通过指定点或选择一个对象来实现。此时,命令行将显示如下提示信息:

指定第一条尺寸界线原点或〈选择对象〉:

默认情况下,如果在命令行提示下直接指定尺寸界线的原点,并显示"指定第二条尺寸界线原点:"提示,当用户指定了第二条尺寸界线原点后,命令行显示如下提示:

指定尺寸线位置或[多行文字(M)/文字(T)/角度(A)/水平(H)/垂直(V)/旋转(R)]:

默认情况下,当用户指定了尺寸界线的位置后,系统将按自动测量出的两个尺寸界线起始点间的相应距离标注出尺寸。

(2)其他各项的功能

①"多行文字(M)":选择该选项,将进入多行文字编辑模式,用户可以使用"文字格式"对话框输入并设置标注文字。

②"文字(T)":可以用单行文字的形式输入标注文字,此时显示"输入标注文字〈30〉:"提示信息,要求用户输入标注文字。

③"角度(A)":用于设置标注文字的旋转角度。

④"水平(H)":用于标注水平型尺寸。

⑤"垂直(V)":用于标注垂直型尺寸。

⑥"旋转(R)":用于旋转标注对象的尺寸线。

如果在"线性标注"的命令行提示下直接按回车键,则系统要求用户选择要标注尺寸的对象。当选择了对象后,系统将该对象的两个端点作为两条尺寸界线的起点,并显示如下提示:

指定尺寸线位置或[多行文字(M)/文字(T)/角度(A)/水平(H)/垂直(V)/旋转(R)]:

用户可以使用前面介绍的方法标注对象。

7.2.2 对齐标注

"对齐标注"用于对斜线或斜面进行尺寸标注。

启动命令:

①Dimaligned。

②"标注"|"对齐"命令子菜单。

③在"标注"工具栏上单击图标"↘"。

此命令可以对对象进行对齐标注,此时,命令行将显示如下提示信息:

指定第一条尺寸界线原点或〈选择对象〉:

由此可见,对齐标注是线性标注的一种特殊形式,在对直线段标注时,如果该直线的倾斜角度未知，那么使用线性标注方法将无法得到准确的测量结果，这时就可以使用对齐标注了。对齐标注的有关操作与线性标注相同。

7.2.3 连续标注

“连续标注”用于进行一系列首尾相连的尺寸标注。

启动命令：

①Dimcontinue。

②“标注”|“连续标注”命令子菜单。

③在“标注”工具栏上单击图标“”。

此命令可以对对象进行连续标注。

在进行连续标注之前，必须先创建（或选择）一个线性坐标或角度标注作为基准标注，以确定连续标注所需要的前一个尺寸标注的尺寸界线，然后执行“连续标注”命令，此时命令行将显示如下提示信息：

指定第二条尺寸界线原点或[放弃(U)/选择(S)]〈选择〉：

在该提示下，当确定了下一个尺寸的第二条尺寸界线原点后，系统按连续标注方式标注出尺寸，即把上一个或选择的第二条尺寸界线作为新尺寸标注的第一条尺寸界线标注尺寸。当标注完全部尺寸后，按回车键即可结束命令。

7.2.4 基线标注

“基线标注”用于完成从一基线开始的多个尺寸标注。

启动命令：

①Dimbaseline 或 Dimbase。

②“标注”|“基线标注”命令子菜单。

③在“标注”工具栏上单击图标“”。

此命令可以创建一系列由相同的标注原点测量出来的标注。与连续标注一样，在进行基线标注之前，也必须先创建（或选择）一个线性坐标或角度标注作为基准标注，然后执行“基线标注”命令，此时命令行将显示如下提示信息：

指定第二条尺寸界线原点或[放弃(U)/选择(S)]〈选择〉：

在该提示下，用户可以直接确定下一个尺寸的第二条尺寸界线的起始点，系统将按基线标注方式标注出尺寸，直接按回车键命令结束。

7.2.5 半径标注

“半径标注”用于标注圆或圆弧的半径尺寸。

启动命令：

①Dimradius。

②“标注”|“半径标注”命令子菜单。

③在“标注”工具栏上单击图标“”。

执行该命令，并选择要标注半径的圆弧或圆，此时命令行显示如下提示：

指定尺寸线位置或[多行文字(M)/文字(T)/角度(A)]：

当确定了尺寸线的位置后，系统将按实际测量值标注出圆或圆弧的半径。用户也可以利用“多行文字(M)”、“文字(T)”或“角度(A)”选项，确定尺寸文字或尺寸文字的旋转角度。其中，当通过“多行文字(M)”和“文字(T)”选项重新确定尺寸文字时，只有给输入的文字加前缀“R”，才能使标出的半径尺寸有该符号，否则没有该符号。

7.2.6　直径标注

标注圆或圆弧的直径尺寸。

启动命令：

①Dimdiameter。

②“标注”|“直径标注”命令子菜单。

③在“标注”工具栏上单击图标“⊘”。

直径标注的方法与半径标注的方法相同。当选择了需要标注直径的圆或圆弧后，系统将按实际测量值标注出圆或圆弧的直径。用户也可以利用“多行文字(M)”、“文字(T)”或“角度(A)”选项，确定尺寸文字或尺寸文字的旋转角度。其中，当通过“多行文字(M)”和“文字(T)”选项重新确定尺寸文字时，需要在尺寸文字前加前缀“%%C”，才能使标出的直径尺寸有直径符号“∅”。

7.2.7　角度标注

标注角度型尺寸。

(1)启动命令：

①Dimangular。

②“标注”|“角度标注”命令子菜单。

③在“标注”工具栏上单击图标“△”。

此命令可以测量圆和圆弧的角度、两条直线间的角度或者三点间的角度。此时命令行显示如下提示：

选择圆弧、圆、直线或〈指定顶点〉：

(2)在该提示下，可以选择需要标注的对象，其功能如下：

①标注圆弧角度：当选择圆弧时，命令行显示“指定标注圆弧位置或[多行文字(M)/文字(T)/角度(A)]：”提示，此时，如果直接确定标注圆弧的位置，系统会按实际测量值标注出角度。用户也可使用“多行文字(M)”、“文字(T)”、“角度(A)”选项，设置尺寸文字和它的旋转角度。

②标注圆角度：当选择圆时，命令行显示“指定角的第二端点：”的提示，要求用户确定另一点作为角的第二端点，该点可以在圆上，也可以不在圆上；然后再确定标注引线的位置，这时，标注的角度将以圆心为角度的顶点，以通过所选择的两个点为尺寸界线。

③标注两条不平行直线之间的夹角：此时，需要选择这两条直线，然后确定标注引线的位置，系统将自动标注出这两条直线的夹角。

④根据三个点标注角度：这时，首先要确定角的顶点，然后分别指定角的两个端点，最后指定标注引线的位置。

7.2.8 多重引线标注

可以创建引线和注释，而且引线和注释可以有多种格式。

7.2.8.1 多重引线样式设置

启动命令：

①命令：Mleaderstyle。

②“格式”|“多重引线样式”命令。

③在“样式”工具栏中单击“”图标。

此命令可打开“多重引线样式管理器”对话框(图 7-14)，可以删除、修改、新建多重引线样式，并将其设置为当前样式。

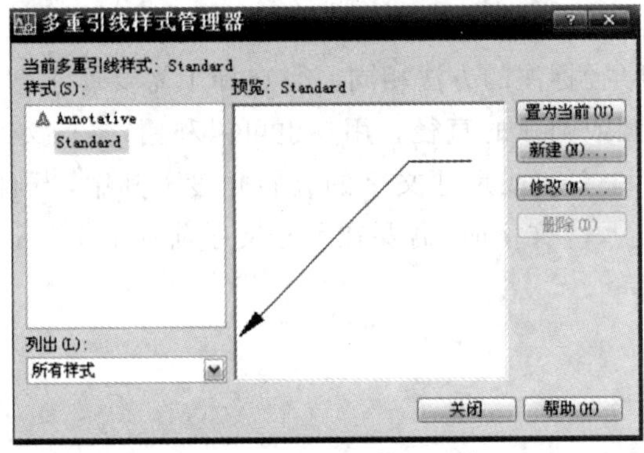

图 7-14 “多重引线样式管理器”对话框

单击“新建”按钮，将打开如图 7-15 所示的“创建新多重引线样式”对话框。在“新样式名”文本框中填入所要创建的标注样式名，如“机械制图”。单击“继续”按钮，弹出如图 7-16 所示的“修改多重引线样式”对话框。该对话框中有“引线格式”、“引线结构”、“内容”三个选项。

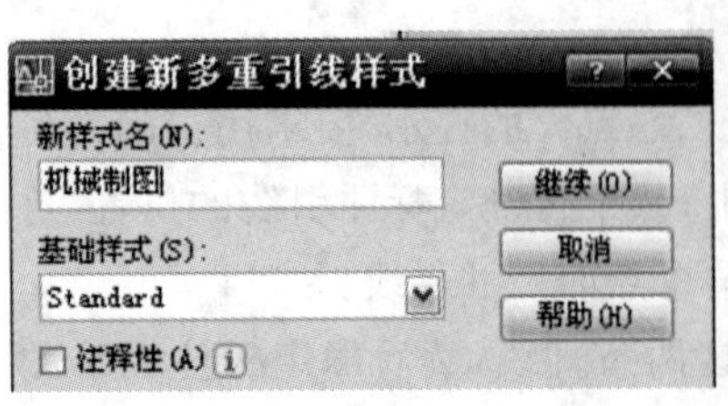

图 7-15 “创建新多重引线样式”对话框

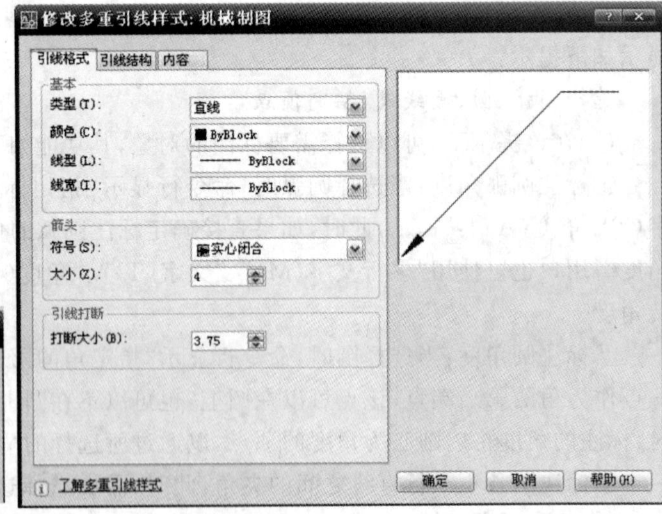

图 7-16 “修改多重引线样式”对话框中“引线格式”选项卡

(1)“引线格式”选项

如图 7-16 所示,“引线结构”选项的具体设置如下:

①“基本”区:“类型”分为“直线”、“样条曲线”、“无”三个选项。同时可以设置引线的颜色、线型、线宽。

②“箭头”区:此选项区用于设置箭头的符号和大小。

③“引线打断”区:此选项区用于设置引线打断的大小。

(2)“引线结构”选项

如图 7-17 所示,“引线结构”选项的具体设置如下:

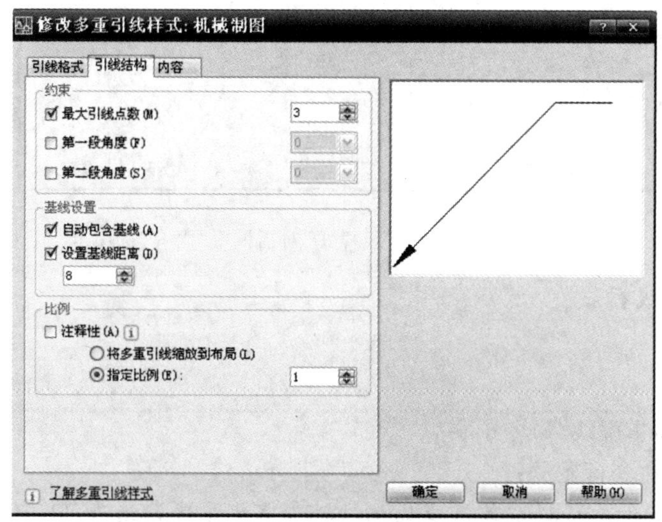

图 7-17 “修改多重引线样式”对话框中“引线结构”选项卡

①“约束”区:

“最大引线点数(M)”复选项:此选项用于选择引线的最大节点数,一般应选择 3 个。

“第一段角度(F)”/“第二段角度(S)”复选项:用于设置角度约束,可以设置第一段引线和第二段引线的角度约束角度。

②“基线设置”区:此区有“自动包含基线”和“设置基线距离”两个复选项。如不选择“自动包含基线”复选项,则水平的基线尾巴不显示。图中的基线(水平线)长度为 8mm。

③“比例”区:可选择“注释性”复选项,则其他选项不可见;也可以选择“将多重引线缩放到布局”或“指定比例”。

(3)“内容”选项

①“多重引线内容类型(C)”区:此选项区用于选择注释的内容类型,分为“块(B)”、“多行文字(M)”、“无(N)”三个选项,见图 7-18。

②“文字选项”区:此选项区用于设置“文字的样式”、“文字的角度”、“文字颜色”、“文字高度”等选项。其中“文字角度”分为“保持水平”、“按插入”、“始终正向读取”三项。

③“引线连接”区:此选项区用于设置左、右连线是在多行文字的第一行中间、下部、上部等,以及基线的间距。

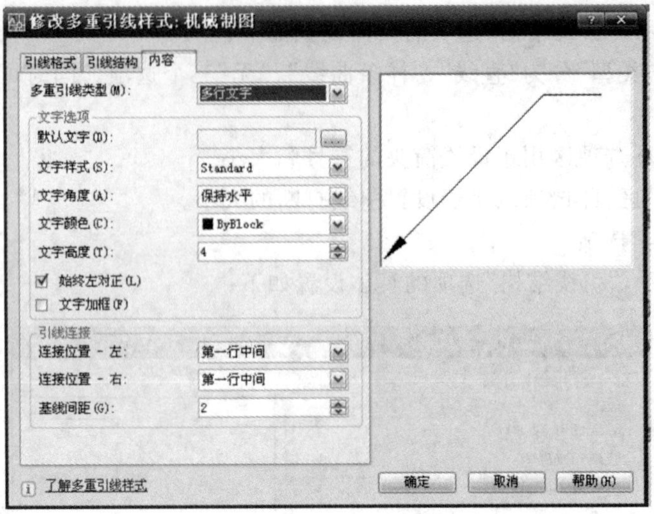

图 7-18 “修改多重引线样式”对话框中“内容”选项卡

7.2.8.2 多重引线标注

启动命令：

①Mleader。

②“标注”|“多重引线”命令子菜单。

默认情况下，命令行显示：

指定引线箭头的位置或[引线基线优先(L)/内容优先(C)/选项(O)]〈选项〉：

用户可以在图形上指定引线箭头的位置，指定下一点的位置，指定引线基线的位置，输入引线标注的文字完成标注。也可以选择“引线基线优先(L)”或“内容优先(C)”选项，来决定是先画引线还是先输入内容。此时，如果直接回车，系统进一步提示：

输入选项[引线类型(L)/引线基线(A)/内容类型(C)/最大节点数(M)/第一个角度(F)/第二个角度(S)/退出选项(X)]〈第一个角度〉：

用户可以逐一设置选项中的参数，各选项的功能与“多重引线样式设置”中的内容基本相同。其中“引线基线(A)”选项可以选择“是”或“否”使用基线。

7.2.8.3 AutoCAD 2007 及以前的版本中的“引线”标注

在 AutoCAD 2008 工具栏中的“引线”标注命令已取消，可以采用命令“Qleader”调用“引线”标注。启动命令“Qleader”，默认情况下，命令行显示“指定第一个引线点或[设置(S)]〈设置〉：”的提示，此时，如果直接回车，将打开“引线设置”对话框，如图 7-19 所示，可以设置引线的格式，包括“注释”、“引线和箭头”、“附着”三个选项卡。

①“注释”选项卡：在“注释类型”选项区中可以设置引线标注的注释类型，在“多行文字选项”选项区中可以设置多行文字的格式，在“重复使用注释”选项区中可以设置是否重复使用注释。

②“引线和箭头”选项卡(图 7-20)：在“引线”选项区可以将引线设置为“直线”或“样条曲线”；在“点数”选项区中，可以使用“最大值”文本框设置引线端点的具体数值，也可以选择“无限制”复选框不限制引线端点数；在“箭头”选项区可以设置引线起始点处的箭头样式；在

“角度约束”选项区中，可以设置第一和第二段引线的角度约束。

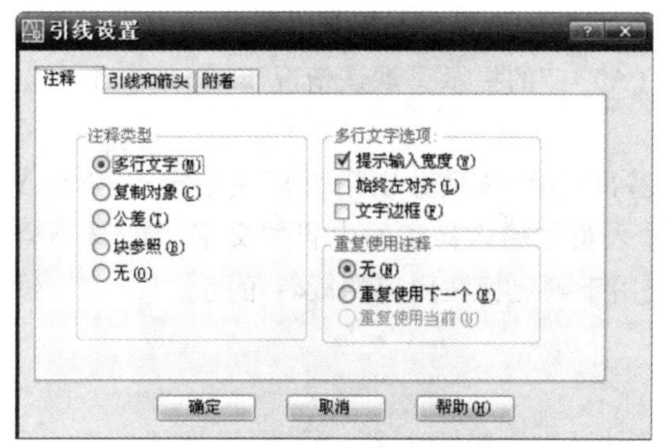

图 7-19 “引线设置”对话框中“注释”选项卡

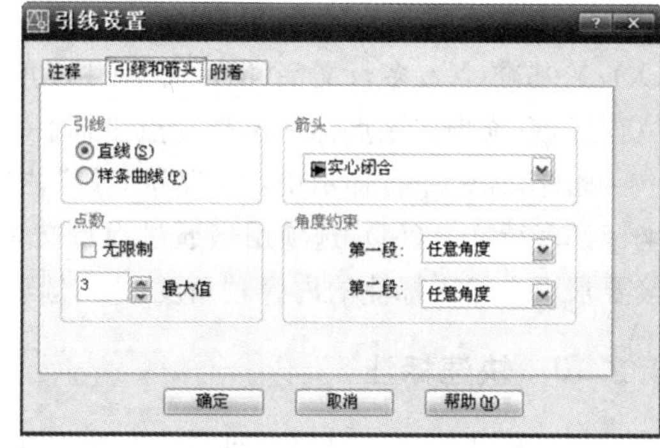

图 7-20 “引线设置”对话框中“引线和箭头”选项卡

③“附着”选项卡(图 7-21)：此选项卡主要用于设置多行文字注释相对于引线终点的位置是左边还是右边。

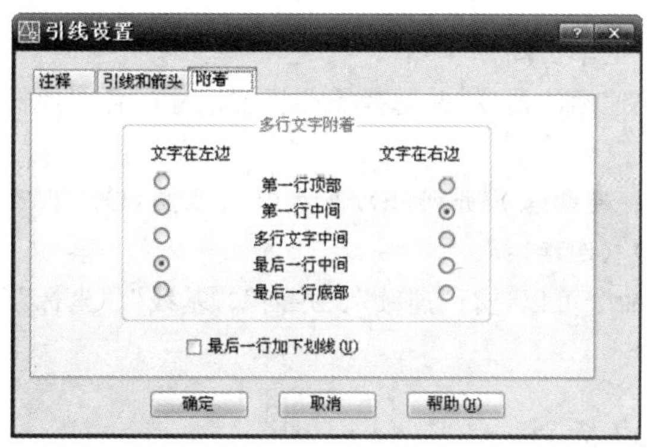

图 7-21 “引线设置”对话框中“附着”选项卡

在进行引线标注时，当指定了引线的起始点后，再在“指定下一点:”提示下确定引线的下一点位置。如果在“引线设置”对话框的“引线和箭头”选项卡中设置了点数的最大值(n)，那么系统提示“指定下一点:”的次数将比最大值少 1($n-1$)；如果将点数设置成无限制，用户则可确定任意多个点。如果要结束确定点操作，按回车键即可。

确定引线的各端点后，如果用户在“引线设置”对话框的“附着”选项卡中确定的注释类型不同，系统给出的提示也将不同。

7.2.9 坐标标注

标注相对于用户坐标原点的坐标。

启动命令：

①Dimordinate。

②“标注”|“坐标标注”命令子菜单。

③在“标注”工具栏上单击图标“”。

此时命令行显示如下提示：

指定点坐标：

在该提示下，确定要标注坐标尺寸的点，而后系统将显示“指定引线端点或[X 基准(X)/Y 基准(Y)/多行文字(M)/文字(T)/角度(A)]：”的提示。默认情况下，当指定了端点位置后，系统将在该点标注出指定点坐标。

此外，在命令行提示中，“X 基准(X)”、“Y 基准(Y)”选项分别用来标注指定点的 X、Y 坐标，“多行文字(M)”选项用来通过当行文本输入窗口输入标注的内容，“文字(T)”选项直接要求用户输入标注的内容，“角度(A)”选项则用于确定标注内容的旋转角度。

7.2.10 快速标注

可以快速创建成组的基线、连续、并列和坐标标注，快速标注多个元、圆弧半径与直径及编辑现有标注布局。

启动命令：

①Qdim。

②“标注”|“快速标注”命令子菜单。

③在“标注”工具栏上单击图标“”。

以上操作可执行快速标注命令，并选择需要标注尺寸的各图形对象后，命令行显示如下提示：

指定尺寸线位置或[连续(C)/并列(S)/基线(B)/坐标(O)/半径(R)/直径(D)/基准点(P)/编辑(E)/设置(T)]〈连续〉：

由此可见，使用该命令可以进行“连续”、“并列”、“基线”、“坐标”、“半径”、“直径”等一系列的标注。

7.3 形位公差的标注

形位公差在机械制造中极为重要。一方面，如果形位公差不能完全控制，装配件就不能正确装配；另一方面，过度吻合的形位公差又会由于额外的制造费用而造成浪费。

7.3.1 形位公差的符号表示

在 AutoCAD 中，通过特征控制框来显示形位公差信息，如图形的形状、轮廓、方向、位置和跳动的偏差等，如图 7-22 所示。

在形位公差中，特种控制框至少包含几何特征符号和公差值两部分。各组成部分的意义如下：

①几何特征项目：用于表明位置度、同心度或同轴度、对称度、平行度、垂直度、倾斜度、圆跳动、全跳动、直线度、平面度、圆度、圆柱度、线轮廓度、面轮廓度等。

②直径：此选项用于指定一个图形的公差带，并放于公差值前。

③公差值：此选项用于指定特征的整体公差的数值。

④包容条件：此选项用于大小可变的几何特征，有“Ⓜ”、“Ⓛ”、“Ⓢ”和空白 4 个选项。其中，“Ⓜ”表示最大包容条件；“Ⓛ”表示最小包容条件；“Ⓢ”表示不考虑特征尺寸，这时几何特征可以是规定极限尺寸内的任意大小。

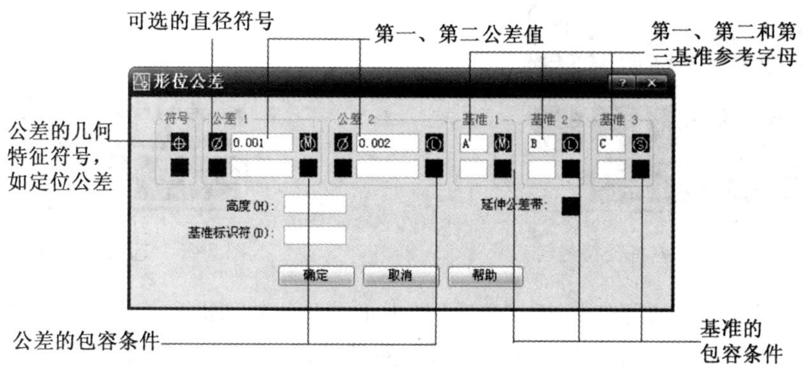

图 7-22 特征控制框

⑤基准：特征控制框中的公差值，最多可跟随三个可选的参考字母及其修饰符号。基准是用来测量和验证标注在理论上精确的点、轴或平面。通常，两个或三个相互垂直的平面效果最佳，它们共同称作参考边框。

⑥投影公差：除指定位置公差外，还可以指定投影公差以使公差更加明确。

7.3.2 标注形位公差

(1)启动命令：

①Tolerance。

②“标注”|“公差”命令子菜单。

③在“标注”工具栏上单击图标“⊕1”。

以上操作可打开“形位公差”对话框，如图 7-23 所示。

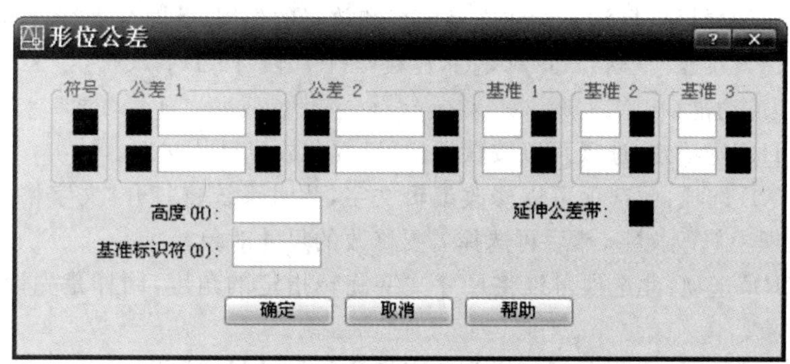

图 7-23 “形位公差”对话框

(2)在“形位公差”对话框中，可以设置形位公差的符号、值、基准等参数。各选项的功能如下：

①“符号”选项区：单击该选项区的“■”框，打开“符号”对话框，可以为第一个或第二个公差选择几何特征符号，如图 7-24 所示。

②“公差 1”和“公差 2”选项区：单击该选项区前面的“■”框，这时将插入一个直径符号；在中间的文本框中可以输入公差值；单击该选项区后面的“■”框，打开“附加符号”对话框，可以为公差选择包容条件符号，如图 7-25 所示。

图 7-24　公差特征符号

图 7-25　选择附加符号

③"基准 1"、"基准 2"和"基准 3"选项区：用于设置公差基准和相应的包容条件。

④"高度"文本框：此选项用于设置投影公差带的值。投影公差带控制固定垂直部分延伸区的高度变化，并以位置公差控制公差精度。

⑤"延伸公差带"：单击"■"框，可在延伸公差带值的后面插入延伸公差带符号。

⑥"基准标识符"文本框：此选项用于创建由参考字母组成的基本标识符号。

7.4　编辑标注对象

在 AutoCAD 中，用户可以对标注对象的文字、位置、样式等内容进行修改，而不必将标注的尺寸对象删除并重新进行标注。

7.4.1　编辑标注

(1)启动命令：

①Dimedit。

②在"标注"工具栏上单击图标"A"。

此命令可以编辑已有标注的标注文字内容和放置的位置，此时命令行显示如下提示：

输入标注编辑类型[默认(H)/新建(N)/旋转(R)/倾斜(O)]〈默认〉：

(2)各选项的功能

①"默认(H)"选项：此选项可以按默认位置、方向放置尺寸文字。

②"新建(N)"选项：此选项可以修改编辑文字，此时系统将打开"文字格式"对话框，用户可以在对话框中修改文字，然后再选择需要修改的尺寸对象。

③"旋转(R)"选项：此选项可以将尺寸文字旋转指定的角度，同样是先设置角度值，然后选择尺寸对象。

④"倾斜(O)"选项：此选项可以使非角度标注的尺寸界线倾斜一角度。这时需要先选择尺寸对象，然后设置倾斜角度值。

7.4.2　编辑标注文字

(1)启动命令：

①Dimtedit。

②在"标注"工具栏上单击图标"　"。

此命令可以编辑修改尺寸的文字位置，当选择了需要修改的尺寸对象后，此时命令行显示如下提示：

选择标注：

指定标注文字的新位置或[左(L)/右(R)/中心(C)/默认(H)/角度(A)]：

默认情况下，可以通过拖动鼠标来确定尺寸文字的新位置。

(2)各选项的功能：

①“左(L)”、“右(R)”选项：对非角度标注来说，选择这两个选项，可以将尺寸文字沿着尺寸线左对齐或右对齐。

②“中心(C)”选项：此选项可以将尺寸文字放在尺寸线的中心。

③“默认(H)”选项：此选项可以按默认位置、方向放置尺寸文字。

④“角度(A)”选项：此选项可以旋转尺寸文字，此时需要指定一个角度值。

7.4.3 标注更新

(1)启动命令：

①Dimstyle。

②选择“标注”|“更新”命令。

③在“标注”工具栏上单击图标“”。

此命令可以更新标注，使其采用当前的标注样式，此时命令行显示如下提示：

输入标注样式选项[保存(S)/恢复(R)/状态(ST)/变量(V)/应用(A)/?]〈恢复〉：

(2)各选项的功能：

①“保存(S)”选项：此选项用于将当前尺寸系统变量的设置作为一种尺寸标注样式命名保存。选择该选项，命令行显示“输入新标注样式名或[?]：”提示。如果输入“?”，可查看已命名的全部或部分尺寸标注样式；如果输入样式名，则将当前尺寸系统变量的设置作为一种尺寸标注样式，以该名保存起来。

②“恢复(R)”选项：此选项用于将用户保存的某一尺寸标注样式恢复为当前样式。选择该选项，在命令行的“输入标注样式名、[?]或〈选择标注〉：”提示下，直接输入已有的尺寸标注样式名，系统将该尺寸标注样式恢复成当前样式；输入“?”，可查看当前图形中已有的全部或部分尺寸标注样式；按回车键并选择某一尺寸对象，可以显示出当前的尺寸标注样式名，以及对该尺寸对象应用替换命令改变的尺寸变量及设置。

③“状态(ST)”选项：此选项用于查看当前各尺寸系统变量的状态。选择该选项，可切换到文本窗口，并显示各尺寸系统变量及其当前设置。

④“变量(V)”选项：此选项用于显示指定标注样式或对象的全部或部分尺寸系统变量及其设置。

⑤“应用(A)”选项：此选项可以根据当前尺寸系统变量的设置更新指定的尺寸对象。

⑥“?”选项：此选项用于显示当前图形中命名的尺寸标注样式。

例题 7-1 标注如图 7-26 所示的形位公差。

①调用“Qleader”命令。

②在命令行提示下，直接按回车键，打开“引线设置”对话框，如图 7-27 所示。在“注释”选项卡的“注释类型”选项区中选择“公差”单选按钮，然后单击“确定”按钮关闭对话框。

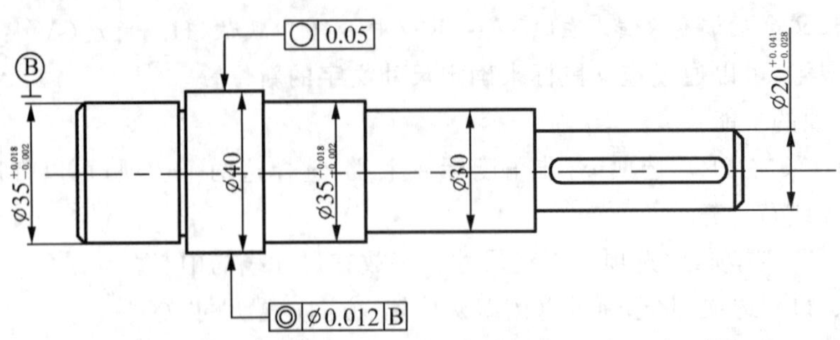

图 7-26　标注圆度和圆柱度误差

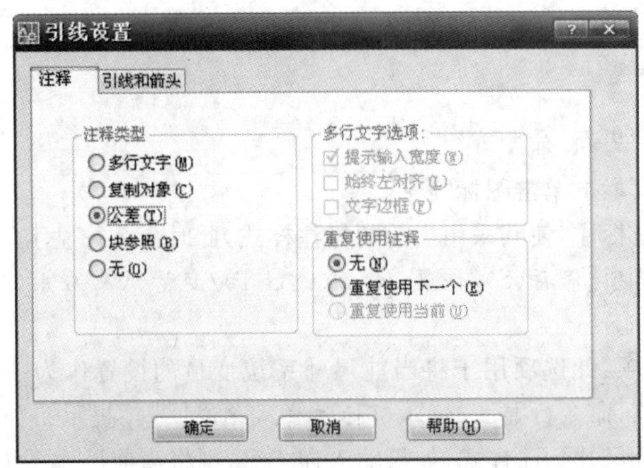

图 7-27　“引线设置”中“注释”选项区

③依次在$\varnothing$40 圆柱的轮廓线处、引线转弯处、形位公差标注框的接合处单击，并按回车键，系统将自动打开“形位公差”对话框，如图 7-28 所示。

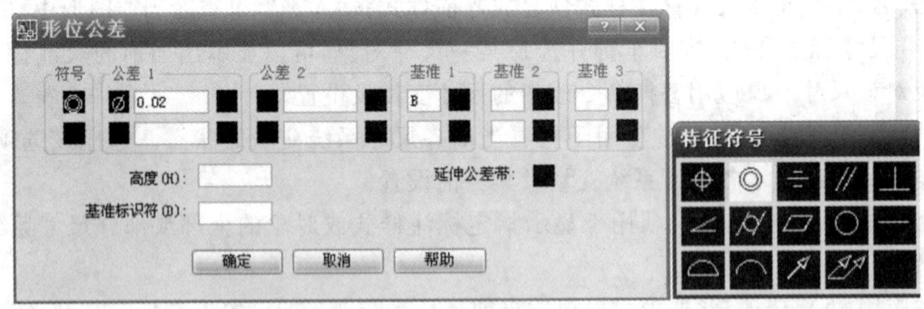

图 7-28　“形位公差”对话框

④在“符号”选项区中单击“■”框，并在打开的“特征符号”对话框中选择“◎”符号；在“公差 1”选项区中单击前面的“■”框，添加直径符号“$\varnothing$”，再在中间的文本框中输入“0.012”；在“基准 1”选项区的文本框中输入“B”，然后单击“确定”按钮，关闭“形位公差”对话框。

⑤绘制基准符号，用单行文字输入方法和移动命令在其中输入“B”。

⑥用同样的方法标注圆度误差，结果如图 7-26 所示。

7.5 思考练习题

7.5.1 填空题

(1)在机械制图中,一个完成的尺寸标注应由________、________、________、________和________等组成。

(2)在创建标注样式时,如果要设置标注文字的外观、位置和对齐方式,可以使用________对话框中________选项卡。

(3)在 AutoCAD 中,用于标注直线尺寸的标注类型有________、________、________和________。

(4)如果要创建成组的基线、连续、并列和坐标标注,可使用 AutoCAD 的________命令。

(5)在创建引线标注时,可以使用“引线设置”对话框设置引线的格式,包括________、________、________三个选项卡。

(6)“编辑标注”命令中的“新建”选项,可以________,此时系统将打开________对话框,用户可以在对话框中修改文字,然后再选择需要修改的________。

7.5.2 选择题

(1)“基准”特征控制框中的公差值,最多可跟随(　　)个可选的参考字母及其修饰符号。

A. 1　　B. 2　　C. 3　　D. 4

(2)使用“引线标注”功能标注形位公差时,应在“引线设置”对话框中将“注释类型”设置为(　　)。

A. “多行文字”　　B. “公差”　　C. “复制对象”　　D. “无”

(3)使用 AutoCAD 进行形位公差标注时,一次最多可以设置(　　)个基准包容条件。

A. 1　　B. 2　　C. 3　　D. 4

(4)在 AutoCAD 中,用于设置尺寸界线超出尺寸线的距离的变量是(　　)。

A. Dimclre　　B. Dimexe　　C. Dimlwe　　D. Dimexo

7.5.3 上机练习题

(1)绘制如图 7-29 所示的图形并标注。

(2)绘制如图 7-30 所示的图形并标注。

(3)绘制如图 7-31 所示的图形并标注。

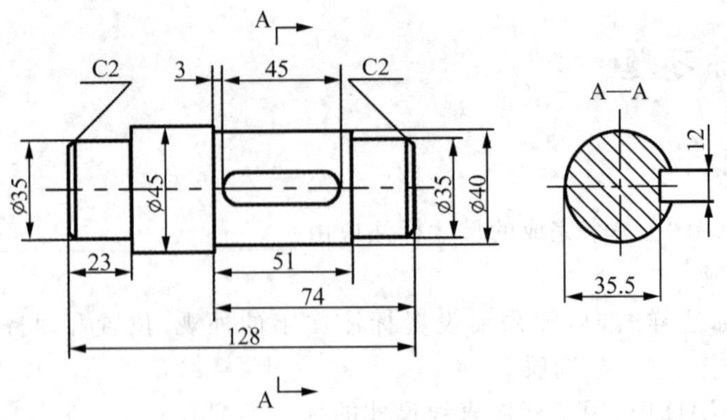

图 7-29　标注轴类零件图

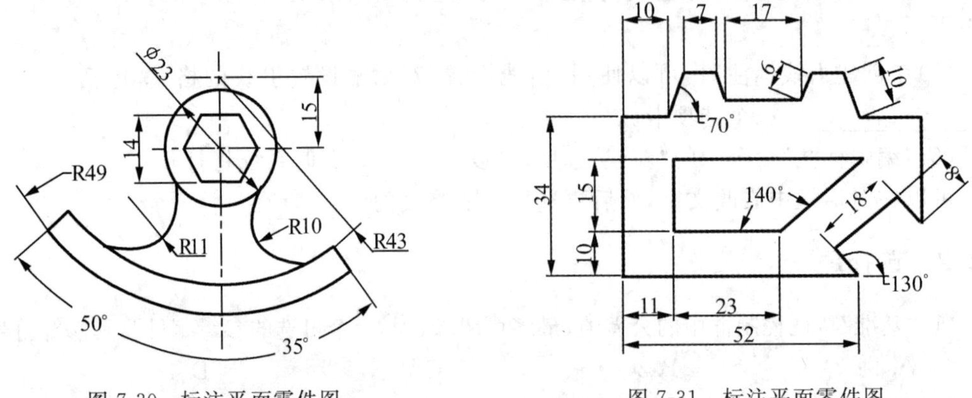

图 7-30　标注平面零件图　　　　图 7-31　标注平面零件图

(4)绘制如图 7-32 所示的图形并标注。

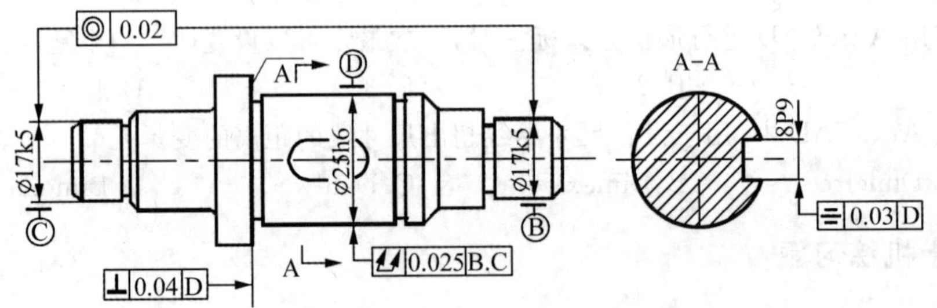

图 7-32　绘制并标注零件图

第 8 章　图案填充与二维填充图形

［教学目标］

了解图案填充与面域的特点，能正确创建图案填充，并将其应用于绘制剖面图、建筑图等各类图形中。

［教学重点与难点］

1. 创建图案填充
2. 编辑图案填充
3. 将图形转换为面域
4. 绘制圆环、宽线与二维填充图形

图案填充就是使用指定线条图案来充满指定区域的图形对象，常常用于表达剖切面和不同类型物体对象的外观纹理等，被广泛用于绘制机械图、建筑图、地质构造图等各类图形中。面域是具有边界的平面区域，它是一个面对象，内部可以包含孔。虽然从外观来说，面域和一般的封闭线框没有区别，但实际上面域就像是一张没有厚度的纸，除了包括边界外，还包括边界内的平面。

8.1　创建图案填充

启动命令：

①Bhatch。

②选择“绘图”|“图案填充”命令。

③在“绘图”工具栏上单击图标“”。

以上操作可以打开“图案填充和渐变色”对话框，如图 8-1 所示。用户可以设置图案填充时的图案特性、填充边界及其填充方式等。该对话框分为“图案填充”和“渐变色”两大项。

8.1.1　“图案填充”选项卡

各选项的主要功能如下：

(1)“类型和图案”选项区

在“类型”下拉列表框中，可以设置图案填充的类型，包括“预定义”、“用户定义”和“自定义”三个选项。其中，选择“预定义”选项，可以使用 AutoCAD 提供的图案来填充图形；选择“用户定义”选项，则需要用户临时定义图案，该图案由一组平行线或相互垂直的两组平行线组成；选择“自定义”选项，可以使用用户事先定义好的图案填充图形。

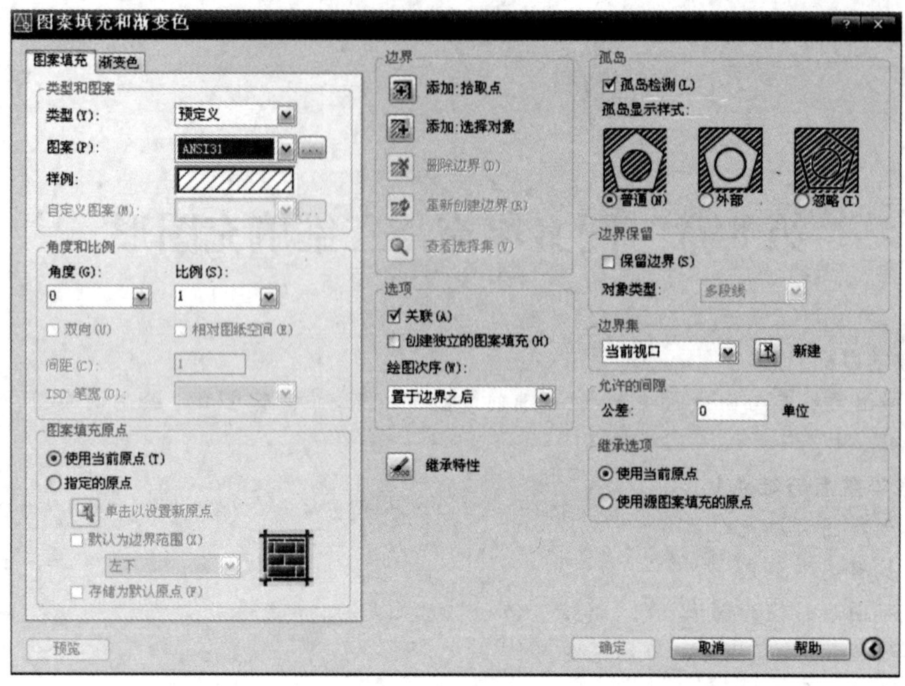

图 8-1 “图案填充和渐变色”对话框中“图案填充”选项卡

在“图案”下拉列表框中，选择用于填充图形的图案。当在“类型”下拉列表框中选择“预定义”时，该下拉列表框可用。用户从该下拉列表框中根据图案名来选择图案，也可单击其后的“...”按钮，在打开“填充图案选项板”对话框中选择。该对话框包括“ANSI”、“ISO”、“其他预定义”和“自定义”4 个选项卡，分别对应 4 类图案类型，如图 8-2 所示。

在“样例”预览窗口中，显示了当前选中的图案的样例。单击样例图案，也可打开“填充图案选项板”对话框，以便于用户选择其他图案。如果用户在“类型”下拉列表框中选择了“自定义”选项，则可以通过“自定义图案”下拉列表框选择自定义图案，也可单击其后的按钮，从打开的“填充图案选项板”对话框的“自定义”选项卡中选择。

(2)“角度和比例”选项区

此选项区可设置图案的旋转角和图案中线的间距。系统默认旋转角的值为 0°。机械制图规定剖面线倾角为 45°或 135°，特殊情况下可以使用 30°和 60°。若选用 ANSI31，剖面线倾角为 45°时，设置该值为 0°；倾角为 135°时，设置该值为 90°。系统默认初始比例为 1，用户可以根据需要放大或缩小，但是用户在“类型”下拉列表框中选择了“用户定义”选项时，“比例”下拉列表框不可用。并且，当选择“相对图纸空间”复选框时，这里设置的图案比例因子将是相对于图纸空间的。

“双向”复选框：用户在“类型”下拉列表框中选择了“用户定义”选项时，选中该复选框，可以使用相互垂直的两组平行线填充图形，否则为一组平行线。

此外，使用“间距”文本框，可以设置填充平行线之间的距离，当在“类型”下拉列表框中选择了“用户定义”选项时，该选项可用；使用“ISO 笔宽”下拉列表框，还可以设置笔的宽度，当填充图案采用 ISO 图案时，该选项可用。

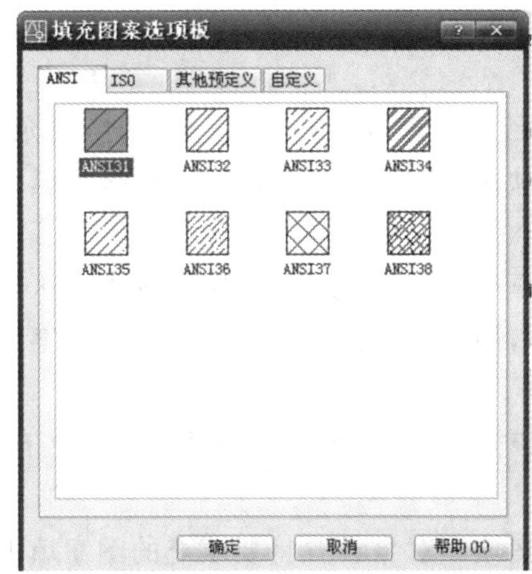

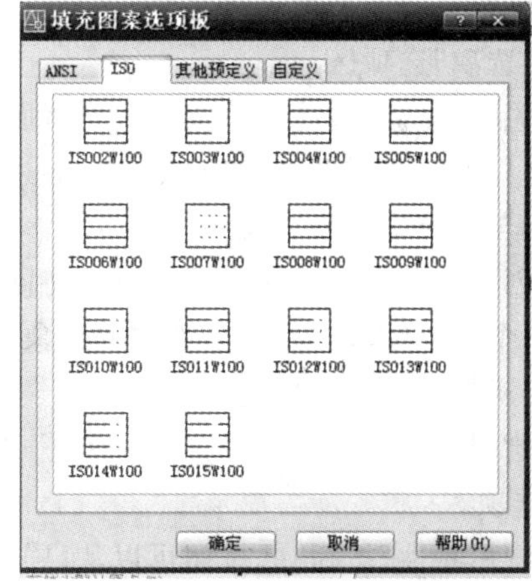

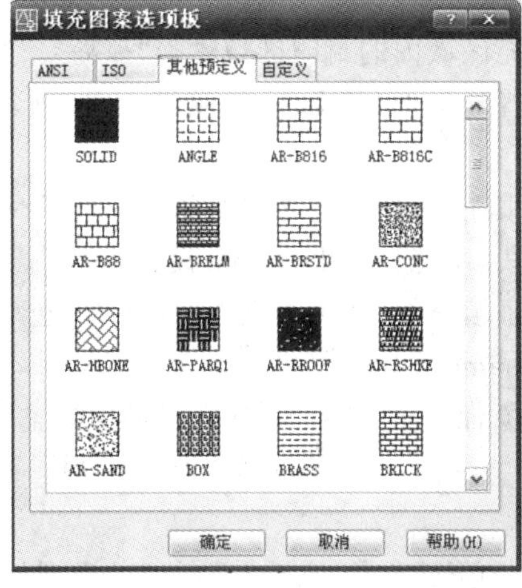

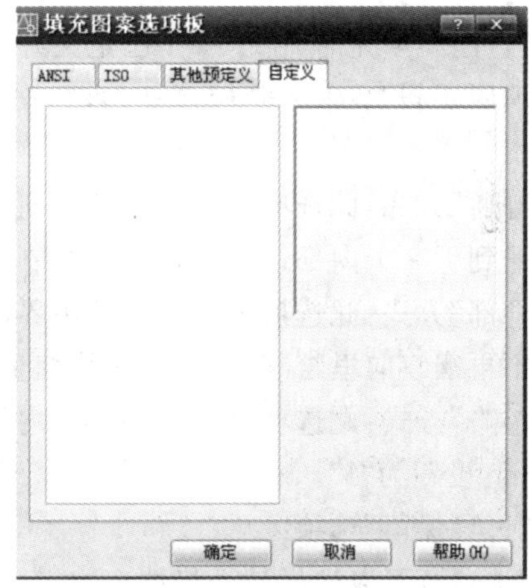

图 8-2 “填充图案选项板”对话框的 4 个选项卡

(3)“图案填充原点”选项区

在此选项区,用户可以通过指定图案基于的原点来更改图案填充的对齐方式。

用户可以选择“使用当前原点”,也可以选择“指定的原点”,通过拾取点来设置位置。“默认为边界范围”复选项下拉菜单分为“左上”、“右上”、“左下”、“右下”和“正中”5 个选项,用来指定图案的角点作为原点。“存储为默认原点”复选项,可使新的原点设置成为默认设置。

(4)“边界”选项区

①“添加:拾取点”按钮:单击该按钮,可以以拾取点的形式来指定填充区域的边界。单击该按钮,切换到绘图窗口,用户可在需要填充的区域内任意指定一点,系统会自动计算出包围该点的封闭填充边界,同时亮显该边界。如果在拾取点后系统不能形成封闭的填充边界,会显示错误提示信息。

②“添加:选择对象”按钮:单击该按钮,切换到绘图窗口,可以通过选择对象的方式来定义填充区域的边界。

③“查看选择集”按钮:该按钮用于查看已定义的填充边界。单击该按钮,切换到绘图窗

口,此时已定义的填充边界将亮显。

(5)"选项"选项区

①"关联"复选框:此复选框用于设置图案填充与填充边界的关系,选中时,填充的图案与填充边界保持关联关系,当对填充边界进行某项编辑操作时,会重新生成图案填充,否则图案填充与填充边界没有关系。

②"创建独立的图案填充"复选框:将同一个填充图案同时应用于图形的多个区域时,可以指定每个填充区域都是一个独立的对象。以后,用户可以修改一个区域中的图案填充,而不会改变所有其他图案填充。

③"绘图次序"文本框:分为"不指定"、"前置"、"后置"、"置于边界之前"、"置于边界之后"5 个选项。

④"继承特性"按钮:此按钮可以从已知的图案填充对象设置将要填充的图案填充方式。

(6)"孤岛"选项区

在进行图案填充时,位于一个已定义好的填充区域内的封闭区域称为"孤岛"。"孤岛检测"复选项用于设置是否进行孤岛检测,分为"普通"、"外部"和"忽略"3 个选项,其功能如下:

①"普通"方式:此选项可以从最外边向里画填充线,遇到与之相交的内部边界时断开填充线,再遇到下一个内部边界时再继续绘制填充线,系统变量 Hpname 设置为"N"。

②"外部"方式:此选项可以从最外边界向里画填充线,遇到与之相交的内部边界时断开填充线,不再继续向里绘制填充线,系统变量 Hpname 设置为"O"。

③"忽略"方式:此选项可以忽略边界内的对象,所有内部结构都被填充线覆盖,系统变量 Hpname 设置为"I"。

(7)"边界保留"选项区

在此选项区可以选择是否将填充边界以对象的形式保留下来以及保留的类型。当选择"保留边界"复选框时,可将填充边界以对象的形式保留。此时,在"对象类型"下拉列表框中,可以选择填充边界的保留类型,分"面域"和"多段线"两个选项。

(8)"边界集"选项区

在此选项区可以定义填充边界的对象集,即系统将根据哪些对象来确定填充边界。默认情况下,系统根据"当前视口"中的所有可见对象确定填充边界。用户也可以单击"新建"按钮,切换到绘图窗口,然后通过指定对象来定义边界集,此时"边界集"下拉菜单表框中将显示为"现有集合"。

(9)"允许的间隙"选项区

如果要填充没有封闭的区域,则可以在此选项区设置允许的间隙。任何小于等于允许的间距中设置的值的间隙都将被忽略,并将边界视为封闭。此值设置得越大,则允许存在的间隙越大。

(10)"继承选项"选项区

此选项有两个复选项:一是"使用当前原点",二是"使用源图案填充的原点"。

8.1.2 "渐变色"选项卡

在 AutoCAD 2004 之后的版本中增加了"渐变色"选项。渐变色是指一种颜色向另一种颜色的平滑过渡。渐变能产生光的效果,可为图形添加视觉效果。可以将渐变填充应用到实体填充图案中,以增强演示图形的效果。

“图案填充和渐变色”对话框中“渐变色”选项卡如图 8-3 所示,它分为“颜色”和“方向”两个选项区。各选项区的功能如下:

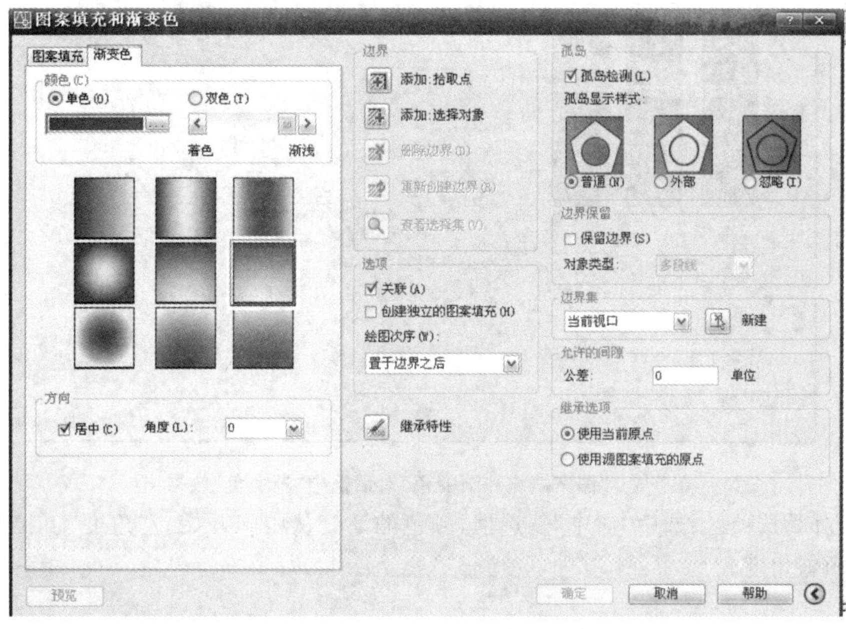

图 8-3 “图案填充和渐变色”对话框中“渐变色”选项卡

(1)“颜色”选项区:此选项区有“单色”和“双色”两个选项。

①“单色”复选项:单击颜色示例框右侧的“...”按钮,可以打开“选择颜色”对话框,如图 8-4 所示。

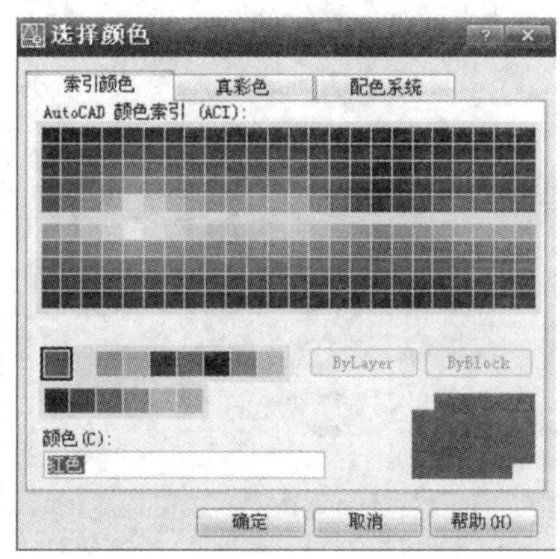

图 8-4 “选择颜色”对话框

用户可以从“索引颜色”、“真彩色”、“配色系统”选项中任选一种颜色作为图案填充的基色。颜色渐变的效果可利用拖动条在“着色”和“渐浅”之间拖动选择。

②“双色”复选项:单击颜色示例框右侧的“...”按钮,可以打开“选择颜色”对话框,分别

设置“颜色 1”和“颜色 2”的基色，两种颜色的作用效果如图 8-5 所示。

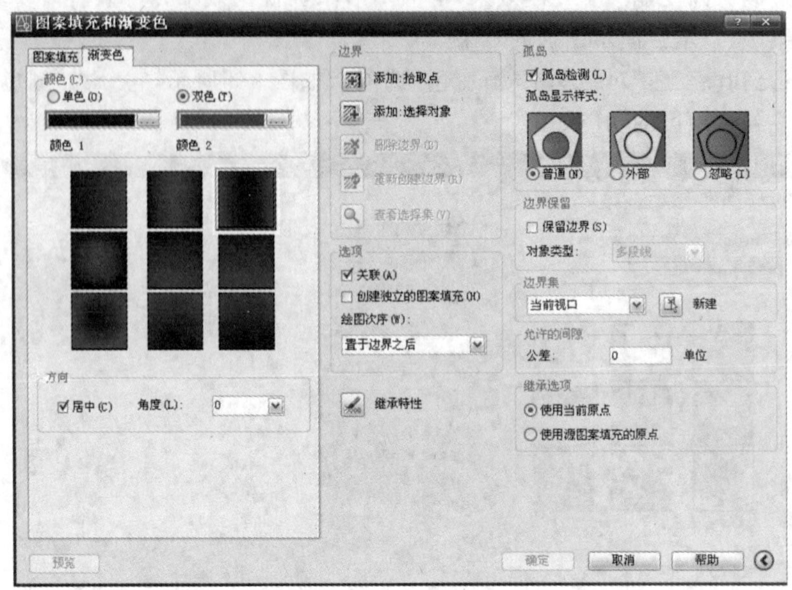

图 8-5 “图案填充和渐变色”对话框中“渐变色”效果

(2)“方向”选项区：选中“居中”复选框，颜色的渐变从中间开始。“角度”下拉菜单可选择渐变的倾斜角度。

8.2 编辑图案填充

创建了图案填充后，如果需要修改图案填充或修改图案区域的边界，可选择“修改”|“对象”|“图案填充”命令，然后在绘图窗口中单击需要修改的图案填充，这时将打开“图案填充编辑”对话框，如图 8-6 所示。

图 8-6 “图案填充编辑”对话框

从图 8-6 所示对话框可以看出，“图案填充编辑”对话框与“图案填充和渐变色”对话框的内容基本相同，只是有些选项变得不可用，而一些选项变得可用。

8.2.1 AutoCAD 2008 对图案填充的改进

新增“删除边界”和“重新创建边界”按钮：用户可以利用此按钮来添加、删除和重新创建边界。

“删除边界”按钮：用户可以在创建图案填充或编辑图案填充时添加或删除内部孤岛。

“重新创建边界”按钮：用户可以在图案填充周围重新创建一个边界并将其与图案填充对象相关联（后者为可选操作）。重新创建的图案填充边界可以是多段线或面域对象。

单击填充图案并选择“重新创建边界”选项后，将创建新的图案填充边界。还可以使用“关联”选项将边界与图案填充相关联。这样，当用户调整边界的大小时，将自动调整图案填充的大小。如果图案填充丢失了与其边界的关联，用户可以重新创建边界，而不必删除并重新创建图案填充。

计算图案填充的面积：用户可以使用“特性”窗口中新的“面积”特性快速测量图案填充的面积。在图案填充上单击鼠标右键，然后单击“特性”即可查看其面积。如果选择多个图案填充，可以查看它们的总面积。

8.2.2 系统变量 Pickstyle 的设置

在为编辑命令选择图案时，系统变量 Pickstyle 起着很重要的作用，其值有 4 个。

“0”：禁止编组或关联图案选择。即当用户选择图案时，仅选择了图案自身，而不会选择与之关联的对象。

“1”：允许编组选择，即图案可以被加入到对象编组中，此值为缺省选择。

“2”：允许关联的图案填充。

“3”：允许编组和关联图案选择。

当用户将变量设置为“2”或“3”时，若用户选择了一个图案，将同时把与之关联的边界对象选进来，有时会导致一些意想不到的结果。

8.2.3 分解图案

图案实际上是一种特殊的块，这种块被称为“匿名块”。因此，无论其形状有多复杂，它都是一个单独的对象。但是用户可使用“修改”|“分解”命令分解一个已存在的关联图案。

当图案被分解后，它将不再是一个单一对象，而是一组组成图像的线条。同时，分解后的图案也就失去了与图形的关联性，因此，用户将无法使用“修改”|“对象”|“图案填充”命令来编辑它了。

8.2.4 控制图案填充的可见性

图案填充的可见性是可以控制的。对用户来说，可以用两种方法来控制图案填充的可见性，一种是用命令“Fill”或系统变量 Fillmode 来实现，另一种是利用图层来实现。

8.3 将图形转化为面域

在 AutoCAD 中，用户可以将某些对象围成的封闭区域转换为面域，这些封闭区域可以是圆、椭圆、封闭的二维多段线和封闭的样条曲线等对象，也可以是由圆弧、直线、二维多段线、椭圆弧、样条曲线等对象构成的封闭区域。

8.3.1 创建面域

启动命令：

①Region。

②"绘图"|"面域"命令子菜单。

③在"绘图"工具栏上单击图标" "。

执行该命令，系统提示"选择对象"，用户可以选择一个或多个用于转换为面域的图形，按回车键即可将它们转换为面域。

用户还可以选择"绘图"|"边界"命令子菜单(Boundary)，使用打开的"边界创建"对话框定义面域，如图 8-7 所示。此时，可以在"对象类型"下拉菜单中选择"面域"选项，那么创建的图形将是一个面域，而不是边界。

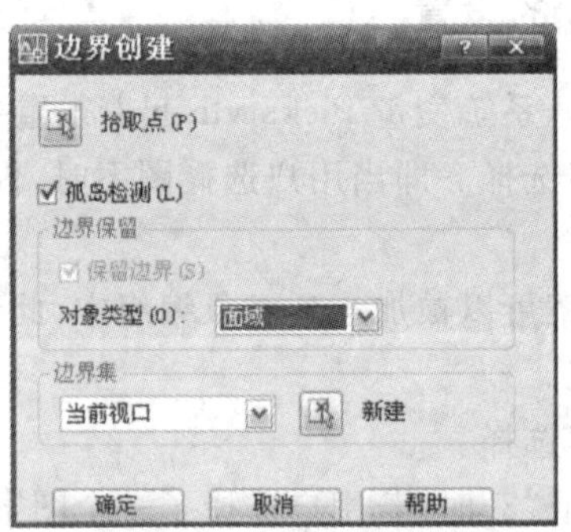

图 8-7 "边界创建"对话框

在 AutoCAD 中，创建的面域总是以线框的形式显示，用户可以对面域进行复制、移动等编辑操作。此外，如果要分解面域，可以使用"分解"命令，将面域的各个环转化成相应的线、圆等对象。

注意：在创建面域时，如果系统变量 DELOBJ 的值为 1，系统在定义了面域后将删除原始对象；如果系统变量 DELOBJ 的值为 0，则不删除原始对象。

8.3.2 对面域进行布尔运算

布尔运算是数学上的一种逻辑运算，用在 AutoCAD 绘图中，对提高绘图效率具有很大的作用，尤其在绘制比较复杂的图形时。布尔运算的对象只包括实体和共面的面域，因此对于普通的线条图形是无法进行布尔运算的。

在 AutoCAD 中，用户可以对面域进行并集、差集和交集三种布尔运算，其效果如图 8-8 所示。三种修改命令的调用如下：

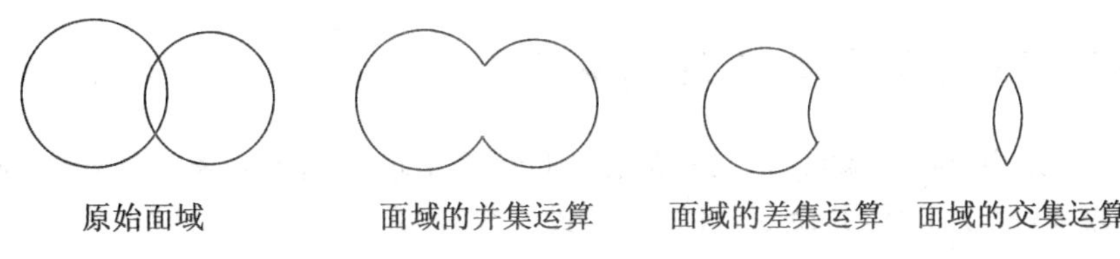

图 8-8 面域的布尔运算

①并集运算:选择“修改”|“实体编辑”|“并集”(Union)命令,可以创建面域的并集,此时,需要连续选择要进行并集操作的面域对象,直接按回车键即可将选择的面域合并为一个图形面域。

②差集运算:选择“修改”|“实体编辑”|“差集”(Subtract)命令,可以创建面域的差集,使用一个面域减去另一个面域。

③交集运算:选择“修改”|“实体编辑”|“交集”(Intersect)命令,可以创建多个面域的交集,即几个面域的公共部分。此时需要选择两个以上的面域对象,直接按回车键即可。

8.3.3 从面域中提取数据

面域对象除了具有一般图形对象的属性外,还具有作为面域对象所具备的属性,其中一个重要的特性就是质量特性。

在 AutoCAD 中,选择“工具”|“查询”|“面域/质量特性”(Massprop)命令,并选择要提取的数据面域对象,然后按回车键,这时系统会自动切换到“AutoCAD 文本窗口”,并显示选择的面域对象的数据特性,如图 8-9 所示。

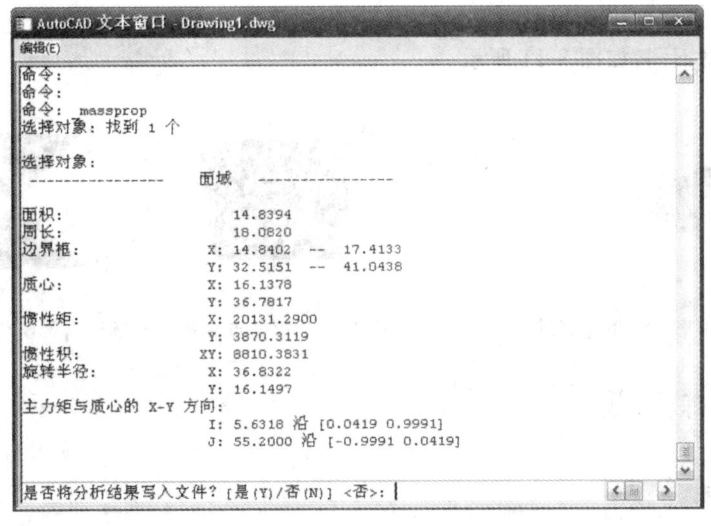

AutoCAD 文本窗口 - Drawing1.dwg

编辑(E)

```
命令:
命令:
命令: _massprop
选择对象: 找到 1 个

选择对象:
 ----------------    面域    ----------------

面积:                 14.8394
周长:                 18.0820
边界框:            X: 14.8402  --  17.4133
                   Y: 32.5151  --  41.0438
质心:              X: 16.1378
                   Y: 36.7817
惯性矩:            X: 20131.2900
                   Y: 3870.3119
惯性积:           XY: 8810.3831
旋转半径:          X: 36.8322
                   Y: 16.1497
主力矩与质心的 X-Y 方向:
                   I: 5.6318 沿 [0.0419 0.9991]
                   J: 55.2000 沿 [-0.9991 0.0419]

是否将分析结果写入文件? [是(Y)/否(N)] <否>:
```

图 8-9 提取面域中的数据

当命令行显示“是否将分析结果写入文件? [是(Y)/否(N)]〈否〉:”的提示信息时,是询问用户是否要将分析结果保存到一个文件中。此时,回车可结束命令;如果输入“Y”,可将分析结果存入文件,这时系统将打开“创建质量与面积特性文件”对话框,可通过该对话框确定文件保存的位置与文件名称。

8.4 绘制圆环、宽线与二维填充图形

在 AutoCAD 中，圆环、宽线与二维填充图形都属于填充图形对象。在绘制时，要显示它们的填充效果，应使用“Fill”命令，将填充模式设置为“开”。

8.4.1 绘制宽线

使用命令：Trace。当指定了宽线的宽度后，其他使用方法同“直线”相似，但绘制的宽线图形却是填充四边形。

如果要改变宽线的宽度，可以选择该宽线，然后拉伸其夹点即可。

8.4.2 绘制圆环

绘制圆环是创建填充圆环或实体填充圆环的一个便捷的途径。在 AutoCAD 中，圆环实际上是具有一定宽度的多段线封闭形成的。要创建圆环，可选择命令“Donut”或“绘图”|“圆环”命令。接着指定它的内径和外径，然后通过指定不同的圆心来连续创建直径相同的多个圆环对象，直接按回车键结束命令。如果要创建实体填充圆，此时应将内径值指定为 0。

8.4.3 绘制二维填充图形

选择命令“Solid”或“绘图”|“建模”|“网格”|“二维填充”命令，可以绘制三角形和四边形的有色填充域。

绘制三角形实体填充区域时，首先启动命令，然后依次指定三角形的三个点，然后按下回车键直到退出命令，其结果如图 8-10 所示。

同样，使用命令也可绘制四边形实体填充区域，但是，如果第 3 点和第 4 点的顺序不同，其图形形状也将不同，如图 8-11 所示。

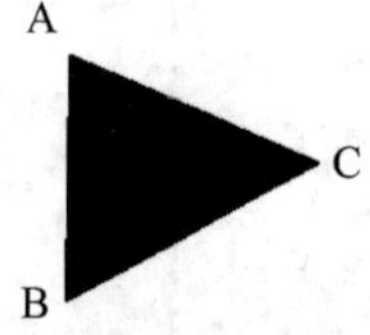

图 8-10 三角形实体填充区域

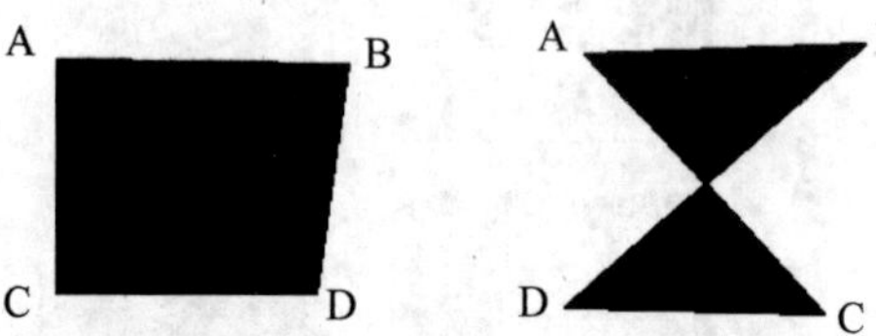

图 8-11 第 3 点和第 4 点顺序将影响实体的形状

8.5 思考练习题

8.5.1 填空题

(1)在控制图案填充的可见性时，除了可以使用“Fill”命令外，还可以使用系统变量________来实现。

(2)可以在图案填充周围重新创建一个边界并将其与图案填充对象相关联，重新创建的图案填充边界可以是________或________对象。

(3)在进行图案填充时，位于一个已定义好的填充区域内的________称为孤岛。

(4)使用宽线命令绘制宽线，当指定了宽线的宽度后，其他使用方法同“直线”相似，但绘

制的宽线图形却是________。

(5)将同一个填充图案同时应用于图形的多个区域时,可以指定每个填充区域都是一个独立的对象,此命令为________。

(6)对面域可以执行三种布尔运算,它们分别是________、________、________。

8.5.2 选择题

(1)在为编辑命令选择图案时,系统变量 Pickstyle 起着很重要的作用,其中,要禁止编组或关联图案选择,应将系统变量的值设置为(　　)。

A. 0　　B. 1　　C. 2　　D. 3

(2)"孤岛检测"复选项,用于设置是否进行孤岛检测。它分为"普通"、"外部"和"忽略"三种检测方式,其中,"普通"检测方式的系统变量 Hpname 设置为(　　)。

A. J　　B. I　　C. N　　D. O

(3)在"角度和比例"选项区,系统默认旋转角的值为 0°,机械制图规定剖面线倾角为 45°或 135°,若选用 ANSI31,剖面线倾角为 45°时,设置该值为(　　)。

A. 135°　　B. 90°　　C. 45°　　D. 0°

(4)使用"间距"文本框,可以设置填充平行线之间的距离,当在"类型"下拉列表框中选择了(　　)选项时,该选项可用。

A. "自定义"　　B. "用户定义"　　C. "预定义"　　D. 都不对

(5)在 AutoCAD 中,圆环、宽线与二维填充图形都属于填充图形对象。在绘制时,要显示它们的填充效果,应使用(　　)命令,将填充模式设置为"开"。

A. "Fillmode"　　B. "Pickstyle"　　C. "Fill"　　D. "Hpname"

8.5.3 上机练习题

(1)绘制如图 8-12 所示的图形,并将其进行填充。

(2)绘制如图 8-13 所示的房屋平面图形,并将其填充。

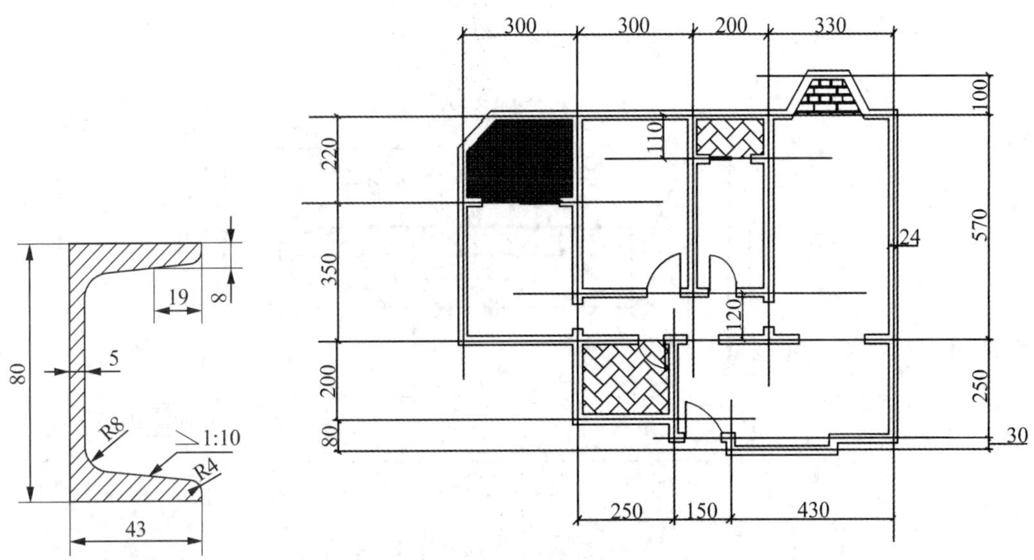

图 8-12　绘制图形并将其填充　　图 8-13　绘制房屋平面图形并将其填充

(3)绘制如图 8-14 所示的图形,并将其标注与填充。

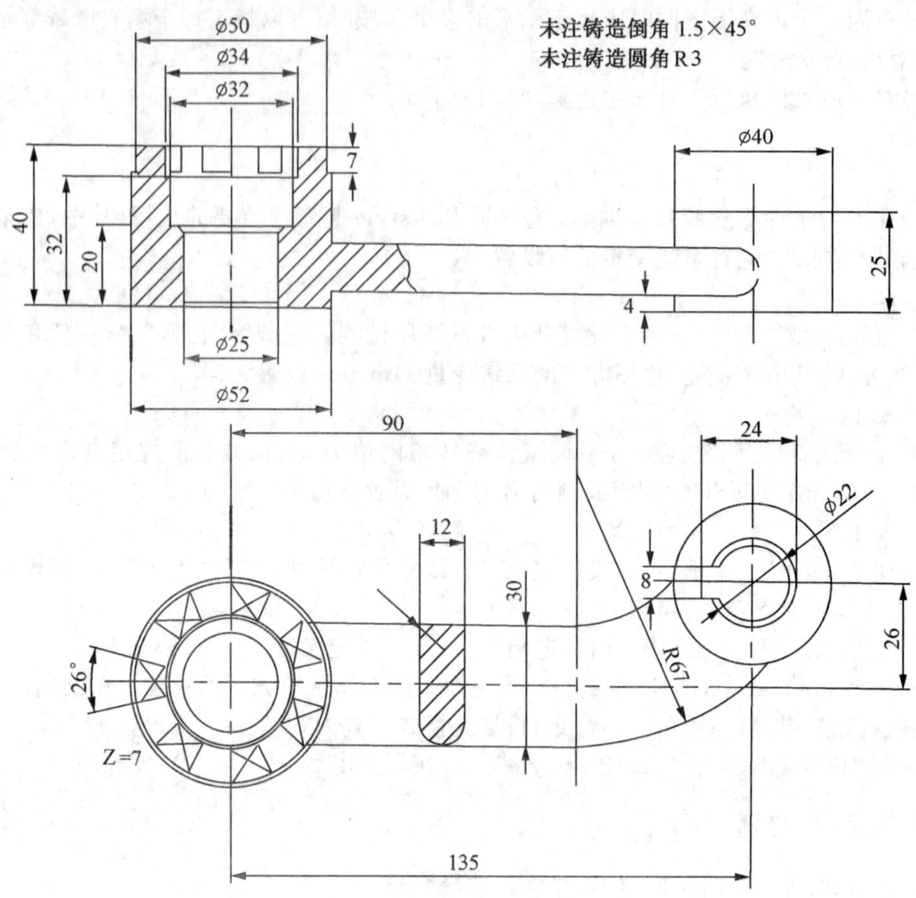

图 8-14 绘制图形并将其标注与填充

(4)绘制如图 8-15 所示的图形,并将其标注与填充。

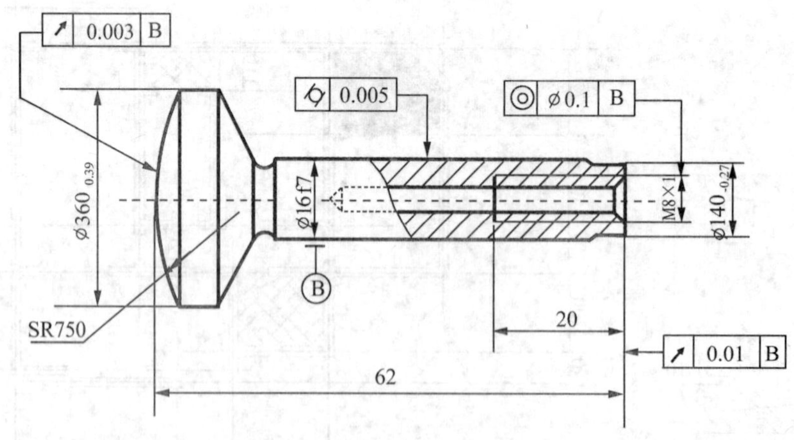

图 8-15 绘制图形并将其标注与填充

第 9 章　块的创建和插入

［**教学目标**］

了解创建、储存、使用、编辑和管理内外部块的方法，并能够创建块以及创建带有属性的块，且能在图形中插入新创建的块。

［**教学重点与难点**］

1. 创建内部块
2. 创建外部块
3. 插入块
4. 创建并使用带有属性的块

用 AutoCAD 绘图的最大优点就是 AutoCAD 具有库的功能，且能重复使用图的部件。用户在使用 AutoCAD 绘图时，如果图形中有大量相同或相似的内容，或者所绘制的图形与已有的图形文件相同，则可以把要重复绘制的图形创建成块，在需要时直接插入它们；也可以将已有图形文件直接插入到当前图形中，从而提高了绘图效率。此外，用户还可以根据需要，为块创建属性，用来指定块的名称、用途、设计者等信息。

AutoCAD 中的块分为内部块和外部块两种，用户可通过“块定义”对话框精确设置创建块时的图形基点和对象取舍。

9.1　创建内部块

所谓内部块，即数据保存在当前文件中，只能被当前图形所访问的块。创建内部块可用以下几种方法实现。

(1)启动命令

①Block。

②“绘图”|“块”|“创建”命令子菜单。

③在“绘图”工具栏上单击图标“”。

执行该命令，系统弹出“块定义”对话框，如图 9-1 所示。

(2)各主要选项的功能

①“名称”文本框：此处用于输入块的名称，最多可使用 255 个字符。

②“基点”选项区：此选项区用于设置块插入基点位置。用户可以直接在 X、Y、Z 文本框中输入坐标值，也可以单击“拾取点”按钮，切换到绘图窗口并选择基点。一般基点选在块的中心、左下角或其他有特征的位置。

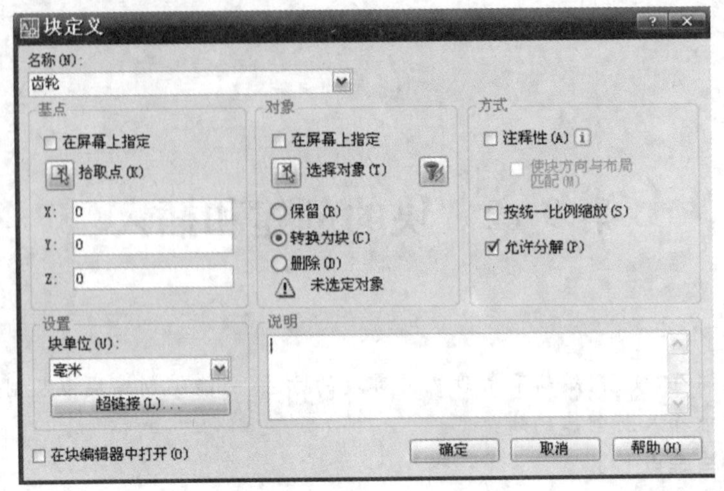

图 9-1 “块定义”对话框

③“对象”选项区:此选项区用于设置组成块的对象。单击“选择对象”按钮,切换到绘图窗口选择组成块的对象;也可以单击右侧的“快速选择”按钮,使用“快速选择”对话框设置选择对象的过滤条件。选择“保留”单选按钮,表示创建块后仍在绘图窗口保留组成块的各对象;选择“转换为块”单选按钮,表示创建块后将组成块的各对象保留并把它们转换为块;选择“删除”单选按钮,表示创建块后删除绘图窗口上组成块的原对象。

④“方式”选项区:此选项区分“注释性”、“按统一比例缩放”、“允许分解”三个选项。“按统一比例缩放”复选框,设置块与设计中心拖放的块缩放比例相同。“允许分解”复选框,选择此选项,创建的块允许分解。如选择“注释性”选项,则“按统一比例缩放”复选项不可用,并且“使块方向与布局匹配”复选项变得可用。

⑤“设置”选项区:“块单位”下拉列表框,用于设置从 AutoCAD 设计中心拖放块时的缩放单位。“超链接”按钮,单击该按钮,打开“插入超级链接”对话框,可以插入超级链接文档。

⑥“说明”文本框:用于输入当前块的说明部分。

⑦“在块编辑器中打开”复选项:选中此选项,允许创建的块在块编辑器中打开并编辑。

9.2 创建外部块

所谓外部块,即块的数据可以是以前定义的内部块,或整个图形,或是选择的对象,它保存在独立的图形文件中,可以被所有图形文件所访问。

注意:该命令只能从命令行调用。

在命令行输入“Wblock”或“W”,并回车,此时将打开“写块”对话框,如图 9-2 所示。各选项区的主要功能如下:

①“源”选项区:此选项区可以设置组成块的对象来源。选择“整个图形”单选按钮,可以把全部图形写入磁盘,此时只有“目标”选项区可用;选择“对象”单选按钮,可以指定需要写入磁盘的块对象,这时用户可根据需要使用“基点”选项区设置块的插入点位置,使用“对象”选项区设置组成块的对象。具体设置方法同“写块”对话框。

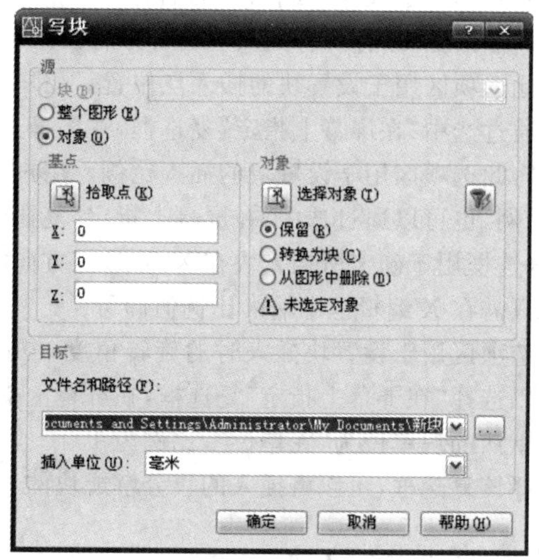

图 9-2 “写块”对话框

②“目标”选项区：此选项区可以设置块的名称和路径。可以在下拉列表框中选择保存的位置，也可以单击“...”按钮，使用打开的“浏览文件夹”对话框设置文件保存的位置；在“插入单位”下拉列表框中选择从 AutoCAD 设计中心中拖动块时的缩放单位。

9.3 插入块

在当前图形中可以插入外部块和当前图形中已经定义的内部块，并可以根据需要调整其比例和转角。

(1)启动命令

①Insert。

②“插入”|“块”命令子菜单。

③在“绘图”工具栏上单击图标“”。

执行该命令，系统弹出“插入”对话框，如图 9-3 所示。

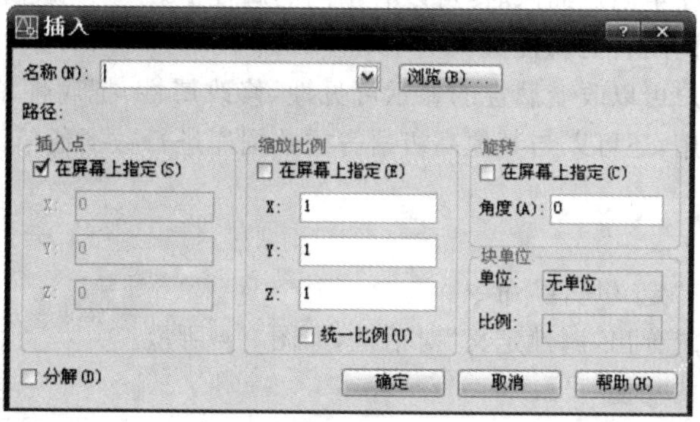

图 9-3 “插入”对话框

(2)各主要选项的功能

①“名称”下拉菜单:此菜单用于选择块或图形的名称。用户也可以单击其后的“浏览”按钮,打开“选择图形文件”对话框,选择保存的块和外部参考图形。

②“插入点”选项区:此选项区用于设置块的插入点位置。用户可直接在X、Y、Z文本框中输入点的坐标,也可以通过选中“在屏幕上指定”复选框,在屏幕上指定插入点的位置。

③“缩放比例”选项区:此选项区用于设置块的插入比例。用户可直接在X、Y、Z文本框中输入块在三个方向的比例,也可以通过选中“在屏幕上指定”复选框在屏幕上指定。此外,该选项区的“统一比例”复选框用于确定所插入块在X、Y、Z三方向的插入比例是否相同,选中时缩放比例相同,用户只需在X编辑框中输入比例值即可。

④“旋转”选项区:此选项区用于设置块插入时的旋转角度。用户可以直接在“角度”编辑框中输入角度值,也可以选择“在屏幕上指定”复选框,在屏幕上指定旋转角度。

⑤“块单位”选项区:默认的块单位为“无单位”,比例为1。

⑥“分解”复选项:选择该复选框,可以将插入的块分解成块的各基本对象。

9.4 创建并使用带有属性的块

块属性是附属于块的非图形信息,是块的组成部分,是特定的可包含在块定义中的文字对象,并且在定义一个块时,属性必须预先定义。通常属性用于在块的插入过程进行自动注释。

在AutoCAD中,用户可以在图形绘制完成后,使用“Attext”或“工具”|“属性提取”命令,将块属性数据从图形中提取出来,并将这些数据写入一个文件中,这样就可以从图形数据库文件中获取块数据信息了。

(1)块属性的特点

①块属性由属性标记名和属性值两部分组成。

②定义块前,应先定义该块的每个属性,即规定每个属性的标记名、属性提示、属性默认值、属性的显示格式、属性在图中的位置等。一旦定义了属性,该属性以其标记名在图中显示出来,并保存有关的信息。

③定义块时,应将图形对象和表示属性定义的属性标记名一起用来定义块对象。

④插入有属性的块时,系统将提示用户输入需要的属性值。插入块后,属性用它的值表示。因此,同一个块在不同点插入时,可以有不同的属性值。如果属性值在属性定义时规定为常数,系统将不再询问它的属性值。

⑤插入块后,用户可以改变属性的显示可见性,修改属性,把属性单独提取出来写入文件以供统计、制表使用,还可以与其他高级语言或数据库进行数据通信。

(2)启动命令

①Attdef。

②“绘图”|“块”|“定义属性”命令。

执行该命令,系统弹出“属性定义”对话框,如图9-4所示。

(3)各主要选项的功能

①“模式”选项区:在该选项区用户可以设置属性的模式。“不可见”复选框,用于设置插入块后是否显示其属性值。“固定”复选框,用于设置属性是否为定值,选中该复选框,属性为定值,由属性定义时通过“属性定义”对话框中的“值”文本框给定,插入时该属性值不再发

生变化，否则，插入块时可以输入任意值。“验证”复选框，用于设置对属性值校验与否。“预置”复选框，用于确定是否将属性值直接预置成它的默认值，选中该复选框，插入块时，系统将把“属性定义”对话框中的“值”文本框输入的默认值自动设置成实际属性值，不再要求用户输入新值，反之用户可以输入新属性值。

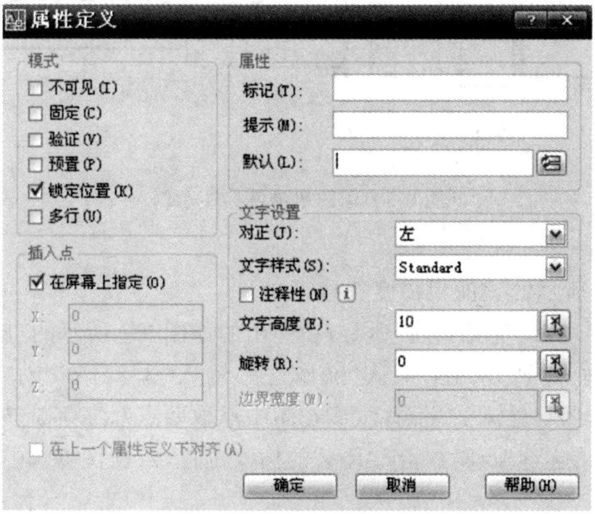

图 9-4 “属性定义”对话框

②“属性”选项区：此选项区用于定义块的属性。其中在“标记”文本框中可以输入属性的标记，在“提示”文本框中可以输入插入块时系统显示的提示信息，可以在“值”文本框中输入属性的默认值，点击右边的按钮可以以“字段”的形式输入属性值。

③“插入点”选项区：此选项区用于设置属性值的插入点，即属性文字排列的参考点。用户可以直接在 X、Y、Z 文本框中输入点的坐标，也可以选择复选框“在屏幕上指定”插入点。确定该插入点后，系统将以该点为参考点，按照在“文字设置”选项组的“对正”下拉列表中确定的文字排列方式放置属性值。

④“文字设置”选项区：此选项区用于设置属性文字的格式，包括如下选项：“对正”下拉列表框，用于设置属性文字相对于参考点的排列方式。“文字样式”下拉列表框，用于设置属性文字的样式。“文字高度”按钮，用于设置属性文字的高度。用户可以直接在对应的编辑框中输入文字高度值，也可以单击该按钮，然后在绘图窗口中指定高度。“旋转”按钮，用于设置属性文字行的旋转角度。

⑤“锁定块中的位置”复选项：选择此选项，就锁定文字在块中的位置。

另外，在 AutoCAD 2004 以后的版本中，增加了“动态块”的功能。动态块中定义了一些自定义特性，可用于在位调整块，而无须重新定义该块或插入另一个块。要成为动态块的块，至少必须包含一个参数以及一个与该参数关联的动作。具体功能不再赘述，用户可以查看 AutoCAD“帮助”菜单中“新功能专题研习”。

例题 9-1 标注如图 9-5 所示圆轴的表面粗糙度。

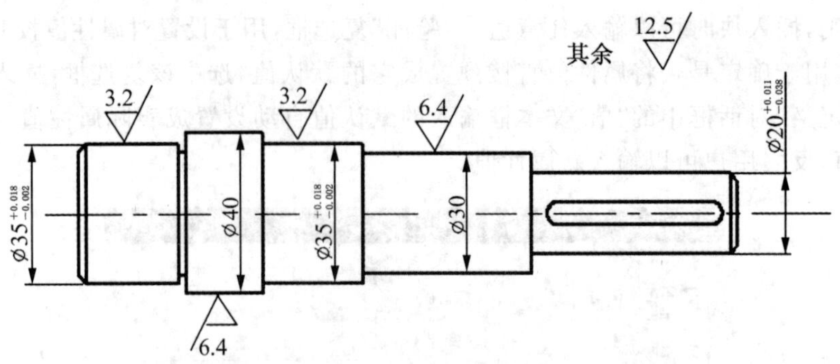

图 9-5　轴的粗糙度标注示例

(1)创建粗糙度符号

①绘制如图 9-6 所示的表面粗糙度符号。

②打开“绘图”|“块”|“定义属性”命令，在弹出的如图 9-7 所示的“属性定义”对话框中，在“标记”文本框中输入“RA”，在“默认”文本框中输入“3.2”，在“对正”下拉列表中选取“左”，并选取“文字样式”，输入文字高度(或在图中点取两点)、文字旋转角度，单击“确定”回到绘图窗口，系统要求你选取属性标记“RA”的插入位置，点击图 9-6 中的 a 点，完成属性的定义。

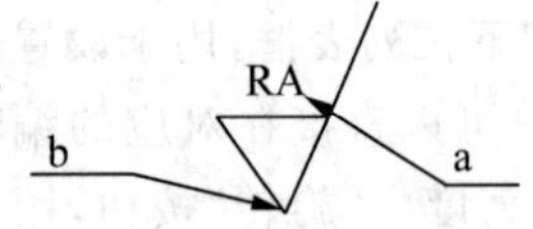

图 9-6　表面粗糙度符号

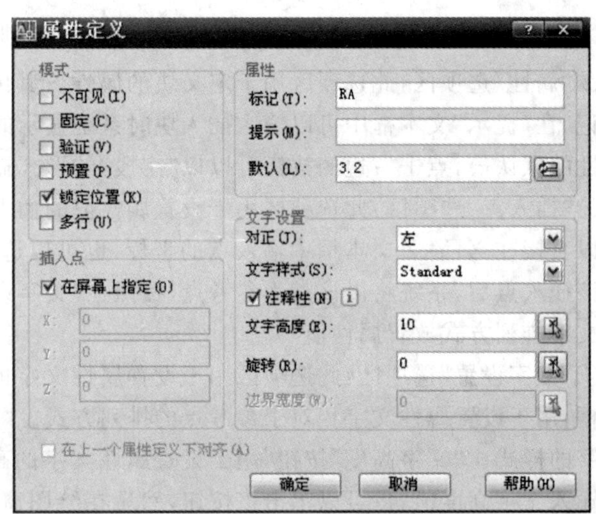

图 9-7　“属性定义”对话框

③单击“绘图”工具栏上的创建块图标“”，弹出如图 9-8 所示的“块定义”对话框，在“名称”文本框中输入“粗糙度”；单击“选择对象”按钮，在屏幕上将粗糙度符号与属性一起定义成块，然后单击“拾取点”回到绘图窗口，在图 9-6 中的粗糙度符号的 b 处单击，确定插入点，单击“确定”完成块定义。

④如果“块定义”对话框中选择了“在块编辑器中打开”复选项，单击“确定”按钮，系统自动打开“编辑属性”对话框，如图 9-9 所示。用户可以编辑属性值，如将 3.2 改为 6.4 等。

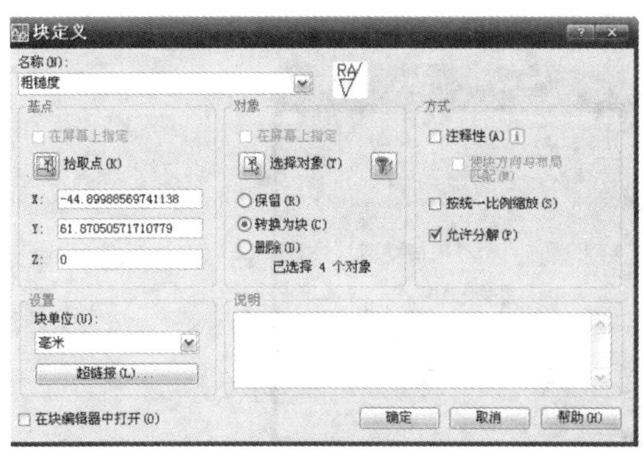

图 9-8 “块定义”对话框

图 9-9 “编辑属性”对话框

⑤单击“确定”按钮，系统将自动打开动态块编辑器，如图 9-10 所示。用户可以在编辑器中编辑块定义的动作和各项参数，单击“关闭块编辑器”按钮，完成块的定义。

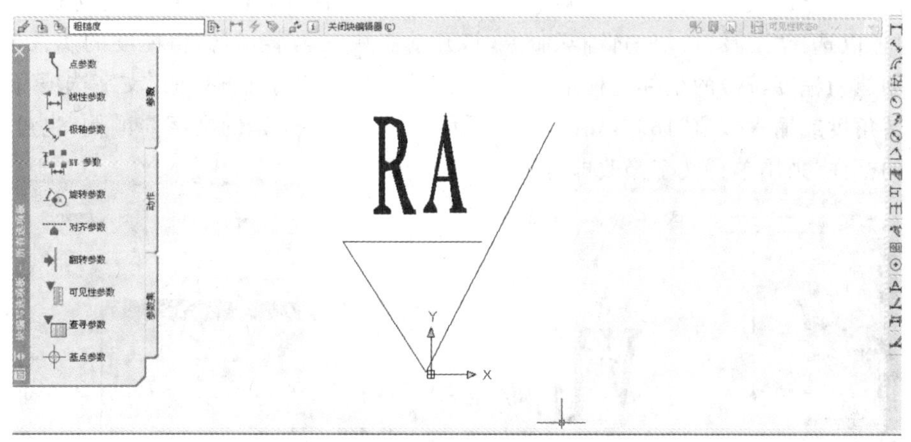

图 9-10 动态块编辑器对话框

(2)插入粗糙度符号

①单击“绘图”工具栏上的插入块图标“”，系统弹出如图 9-11 所示的“插入”对话框，在“名称”文本框中选择“粗糙度”，选择“统一比例”、插入点“在屏幕上指定”复选框，单击“确定”按钮，系统自动回到绘图窗口，要求“指定插入点或[基点(B)/比例(S)/旋转(R)/预览比例(PS)/预览旋转(PR)]:”。

②用鼠标在图 9-5 中的∅35 的下方点击，并确保粗糙度符号的 b 点与直径为∅35 的圆柱表面相接触，指定了插入点后系统要求输入属性值，本例默认属性值为 3.2，回车完成一个粗糙度的标注。

③使用同样的方法标注∅30 轴的表面粗糙度，只是在指定了插入点后系统要求输入属性值时，输入属性值 6.4 即可。

④∅40 轴的表面粗糙度的标注，因其符号倒立，所以应在指定插入点之前选择“旋转(R)”选项，并输入“180”，回车后按②所述的方法选择插入点后，输入属性值即可完成标注。也可以在“插入”对话框中的“旋转”选项区，在“角度”文本框中输入旋转角度“180”，操作结

果同上。

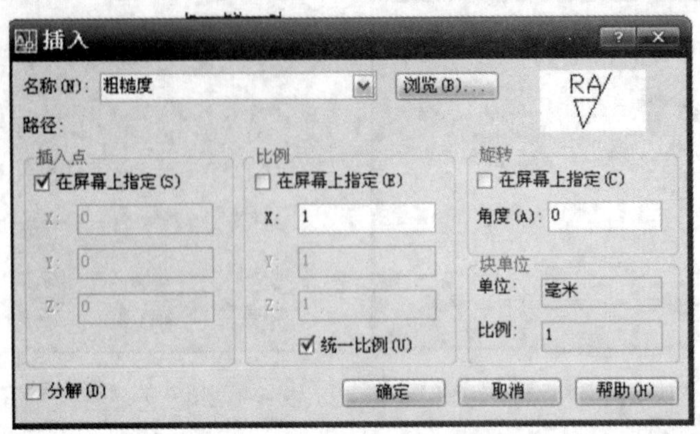

图 9-11 “插入”块对话框

⑤以上操作造成属性值“6.4”也倒立，不符合机械制图的规定。解决此问题有多种途径，用户可以选择“工具”|“块编辑器”命令，打开动态块编辑器，编辑粗糙度的属性值；也可以重复创建粗糙度符号的全部过程重新创建，在“属性定义”对话框中的“文字选项”区，拾取文字旋转角度或输入数值“180”，如图 9-12 所示。如果只是个别的文字需颠倒，也可以分解粗糙度的标注，采用单行文字修改即可。

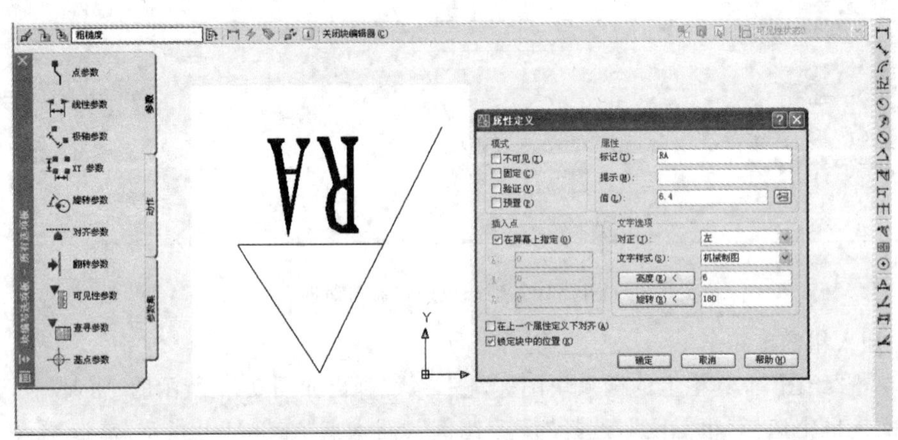

图 9-12 编辑或重新定义块属性

9.5 思考练习题

9.5.1 填空题

1. 在 AutoCAD 中，块属性定义中模式有六种，分别是________、________、________、________、________和________。

2. AutoCAD 中的块分为________和________两种。

3. 创建外部块只能用________命令。与内部块相同，都能使用________命令调入当前图形中使用。

4. ________是图块的一个组成部分，它是块的非图形信息，包含于块中的文字对象。块的属性由________和________两部分组成。

9.5.2 选择题

(1)在定义块属性时，要使属性为定值，可选择(　　)模式。

A. 不可见　　B. 固定　　C. 验证　　D. 预置

(2)在创建块时，在“对象”选项区，选择(　　)单选按钮，表示创建块后仍在绘图窗口保留组成块的各对象。

A.“未选定对象”　　B.“从图形中删除”　　C.“转换为块”　　D.“保留”

(3)在下列字符和符号中，不能包含在块名中的是(　　)。

A. Z　　B. z　　C. 9　　D. ?

9.5.3 上机练习题

(1)将图 9-13 所示的图形转换为块并保存起来。

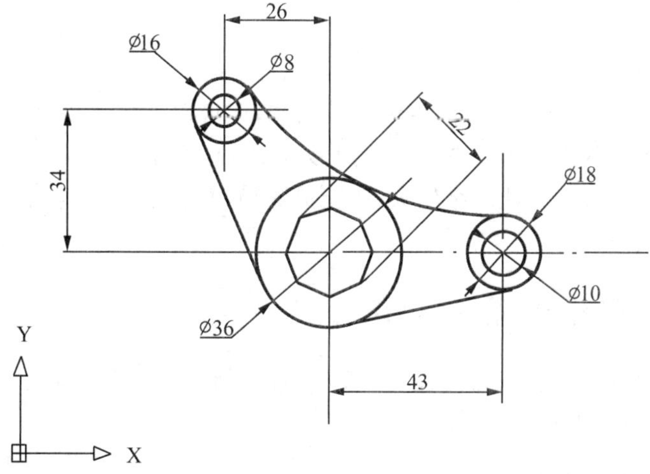

图 9-13　将平面图形转换为块

(2)绘制如图 9-14 所示的图形，将其保存为块并添加属性“轴类零件图”。

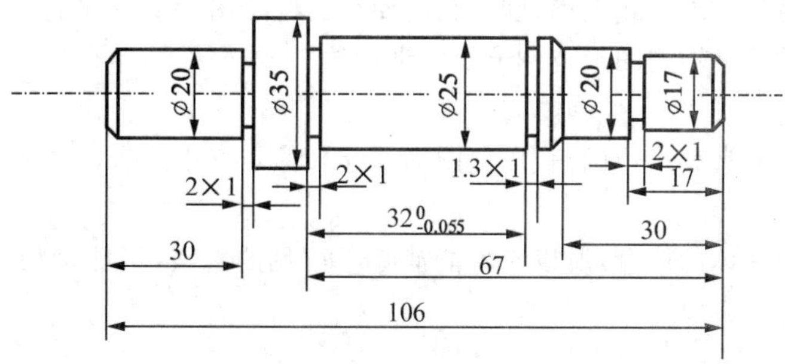

图 9-14　为块添加属性

第 10 章　三维图形处理基础

[教学目标]

了解并掌握视点的设置方法及观察三维图形的方法，了解三维基本体的绘制方法，并能用三维编辑命令绘制较复杂的实体。

[教学重点与难点]

1. 三维图形绘制基础知识
2. 创建三维模型
3. 利用二维图形创建实体模型
4. 编辑三维实体

AutoCAD 2008 不但具有强大的平面绘图功能，还可以在三维空间中绘制出各种三维立体图形，以提高图形的表现力。三维立体图形可以从任意角度观察模型，也能自动生成可靠的标准或辅助二维视图，创建二维轮廓，还能消除隐藏线并进行真实感着色，甚至能输出模型来创建动画。

10.1　三维图形绘制基础知识

三维对象通过模拟表面（三维厚度）来表示物体，创建三维对象的过程称为三维建模。AutoCAD 2008 提供了强大的三维建模和编辑功能。

10.1.1　三维建模的类型

三维模型主要有线框模型、曲面模型和实体模型三大类。

(1)线框模型

线框模型是指使用线条表达三维物体的模型，如图 10-1 所示的模型为在等轴测捕捉模式下绘制的线框模型。创建线框模型时，只需使用二维绘图命令再加上坐标变换即可，具体画法见第 14 章的“典型轴测图形范例上机实训指导”。线框模型具有以下特点：

①建模简单。

②只能通过线框来表达边的信息，使图形看起来像是三维图形，其实它仍然是二维平面图形。

③由于没有面和体的信息，所以它不能消除不可见的隐线，不能剖切，不能对物体进行计算。

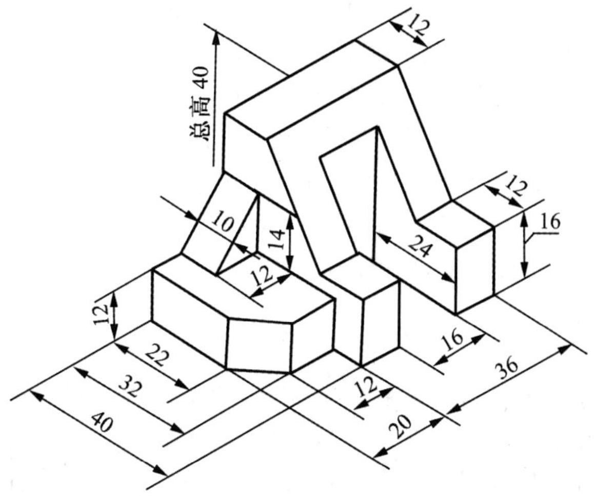

图 10-1 等轴测线框模型图

(2)曲面模型

曲面模型不仅定义了三维对象的边,而且还定义了对象的面,由于网格面是平面的,因此网格只能近似于曲面。在 AutoCAD 2008 中弱化了曲面模型的功能,取消了"三维曲面"等命令,把"曲面"改成了"网格"等。曲面模型具有以下特点:

①不仅包含线的信息,还包括面的信息。

②可以进行消隐、着色等操作。

③物体具有较真实的立体感觉。

④能进行面积计算、表面交线计算。

(3)实体模型

实体模型即实心的物体,这种模型不但有体的信息,而且能通过体的边界表达出线和面的信息,可以对它进行钻孔、挖槽、倒角等编辑操作。

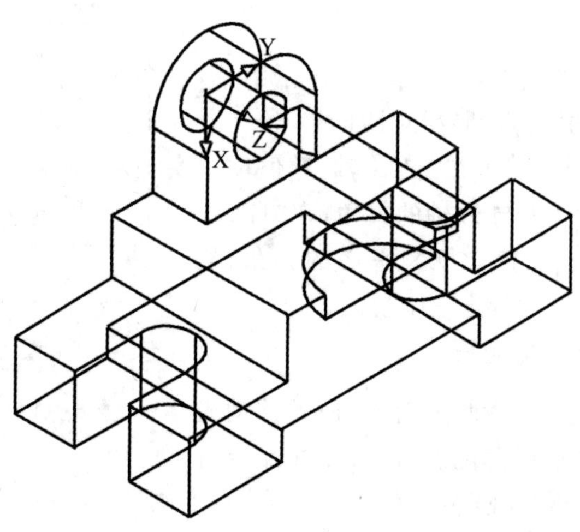

图 10-2 三维实体线框模型

如图10-2所示的三维线框模型是使用实体绘图命令绘制的三维线框模型。三维实体模型在"三维建模"工作空间中有五种视觉样式,它们分别是"二维线框"、"三维隐藏"、"三维线框"、"概念"、"真实"。三维线框只是三维实体的一种显示方式,其中的"二维线框"只是三维实体以二维线框的模式显示而已,其实它仍然是三维实体模型。

实体模型能够解决三维形体的大多数问题。比如,可以进行消隐、剖切和渲染处理,也可以进行质量、体积、表面积、重心、惯性矩的计算,还能运用光照、纹理技术表现物体的质感,极大地拓展了AutoCAD的应用领域。

10.1.2 三维坐标系

三维笛卡儿坐标系是在二维坐标系的基础上根据右手定则增加第三维坐标而形成的。三维坐标也分为世界坐标系(WCS)和用户坐标系(UCS)两种形式。

在三维环境中创建或修改对象时,可以在三维空间中移动或重新定向UCS来简化工作,UCS的XY平面为工作平面。使用UCS命令,可以定义和设置用户坐标系。

(1)世界坐标系(WCS)

在AutoCAD中,三维世界坐标系是其他三维坐标系的基础,不能对其进行重新定义。

(2)用户坐标系(UCS)

用户坐标系为坐标输入、操作平面和观察提供一种可变动的坐标系。定义一个用户坐标系即改变原点(0,0,0)的位置以及XY平面和Z轴的方向。可在AutoCAD三维空间中任意位置定位和定向UCS,也可以随时定义、保存和复用多个用户坐标系。

10.1.3 设置三维视图视点

为便于三维对象的创建与编辑,AutoCAD提供了多种三维视图的观测方法供选择,以便在AutoCAD的三维空间中用不同的方向来观察对象。

10.1.3.1 设置观察角度

启动命令:

①Ddvpoint。

②"视图"|"三维视图"|"视点预置"命令子菜单,可打开如图10-3所示的"视点预置"对话框。

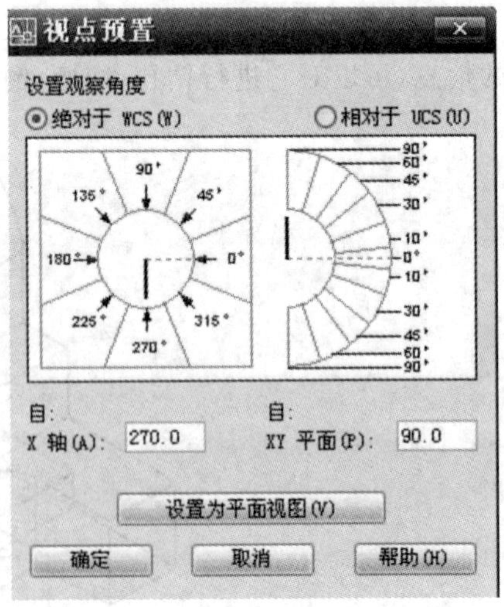

图10-3 "视点预置"对话框

在"视点预置"对话框中,可在"自X轴"数值框中输入观察角度在XY平面上与X轴的夹角,在"自XY平面"数值框中设置观察角度与XY平面的夹角,从而确定相对于当前坐标系的特定三维视图。

10.1.3.2 使用"罗盘"更改观察方向

使用"罗盘"的方式来描述两个角度,通过移动光标在罗盘中的不同位置来观察视点,也可以在命令行直接输入角度或方向来观察视点。

启动命令:

①Vpoint。

②“视图”|“三维视图”|“视点”命令子菜单。

执行以上操作后，将在绘图窗口出现一个罗盘和一个三轴坐标，如图 10-4 所示。

这是 AutoCAD 用二维形式表示三维的一种方法，它是一个展开的地球表面，其中心点表示北极，内圆表示赤道，外圆表示南极，十字线的左右方表示 X 轴正向，上方表示 Y 轴正向。当十字光标处于内圆以内时，视点在 XY 平面之下，表示仰视。

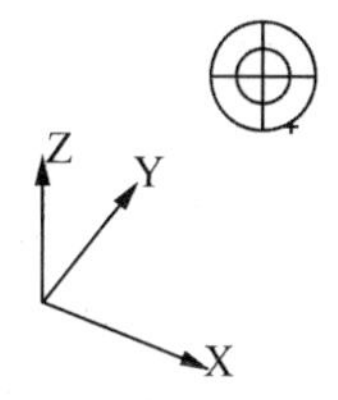

图 10-4　使用罗盘调整视点

10.1.3.3　使用三维动态观察器观察物体

使用三维动态观察器，可以在图形窗口中交互地控制视图。启用三维动态观察器后，可以使用鼠标操作模型的视图，也可以从模型周围的不同视点观察整个模型或者模型的一部分。选择“视图”|“动态观察器”命令，它有三个子命令，分别为：“受约束的动态观察”、“自由动态观察”、“连续动态观察”。它们的调用方法及功能如下：

(1)“受约束的动态观察”子命令

启动命令：

①3dorbit。

②“视图”|“动态观察器”|“受约束的动态观察”子命令。

③在“动态观察”工具栏单击“图标”图标。

执行以上操作，将出现如图 10-5 所示的子菜单。

此命令的功能是沿 XY 平面或 Z 轴约束三维动态观察。要沿 XY 平面和 Z 轴进行不受约束的动态观察，可以按住“Shift”键并拖动光标，此时将出现一个被 4 个小圆分成 4 个象限的导航球，如图 10-6 所示。

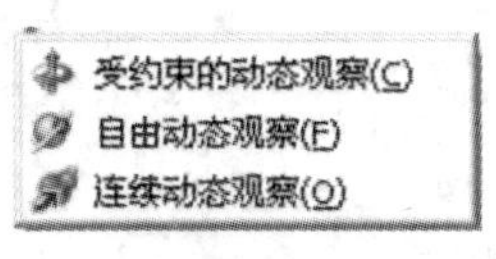

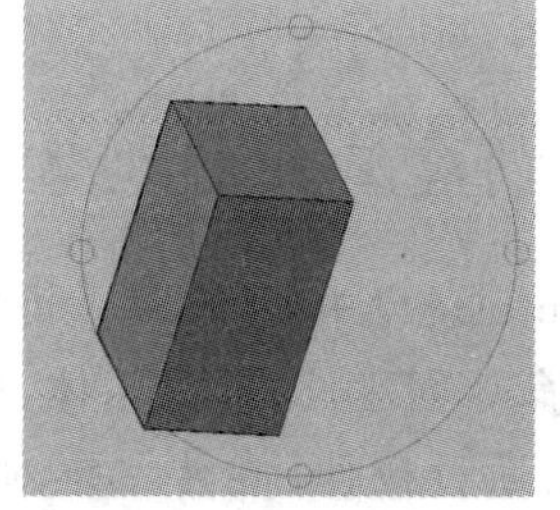

图 10-5　“动态观察”菜单与工具栏　　图 10-6　不受约束的动态观察

(2)“自由动态观察”子命令

启动命令：

①3dforbit。

②“视图”|“动态观察器”|“自由动态观察”子命令。

③在“动态观察”工具栏单击“图标”图标。

执行以上操作，将出现如图 10-5 所示的子菜单。

自由动态观察是指不参照任何平面，在任意方向上进行动态观察。沿 XY 平面和 Z 轴进行动态观察时，视点不受约束。使用方法同使用“受约束的动态观察”命令时按住

"Shift"键。

(3)"连续动态观察"子命令

启动命令：

①3dcorbit。

②"视图"|"动态观察器"|"连续动态观察"子命令。

③在"动态观察"工具栏单击" "图标。

执行以上操作，将出现如图 10-5 所示的子菜单。

连续动态观察器用于连续的进行动态观察三维模型。具体方法是：在要连续动态观察的方向上单击并拖动，然后释放鼠标按钮，系统便自动使轨道沿该方向继续移动，产生动画效果。要退出连续动态观察，只需按"Esc"键即可。

10.1.3.4 使用特殊视点

AutoCAD 预置了一些用于快速设定观察角度的特殊视点，调用的方法很多，可以使用"视图"工具栏按钮，也可以使用"视图"|"三维视图"命令菜单，还可以使用三维建模空间中的"面板"工具栏，如图 10-7 所示。

三维视图以二维线框形式观察时，由于线框的密度不同，观察效果就不同。可以使用 ISOLINES 系统变量来设置显示曲面的网格条数。默认值为 4，即使用 4 条网格线来表达每一个曲面。改值为 0 时，表示曲面没有网格线，如果增加网格线的条数，则会使图形看起来更接近三维实物。

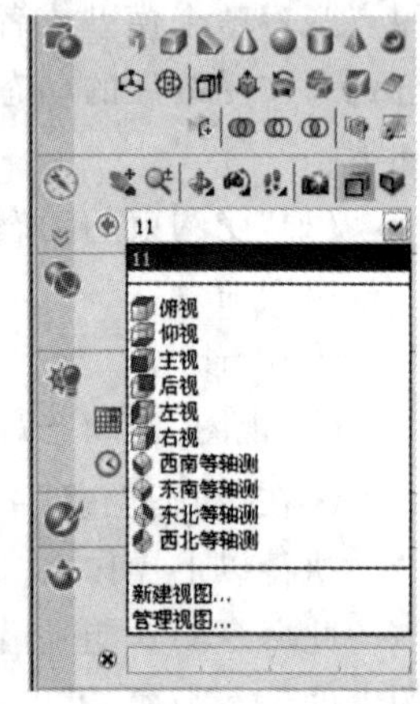

图 10-7 "三维视图"菜单与"面板"工具栏

10.2 创建三维模型

在 AutoCAD 中，用户除了可以直接使用系统提供的命令创建长方体、球体、圆锥体等实体外，还可以通过拉伸、旋转二维对象，以及对实体进行并集、差集和干涉操作技术来创建各种复杂的实体。

在 AutoCAD 2008 中，使用"绘图"|"建模"命令的子命令，或使用"面板"工具栏，可以绘制长方体、球体、圆柱体、圆锥体、楔体以及圆环体等基本实体模型，如图 10-8 所示。

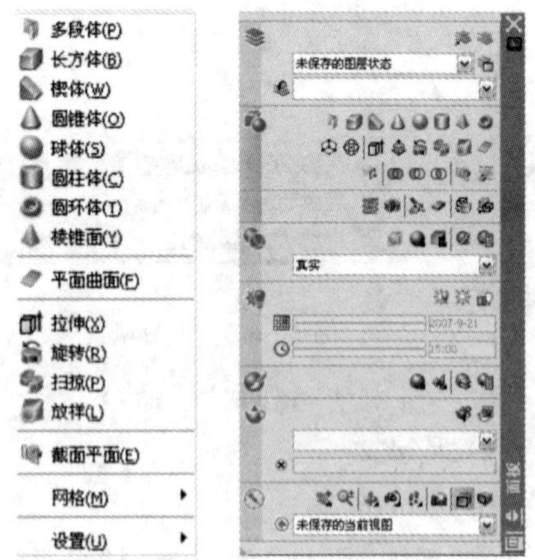

图 10-8 "绘图"|"建模"子命令及"面板"工具栏

10.2.1 绘制三维多段体

多段体实际上是拉伸了一定高度的多段线。在三维空间中绘制多段体的方法如下：

(1)切换到“三维建模”环境,从“视觉样式控制台”的“视觉样式”下拉列表中选择“三维线框”选项,将视觉样式设置为三维线框,如图 10-9 所示。

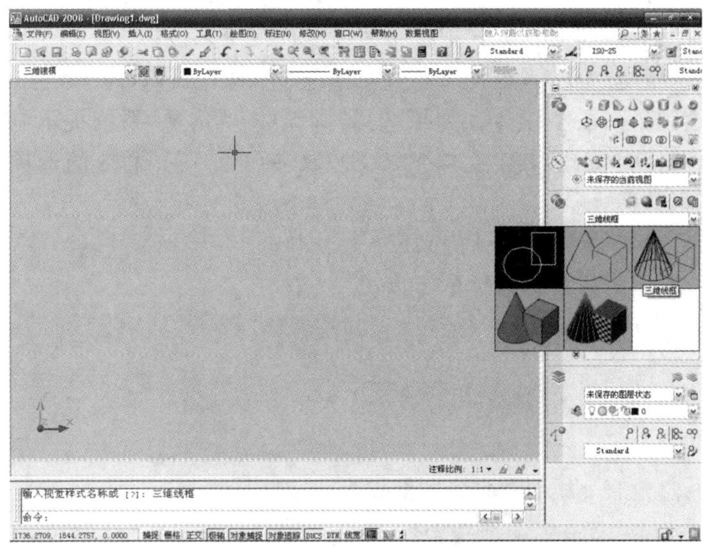

图 10-9 三维线框模式

(2)选择视图方式为“东南等轴测”,如图 10-10 所示。

图 10-10 选择“东南等轴测”视图

(3)启动命令:

① Polysolid。

②“绘图”|“建模”|“多段体”命令子菜单。

③在“面板”工具栏上单击图标“ ”。

执行该命令，可以绘制多段体。此时，命令行显示如下提示：

指定起点或［对象(O)/高度(H)/宽度(W)/对正(J)］〈对象〉：

①默认情况下直接回车，系统提示："选择对象："。在绘图区域选择二维对象后，系统将按预先设置的高度、宽度和对正方式把二维线段变成三维多段体。

②默认情况下指定一点，系统提示："指定下一个点或［圆弧(A)/放弃(U)］："。如果指定了下一点，则绘制了一段多段体。如果选择"圆弧(A)"选项，系统提示"指定圆弧的端点或［闭合(C)/方向(D)/直线(L)/第二个点(S)/放弃(U)］："。命令的选项与二维的"多段线"相同，这里不再赘述。

③"高度(H)"：用于指定多段体的高度。

④"宽度(W)"：用于指定多段体的宽度。

10.2.2 绘制长方体

(1)启动命令：

①Box。

②"绘图"|"建模"|"长方体"命令子菜单。

③在"面板"工具栏上单击图标" "。

(2)执行该命令，可以绘制长方体。此时，命令行显示如下提示：

指定第一个角点或［中心点(C)］：

①默认情况下，用户可以通过指定长方体的一个角点位置绘制长方体。当在绘图窗口中指定了一个角点后，系统将显示如下提示：

指定其他角点或［立方体(C)/长度(L)］：

如果用户在该命令下直接指定一个角点，可以根据另一角点位置绘制长方体。当在绘图窗口中指定角点后，如果该角点与第一个角点的Z坐标不一样，系统将以这两个角点作为长方体的对角点绘制长方体。如果第二个角点与第一个角点位于同一高度，系统则需要用户在"指定高度或［两点(2P)］〈－80.1806〉："提示下指定长方体的高度。

在命令提示下，选择"立方体(C)"选项，此时需要在"指定长度："提示下指定立方体的边长；选择"长度(L)"选项，可以根据长、宽、高绘制长方体。此时，用户需要在命令提示下依次指定出长方体的长度、宽度和高度值。

②选择"中心点(C)"选项，则可以根据长方体的中心点位置绘制长方体。当用户在命令行的"指定长方体的中心点："提示下指定了中心点的位置后，将显示如下提示：

指定角点或［立方体(C)/长度(L)］：

用户可以参照默认选项的方法绘制长方体。

10.2.3 绘制楔体

(1)启动命令：

①Wedge。

②"绘图"|"建模"|"楔体"命令子菜单。

③在"面板"工具栏上单击图标" "。

(2)执行该命令，可以绘制楔体，此时命令行显示如下提示：

指定第一个角点或[中心点(C)]:

楔体的绘制方法与长方体的绘制方法基本相同,这里不再赘述。

10.2.4 绘制圆柱体

(1)启动命令:

①Cylinder。

②“绘图”|“建模”|“圆柱体”命令子菜单。

③在“面板”工具栏上单击图标“”。

(2)执行该命令,可以绘制圆柱体或椭圆柱体。此时,命令行显示如下提示:

指定底面的中心点或[三点(3P)/两点(2P)/相切、相切、半径(T)/椭圆(E)]:

①默认情况下,用户可以通过指定圆柱体基面的中心点位置来绘制圆柱体。此时,命令行显示“指定底面半径或[直径(D)]〈75.7611〉:”的提示。当指定圆柱体基面的半径或直径后,命令行显示如下提示:

指定高度或[两点(2P)/轴端点(A)]〈140.6471〉:

用户可以直接指定圆柱体的高度,根据高度绘制圆柱体;也可以选择“两点(2P)”或“轴端点(A)”选项,指定两点或轴端点绘制圆柱体。

②“三点(3P)/两点(2P)/相切、相切、半径(T)”选项:用来选择绘制基面圆的方法。

③选择“椭圆(E)”选项,可以绘制椭圆柱体。此时,用户首先需要在命令行的“指定第一个轴的端点或[中心(C)]:”提示下指定基面上的椭圆形状(其操作方法与绘制椭圆相似),然后在命令行的“指定高度或[两点(2P)/轴端点(A)]〈243.6350〉:”提示下指定椭圆柱体的高度来绘制椭圆柱体。

10.2.5 绘制圆锥体

(1)启动命令:

①Cone。

②“绘图”|“建模”|“圆锥体”命令子菜单。

③在“面板”工具栏上单击图标“”。

(2)执行该命令,可以绘制圆锥体或椭圆锥体。此时,命令行显示如下提示:

指定底面的中心点或[三点(3P)/两点(2P)/相切、相切、半径(T)/椭圆(E)]:

①默认情况下,用户可以通过指定圆锥体基面的中心点位置来绘制圆锥体。此时,命令行显示“指定圆锥体底面的半径或[直径(D)]:”的提示。当指定圆锥体底面的半径或直径后,命令行显示如下提示:

指定高度或[两点(2P)/轴端点(A)/顶面半径(T)]〈106.9303〉:

用户可以直接指定圆锥体的高度,根据高度绘制圆锥体;也可以选择“两点(2P)/轴端点(A)/顶面半径(T)”选项,根据圆锥体顶点位置绘制圆锥体或圆台体。

②选择“椭圆(E)”选项,可以绘制椭圆锥体。此时,用户首先需要在命令行的“指定第一个轴的端点或[中心(C)]:”提示下指定基面上的椭圆形状(其操作方法与绘制椭圆相似),然后在命令行的“指定高度或[两点(2P)/轴端点(A)/顶面半径(T)]〈105.0036〉:”提示下指定圆锥体的高度或顶点的位置即可。

10.2.6 绘制球体

(1)启动命令:

①Sphere。

②“绘图”|“建模”|“球体”命令子菜单。

③在“面板”工具栏上单击图标“ ”。

(2)执行该命令,可以绘制球体。此时,命令行显示如下提示:

指定中心点或[三点(3P)/两点(2P)/相切、相切、半径(T)]:

用户可以在绘图窗口指定球心的位置。此时,命令行显示“指定半径或[直径(D)]〈147.3295〉:”的提示信息,在此提示下指定球体的半径或直径即可。

绘制球体时,如果命令行显示“当前线框密度:ISOLINES=4”,说明当前采用的线框密度为4。用户可以通过改变该变量,来确定每个面上的线框密度。

10.2.7 绘制圆环体

(1)启动命令:

①Torus。

②“绘图”|“建模”|“圆环体”命令子菜单。

③在“面板”工具栏上单击图标“ ”。

(2)执行该命令,可以绘制圆环实体。此时,命令行显示如下提示:

指定中心点或[三点(3P)/两点(2P)/相切、相切、半径(T)]:

用户可以在绘图窗口指定圆环体中心的位置。此时,命令行显示“指定圆环体半径或[直径(D)]:”的提示信息。在此提示下指定圆环体的半径或直径,系统进一步提示“指定圆管半径或[两点(2P)/直径(D)]:”的信息,用户输入圆管的半径或直径即可。

10.2.8 绘制棱锥面

(1)启动命令:

①Pyramid。

②“绘图”|“建模”|“棱锥面”命令子菜单。

③在“面板”工具栏上单击图标“ ”。

(2)执行该命令,可以绘制圆环实体。此时,命令行显示如下提示:

指定底面的中心点或[边(E)/侧面(S)]:

在此提示下指定底面的中心点,系统进一步提示“指定底面半径或[内接(I)]〈120.1511〉:”的信息,指定内切圆的半径后,系统提示“指定高度或[两点(2P)/轴端点(A)/顶面半径(T)]〈138.4166〉:”的信息,指定棱锥的高度或顶点的位置即可。

10.3 利用二维图形创建实体模型

在二维或三维空间中使用二维命令绘制的图形大都可以转换为三维图形。如果二维图形是封闭的,则转换为三维图形后形成一个实体;如果二维图形未封闭,则转换为三维图形后形成的是一个曲面。利用二维图形创建实体模型的方法很多，最常用的方法有拉伸、旋转和扫掠等。

10.3.1　拉伸法

拉伸命令用于拉伸实体与拉伸曲面类似，也就是将一个已存在的包含面信息的图形沿一定路径拉伸为一个广义的柱体。可以作为拉伸的对象有：圆、椭圆、正多边形、矩形命令画的矩形、封闭的样条曲线、多段线、面域。但和拉伸曲面不同，拉伸实体在拉伸时可以产生拉伸斜度。

下面通过一个简单的例子介绍拉伸实体的具体方法。

①先用二维绘图命令绘制一个封闭图形。例如绘制一个正七边形，如图 10-11 所示。

②如果没有面的信息，应使用“绘图”|“面域”命令将绘制的图形转换成面域对象。

③启动命令：Extrude，或单击“面板”工具栏中的“”按钮，在出现的“选择对象”提示下，用鼠标选择绘制好的二维对象后回车，系统提示“指定拉伸的高度或［方向(D)/路径(P)/倾斜角(T)］：”的信息，如果在命令行输入高度“60”后回车，则绘制一个高度为 60 的正七棱体，如图 10-12 所示。

④如果选择“倾斜角(T)”选项，系统提示“指定拉伸的倾斜角度〈0〉：30”，本例输入“30”后拉伸的效果如图 10-13 所示。

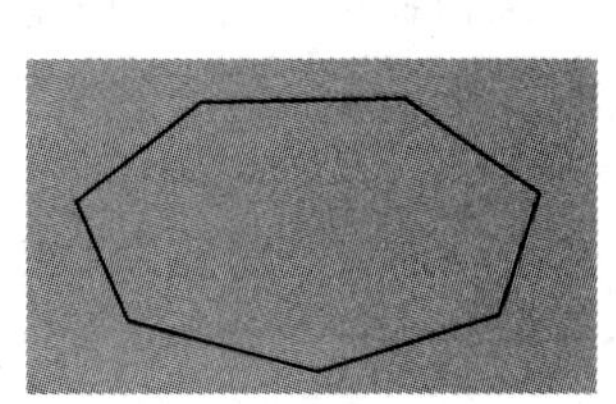
图 10-11　正七边形

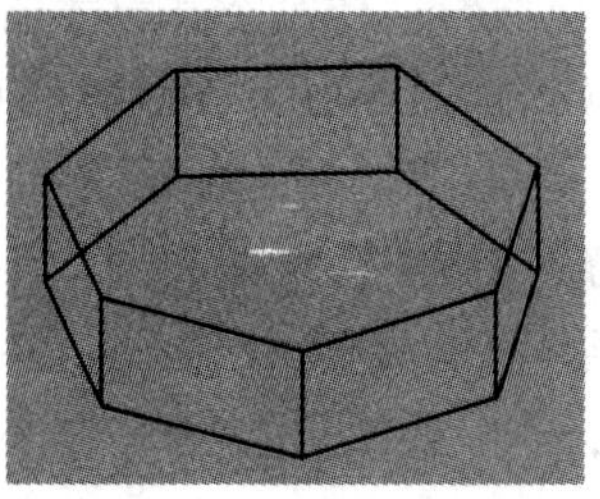
图 10-12　拉伸的正七棱体

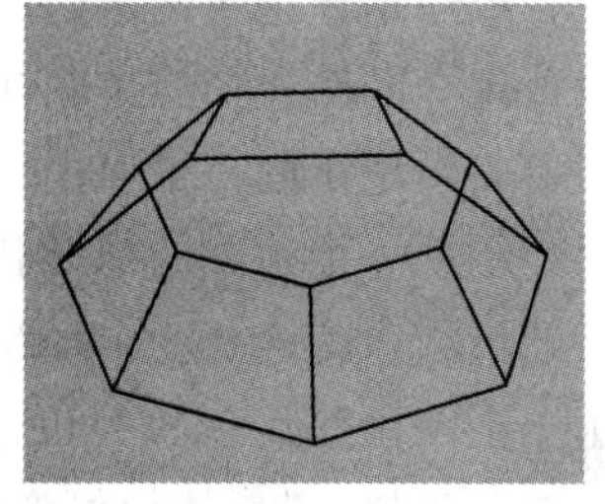
图 10-13　带拉伸角度的拉伸体

⑤“方向(D)/路径(P)”选项：“方向”选项用于指定拉伸方向是向上拉伸还时向下拉伸；“路径”选项用于指定拉伸的路径，但路径不能与被拉伸的对象在一个平面内。

10.3.2　旋转法

任何含有“面”信息的图形对象，在绕一个固定的轴进行旋转时，都会形成一个旋转体。

(1)启动命令：

①Revolve。

②“绘图”|“建模”|“旋转”命令子菜单。

③在“面板”工具栏上单击图标“”。

执行该命令，可以将二维对象绕某一轴旋转生成实体，用于旋转的二维对象可以是封闭多段线、多边形、圆、椭圆、封闭样条曲线、圆环以及封闭区域。三维对象、包含在块中的对象，有交叉或自干涉的多段线不能旋转，并且每次只能旋转一个对象。

(2)执行该命令，并选择了需要旋转的二维对象后，命令行显示如下提示：

指定轴起点或根据以下选项之一定义轴［对象(O)/X/Y/Z］〈对象〉：

①默认情况下，用户可以通过指定两个端点来确定旋转轴。

②“对象(O)”选项，用于绕指定的对象旋转。此时用户只能选择用“LINE”命令绘制的直线或用“PLINE”命令绘制的多段线。选择多段线时，如果拾取的多段线是线段，对象将绕该线段旋转；如果选择的是圆弧段，则以该圆弧两端点的连线作为旋转轴旋转。

③“X/Y/Z”选项，用于绕 X、Y、Z 轴旋转对象。

例如，图 10-14 所示图形是封闭的多段线绕直线旋转一周后得到的实体，视觉样式以“二维线框”和“概念”旋转后的效果图。

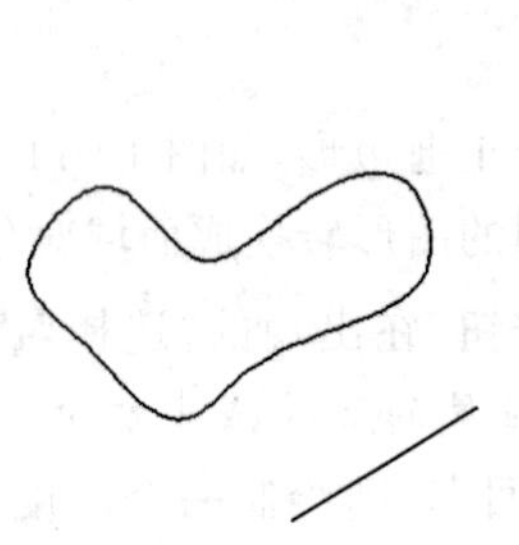

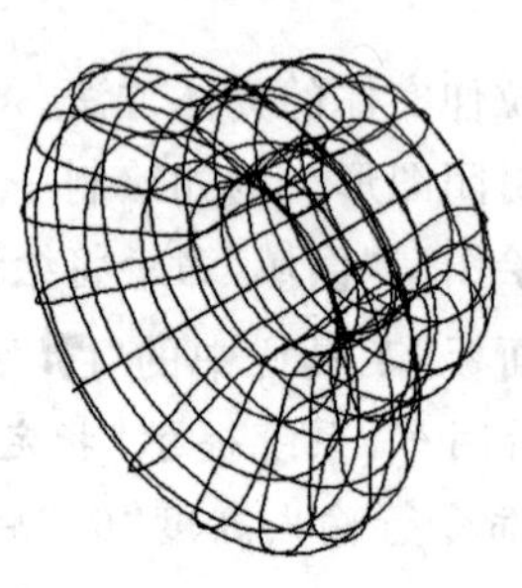

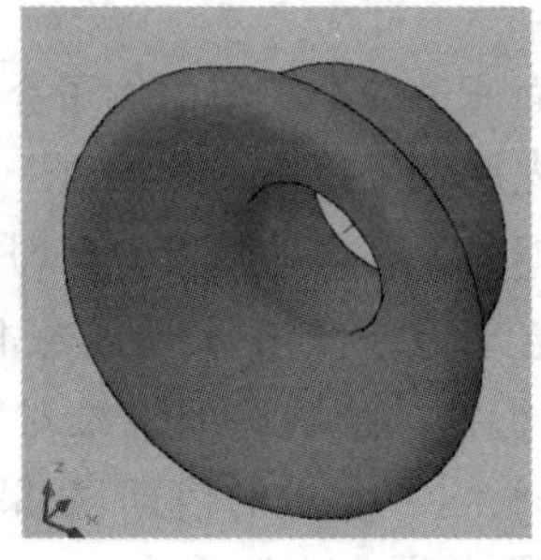

图 10-14　将二维图形旋转成实体

10.3.3　扫掠法

扫掠法是使用系统提供的“扫掠”命令，使一个开放或闭合的平面曲线或轮廓，沿着一条开放或闭合的路径扫掠来创建新实体或曲面的方法。它还可以一次扫掠多个对象，但是这些对象必须位于同一平面中。沿一条路径扫掠闭合曲线生成实体的方法如下：

①绘制一个闭合的图形和一条扫掠路径，如图 10-15 所示。

②启动命令：Sweep，或选择“绘图”|“建模”|“扫掠”命令子菜单，也可以在“面板”工具栏上单击图标“”。执行该命令，系统提示“选择要扫掠的对象：”的信息，当选择了圆后，系统进一步提示“选择扫掠路径或［对齐(A)/基点(B)/比例(S)/扭曲(T)］：”的信息，选择如图 10-15 所示的样条曲线为扫掠路径后回车，系统自动生成如图 10-16 所示的三维实体。

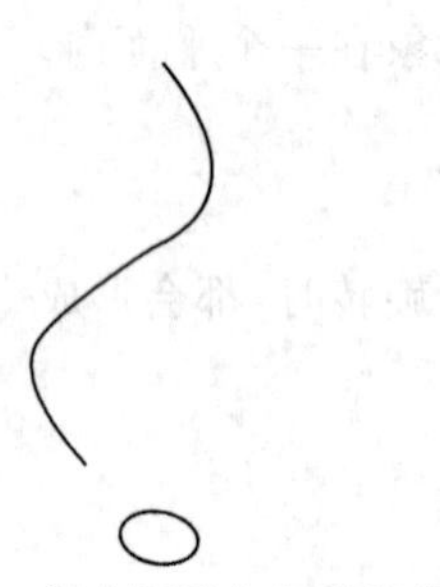

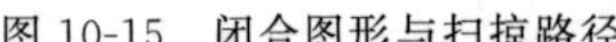

图 10-15　闭合图形与扫掠路径

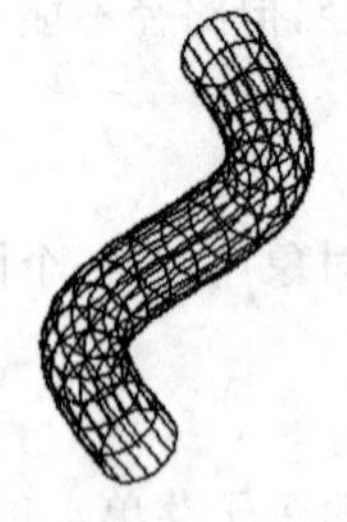

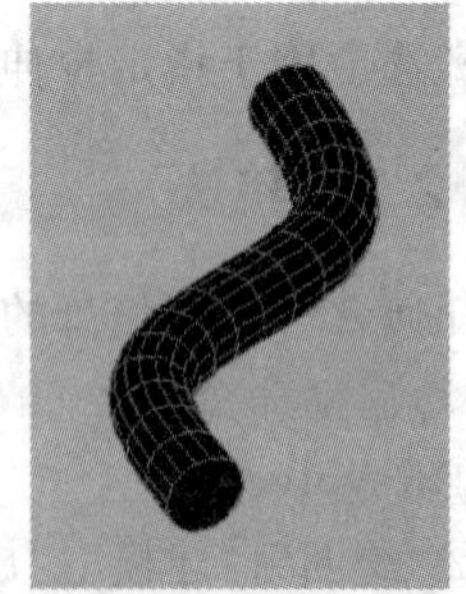

图 10-16　视觉样式为“二维线框”和“真实”的效果

③“对齐(A)”选项：选择此选项，系统提示“扫掠前对齐垂直于路径的扫掠对象［是(Y)/否(N)］〈是〉：”的信息，默认为将对象与扫掠路径垂直对齐。

④“基点(B)”选项：此选项用于指定扫掠的基点。

⑤“比例(S)”选项：此选项用于按一定的比例缩放扫掠实体。

⑥“扭曲(T)”选项：选择此选项，系统提示“输入扭曲角度或允许非平面扫掠路径倾斜[倾斜(B)]〈0.0000〉：”的信息，用户可以输入扭曲的角度，如选择“倾斜”，也可以设置非平面扫掠路径倾斜的角度。

10.4 编辑三维实体

AutoCAD 2008 具有强大的三维编辑功能。用户既可以在“AutoCAD 经典”或“二维草图玉柱式”模式下进行三维实体编辑，也可以在“三维建模”模式下进行编辑。由于“三维建模”模式是专为三维对象处理而设计的，在其中进行三维模型的编辑更方便和直观。用户可以使用三维编辑命令，在三维空间中复制、镜像、对齐三维对象，还可以对实体进行剖切，获取实体的截面，以及编辑它们的面、边或体。其中，要在三维空间操作对象，可使用“修改”|“三维操作”命令中的子命令；要编辑实体的面、边，可使用“修改”|“实体编辑”命令中的子命令，也可以使用“面板”中的工具按钮，如图 10-17 所示。

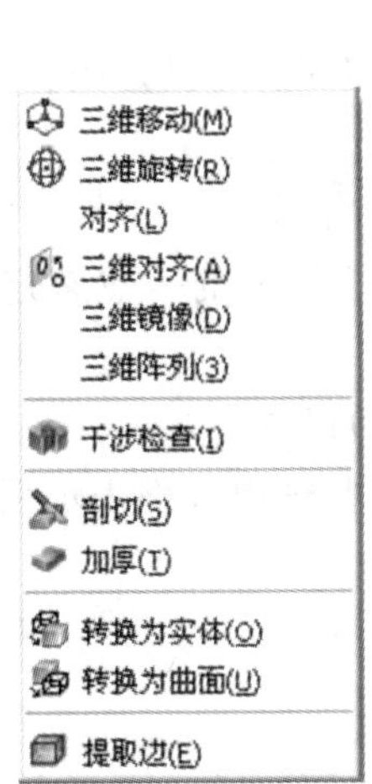

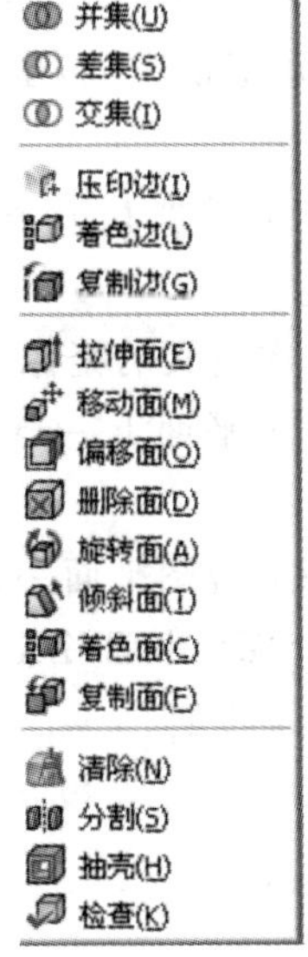

图 10-17 “三维操作”菜单与“实体编辑”菜单及“面板”工具栏

10.4.1 三维阵列

(1)启动命令：

①3darray。

②“修改”|“三维操作”|“三维阵列”命令子菜单。

执行此命令，可以在三维空间中使用环形阵列或矩形阵列方式复制对象。

(2)执行该命令，首先选择需要进行阵列复制的对象，此时命令行显示如下提示：

输入阵列类型[矩形(R)/环形(P)]〈矩形〉：

①“矩形(R)”选项：此选项可以以矩形阵列方式复制对象，此时需要依次指定阵列的行数、列数、层数、行间距、列间距以及层间距。其中，矩形阵列的行、列、层分别是沿着当前

UCS 的 X、Y、Z 轴的方向;当在输入某方向的间距值为正值时,表示将沿相应坐标轴的正方向阵列,否则沿反方向阵列。

②“环形(P)”选项:此选项可以以环形阵列方式复制对象,此时需要输入阵列的项目个数,并指定环形阵列的填充角度,确认是否要进行自身旋转,然后指定阵列的中心点以及旋转轴上的另一点来确定旋转轴。

10.4.2 三维镜像

(1)启动命令:

①Mirror3d。

②“修改”|“三维操作”|“三维镜像”命令子菜单。

(2)执行此命令,可以在三维空间中将指定对象相对于某一平面镜像。执行该命令,并选择需要镜像的对象,此时命令行显示如下提示,要求用户指定镜像面。

指定镜像平面(三点)的第一个点或[对象(O)/最近的(L)/Z 轴(Z)/视图(V)/XY 平面(XY)/YZ 平面(YZ)/ZX 平面(ZX)/三点(3)]〈三点〉:

默认情况下,用户可以通过指定三点确定镜像面,也可以使用对象、XY、YZ 等平面作为镜像面。它们的功能如下:

①“对象(O)”选项:此选项表示用指定对象所在的平面作为镜像面,可以是圆、圆弧或二维多段线。

②“最近的(L)”选项:此选项表示用上次定义的镜像面作为当前镜像面。

③“Z 轴(Z)”选项:此选项表示通过确定平面上一点和该平面法线上的一点来定义镜像面。

④“视图(V)”选项:此选项表示用与当前视图平面平行的面作为镜像面。

⑤“XY 平面(XY) ”、“YZ 平面(YZ)”、“ZX 平面(ZX)”选项:这些选项分别表示用与当前 UCS 的 XY、YZ、ZX 面平行的平面作为镜像面。

10.4.3 三维旋转

启动命令:

①Rotate3d。

②“修改”|“三维操作”|“三维旋转”命令子菜单。

执行此命令,可以使对象绕三维空间中任意轴、视图、对象或两点旋转。执行该命令,并选择需要旋转的对象,此时命令行显示如下提示:

指定轴上的第一个点或定义轴依据[对象(O)/最近的(L)/视图(V)/X 轴(X)/Y 轴(Y)/Z 轴(Z)/两点(2)]:

其使用方法与三维镜像图形的方法相似。

10.4.4 对齐位置

启动命令:

①Align。

②“修改”|“三维操作”|“对齐”命令子菜单。

执行此命令，可以对齐对象。对齐对象时需要确定3对点，每对点都包括一个源点和一个目的点。其中，第一对点定义了对象的移动，第二对点定义了二维或三维变换和对象的旋转，第三对点定义了对象的不明确的三维变换。

10.4.5 分解实体

在AutoCAD中，用户可以对实体进行“分解”、“圆角”、“倒角”、“剖切”、“切割”等编辑操作。

启动命令：

①Explode。

②“修改”|“分解”子命令。

执行此命令，可以将实体分解为一系列面域和主体。其中，实体中的平面被转化为面域，曲面被转化为主体。用户还可以继续使用该命令，将面域和主体分解为组成它们的基本元素，如直线、圆、圆弧等。

10.4.6 对实体修倒角和圆角

(1)对实体修倒角

启动命令：

①Chamfer。

②“修改”|“倒角”子命令。

执行此命令，可以对实体的棱边修倒角，从而在两相邻曲面间生成一个平坦的过渡面。

(2)对实体修圆角

启动命令：

①Fillet。

②“修改”|“圆角”子命令。

执行此命令，可以对实体的棱边修圆角，从而在两相邻曲面间生成一个圆滑的过渡曲面。如果在为几条交于同一点的棱边修圆角时，圆角半径相同，则会在该公共点上生成球面的一部分。

10.4.7 剖切实体

启动命令：

①Slice。

②“修改”|“三维操作”|“剖切”命令子菜单。

③在“面板”工具栏上单击图标“ ”。

执行此命令，可以使用平面去剖切一组实体。执行该命令，并选择需要剖切的实体对象，此时命令行显示如下提示：

指定切面的起点或［平面对象(O)/曲面(S)/Z轴(Z)/视图(V)/XY(XY)/YZ(YZ)/ZX(ZX)/三点(3)］〈三点〉：

由此可见，用户可以用平面对象、曲面、Z轴、视图、XY/YZ/ZX平面或三点来定义剖切平面。

10.4.8 创建截面平面

启动命令：

①Sectionplane。

②“绘图”|“建模”|“截面平面”命令子菜单。

执行此命令，可以以平面切割实体，得到实体的截面面域。执行该命令，并选择需要切割的实体对象，此时命令行显示如下提示：

选择面或任意点以定位截面线或［绘制截面(D)/正交(O)］：

其方法与剖切实体的方法类似，只是生成截面操作对原来的实体没有任何影响而已。

10.4.9 编辑实体面

在 AutoCAD 中，使用“修改”|“实体编辑”命令中的子命令，可以对实体面进行拉伸、移动、偏移、删除、旋转、倾斜、着色和复制等操作。

①拉伸面：选择“修改”|“实体编辑”|“拉伸面”命令，或在“实体编辑”工具栏上单击图标“”，可以按指定的长度或沿指定的路径拉伸实体面。

②移动面：选择“修改”|“实体编辑”|“移动面”命令，或在“实体编辑”工具栏上单击图标“”，可以按指定的距离移动实体的指定面。

③偏移面：选择“修改”|“实体编辑”|“偏移面”命令，或在“实体编辑”工具栏上单击图标“”，可以等距离移动实体的指定面。

④删除面：选择“修改”|“实体编辑”|“删除面”命令，或在“实体编辑”工具栏上单击图标“”，可以删除实体上指定的面。

⑤旋转面：选择“修改”|“实体编辑”|“旋转面”命令，或在“实体编辑”工具栏上单击图标“”，可以绕指定轴旋转实体的面。

⑥倾斜面：选择“修改”|“实体编辑”|“倾斜面”命令，或在“实体编辑”工具栏上单击图标“”，可以将实体的面倾斜一指定的角度。

⑦着色面：选择“修改”|“实体编辑”|“着色面”命令，或在“实体编辑”工具栏上单击图标“”，可以对实体上指定的面进行颜色修改。

⑧复制面：选择“修改”|“实体编辑”|“复制面”命令，或在“实体编辑”工具栏上单击图标“”，可以复制指定的实体面。

10.4.10 编辑实体边

在 AutoCAD 中，用户可以对实体的边进行编辑，其方法与实体面的编辑方法相同。用户可以使用 “修改”|“实体编辑”|“着色边”命令，或在“实体编辑”工具栏上单击图标“”，可以着色实体边；选择“修改”|“实体编辑”|“复制边”命令，或在“实体编辑”工具栏上单击图标“”，可以复制三维实体的边。

10.4.11 对实体进行压印、清除、分割、抽壳与检查操作

在 AutoCAD 中，用户还可以使用“修改”|“实体编辑”|“压印边”、“清除”、“分割”、“抽

壳”、“检查”等命令，对实体进行压印边、清除、分割、抽壳与检查等操作。它们的功能如下：

①“压印边”命令：通过压印圆弧、圆、直线、二维和三维多段线、椭圆、样条曲线、面域、体和三维实体，可以创建新的面或三维实体。

②“清除”命令：如果边的两侧或顶点共享相同的面或顶点，通过清除，可以删除这些边或顶点。

③“分割”命令：通过分割操作，可以将组合实体分割成零件。组合三维实体对象不能共享公共的面积或体积。在将三维实体分割后，独立的实体保留其图层和原始颜色。所有嵌套的三维实体对象都将分割成最简单的结构。

④“抽壳”命令：通过进行抽壳操作，可以在三维实体对象中以指定的厚度创建壳体或中空的墙体。系统通过将现有的面向原位置的内部或外部偏移来创建新的面。偏移时，系统将连续相切的面看作单一的面。

⑤“检查”命令：通过执行检查操作，可以检查实体对象，看它是不是有效的三维实体对象。对于有效的三维实体，对其进行修改不会导致 ACIS 失败错误信息。如果三维实体无效，则不能编辑对象。

10.4.12 对实体进行布尔运算

在 AutoCAD2008 中，用户可以对基本三维实体进行并集、差集、交集、干涉四种布尔运算，来创建复杂实体。

(1)并集运算

启动命令：

①Union。

②“修改”|“实体编辑”|“并集”命令子菜单。

③在“实体编辑”或“面板”工具栏上单击图标“”。

执行该命令，可以通过组合多个实体生成一个新实体。该命令主要用于将多个相交或相接触的对象组合在一起。当组合一些不相交的实体时，其显示效果看起来还是多个实体，但实际上却被当作一个对象。在使用该命令时，只需要依次选择待合并的对象即可。

(2)差集运算

启动命令：

①Subtract。

②“修改”|“实体编辑”|“差集”命令子菜单。

③在“实体编辑”或“面板”工具栏上单击图标“”。

执行该命令，可以从一个实体中去掉另一个实体，从而生成一个新实体。

(3)交集运算

启动命令：

①Intersect。

②“修改”|“实体编辑”|“交集”命令子菜单。

③在“实体编辑”或“面板”工具栏上单击图标“”。

执行该命令，可以利用各实体的公共部分创建新实体。

(4)干涉运算

启动命令：

①Interfere。

②“修改”|“三维操作”|“干涉检查”命令子菜单。

③在“面板”工具栏上单击图标“”。

执行该命令，可以对对象进行干涉运算。把原实体保留下来，并用两个实体集合的交集生成一个新的实体。

10.5 标注三维实体的尺寸

在 AutoCAD 中，使用“标注”菜单中的命令或“标注”工具栏中的标注工具按钮，不仅可以标注二维对象的尺寸，还可以标注三维对象的尺寸。由于所有的尺寸标注都只能在当前坐标的 XY 平面中进行，因此，为了准确标注三维对象中各部分的尺寸，需要不断地变换坐标系。

10.6 思考练习题

10.6.1 填空题

(1)在 AutoCAD 中绘制长方体时，当在命令行的“指定角点或［立方体(C)/长度(L)］:”提示下，选择“长度(L)”选项时，可以根据______、______、和______绘制长方体。

(2)在 AutoCAD 中，用户可以对基本三维实体进行________、________、________和________四种布尔运算，来创建复杂实体。

(3)用户可以使用三维编辑命令，在三维空间中________、________、________三维对象，还可以对实体进行________，获取实体的截面以及编辑它们的面、边或体。

(4)在 AutoCAD 中，使用“修改”|“实体编辑”命令中的子命令，可以对实体面进行________、________、________、删除、________、倾斜、着色和复制等操作。

(5)由于所有的尺寸标注都只能在当前坐标的 XY 平面中进行，因此，为了准确标注________中各部分的尺寸，需要不断地________。

(6)使用“修改”|“分解”子命令，可以将实体分解为一系列面域和主体。其中，实体中的平面被转化为________，曲面被转化为________。

10.6.2 选择题

(1)在对齐三维对象时，最多可以选择(　　)组对齐点。

A. 1　　B. 2　　C. 3　　D. 4

(2)在编辑三维实体面时，下列命令中不正确的是(　　)。

A. 复制面　　B. 镜像面　　C. 拉伸面　　D. 偏移面

(3)在 AutoCAD 中，不是“修改”|“实体编辑”命令中的子命令的是(　　)。

A. 干涉　　B. 交集　　C. 差集　　D. 并集

(4)使用“修改”|“实体编辑”|“清除”命令，通过清除，可以删除(　　)。

A. 实体的某个面　　B. 实体某一个点　　C. 实体某一个边　　D. 共享面的边

10.6.3　上机练习题

(1)使用拉伸和扫掠命令绘制如图 10-18 所示的立体图形。

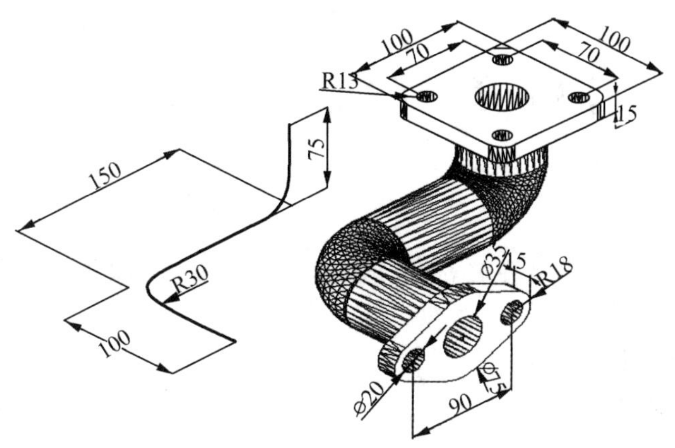

图 10-18　绘制图形

(2)使用实体绘图命令绘制如图 10-19 所示的图形。

(3)使用实体绘图命令绘制如图 10-20 所示立体图形。

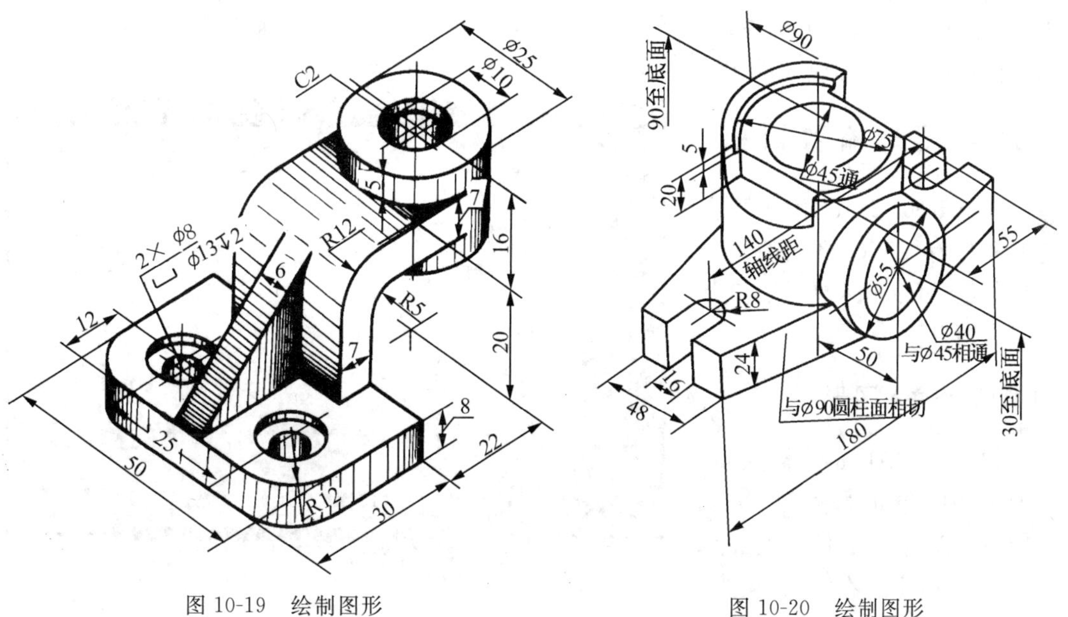

图 10-19　绘制图形

图 10-20　绘制图形

第11章　图形的打印输出

［**教学目标**］

了解图形的输入、输出与打印的方法，并能够将绘制的图形按机械制图的标准设置好并打印出来。

［**教学重点与难点**］

1. 图形输入输出
2. 创建和管理布局
3. 布局的页面设置
4. 打印图形

在 AutoCAD 中，系统提供了图形输入输出接口。用户不仅可以将其他应用程序中处理好的数据传送给 AutoCAD，还可以将在 AutoCAD 中绘制好的图形打印出来，或者把它们的信息传送给其他应用程序。

11.1　图形输入输出

在 AutoCAD 中，除了可以打开和保存 DWG 格式的图形文件外，还可以输入或输出其他格式的图形。

11.1.1　输入图形

在 AutoCAD 的“插入点”工具栏中，单击“输入”按钮“”，打开“输入文件”对话框，如图 11-1 所示。在“文件类型”下拉列表框中，可以看到系统允许输入的图元文件、ACIS 、3D Studio 以及 V8 DGN 图形格式文件。

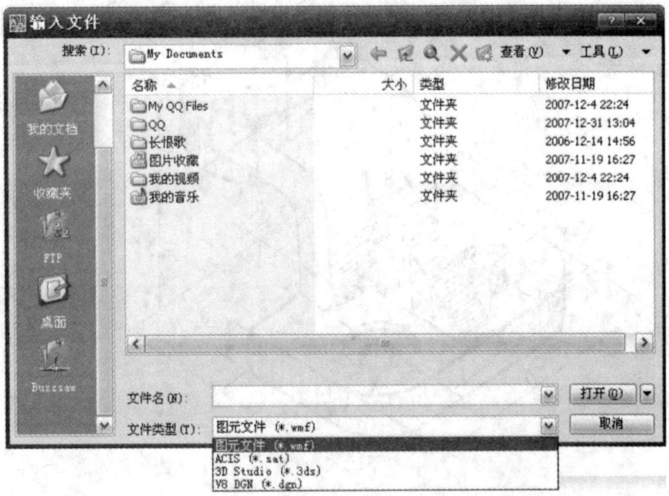

图 11-1　“输入文件”对话框

在菜单命令中，尽管没有“输入点”命令，但是用户可以使用“插入”|“3D Studio”、“ACIS 文件”、“Windows 图元文件”命令，分别输入上述三种格式的图形文件。

11.1.2 输入与输出 DXF 文件

在 AutoCAD 中，可以把图形保存为 DXF 式，也可以打开 DXF 格式的文件。DXF 文件是标准的 ASCII 码文本文件，一般都由以下 5 个信息段构成：

(1)标题段(Header)：标题段存储的是图形的一般信息，由用来确定 AutoCAD 作图状态和参数的标题变量组成，而且大多数变量与 AutoCAD 的系统变量相同。

(2)表段(Tables)：表段包含以下 8 个列表，每个表中又包含不同数量的表项。

①线型表(Ltype)：此表用于描述图形中线形信息。

②层表(Layer)：此表用于描述图形的图层状态、颜色、线型等信息。

③字体样式表(Style)：此表用于描述图形中字体样式信息。

④视图表(View)：此表用于描述视图的高度、宽度、中心以及投影方向等信息。

⑤用户坐标系统表(Ucs)：此表用于描述用户坐标系统原点、X 轴和 Y 轴方向等信息。

⑥视口配置表(Vport)：此表用于描述各视口的位置、高度比、栅格捕捉、栅格显示等信息。

⑦尺寸标注字体样式表(Dimstyle)：此表用于描述尺寸标注字体样式及有关标注信息。

⑧登记申请表(Appid)：此表用于该表中的表项，用于为应用建立索引。

(3)块段(Blocks)：块段用于描述图形中块的有关信息，例如块名、插入点、所在图层以及块的组成对象等。

(4)实体段(Entities)：实体段用于描述图中所有图形对象及块的信息，是 DXF 文件的主要信息段。

(5)结束段(Ends)：DXF 文件结束段，位于文件的最后两行。

在 AutoCAD 中，可以使用两种方法打开 DXF 格式的文件：一是选择“文件”|“打开”命令，使用“选择对象”对话框打开；二是执行“DXFIN”命令，使用“选择对象”对话框打开。

如果要以 DXF 格式输出图形，可选择“文件”|“保存”命令或“文件”|“另存为”命令，在打开的“图形另存为”对话框的“文件类型”下拉列表框中选择 DXF 格式，然后在对话框右上角选择“工具”|“选项”命令，打开“另存为选项”对话框，如图 11-2 所示。在“DXF 选项”选项卡中设置保存格式，即 ASCII 格式或二进制格式。

二进制格式的 DXF 文件包含 ASCII 格式 DXF 文件的全部信息，但它更为紧凑，AutoCAD 对它的读写速度也会有很大的提高。此外，用户可通过此对话框确定是否只将指定的对象以 DXF 格式保存，是否保存微缩预览图像。如果图形以 ASCII 格式保存，还能够设置保存精度。

11.1.3 插入 OLE 对象

选择“插入”|“OLE 对象”命令，打开 Windows 的“插入对象”对话框，可以插入对象链接或者嵌入对象，如图 11-3 所示。

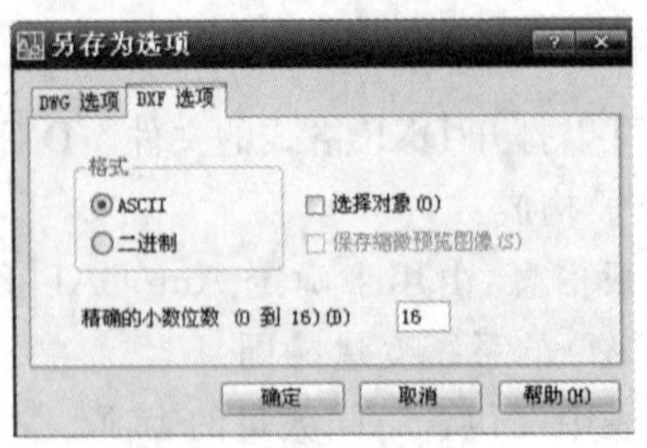

图 11-2 “另存为选项”对话框

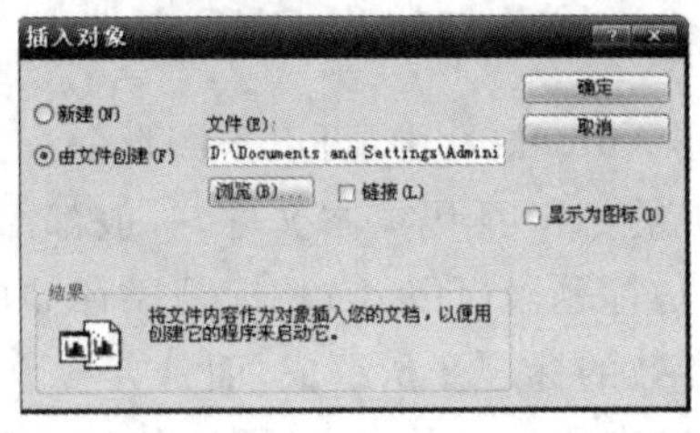

图 11-3 “插入对象”对话框

11.1.4 输出图形

选择“文件”|“输出”命令(Export)，打开“输出数据”对话框，如图 11-4 所示。用户可以在“保存于”下拉列表框中设置文件输出的路径。

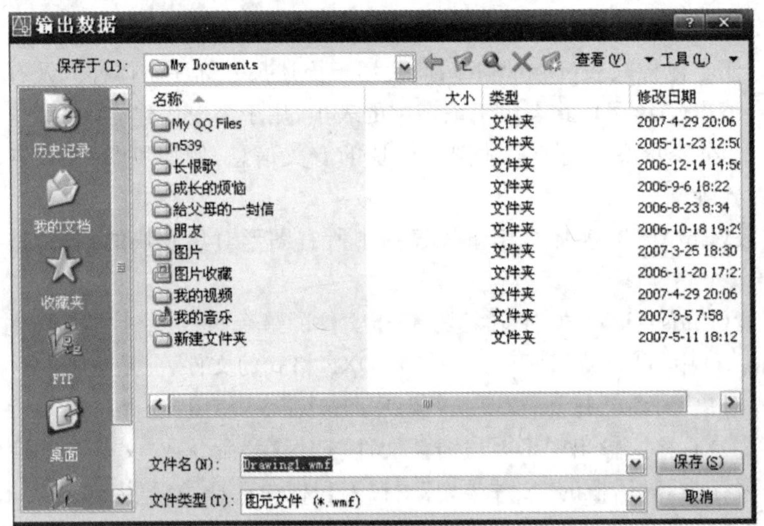

图 11-4 “输出数据”对话框

在“文件名”文本框中输入文件名称；在“文件类型”下拉列表框中，选择文件的输出类型，有“图元文件”、“ACIS”、“平版印刷”、“封装 PS”、“DXX 提取”、“位图”、“3D Studio”、“块”等选项。

当用户设置了文件的输出路径、名称、文件类型后，单击对话框中的“保存”按钮，切换到绘图窗口中，可以选择需要以指定格式保存的对象。

11.2 创建和管理布局

在 AutoCAD 中，可以创建多种布局，每个布局都代表一张单独的打印输出图纸。当创建新布局后，可以在布局中创建浮动视口，视口中的各个视图可以使用不同的打印比例，并能够控制视口中图层的可见性。

11.2.1 使用布局向导创建布局

选择“工具”|“向导”|“创建布局”(Layout wizard)命令，可以使用“创建布局”向导，指定打印设备，确定相应的图纸尺寸和图形的打印方向，选择布局中使用的标题栏或确定视口设置。

用户也可以使用“Layout”命令，以多种方式创建新布局，如从已有的模块开始创建、从已有的布局创建或直接从头开始创建。这些方式分别对应“Layout”命令的相应选项。另外，用户还可用“Layout”命令来管理已创建的布局，如删除、改名、保存以及设置等。

11.2.2 管理布局

在布局的“Layout”选项卡上右击，使用弹出的快捷菜单中的适当命令(图 11-5)，可以新建、删除、重命名、移动或复制布局。

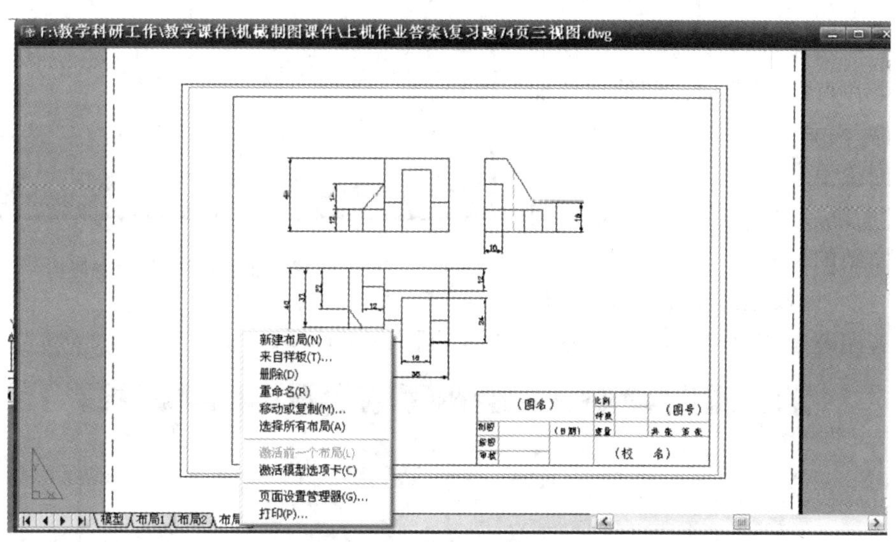

图 11-5 管理布局快捷菜单

默认情况下，单击某个布局选项卡时，系统将自动显示“页面设置管理器”对话框，供用户设置页面布局。如果以后要修改页面布局，可从图 11-5 所示的快捷菜单中选择“页面设置管理器”。通过修改布局的页面设置，可以将图形按不同比例打印到不同尺寸的图纸中。

11.3 布局的页面设置

用户在模型空间中完成图纸的设计和绘图工作后，就要准备打印图形。此时，可使用布局功能来创建图形的多个视图的布局以完成图形的输出。当第一次从“模型”选项卡切换到“布局”选项卡时，将显示一个默认的单个视口，并显示在当前打印配置下的图纸尺寸和可打印区域，同时打开“页面设置管理器”对话框，可以对打印设备和打印布局进行详细的设置，并且还可以保存页面设置，然后应用到打印布局或其他布局中。

11.3.1 设置打印环境

要设置打印环境，可以选择“文件”|“页面设置管理器”(Pagesetup)命令，打开“页面设置管理器”对话框，如图 11-6 所示。

对话框中有四个主要选项按钮，单击“新建”按钮，打开“新建页面设置”对话框，可以设置“新页面设置名”和选择页面设置的基础样式，单击确定后，进入“页面设置一布局名”对话框，如图 11-7 所示。各主要选项的功能如下：

①“打印机/绘图仪”选项区：此选项区用于选择并设置打印机、绘图仪的特性。其中在“名称”下拉列表框中，可以选择当前可用的打印机或绘图仪的名称；单击“特性”按钮，打开“绘图仪配置编辑器”对话框，可以查看或修改绘图仪的配置信息。

②“图纸尺寸”选项区：此选项区用于设置图纸的尺寸。

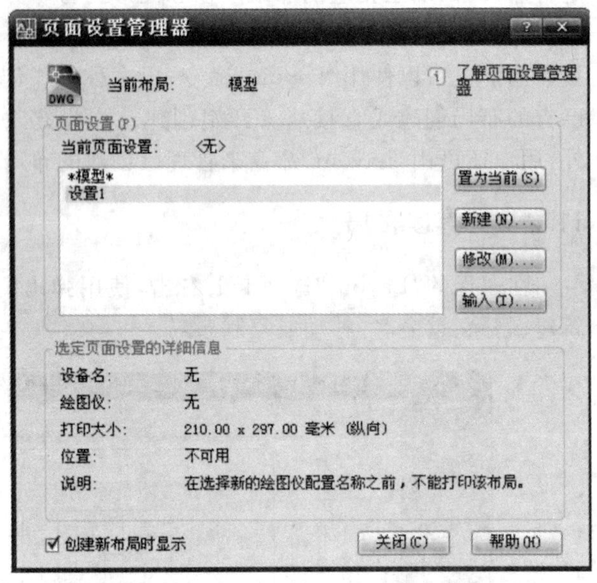

图 11-6 “页面设置管理器”对话框

③“打印区域”选项区：此选项区用于确定打印范围，它有“布局”、“显示”、“图形界限”三个选项。

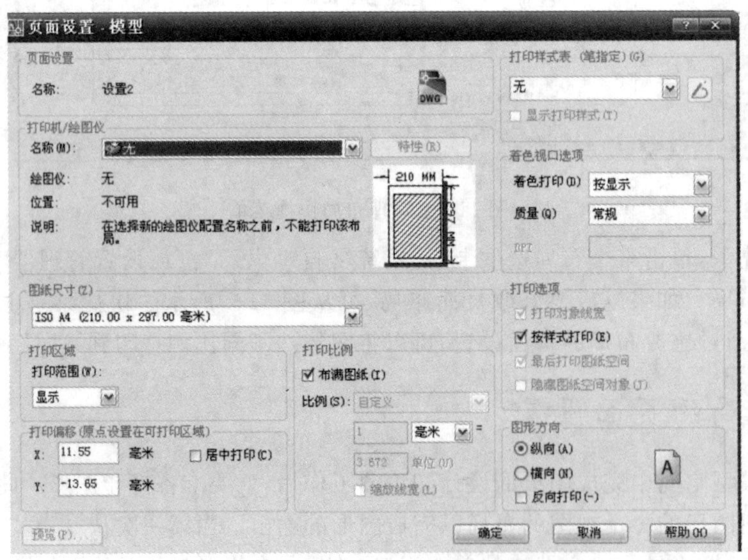

图 11-7 “页面设置一布局名”对话框

④“打印偏移(原点设置在可打印区域)”选项区：在 X 和 Y 文本框中，可以输入相对于可打印区域左下角的偏移。如果选择“居中打印”复选框，则可以自动计算输入的偏移值以

便居中打印。

⑤“打印比例”选项区:此选项区用于选择标准缩放比例。布局空间的默认比例为 1∶1,模型空间的默认比例为“按图纸空间缩放”。选择“缩放线宽”复选项,可以按打印比例缩放线宽,如果要缩小为原来尺寸的一半,则打印比例为 1∶2,线宽也随该比例缩放。选择“布满图纸”复选项,则按图纸大小来配置打印比例,该选项只在模型空间打印时可用。

⑥“打印样式表(笔指定)”选项区:此选项区用于设置打印样式表。可以在下拉列表框中选择一个样式表,也可以选择“新建”选项,打开“添加颜色相关打印样式表”向导对话框,可以根据该向导创建新的打印样式表。

⑦“着色视口选项”选项区:“着色打印”下拉列表框中有四个选项可供选择,它们是“按显示”、“线框”、“消隐”、“渲染”。“质量”下拉列表框中有“常规”、“预览”、“最大”、“自定义”、“演示”、“草稿”6 个选项可供选择。

⑧“打印选项”选项区:此选项区用于设置打印选项。例如,选择“打印对象线宽”复选项,可以打印对象线宽;“按样式打印”复选框,可以控制是否使用为布局或视口指定的打印样式特性。

⑨“图形方向”选项区:此选项区用于设置图形方向。分横向、纵向或反向打印。

在图 11-6 所示对话框中选择中间文本框中的页面设置名,单击“置为当前”,就是将设置好的“设置 1”置为当前的页面设置;单击“输入”按钮,打开“从文件选择页面设置”对话框,可以输入页面设置文件来创建页面设置;单击“修改”按钮,打开“页面设置－布局名”对话框,修改已有的页面设置,各选项的具体功能同上。

11.3.2 使用布局样板

布局样板是从 DWG 或 DWT 文件中输入的布局,用户可以利用现有样板中的信息创建新的布局。AutoCAD 提供了众多布局样板,以供用户设计新布局环境时使用。根据布局样板创建新布局时,新布局中将使用现有样板中的图纸空间几何图形及其页面设置。这样,将在图纸空间中显示布局几何图形和视口对象,用户可以决定保留从样板中输入的几何图形,也可以删除图形。

AutoCAD 提供的布局样板文件的扩展名为“.dwt”,来自任何图形的任何布局样板都可以输入到当前图形中。

通常情况下,将图形或样板文件插入到新布局的同时,源图形或源样板文件保存的符号表及块定义信息都将插入到新的布局中。但是,如果使用“Layout”命令的“SaveAs”选项保存源样板文件,任何未经引用的符号表和块定义信息都不随布局样板一起保存。可以使用“Template”选项在图形中创建新的布局。使用这种方法保存和插入布局样板,可以避免删除不必要的符号表信息。

如果要使用现有布局样板,可以选择“插入”|“布局”|“来自样板的布局”命令,打开“从文件选择样板”对话框,并从样板文件列表中选择图形样板文件,然后点击“打开”按钮,打开选中的样板文件,此时打开“插入布局”对话框,在“布局名称”列表中选择布局样板,然后选择“确定”,结果如图 11-8 所示。

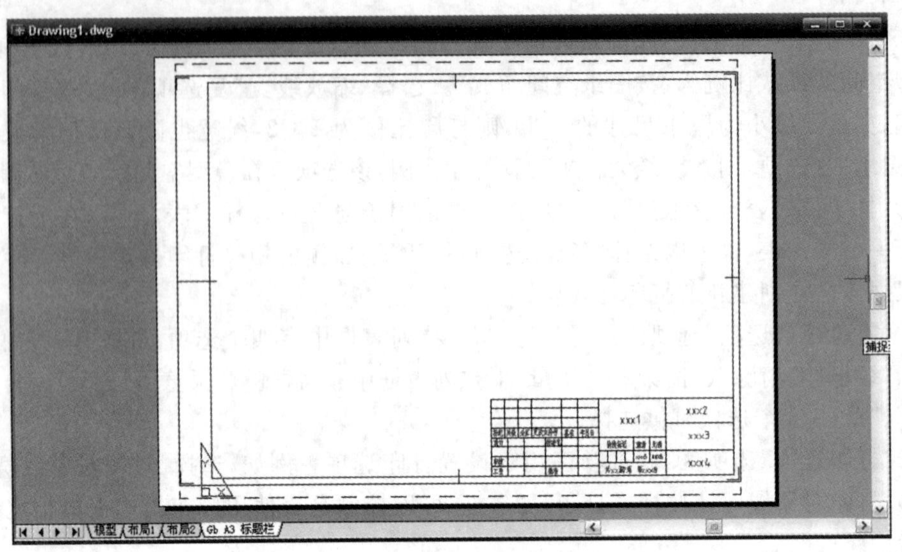

图 11-8　利用布局样板创建布局

任何图形都可以保存为样板图形，所有的几何图形和布局设置都可保存到 DWT 文件。选择“Layout”命令的“另存为(SA)”选项可以将布局保存为样板文件(DWT)。

创建新的布局样板时，任何引用的符号定义都随样板一起保存；如果将这个样板输入到新的布局，引用的符号定义将被输入为布局设置的一部分。建议使用“Layout”命令的“另存为(SA)”选项创建新的布局样板，此时没有使用的符号表定义将不随文件一起保存，也不添加到输入样板的新布局中。

11.4　打印图形

创建完图形之后，通常要打印到图纸上，或者生成一份电子图纸，以便携带或在网上传播。打印的图形可以包含图形的单一视图，或者更为复杂的视图排列。根据不同的需要，可以打印一个或多个视口，或设置选项以决定打印的内容和图像在图纸上的布置。

11.4.1　打印预览

在打印输出图形之前，可以预览输出结果，检查设置是否正确，如图形是否都在有效输出区域内等。要预览输出结果，可在“标准”工具栏中单击打印预览按钮“”，或选择“文件”|“打印预览”命令，或在命令提示行中输入“Preview”命令。

AutoCAD 按照当前的页面设置、绘图设备设置、绘图样式表等在屏幕上绘制最终要输出的图纸，如图 11-9 所示。

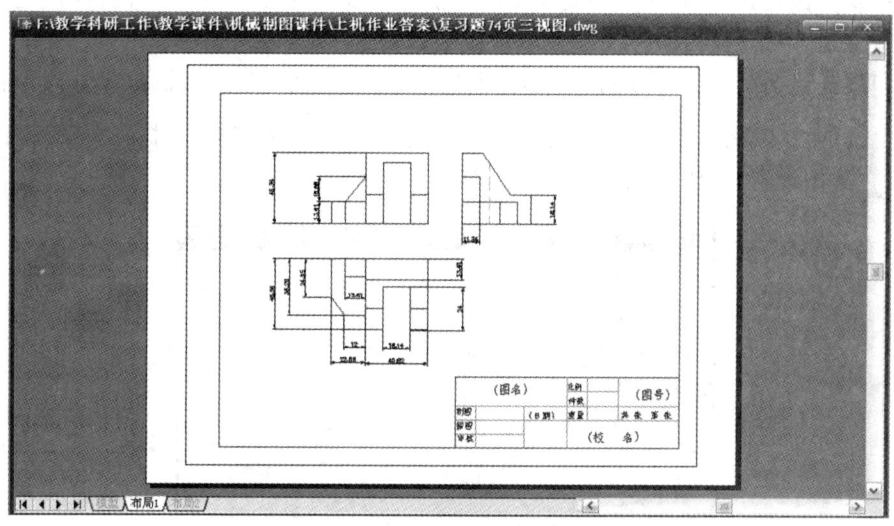

图 11-9 绘图输出结果预览

在预览窗口中，光标变成了带有加号和减号放大镜状，可以通过向上拖动光标放大图像，或向下拖动光标缩小图像。要结束全部预览，可直接按下“Esc”键，或单击“关闭预览窗口”按钮“⊗”。

11.4.2 打印图形

在 AutoCAD 中，选择“文件”|“打印”(Plot)命令，使用打开的“打印”对话框可以打印图形，如图 11-10 所示。

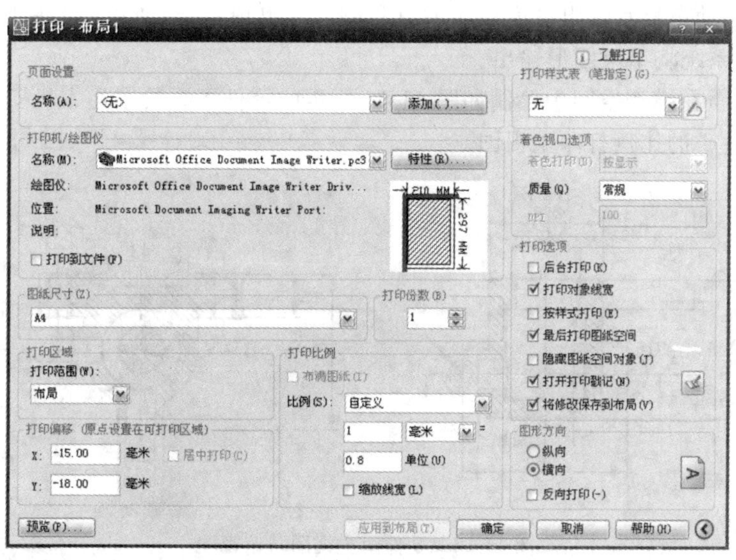

图 11-10 “打印—布局名”对话框

该对话框与“页面设置一布局名”对话框基本相同，只是“页面设置”选项区的“名称”变得可选，“打印选项”选项区中多出来 3 个选项。其中，“后台打印”复选项是将打印转入后台进行,“将修改保存到布局”复选项是用来将当前的修改保存到布局,“打开打印戳记”复选项是用来指定是否每个输出图形的某个角落上显示绘图标记,以及是否产生日志文件。

打印戳记包括图形名、布局名称、日期和时间、打印比例、设备名、图纸尺寸等,用户还可以定义自己的打印戳记,选择“打开打印戳记”复选项,单击“![icon]”按钮,打开“打印戳记”对话框,可以在其中设置“打印戳记”选项,如图 11-11 所示。

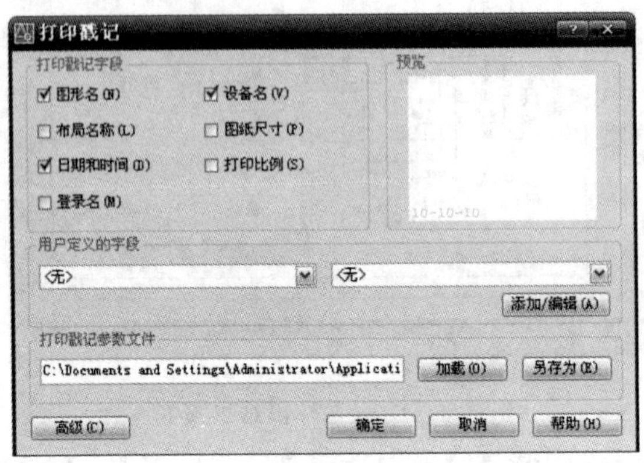

图 11-11 “打印戳记”对话框

在该对话框中,“打印戳记字段”选项区中的复选框用来指定在图形中显示那些预定义的打印标记;“用户定义的字段”选项区显示了用户自定义的打印标记,单击“添加/编辑”按钮可以添加和修改自定义打印标记;“打印戳记参数文件”选项区用来加载或保存有关打印戳记的参数设置。

当各部分的设置完成后,在“打印—布局名”对话框中单击“确定”按钮,AutoCAD 将开始输出图形,并动态显示输出进度。如果图形输出时出现错误,或用户要中断图形输出,可单击“Esc”键,系统将结束图形输出。

例题 11-1 在模型空间中绘制如图 11-12 所示的零件图。要求用本机安装的打印机用 A4 纸,按照 1∶1 的比例打印主视图。

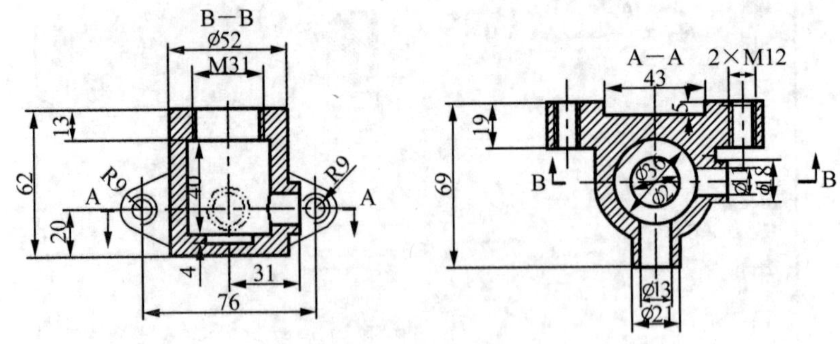

图 11-12 零件图主视图与俯视图

具体操作步骤如下:

①选择“文件”|“打印”命令,弹出如图 11-13 所示的“打印”对话框,在“打印机/绘图仪”选项组中的“名称”下拉列表框中选择本机安装的打印机“DWF6 ePlot. pc3”,在“图纸尺寸”

下拉列表框中选择 A4 选项，在“打印范围”下拉列表框中选择“窗口”选项，切换到绘图区，命令行提示如下：

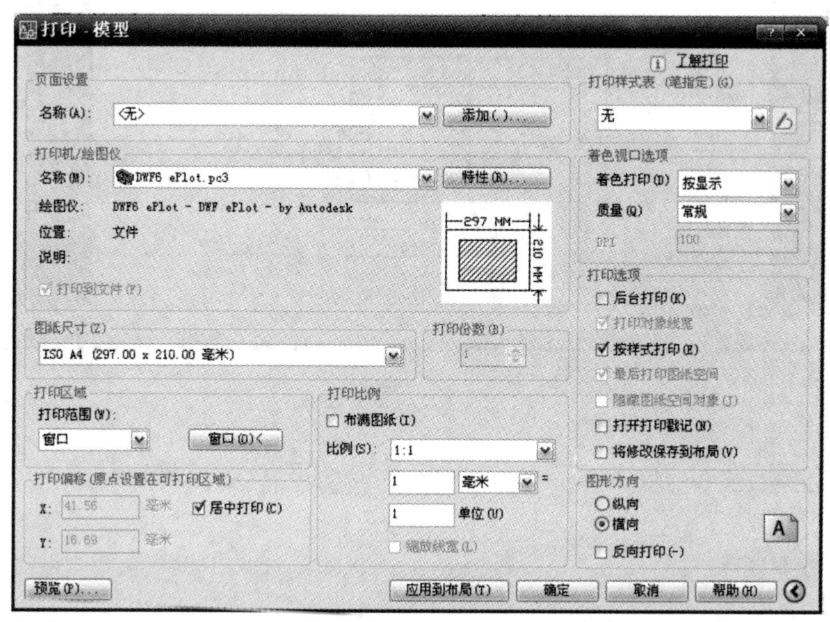

图 11-13 设置“打印”对话框

指定打印窗口： //系统提示信息

指定第一个角点： //指定图 11-14 所示的左上角点

指定对角点： //指定图 11-14 所示的右下角点

②选择完毕后，返回“打印”对话框，选择“居中打印”复选项，取消“布满图纸”复选项，在“比例”下拉列表框中选择“1∶1”选项，在“图形方向”选项组中选中“横向”单选按钮，在预览区可以看到设置的效果。

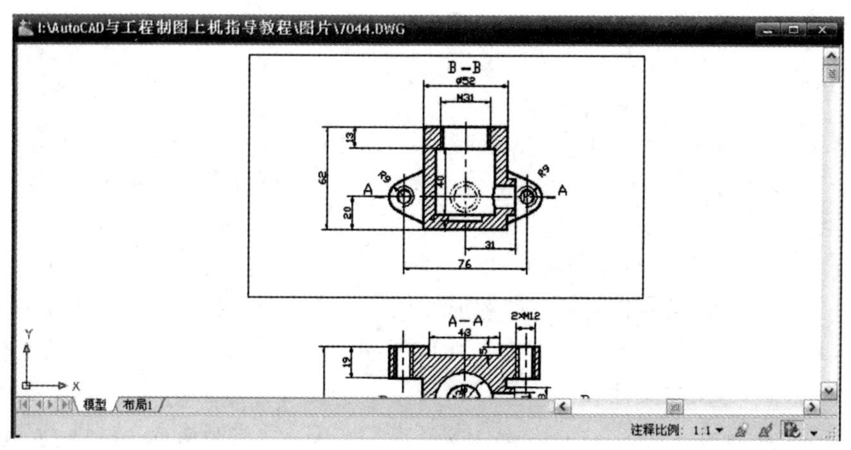

图 11-14 选择打印区域

③单击“预览”按钮，进入打印预览窗口，预览效果如图 11-15 所示。按回车键返回“打印”对话框，单击“确定”按钮打印图纸。

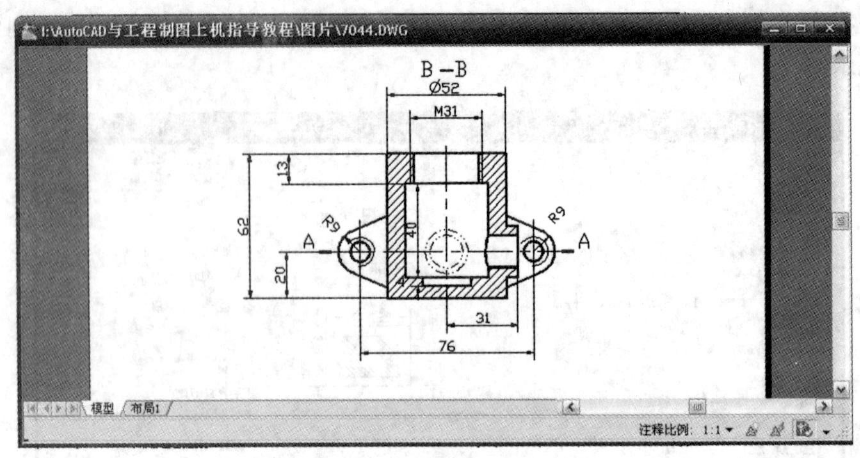

图 11-15　打印预览效果

11.5　思考练习题

11.5.1　填空题

(1)在 AutoCAD 中,使用“输入文件”对话框,可以输入________、________和________图形格式文件。

(2)________是用户在其中完成绘图和设计工作的工作空间,________是用于给用户的图纸排列、绘制局部放大图及绘制视图。

(3)在 AutoCAD 中,用户使用________功能,可以很方便地配置多种打印输出样式。

(4)布局样板是从________或________文件中输入的布局,用户可以利用现有样板中的信息创建新的布局。

(5)打印戳记包括________、________、________、________、________、图纸尺寸等,用户还可以定义自己的打印标记。

11.5.2　选择题

(1)在 AutoCAD 中,要打印图形的指定部分,采用(　　)方式确定打印范围。

A. 图形界线　　B. 范围　　C. 窗口　　D. 显示

(2)通过打印预览,可以(　　)。

A. 看到打印图形的一部分　　B. 看到图形的打印尺寸

C. 看到与图纸尺寸相关的打印图形　　D. 看到打印标尺用于比较尺寸

(3)在 AutoCAD 中,可以把图形保存为 DXF 式,也可以打开 DXF 格式的文件。DXF 文件是标准的(　　)文本文件。

A. ASCII 码　　B. ACIS 格式　　C. 二进制格式　　D. Windows

11.5.3　上机练习题

(1)绘制如图 11-16 所示的零部件图,该图由三个零件图、一个部件图组成。现要求打印各零件图、部件图的详图,使用 B5 纸,比例为 1∶1。

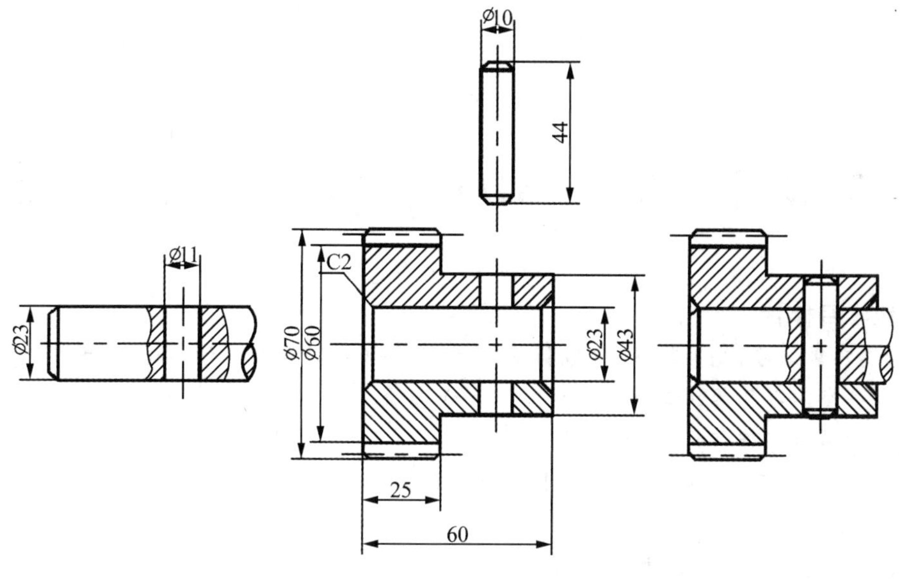

图 11-16 零部件图

(2)绘制如图 11-17 所示的零件图。现要求用 A4 纸打印全部图形,其他参数由用户自己调整。

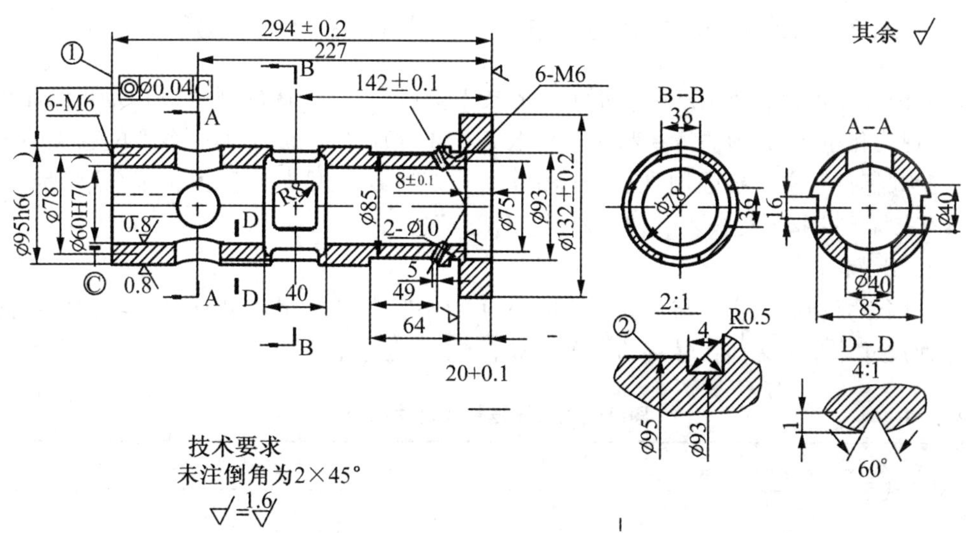

图 11-17 零件图

第 12 章　AutoCAD 中简单平面图形的绘制

[**教学目标**]

通过实训练习，能够掌握《机械制图》中标准样板图的绘制方法，简单平面图形的绘制方法，为进一步学习复杂的二维或三维图形打好基础。

[**教学重点与难点**]

1. 国家标准《机械制图》中有关图纸幅面的规定
2. 创建 A4 样板图
3. 简单平面图形范例上机实训指导

本章共收集了三个典型的实例，排列顺序与工程制图的课程进度尽量同步，以便利用 AutoCAD 上机练习来加深理解工程制图的基本原理。每个练习题需要 2 个学时左右。

12.1　国家标准《机械制图》中有关图纸幅面的规定

工程图样是现代工业生产中必不可少的技术资料，具有严格的规范性。为了保证规范性，适应现代化生产、管理的需要和便于技术交流，国家制定并颁布了一系列的相关的国家标准，简称“标准”，它包括强制性国家标准(代号为“GB”)、推荐性国家标准(代号为“GB/T”)和国家标准化指导性技术文件(代号为“GB/Z”)。

(1)图纸幅面

图纸幅面是指图纸宽度与长度组成的幅面。绘制图样时，应采用表 12-1 中规定的图纸基本幅面尺寸。基本幅面代号有 A0、A1、A2、A3、A4 五种。

表 12-1　　图纸幅面及图框格式尺寸(mm)

<table>
<tr><th rowspan="2">幅面代号</th><th>幅面尺寸</th><th colspan="3">周边尺寸</th></tr>
<tr><th>$B\times L$</th><th>a</th><th>c</th><th>e</th></tr>
<tr><td>A0</td><td>841×1189</td><td rowspan="5">25</td><td rowspan="3">10</td><td rowspan="2">20</td></tr>
<tr><td>A1</td><td>594×841</td></tr>
<tr><td>A2</td><td>420×594</td><td rowspan="3">10</td></tr>
<tr><td>A3</td><td>297×420</td><td rowspan="2">5</td></tr>
<tr><td>A4</td><td>210×297</td></tr>
</table>

图 12-1 中粗实线所示为基本幅面(第一选择)。必要时,可以按规定加长图纸的幅面,加长幅面的尺寸有基本幅面的短边成倍数增加后得出。细实线及细虚线所示分别为第二选择和第三选择加长幅面。

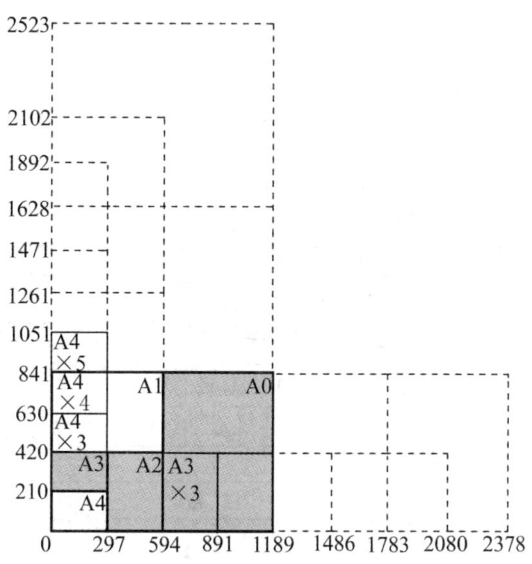

图 12-1 基本幅面及加长幅面的尺寸

(2)图框格式

图纸上限定绘图区域的线框称为图框。图框在图纸上必须用粗实线画出,图样绘制在图框内部。其格式分为不留装订边和留装订边两种,如图 12-2 所示。

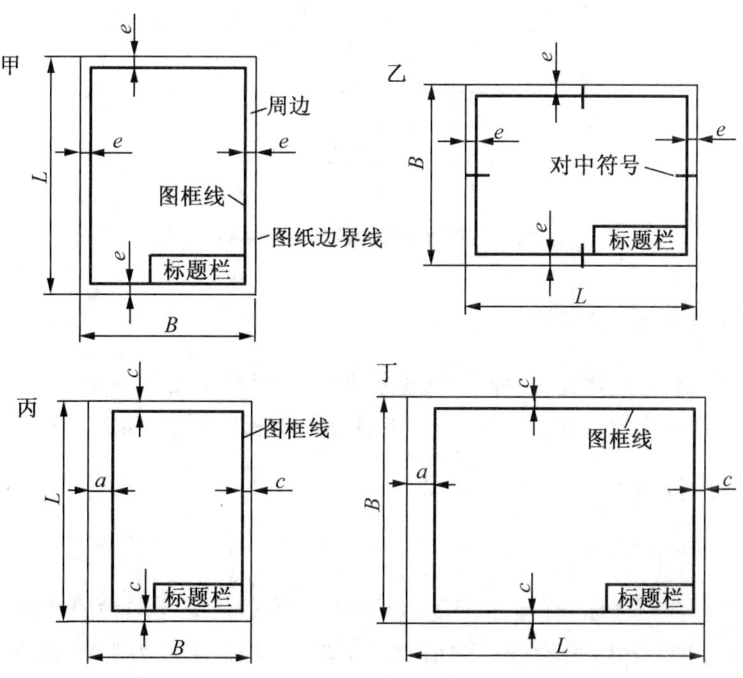

图 12-2 图框格式及标题栏方位

为了复制或缩微摄影时定位方便,应在图纸各边长的中点处绘制对中符号。对中符号是从纸边界画入图框内 5mm 的一段粗实线,如图 12-2(乙)所示。当对中符号处在标题栏范围内时,则伸入标题栏部分省略不画。

(3)标题栏

标题栏是由名称及代号区、签字区、更改区和其他区组成的栏目。标题栏位于图纸的右下角。其格式和尺寸由 GB/T10609.1-1989 规定,图 12-3 是该标准提供的标题栏格式。

教学中可以使用简化的零件图标题栏和装配图标题栏,如图 12-4 所示。

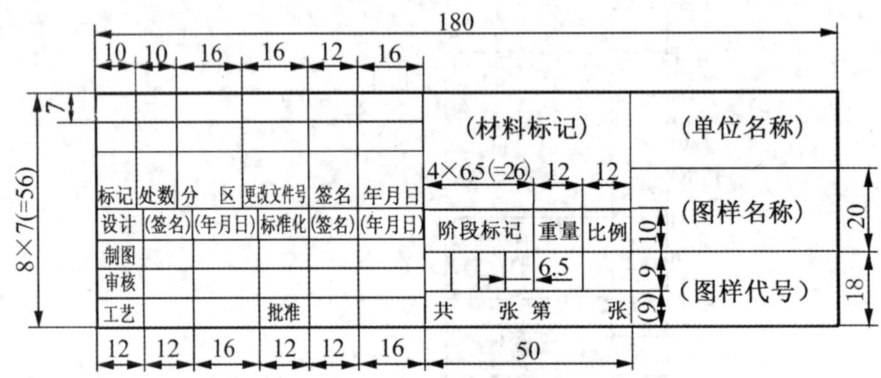

图 12-3 国家标准规定的标题栏格式

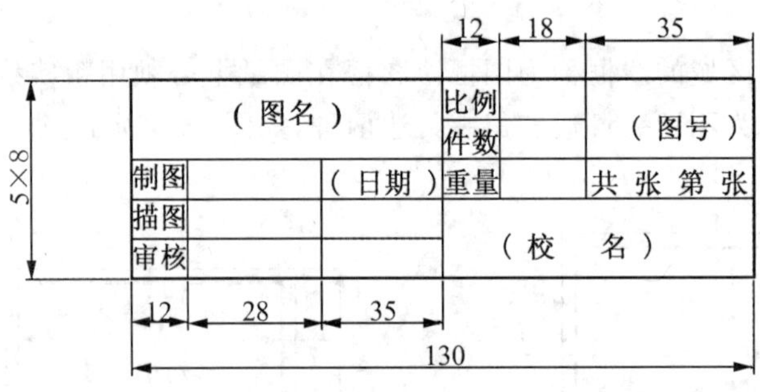

图 12-4 教学中采用的标题栏格式

12.2 创建 A4 样板图

为了提高工作效率,应创建一些标准图幅样板图供用户绘图时调用。下面以创建一张 A4 图幅的样板图为例介绍创建方法和步骤,其他图幅样板图可参考创建。

12.2.1 设置绘图环境

(1)进入 AutoCAD 2008

在桌面上双击“”图标,打开一张 AutoCAD 2008 默认的新的绘图空间,单击“保存”图标“”,在出现的“图形另存为”对话框中,选择保存类型为“AutoCAD 图形样板(*.dwt)”,并给文件命名为“A4 样板图”后单击“保存”按钮,如图 12-5 所示。

图 12-5 “图形另存为”对话框

(2)设置绘图界限和绘图单位

在“格式”菜单中选取“单位”命令,在如图 1-24 所示的“图形单位”对话框中选择“小数”、精度为小数点后三位(0.000);选择十进制度数,精度选小数点后一位(0.0);图形单位为“毫米”。

在“格式”菜单中选取“绘图界限”命令,将图形界限设置为左下角为(0,0),右上角为(297,210),并进行满屏缩放。缩放的效果可打开“栅格”查看。

12.2.2 设置图层

在“图层”工具栏中单击图层图标“”,可打开“图层特性管理器”对话框,在对话框中设置和加载不同的图层,包括线型、线宽、颜色等。设置完成后如图 12-6 所示。

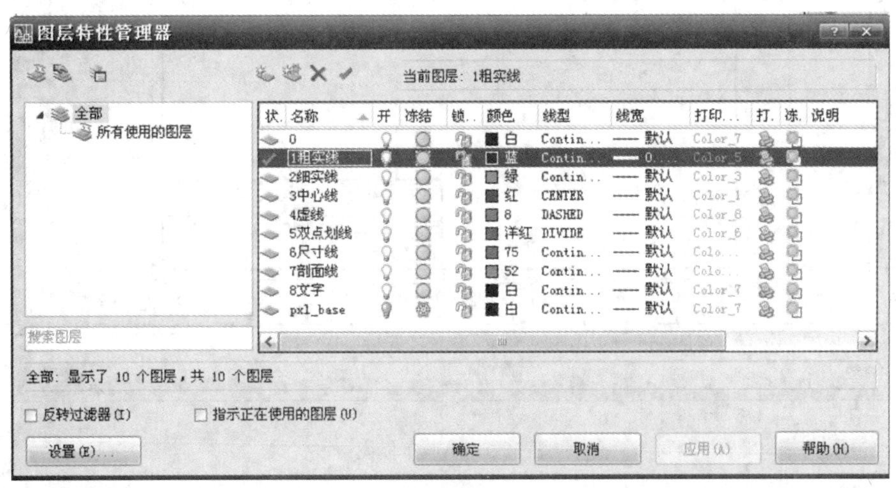

图 12-6 “图层特性管理器”对话框

12.2.3 文本设置

为了方便标题栏内容的书写和满足图纸上技术要求的标注，必须对文本进行设置，包括文字的样式、字高、宽高比等。方法详见第6章“文字的输入”。一般按GB/T13362.4-1992和GB/T13362.5-1992的要求，数字和字母一般应以斜体输出，汉字一般用正体输出。A4图幅选择字高为3.5毫米。

12.2.4 绘制图框和标题栏

①在“工具”下拉菜单中选择“草图设置”子菜单，弹出如图3-9所示的“草图设置”对话框，在“对象捕捉”选项的“对象捕捉模式”中点击“交点”、“切点”、“垂足”、“圆心”等；在“极轴追踪”选项中启用极轴追踪并设置增量角为“150”。

②打开“细实线”图层，用矩形命令输入左下角点坐标值为(0,0)，右上角点坐标值为(297,210)，画出图纸边界线。

③打开“粗实线”图层，用矩形命令输入左下角点坐标值为(25,5)，右上角点坐标值为(292,205)，画出图框线。

④利用“直线”命令、复制命令和修剪命令绘制标题栏。用单行文字输入方法完成标题栏内容的书写。

⑤绘制好的A4样板图如图12-7所示。

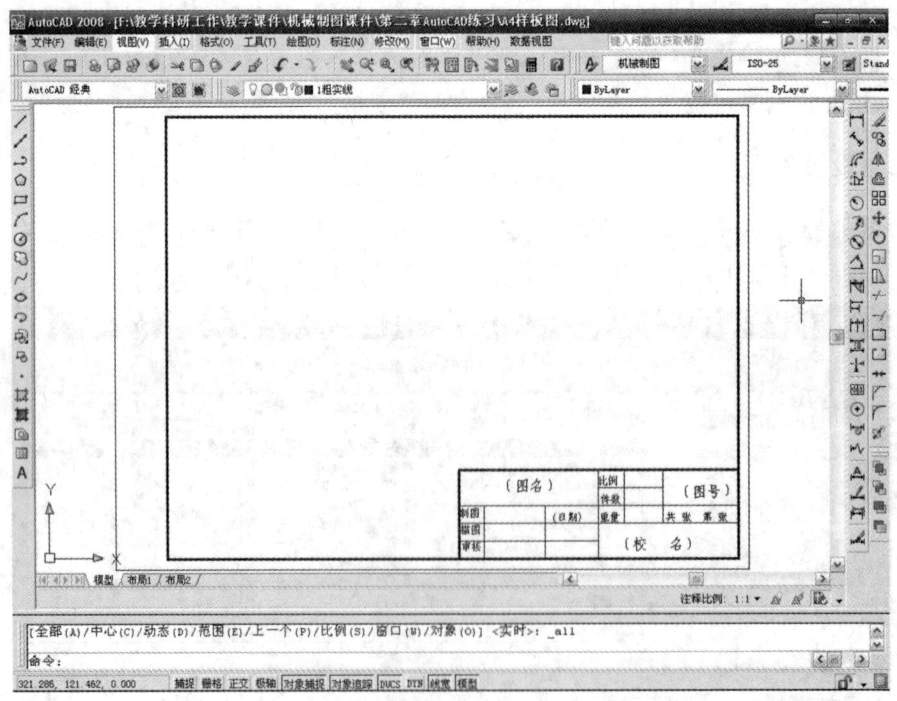

图12-7 A4样板图

12.2.5 存盘退出

将结果保存后退出。

12.3 简单平面图形范例上机实训指导

12.3.1 范例 1

绘制如图 12-8 所示的平面图形。

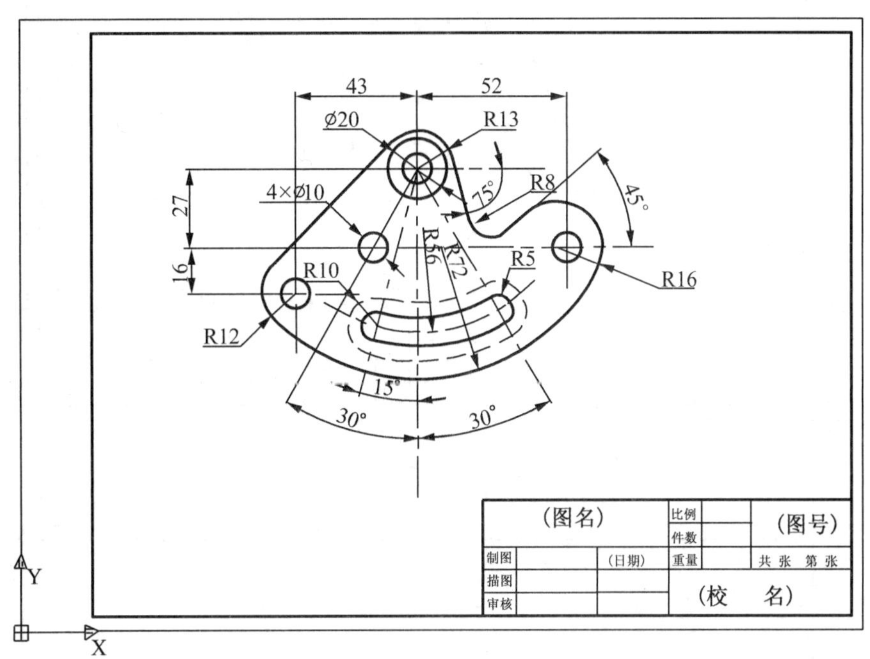

图 12-8 平面图形例图

具体绘图过程如下：

(1)调用样板图

根据该图形的大小，使用 1∶1 的比例，选择 A4 样板图。调用方法为：利用“新建”命令，在“选择样板”对话框中选择“文件类型”为“图形样板 .dwt”文件，在图形样板文件列表中找到“A4 样板图 .dwt”并双击它即可。

(2)绘制图形

①打开“中心线”所在图层，用“直线”、“圆”、“偏移”、“打断”等命令绘制所有的中心线，如图 12-9 所示。

②打开“粗实线”所在图层，用画圆命令绘制⌀10、⌀20、R13 和 R72 的圆。注意利用对象捕捉功能确定圆心位置。

③用画圆命令，以⌀20 圆的圆心为圆心，以 56(72－16)和 60(72－12)为半径画圆，分别确定 R16 和 R12 圆弧的圆心位置，如图 12-10 所示。

④用画圆命令画 R12、R16 的圆。

⑤用画直线命令画75°切线,起点捕捉R13圆的切点,终点输入@50＜－75°;用画直线命令画45°切线,起点捕捉R16圆切点,终点输入@50＜225°。完成上述操作后得到如图12-11所示的图形。

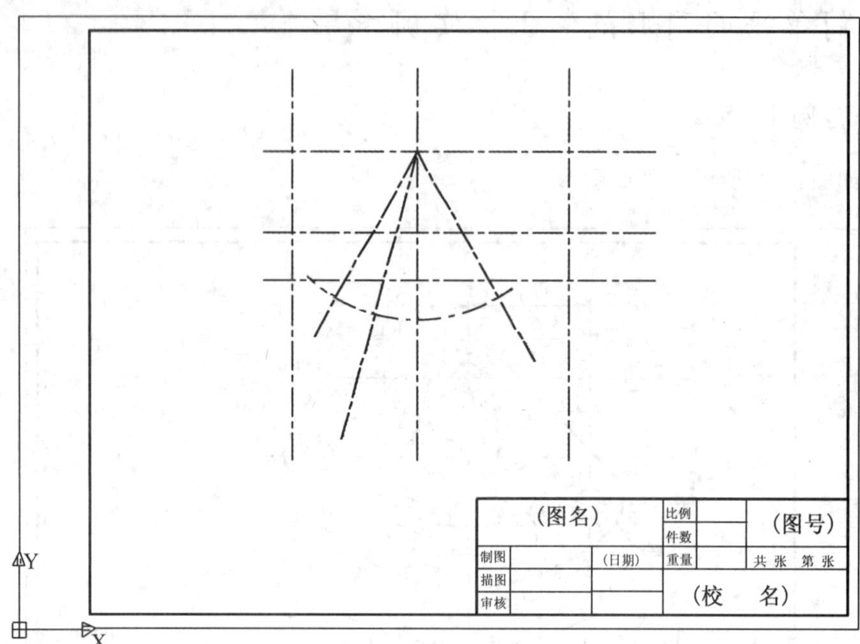

图12-9　平面图形绘制(一)

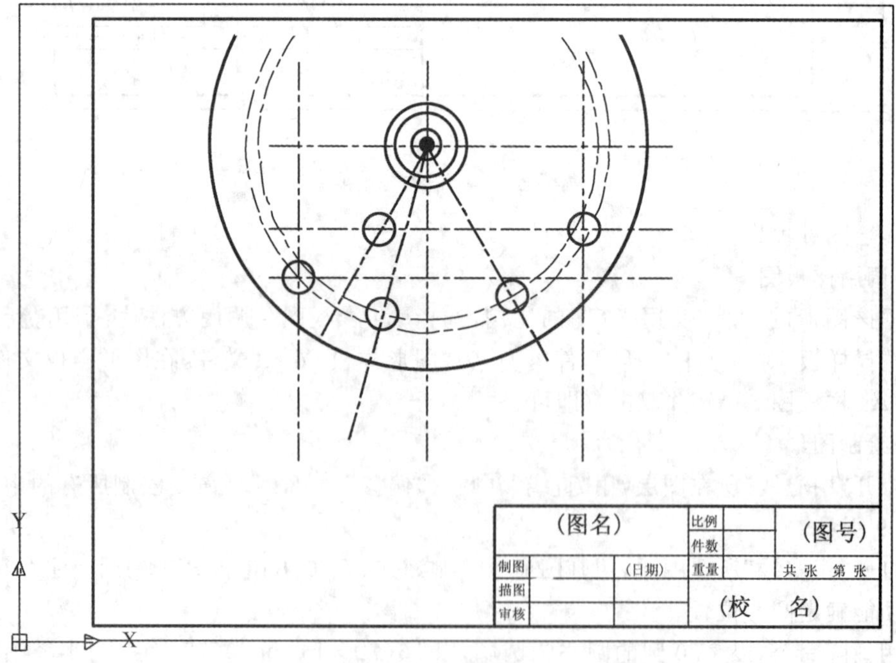

图12-10　平面图形绘制(二)

⑥用偏移命令画腰形孔;用圆角命令,设 R=8,连接两直线。

⑦用直线命令画 R13 和 R12 圆弧的公切线。

⑧用修剪命令、删除命令、打断命令对图形进行整理。

⑨将虚线置换到相应的图层上,选取要置换为虚线的腰形轮廓线,在图层下拉菜单表中选择虚线层,此时选中的轮廓线将显示为虚线,再按 Esc 键退出。

完成上述操作后,得到如图 12-12 所示的图形。

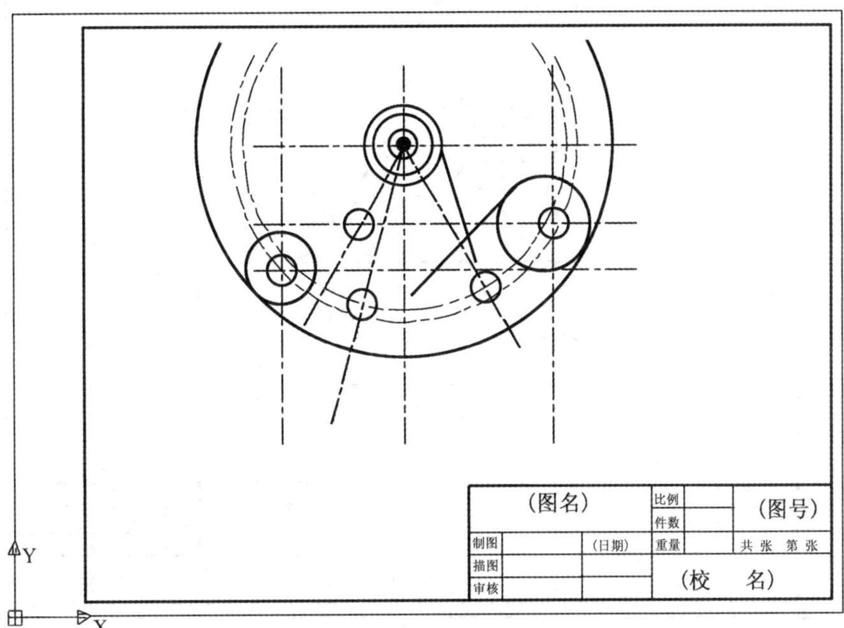

图 12-11 平面图形绘制(三)

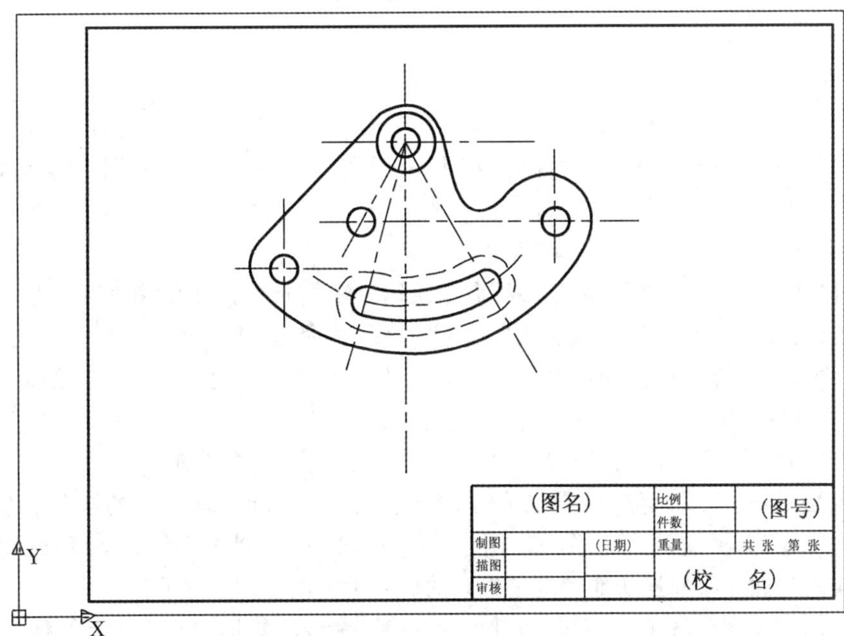

图 12-12 平面图形绘制(四)

(3)存盘退出

将结果保存后退出。

12.3.2 范例 2

绘制如图 12-13 所示的平面图形。

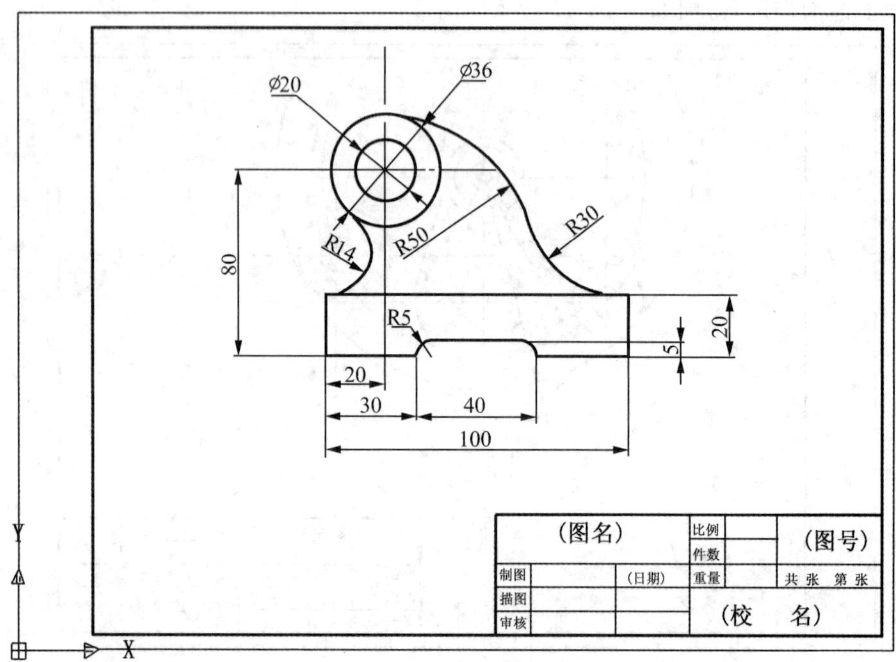

图 12-13 平面图形例图

具体绘图过程如下：

(1)调用样板图

根据该图形的大小，使用 1∶1 的比例，选择 A4 样板图。调用方法为：利用“新建”命令，在“选择样板”对话框中选择“文件类型”为“图形样板 . dwt”文件，在图形样板文件列表中找到“A4 样板图 . dwt”并双击它即可。

(2)绘制图形

①打开“中心线”所在图层，用“直线”命令绘制十字中心线。打开“粗实线”所在图层，用“圆”命令绘制∅20 和∅36 的圆。利用“工具”|“移动”命令，将坐标移至十字中心。用“矩形”命令输入左下角点坐标值为(－20，－60)，右上角点坐标值为(80，－40)，绘制 100×20 的矩形，如图 12-14 所示。

②打开“粗实线”所在图层，用“圆”|“两点”命令绘制 R50 的圆弧。

具体方法是：先用鼠标在对象捕捉的引导下捕捉到第一点，即∅36 的圆与纵坐标的上部交点，第二点用坐标输入(0，－75)。用“圆”|“相切、相切、半径”命令，分别绘制 R14 和 R30 的圆弧。注意对象捕捉功能确定是打开的。结果如图 12-15 所示。

③用“分解”命令分解 100×20 的矩形；用“偏移”命令将矩形的底边向上偏移 5 毫米，矩

形的左边向右偏移 30 毫米、70 毫米；用“圆角”命令倒圆角 R5；用“修剪”命令修建多余的图线，得到如图 12-16 所示的图形。

(3)存盘退出

将结果保存后退出。

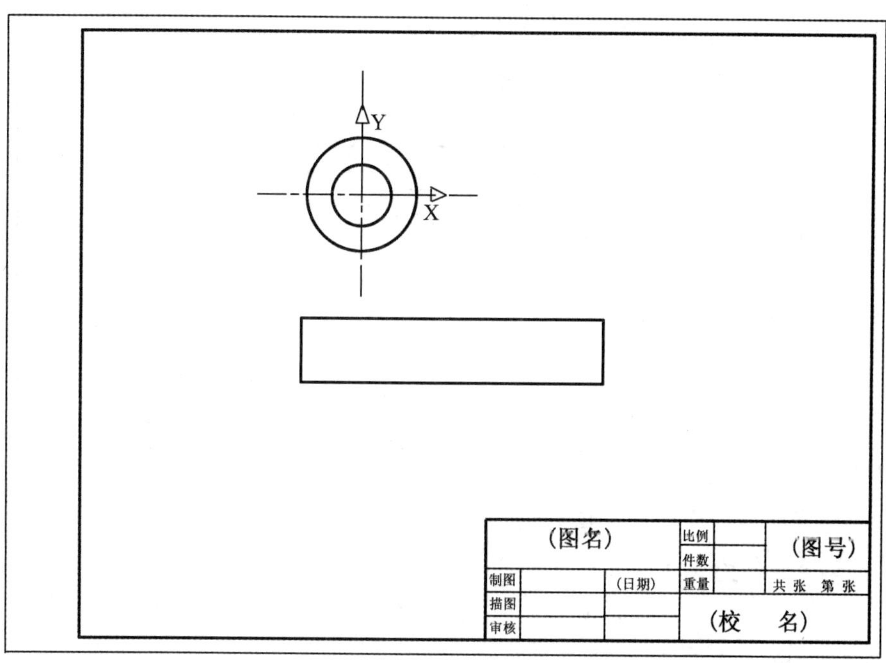

图 12-14　平面图形绘制(一)

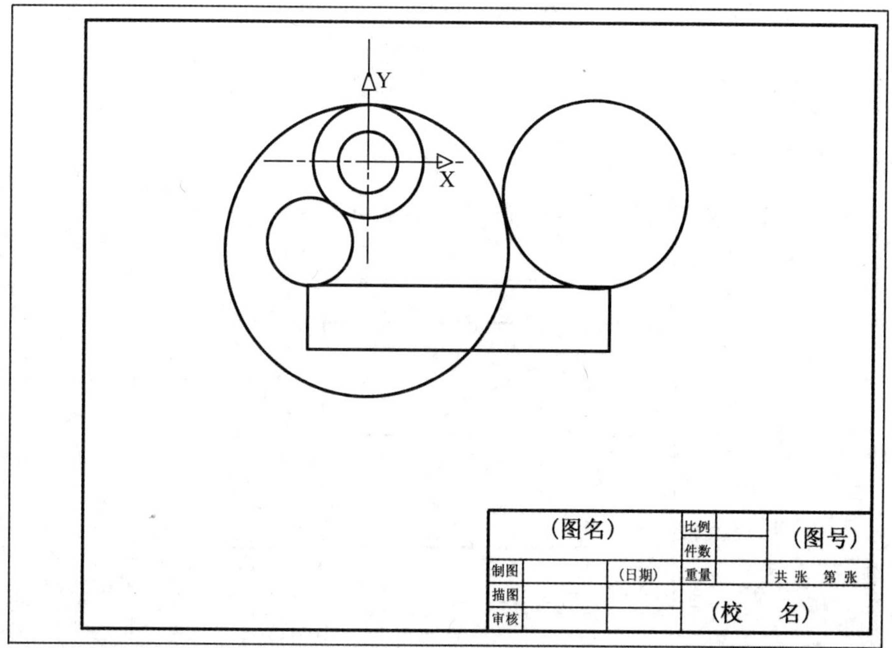

图 12-15　平面图形绘制(二)

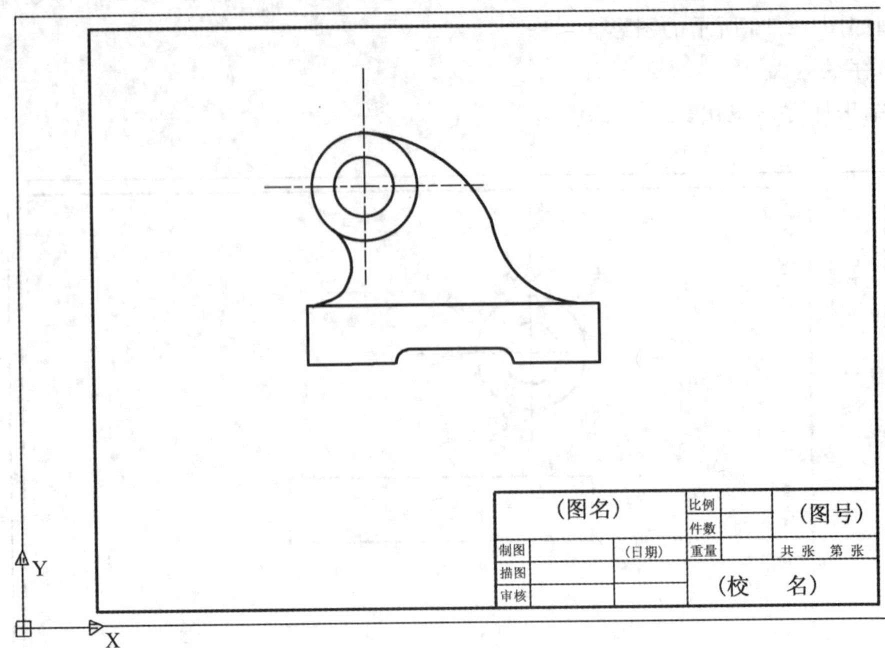

图 12-16 平面图形绘制(三)

12.4 思考练习题

12.4.1 填空题

(1)图纸的基本幅面有________种,其中 A4 标准图幅的长________、宽________。

(2)图框格式有________种,图框在图纸上必须用________画出,图样绘制在________。

(3)标题栏是由________、________、________和其他区组成的栏目。

12.4.2 上机练习题

(1)根据上机实训范例绘制如图 12-17 所示的平面图形。

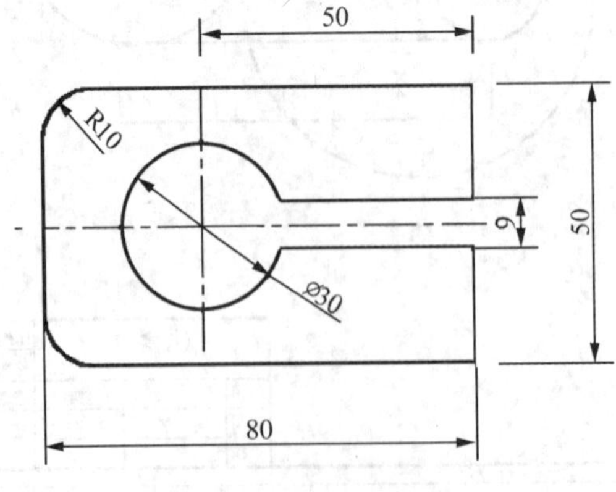

图 12-17 绘制平面图形

(2)根据上机实训范例绘制如图 12-18 所示的平面图形。

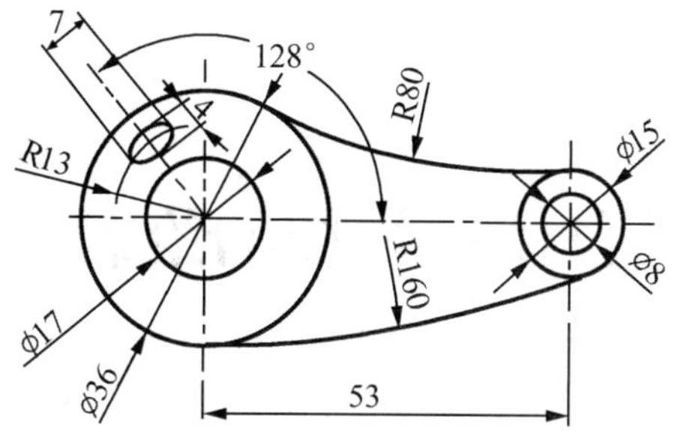

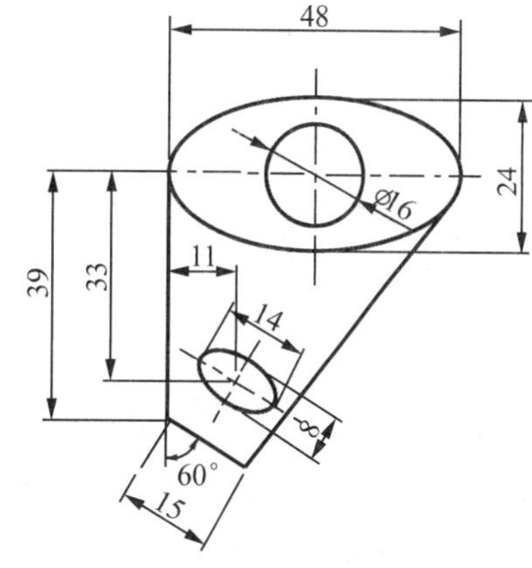

图 12-18　绘制平面图形

(3)根据上机实训范例绘制如图 12-19 所示的平面图形。

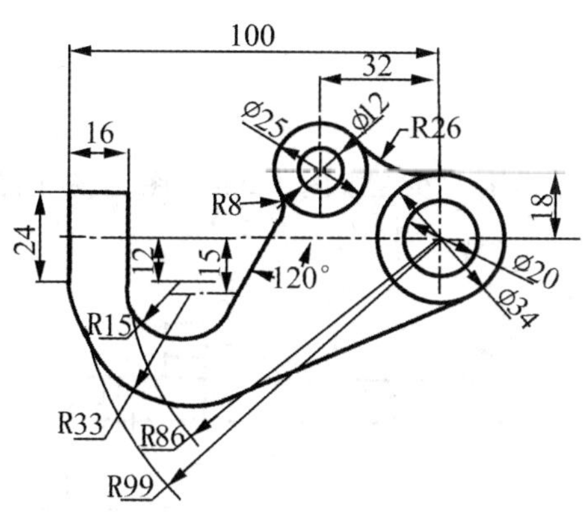

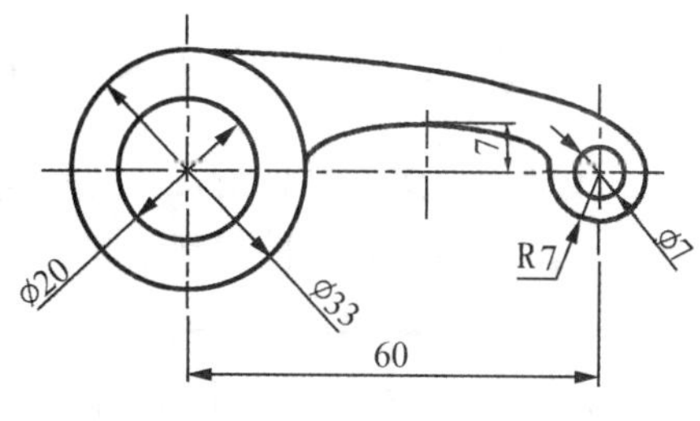

图 12-19　绘制平面图形

第13章　AutoCAD中组合体三视图的绘制

［教学目标］

掌握组合体三视图的投影规律；根据组合体的构形和形体分析方法及线面分析方法，合理布局三视图；能够熟练地看组合体轴测图而画出组合体的三视图。

［教学重点与难点］

1. 组合体三视图的投影规律
2. 绘制组合体三视图的方法与步骤
3. 典型组合体三视图范例上机实训指导

13.1　组合体三视图的投影规律

组合体的三视图一般是指：主视图、俯视图、左视图。在三视图中，主视图、俯视图都反映机件的长度，俯视图、左视图都反映机件的宽度，如图13-1所示。

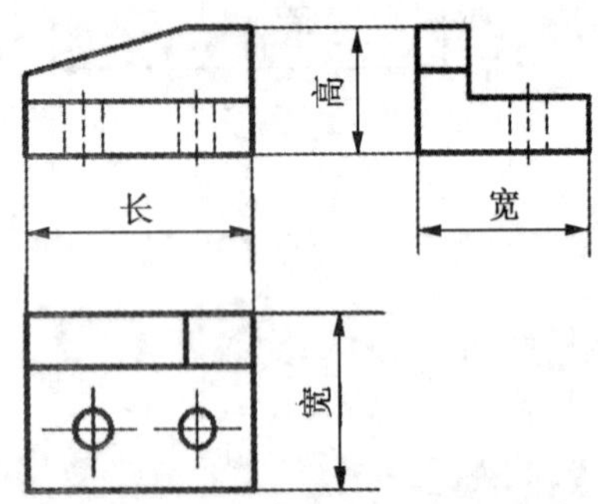

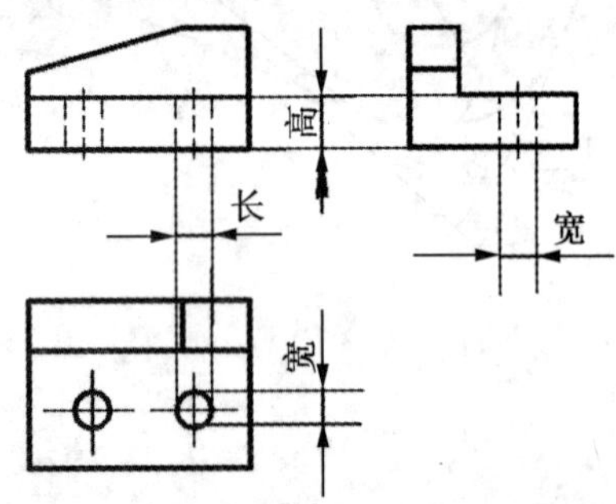

图13-1　三视图的投影规律

由此可得出三视图的投影规律——“三等规律”。

主视图、俯视图——长对正；

主视图、左视图——高平齐；

俯视图、左视图——宽相等。

应用“三等规律”的要点：

(1)机件的整体和局部都要符合“三等规律”。

(2)在俯视图、左视图上，远离主视图的一侧是机件的前面，靠近主视图的一侧是机件的后面。

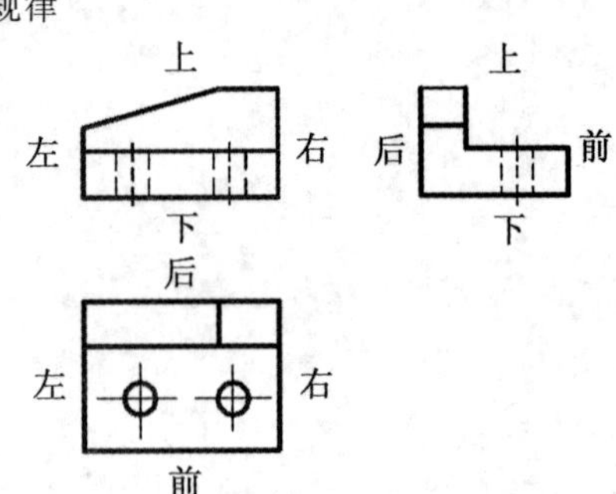

图13-2　三视图的不同方位

(3)要特别注意宽度方向尺寸在俯视图、左视图上的不同方位，如图13-2所示。

“三等规律”是画图、看图的基本投影规律。绘图时，应通过绘图工具或绘图软件的功能来保证“三等规律”的实现。

13.2 绘制组合体三视图的方法与步骤

(1)画组合体视图的方法

画组合体三视图时，首先运用形体分析法把组合体分解为若干个形体，确定它们的组合形式、相对位置、邻接表面关系；其次逐个画出各形体的视图。必要时可运用线面分析法，对组合体进行线、面的投影分析。当组合体中出现不完整形体相贯时，可用恢复原形法进行分析。

(2)画组合体三视图的步骤

①形体分析：分解为若干个形体，确定组合形式、相对位置、邻接表面关系。

②确定主视图：三视图中，主视图是最主要的视图。确定主视图时，要解决组合体怎样放置和从哪个方向投影的问题。选择组合体自然安放位置，或使组合体的表面对投影面尽可能地处于平行或垂直的位置，作为放置位置；选择能较多地反映组合体形体特征及其相对位置，并能减少俯、左视图上细虚线的那个方向，作为投影方向。最后确定主视图的方向。

③选比例，定图幅：画图时，先根据组合体形体的大小定出标准图幅。在 AutoCAD 模型空间绘图时，一律采用 1∶1 的比例。

④布图、画基准线：用对称平面(对称线)、轴线和大平面的投影作为基准线。

⑤逐个画出各形体的三视图：先大后小，先实后空，先主要轮廓后细节，几个视图联系起来画，从反映形体特征的视图画起。

13.3 典型组合体三视图范例上机实训指导

13.3.1 范例 1

用 AutoCAD 绘制如图 13-3 所示轴承座的三视图。

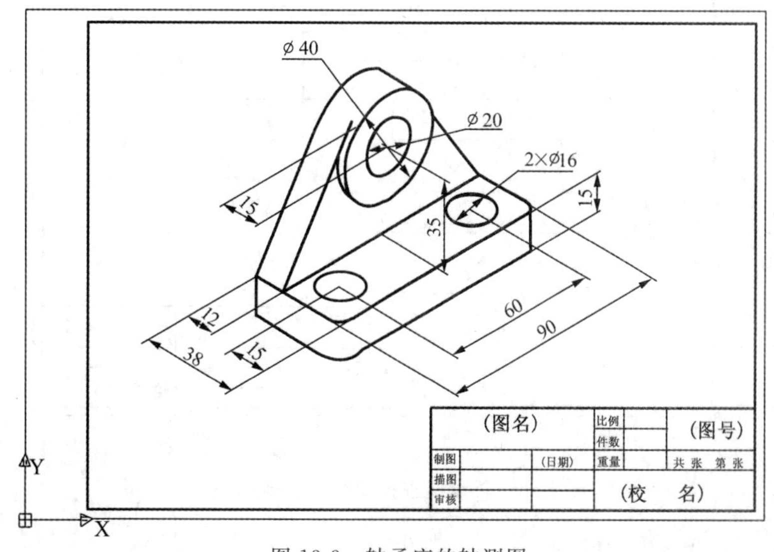

图 13-3 轴承座的轴测图

具体操作步骤如下：

①根据图形的大小调用样板图，选择 A4 样板图。调用方法同前。

②打开"粗实线"所在图层，绘制轮廓线。用直线命令画出左视图和俯视图边界线 1、2；用复制命令进行多重复制，画出主要轮廓边界线 3、4、5、6、7、8、9、10、11。注意：复制时光标后极轴追踪的角度值一定要保持垂直或水平，三个视图的位置合理布置，保证"长对正，高平齐，宽相等"。

③单击状态栏上的"对象捕捉"按钮，利用交点捕捉和直线命令绘出 AB 线段，如图 13-4 所示。

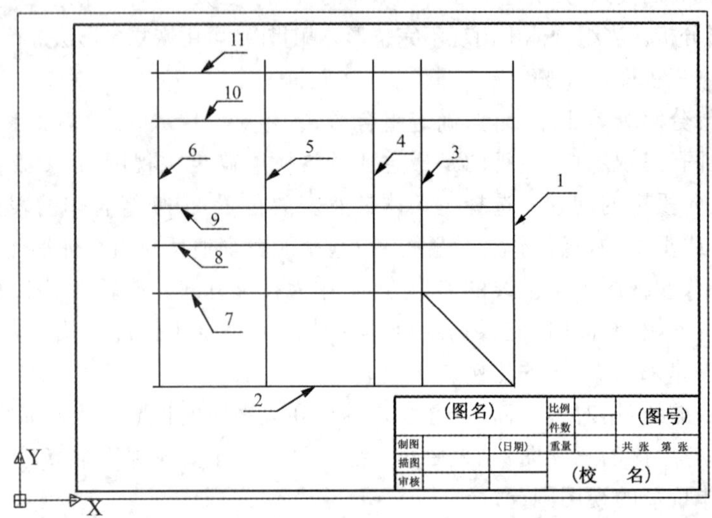

图 13-4 轴承座三视图绘图步骤(一)

④用圆角命令画 R6 圆角，用画圆命令画主视图上同心圆，用直线命令画主视图上同心圆的水平和垂直切线，用偏移命令画出视图上其他轮廓线，如图 13-5 所示。

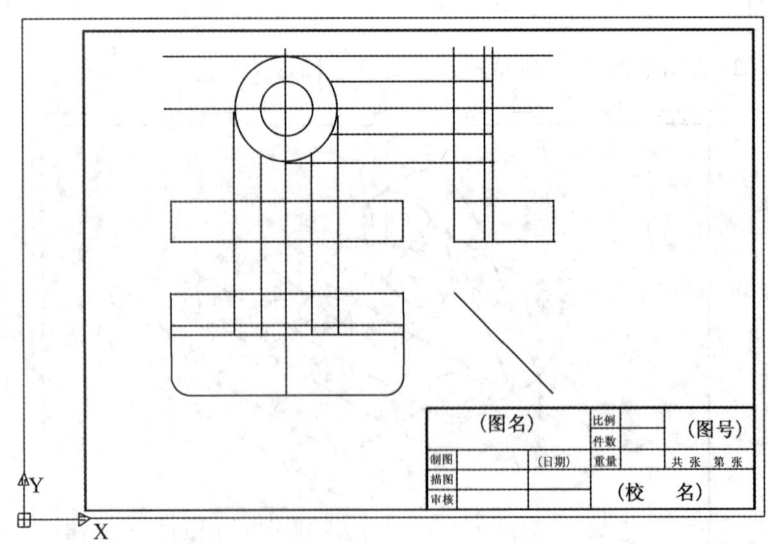

图 13-5 轴承座三视图绘图步骤(二)

⑤用修剪命令进一步修剪，如图 13-6 所示。

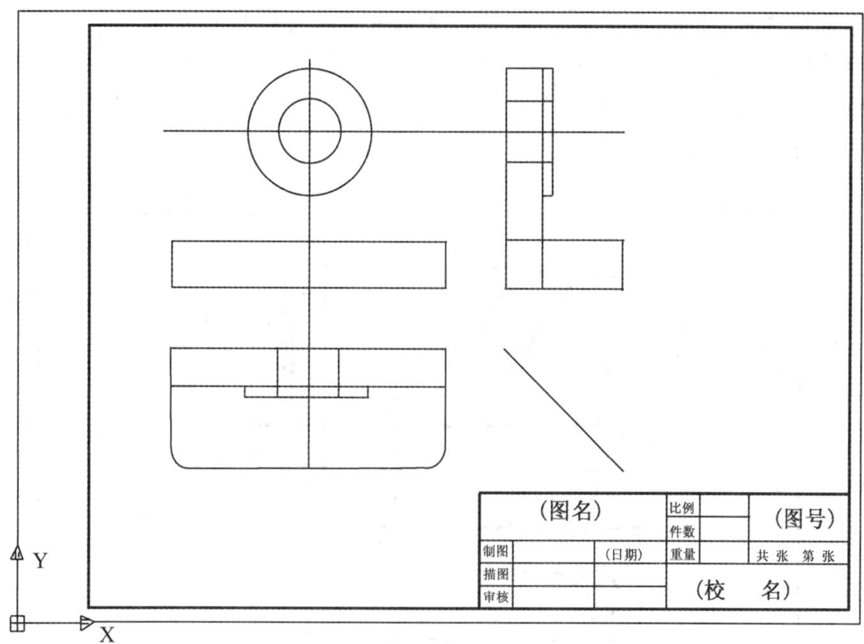

图 13-6 轴承座三视图绘图步骤(三)

⑥用直线命令，捕捉交点和切点画主视图中两条切线；用偏移命令确定俯视图上两圆心的位置，并用画圆命令画圆；根据长对正和宽相等的原则作主视图、左视图上孔的投影线；用直线命令，过主视图上直线和圆的切点作水平和垂直辅助线，并利用它修剪俯视图和左视图上相应的轮廓线。如图 13-7 所示。

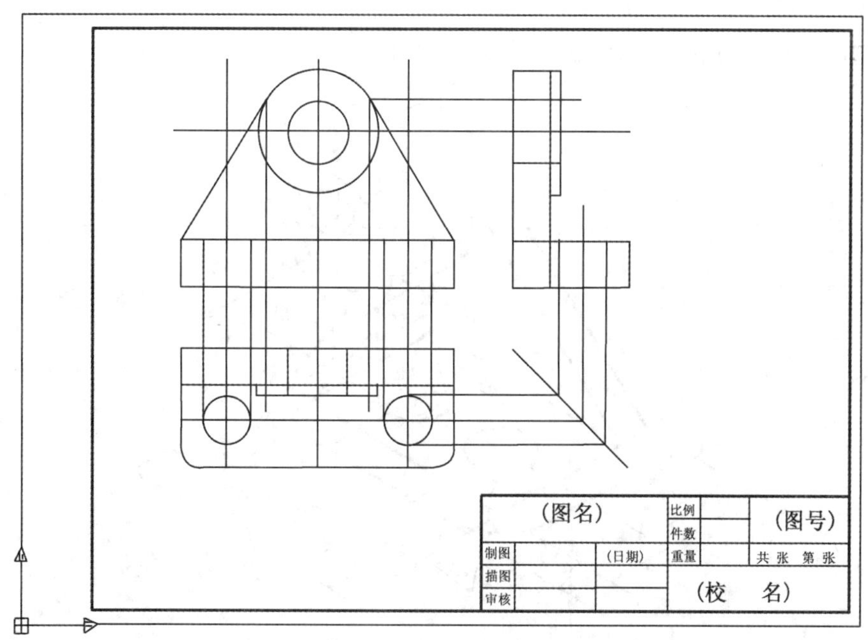

图 13-7 轴承座三视图绘图步骤(四)

⑦用修剪命令和删除命令进行整理,用打断命令去掉过长的中心线。

⑧修改线的属性。选中所有的中心线后,在图层下拉列表框中选中"中心线"所在图层,按"Esc"键退出;用相同的方法将"虚线"置换到相应的"虚线"图层上;打开"标注"工具栏,完成图形的尺寸标注。结果如图 13-8 所示。

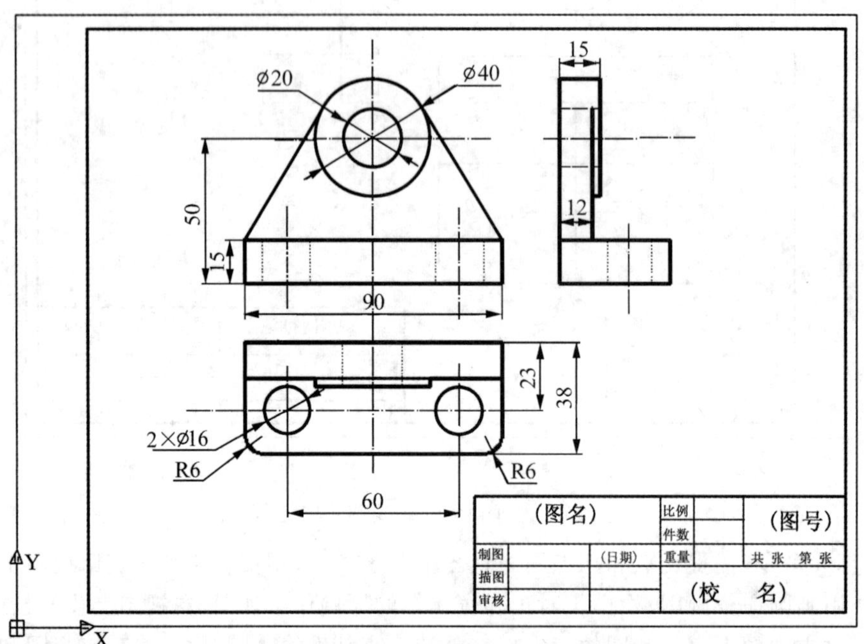

图 13-8　轴承座三视图绘图步骤(五)

13.3.2　范例 2

根据图 13-9 所示的轴测图绘制组合体的三视图。

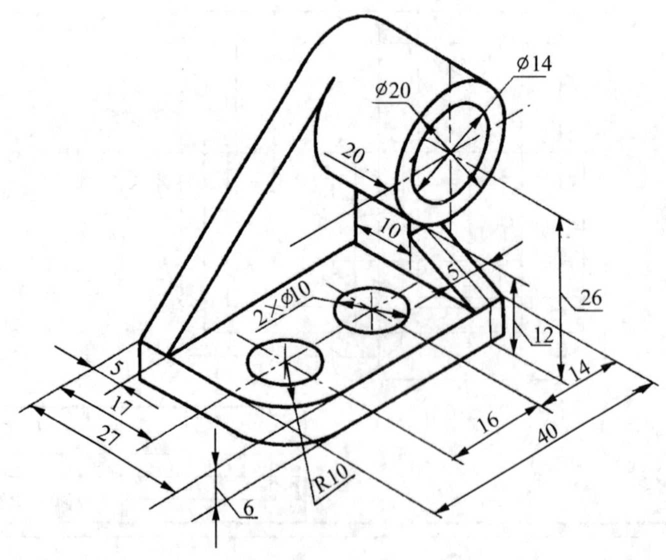

图 13-9　轴测图

具体操作步骤如下：

①根据图形的大小调用样板图，选择 A4 样板图。调用方法同前。

②打开“粗实线”所在图层，绘制轮廓线。用直线命令画出左视图和俯视图边界线 1、2；用复制命令或偏移命令进行多重复制，画出主要轮廓边界线 3、4、5、6、7、8、9、10。注意：复制时光标后极轴追踪的角度值一定要保持垂直或水平，三个视图的位置合理布置，保证“长对正，高平齐，宽相等”，并且视图间留出 20mm 间距，如图 13-10 所示。

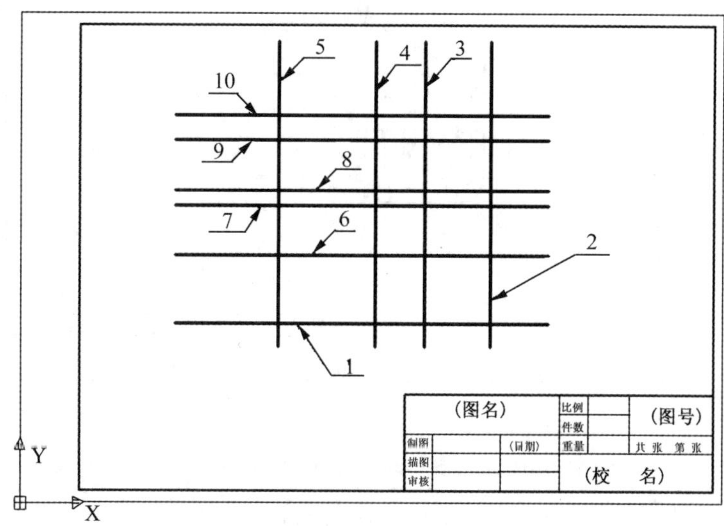

图 13-10 组合体的三视图绘图步骤(一)

③将 4 号线左偏移 14、16、5、2.5mm，6 号线向前偏移 5、17mm，3 号线向前偏移 5mm。选择刚偏移的定位线，在图层下拉菜单中选择“中心线”图层，改变选中直线的属性。

④用画圆命令分别绘出一个∅14、两个∅10 的圆以及 R10 的圆弧，用画直线命令绘制与∅20 圆相切的斜直线，如图 13-11 所示。

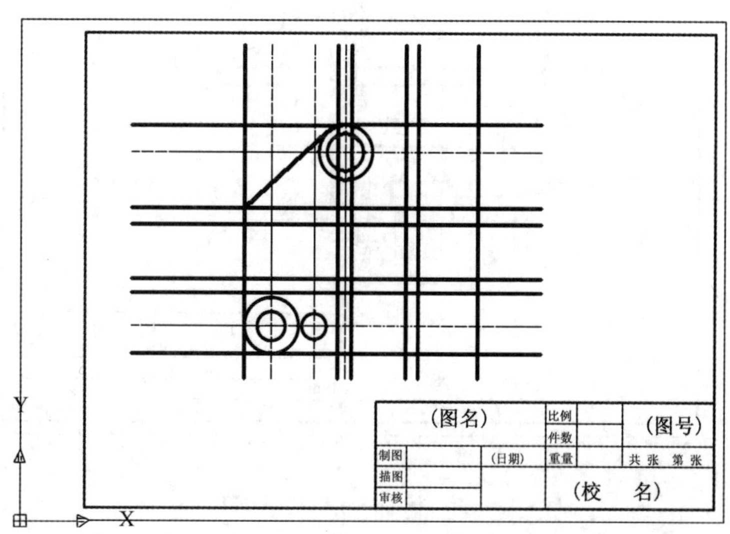

图 13-11 组合体的三视图绘图步骤(二)

⑤调用剪切命令，剪掉多余的线段。用投影连线绘出∅14、∅20 在俯视图、左视图的投影，两个∅10 的圆在主视图、左视图的投影，看不见的用虚线绘制，如图 13-12 所示。

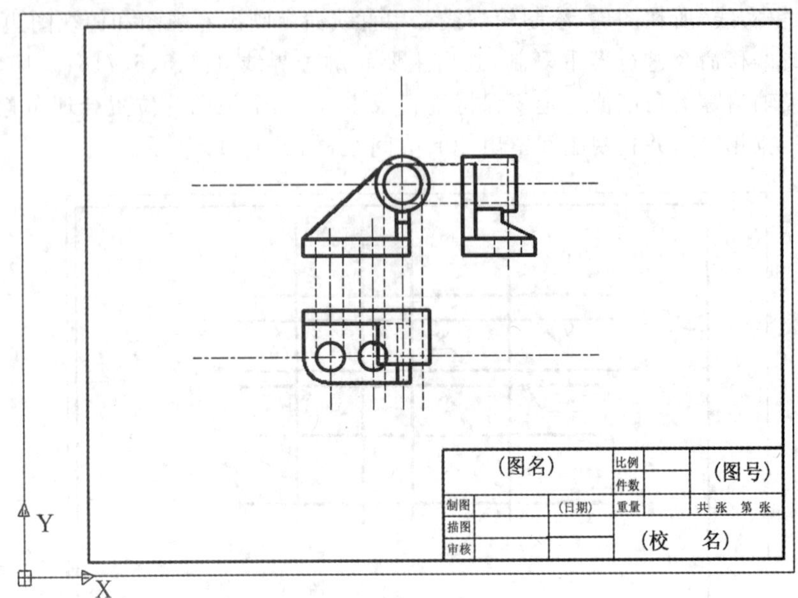

图 13-12 组合体的三视图绘图步骤(三)

⑥修剪多余的线段，调整中心线的长度。被挡住的∅10 的圆分别用"粗实线"和"虚线"绘制后用修剪命令修剪。绘图过程中注意过渡线的位置。打开"标注"工具栏，完成图形的尺寸标注，结果如图 13-13 所示。

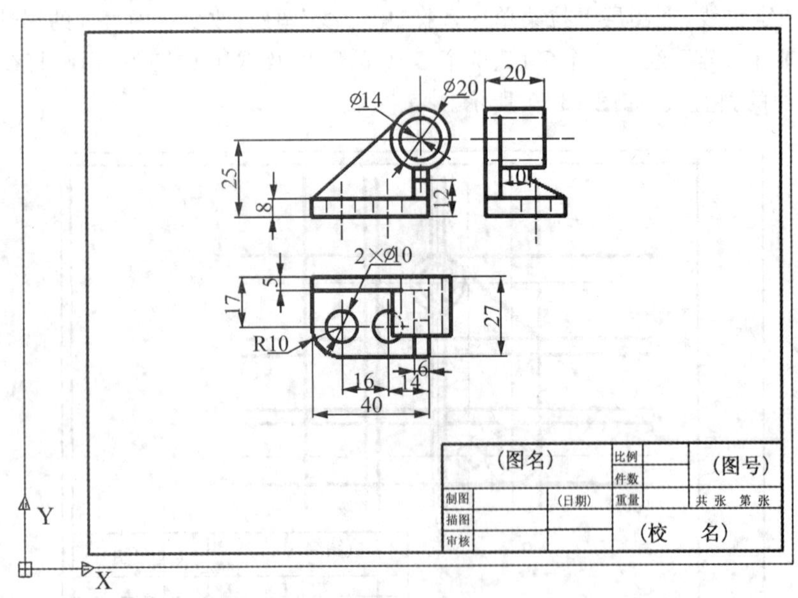

图 13-13 组合体的三视图绘图步骤(四)

13.3.3 范例 3

根据图 13-14 所示的轴测图绘制组合体的三视图。

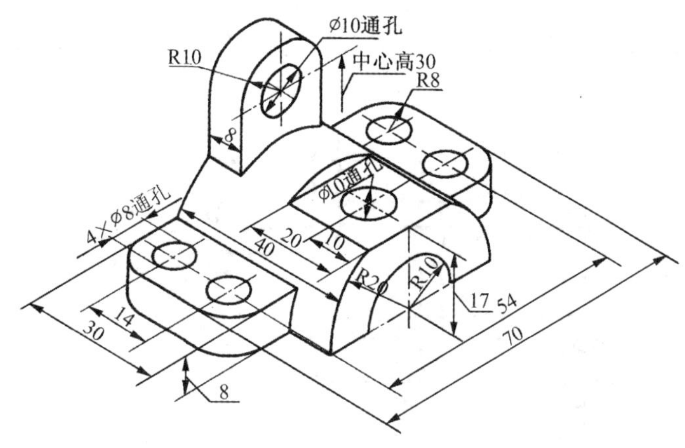

图 13-14 轴测图

具体操作步骤如下：

①根据图形的大小调用样板图，选择 A4 样板图。调用方法同前。

②打开“粗实线”所在图层，绘制轮廓线。用直线命令画出左视图和俯视图边界线 1、2；用复制命令进行多重复制，画出主要轮廓边界线 3、4、5、6、7、8、9、10、11、12、13、14、15、16、17。注意：复制时光标后极轴追踪的角度值一定要保持垂直或水平，三个视图的位置合理布置，保证“长对正，高平齐，宽相等”，三视图之间预留 20mm 间距。将 4、5、9、14、15、16 号线转换成“中心线”，如图 13-15 所示。

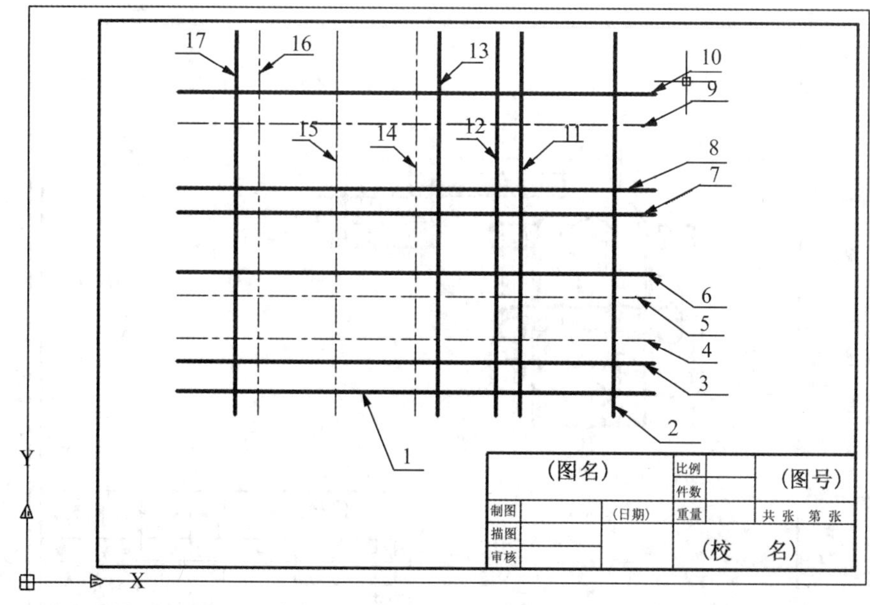

图 13-15 组合体的三视图绘图步骤(一)

③用画圆命令画主视图上同心圆、俯视图上的 4 个∅8 的圆；调用倒圆弧命令，对俯视图进行倒圆弧；作 R10、R20 的投影连线；左视图下边向上偏移 17mm，并作主视图的投影连线；剪掉多余的线段，结果如图 13-16 所示。

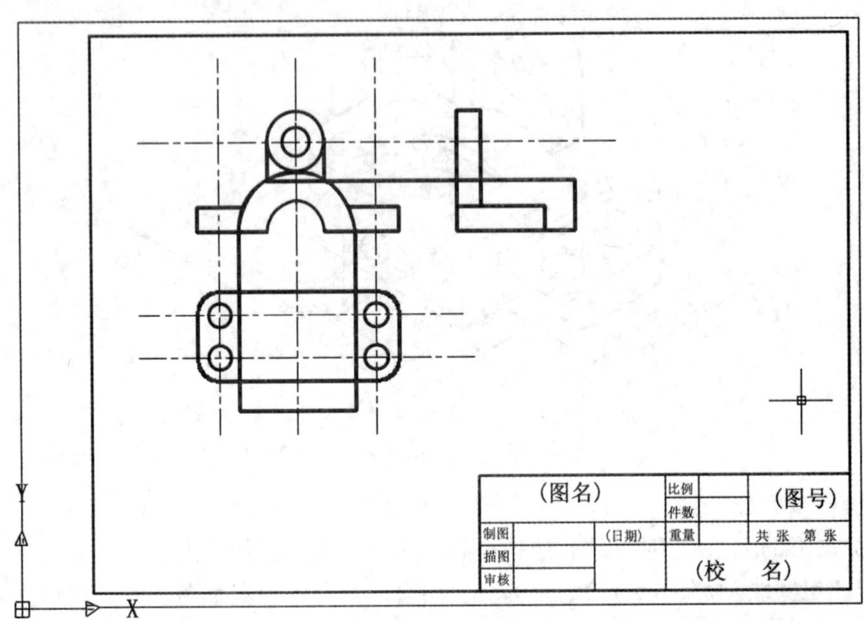

图 13-16 组合体的三视图绘图步骤(二)

④用偏移命令，将俯视图前、后分别偏移 20、8，根据投影关系绘出其宽度，用画圆命令画出俯视图上∅10 的圆，如图 13-17 所示。

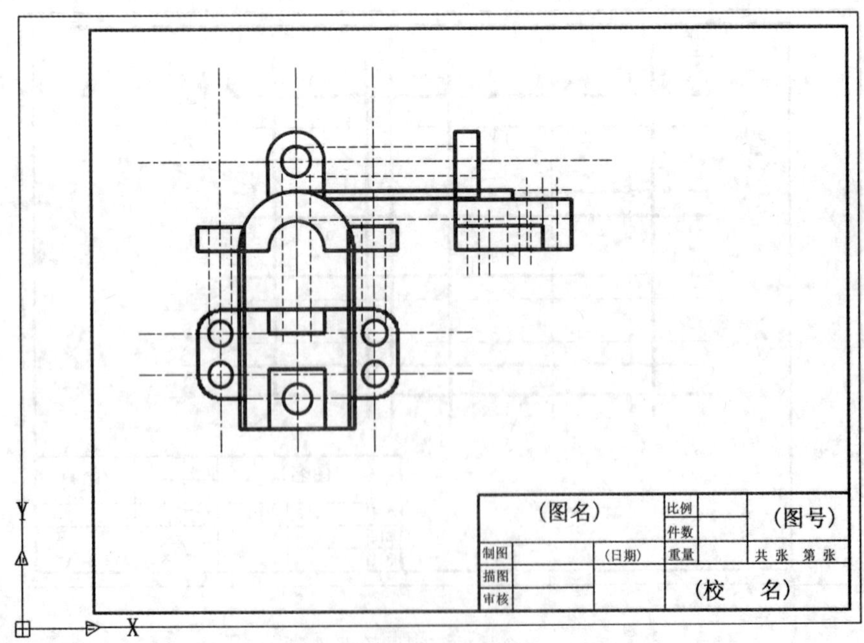

图 13-17 组合体的三视图绘图步骤(三)

⑤用投影连线绘出三个视图上的圆的投影。修剪多余的线段，调整中心线的长度。打开“标注”工具栏，完成图形的尺寸标注。结果如图 13-18 所示。

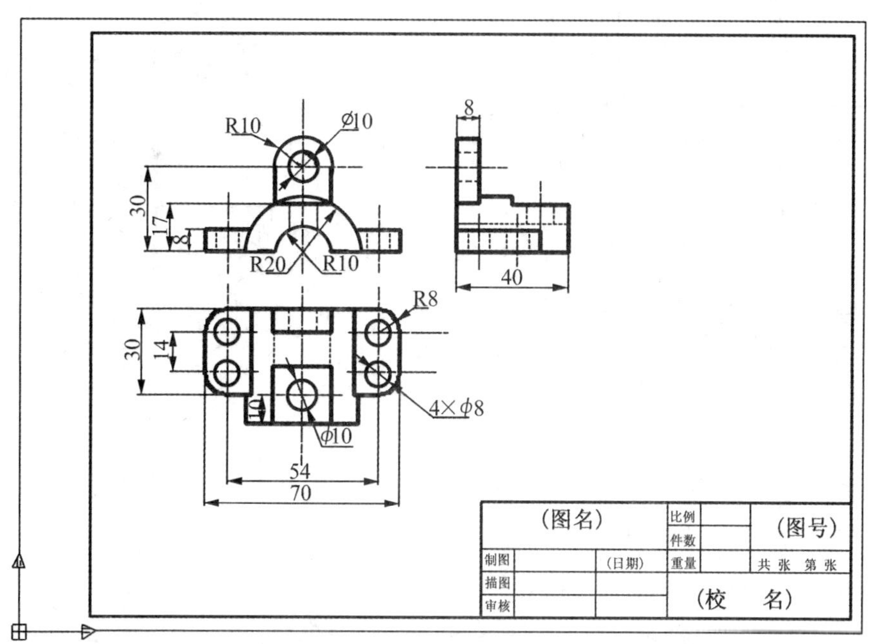

图 13-18 组合体的三视图绘图步骤(四)

13.4 思考练习题

13.4.1 填空题

(1)组合体的三视图一般是指________、________、________。

(2)三视图的投影规律：________，________，________。

(3)画组合图三视图时，首先运用________把组合体分解为若干个形体，确定它们的________、________、邻接表面关系；其次逐个画出各形体的视图。

(4)画组合体三视图的步骤包括：________；________；________；________；________。

13.4.2 上机练习题

(1)根据如图 13-19 所示的轴测图绘制三视图。

(2)根据如图 13-20 所示的立体图绘制三视图。

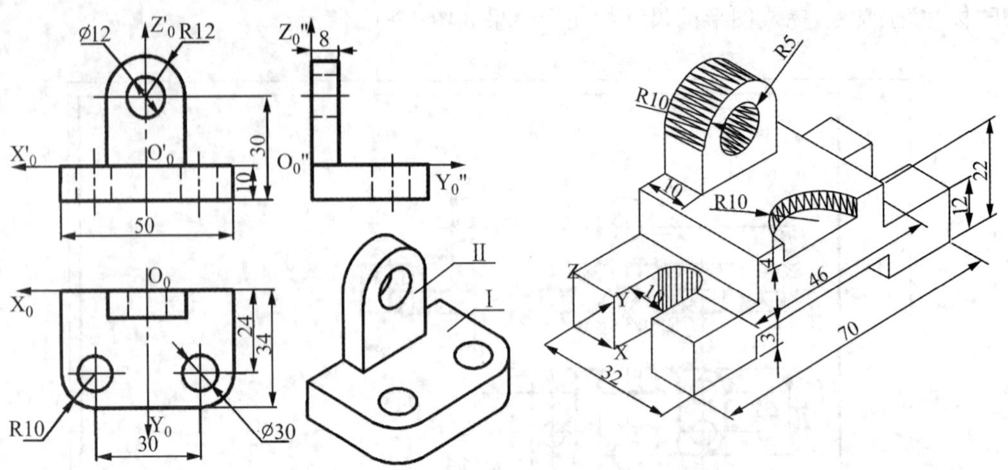

图 13-19　三视图和轴测图　　　　图 13-20　立体图形

(3)根据如图 13-21 所示的立体图绘制三视图。

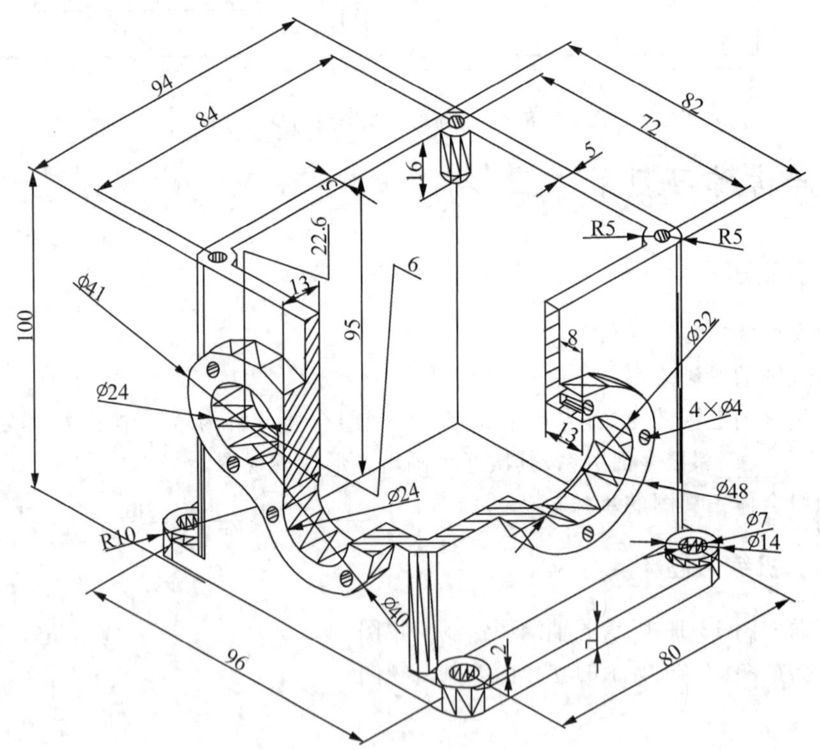

图 13-21　立体图形

(4)根据如图 13-22 所示的立体图绘制三视图。

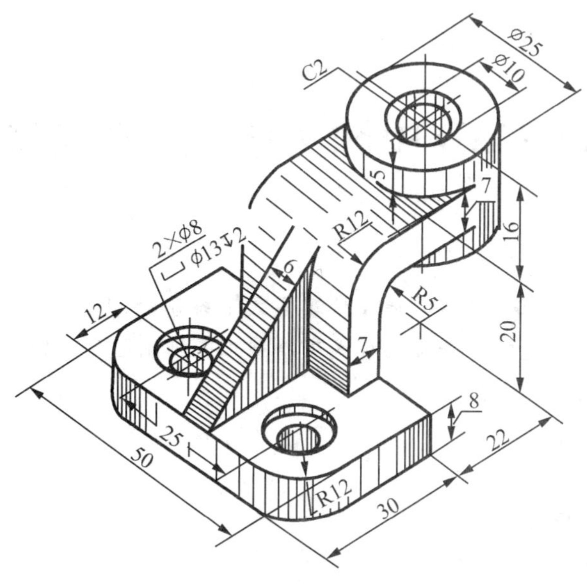

图 13-22 立体图形

第 14 章　AutoCAD 中轴测图与三维立体图形的绘制

［教学目标］

了解轴测图的基本知识，熟练掌握在轴测模式下绘制轴测图的方法。通过轴测图与三维立体图形的实训练习，能够在等轴测模式下绘制正等轴测图形，以及利用三维绘图命令绘制中等复杂程度的三维立体图形。

［教学重点与难点］

1. 轴测图的基本知识
2. 激活轴测投影模式
3. 典型轴测图范例上机实训指导
4. 轴测图的尺寸标注
5. 典型三维立体图形范例上机实训指导

14.1　轴测图的基本知识

14.1.1　基本概念与基本特性

1)轴测图的形成

用平行投影法将物体连同确定该物体的直角坐标系一起沿不平行于任一坐标平面的方向投射到一个投影面上，所得到的图形，称为轴测图，如图 14-1 所示。

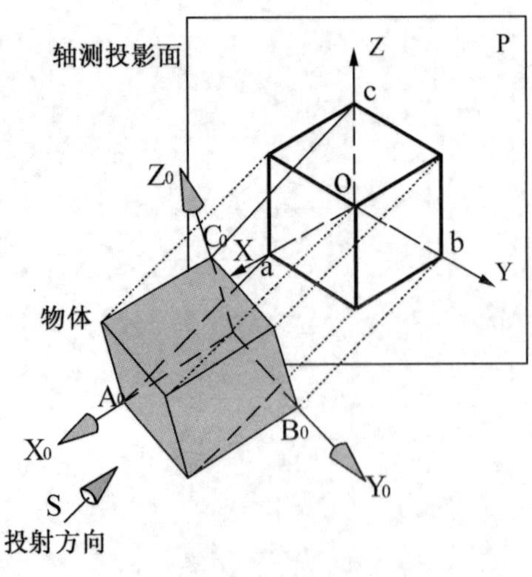

图 14-1　轴测图的形成

投影面 P 称为轴测投影面。投射线方向 S 称为投射方向。空间坐标轴 O_0X_0、O_0Y_0、O_0Z_0 在轴测投影面上的投影 OX、OY、OZ 称为轴测投影轴，简称轴测轴。

(2)轴间角与轴向伸缩系数

①轴间角：轴测轴之间的夹角。

②轴向伸缩系数：轴测单位长度与空间坐标单位长度之比(p_1,q_1,r_1)。

(3)轴测图基本特性

①相互平行的两直线，其轴测投影仍保持平行。

②平行于坐标轴的线段，其轴测投影长度 = 该坐标轴的轴向伸缩系数×线段实长。

所谓"轴测"即指沿轴(轴测轴方向)测量作图。

14.1.2 轴测图的种类

轴测图根据投射线方向和轴测投影面的位置不同可分为两大类：

正轴测图：投射线方向垂直于轴测投影面。

斜轴测图：投射线方向倾斜于轴测投影面。

根据不同的轴向伸缩系数，每类又可分为三种：

(1)正轴测图

①正等轴测图(简称正等测)：$p_1=q_1=r_1$。

②正二轴测图(简称正二测)：$p_1=r_1\neq q_1$。

③正三轴测图(简称正三测)：$p_1\neq q_1\neq r_1$。

(2)斜轴测图

①斜等轴测图(简称斜等测)：$p_1=q_1=r_1$。

②斜二轴测图(简称斜二测)：$p_1=r_1\neq q_1$。

③斜三轴测图(简称斜三测)：$p_1\neq q_1\neq r_1$。

机械工程中常用的是两种轴测图：正等测和斜二测。两种轴测图的轴间角与轴向伸缩系数如图 14-2 所示。正等测中常采用简化轴向伸缩系数，即 $p=q=r=1$。

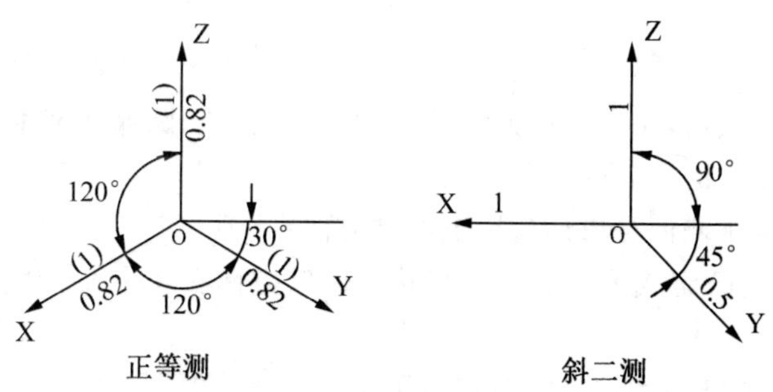

图 14-2 轴间角与轴向伸缩系数(括号内为简化伸缩系数)

14.2 激活轴测投影模式

AutoCAD 为绘制轴测图创建了一个特定的环境，在这个环境中，系统提供了相应的辅助手段以帮助用户方便地构建轴测图，这就是轴测图绘制模式(简称轴测模式)。用户可以使用“Dsettings”或“Snap”命令来设置轴测模式。

(1)使用“Dsettings”命令

在如图 14-3 所示的“草图设置”对话框中打开“捕捉和栅格”选项卡，然后在“捕捉类型”选项组中选中“等轴测捕捉”单选按钮，即可将绘图环境设置成等轴测模式。

(2)使用“Snap”命令

Snap 命令中的“样式”选项可用于在标准模式和轴测模式之间切换。在命令行键入命令“Snap”，命令行提示如下信息：

指定捕捉间距或［开(ON)/关(OFF)/样式(S)/类型(T)］〈0.5000〉:s

输入捕捉栅格类型［标准(S)/等轴测(I)］〈I〉:

指定垂直间距〈0.5000〉:5

设置完成后可以看见十字光标发生了变化，如图 14-4 所示，说明目前绘图环境已处于等轴测模式下。

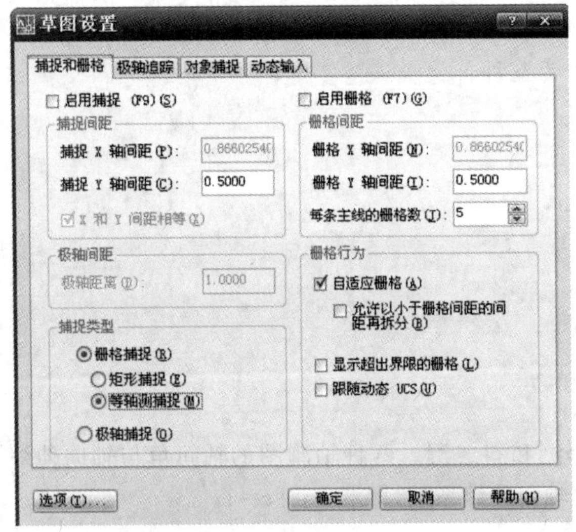

图 14-3 “草图设置”对话框

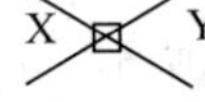

图 14-4 等轴测绘图环境下的十字光标

设置为等轴测模式后，用户可以方便地绘制出直线、圆、圆弧和文本的轴测图，并由这些基本图形对象组成复杂的形体的轴测图投影图。

绘制过程中切换轴测面可以通过以下两种方法：

①按“Ctrl＋E”组合键或 F5 功能键，可按顺时针方向在左平面、顶平面和右平面三个轴测面之间切换。

②使用“ISOPLANE”命令，在命令提示下键入首字母“L”、“T”或“R”，可选择相应的轴测面；也可按回车键在三个轴测面之间切换。

14.3 典型轴测图范例上机实训指导

由如图 14-5 所示三视图绘制等轴测图形。

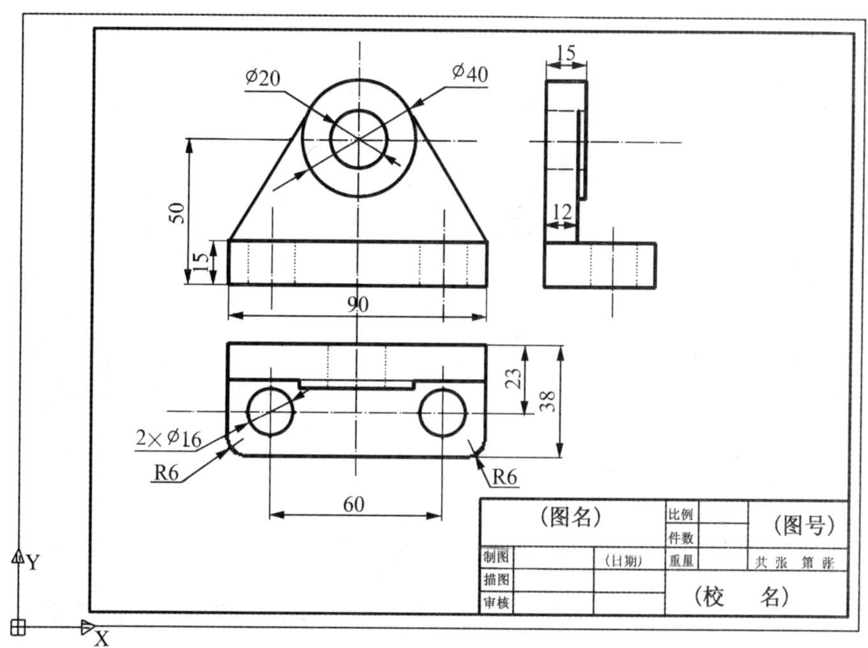

图 14-5 轴承座的三视图

具体操作步骤如下：

①调用 A4 样板图,方法同前。

②设置等轴测模式。选择“工具”|“草图设置”命令,弹出“草图设置”对话框,打开“捕捉和栅格”选项卡,在“捕捉类型和样式”栏中选择“等轴测捕捉”后单击确定。

③单击状态栏中的“正交”按钮,打开正交模式;通过热键 F5 切换到顶面为当前绘图面,打开“粗实线”层,用画直线命令绘制底座上轮廓 90-38-90-C(封闭)。用复制命令选中后边向前重复复制到 12、23、32 处,选中左边向右复制到 6、15、75、84 处,以确定底圈圆孔中心、圆弧倒角中心和支撑板投影线位置。

④用画椭圆命令,在命令提示行中输入“I”(选择等轴测方式画椭圆).捕捉交点为圆心,分别以 8 和 6 为半径画圆。如图 14-6 所示。

⑤用删除命令删除小孔和圆弧倒角中心线,用修剪命令修剪圆弧倒角多余部分。通过 F5 切换到绘制右视图,用画直线命令,捕捉后边中心点向上绘制长 35(50－15)的辅助直线;用椭圆命令,捕捉直线端点为圆心,分别以 10 和 20 为半径画轴测椭圆。如图 14-7 所示。

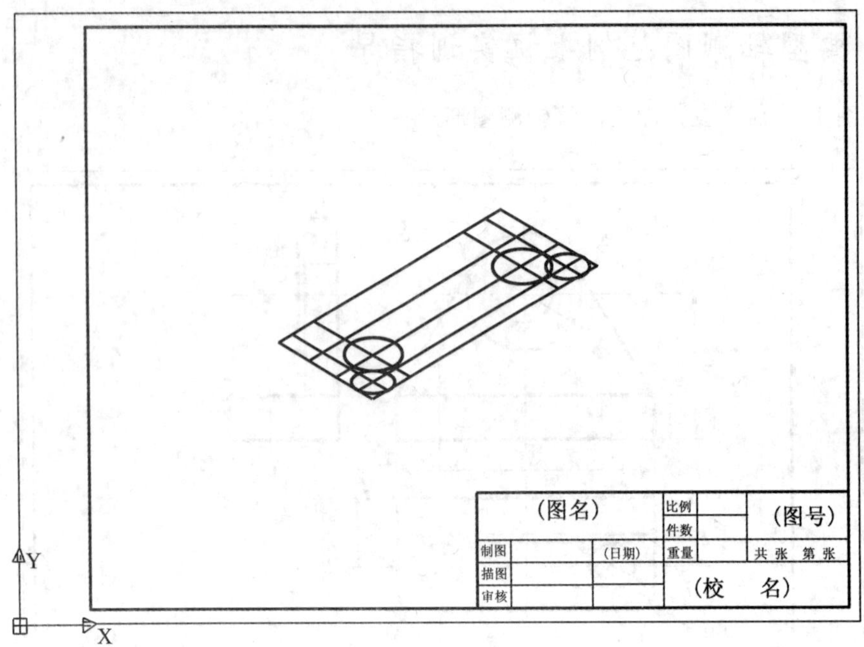

图 14-6 绘制正等轴测图(一)

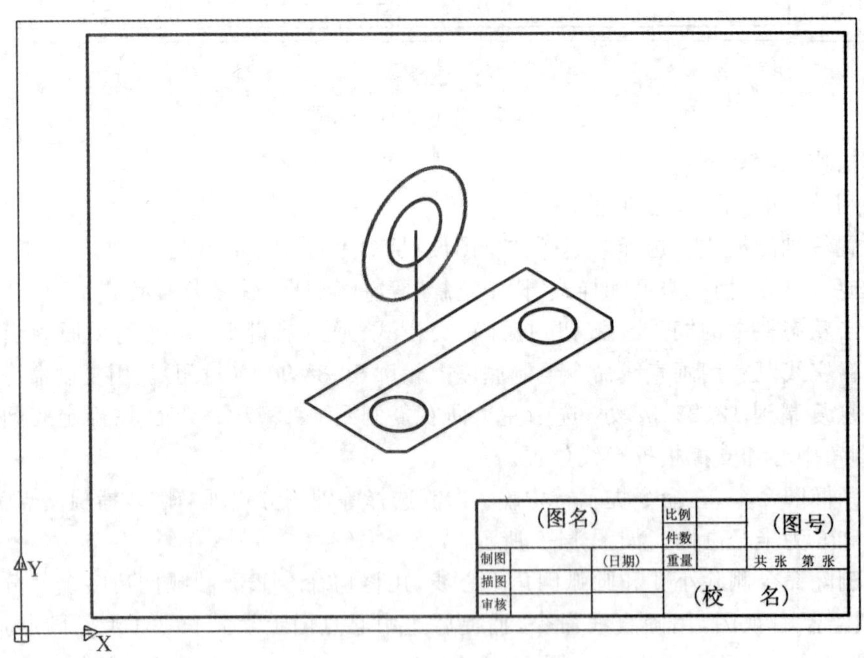

图 14-7 绘制正等轴测图(二)

⑥通过热键 F5 切换到绘制左视图,用复制命令将两椭圆重复复制到向前 12、15 处,用复制命令选中轴承座底轮廓向下复制 15,用删除命令删除辅助直线,如图 14-8 所示。

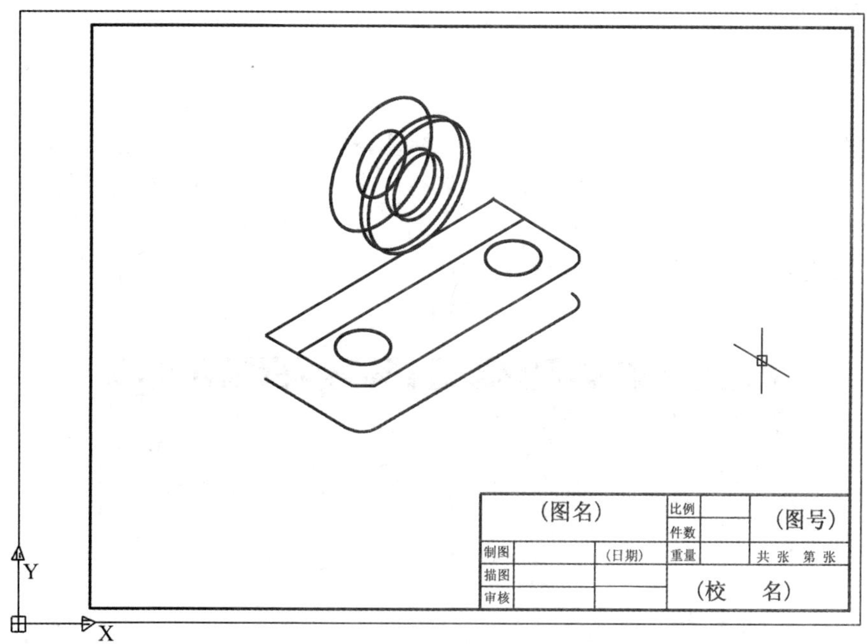

图 14-8 绘制正等轴测图(三)

⑦利用“草图设置”对话框关闭“等轴测捕捉”模式，回到一般绘图状态。用删除命令删除多余的小圆；用直线命令和对象捕捉功能连接底座两条垂直线，捕捉切点和交点绘制支撑板左右侧切线；用直线命令和切点捕捉方式绘制椭圆的公切线；用修剪命令修剪椭圆及圆弧倒角，即完成了轴承座的正等测图的绘制。如图 14-9 所示。

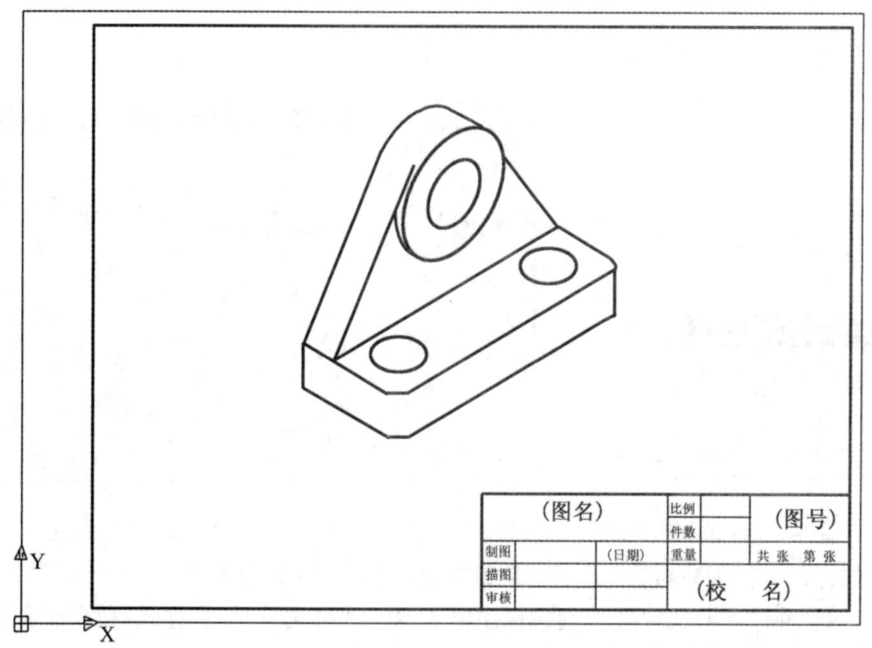

图 14-9 绘制正等轴测图(四)

⑧存盘退出或打印输出。

14.4 轴测图的尺寸标注

轴测图的尺寸标注不同于平面图形的尺寸标注，轴测图的尺寸标注要求和所在的等轴测面平行，所以需要将尺寸线、尺寸界线倾斜某一角度，以使它们与相应的轴测轴平行。

下面将绘制的图 14-9 所示的轴测图进行标注。具体步骤如下：

(1)进行尺寸标注前首先建立倾角为 30°和－30°的两种文字样式，选择“格式”|“文字样式”命令，弹出如图 14-10 所示的“文字样式”对话框。

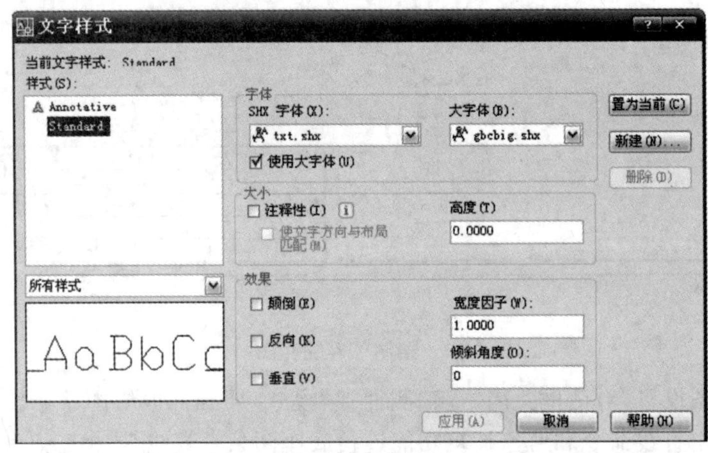

图 4-10 “文字样式”对话框

单击“新建”按钮，建立样式名为“文字样式 1”的字型，默认字体，倾角为 30°。设置完成后单击“关闭”按钮，弹出“AutoCAD”询问对话框，如图 14-11 所示。单击“是”按钮或者按回车键(系统默认保存)即可返回如图 14-12 所示的“文字样式”对话框。

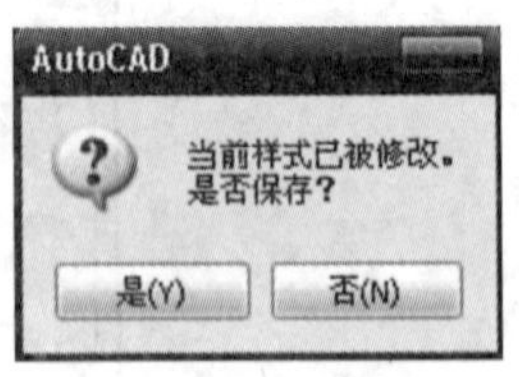

图 14-11 “AutoCAD”询问对话框

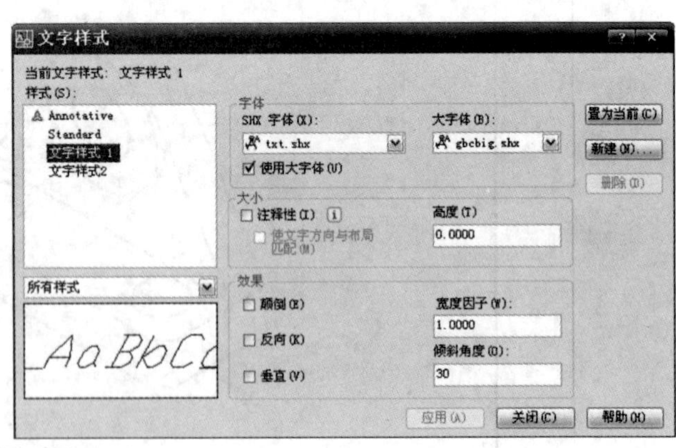

图 14-12 设置好的“文字样式”对话框

使用同样的方法创建名为“文字样式 2”的文字样式，倾斜角为－30°。

(2)利用创建的两种文字样式创建标注样式，选择“格式”|“标注样式”命令或者选择“标注”|“样式”命令，弹出“标注样式管理器”对话框，如图 14-13 所示。

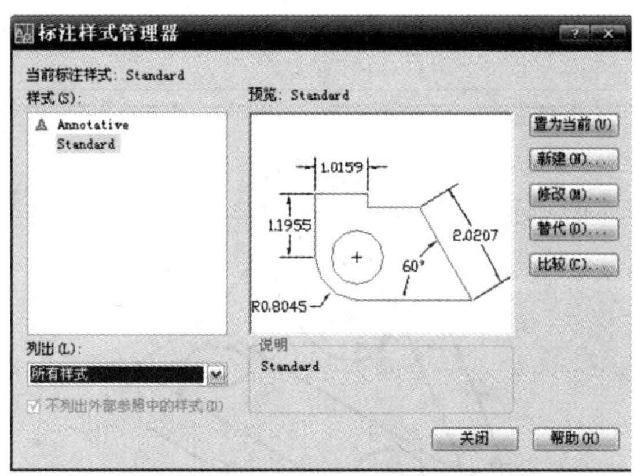

图 14-13 “标注样式管理器”对话框

在对话框中单击“新建”按钮，在弹出的“创建新标注样式”对话框中设置新的标注样式名为“标注 1”，继续操作弹出“新建标注样式”对话框，如图 14-14 所示。打开“文字”选项卡，将文字样式设置为“文字样式 1”。

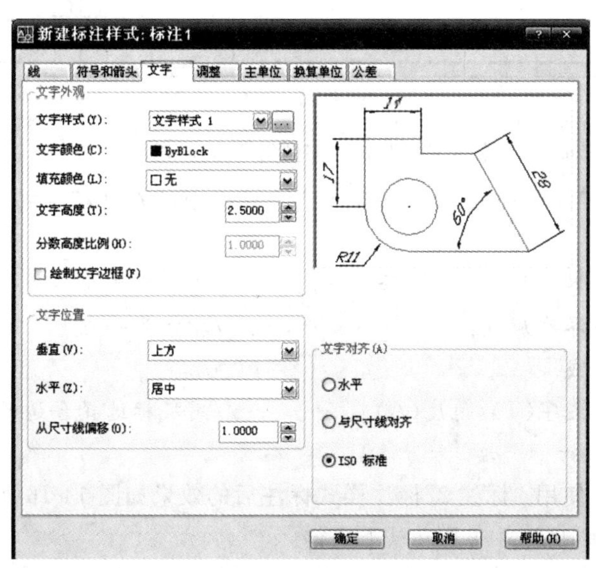

图 14-14 “新建标注样式”对话框

以上建立了文字倾角为 30°的“标注 1”标注样式，再使用同样的方法创建文字倾角为 −30°的“标注 2”标注样式。

(3)使用“标注 1”标注样式。单击“标注”工具栏中的对齐标注按钮“↘”，命令行提示如下：

指定第一条尺寸界线原点或〈选择对象〉： //指定所要标注的一点
指定第二条尺寸界线原点： //指定另一点
指定尺寸线位置或
[多行文字(M)/文字(T)/角度(A)]： //用鼠标选择合适的位置
标注文字=38

重复以上命令。使用"标注 1"标注样式标注的效果如图 14-15 所示。

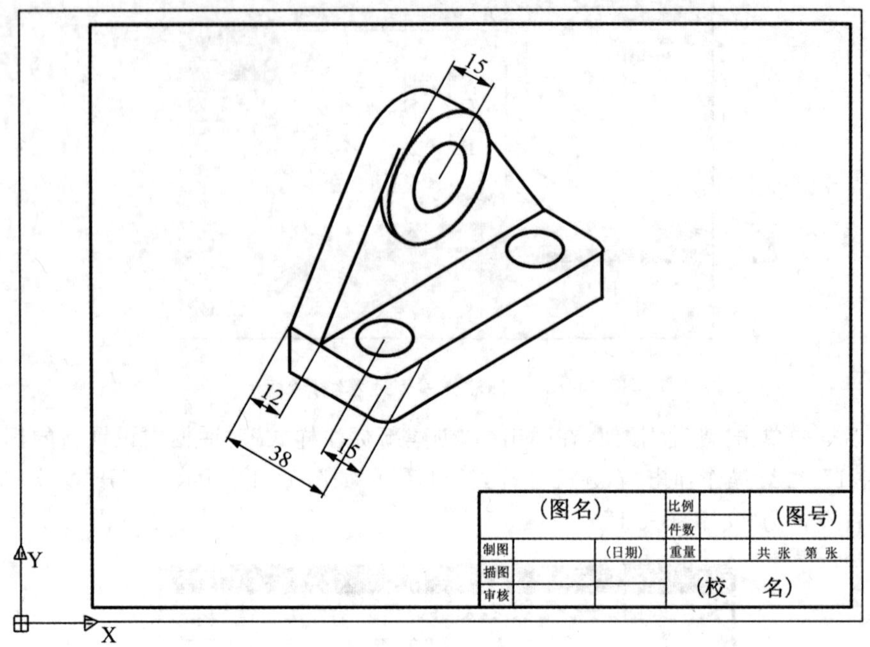

图 14-15　标注文字倾斜角为 30°的尺寸

(4)使用"标注 2"标注样式。单击"标注"工具栏中的对齐标注按钮"↘",命令行提示如下：

指定第一条尺寸界线原点或〈选择对象〉：　　　//指定所要标注的一点

指定第二条尺寸界线原点：　　　　　　　　　　//指定另一点

指定尺寸线位置或

[多行文字(M)/文字(T)/角度(A)]：　　　　　//用鼠标选择合适的位置

标注文字＝90

重复以上命令。使用"标注 2"标注样式标注后的效果如图 14-16 所示。

注意：标注文字的倾斜角度具有以下规律：

(1)右轴测面内的标注，若尺寸线与 X 轴平行，则标注文字倾斜角度为 30°。

(2)右轴测面内的标注，若尺寸线与 Z 轴平行，则标注文字倾斜角度为－30°。

(3)左轴测面内的标注，若尺寸线与 Z 轴平行，则标注文字倾斜角度为 30°。

(4)左轴测面内的标注，若尺寸线与 Y 轴平行，则标注文字倾斜角度为－30°。

(5)顶轴测面内的标注，若尺寸线与 Y 轴平行，则标注文字倾斜角度为 30°。

(6)顶轴测面内的标注，若尺寸线与 X 轴平行，则标注文字倾斜角度为－30°。

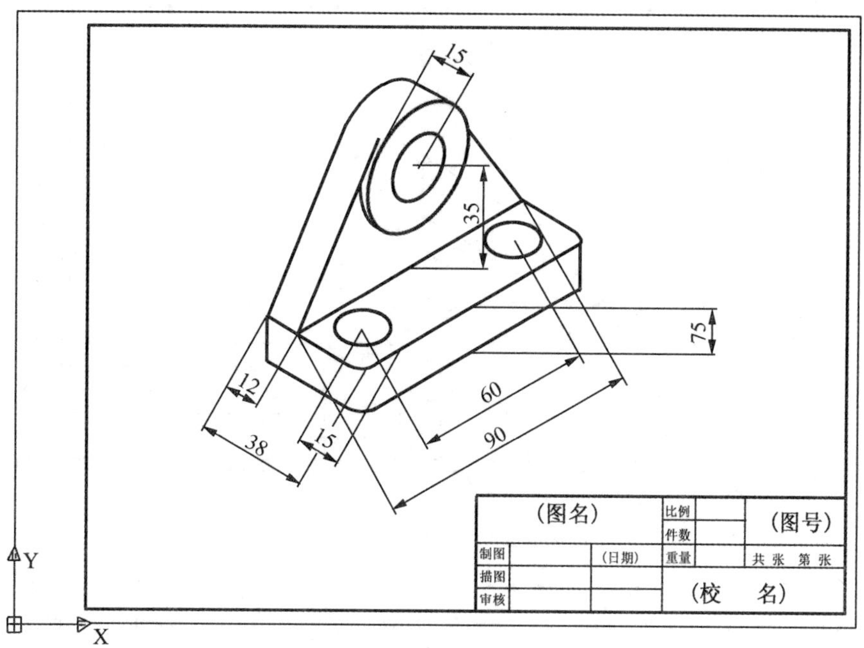

图 14-16 标注文字倾斜角为－30°的尺寸

(5)单击“标注”工具栏中的编辑标注按钮,将尺寸标注旋转到相对应的等轴测面上去,此时命令行提示如下:

命令:dimedit

输入标注编辑类型[默认(H)/新建(N)/旋转(R)/倾斜(O)]〈默认〉:°

选择对象:找到 1 个　　　　//选择标注“60”

选择对象:找到 1 个,总计 2 个　　　　//选择标注“90”

选择对象:

输入倾斜角度(按 ENTER 表示无):－30

命令:Dimedit

输入标注编辑类型[默认(H)/新建(N)/旋转(R)/倾斜(O)]〈默认〉:°

选择对象:找到 1 个　　　　//选择标注“12”

选择对象:找到 1 个,总计 2 个　　　　//选择标注“15”

选择对象:找到 1 个,总计 3 个　　　　//选择标注“38”

选择对象:

输入倾斜角度(按 ENTER 表示无):30

重复以上步骤,得到如图 14-17 所示的倾斜效果。

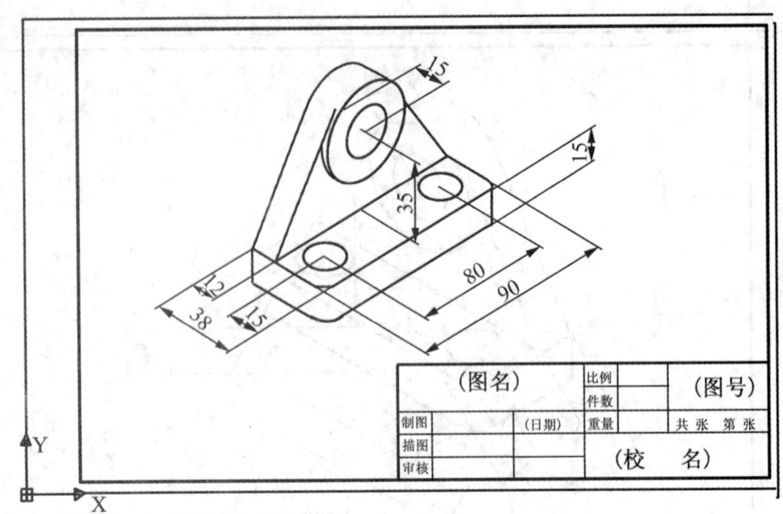

图 14-17 倾斜标注

(6)由于“标注”工具栏中没有椭圆标注命令,所以无法标注等轴测椭圆。只能近似地使用“对齐”命令标注,然后使用“编辑标注”命令编辑标注文字。另外,如果标注线与零件边框的距离不等,影响美观,可利用“夹点”功能调整标注线的位置,调整后的图形如图 14-18 所示。

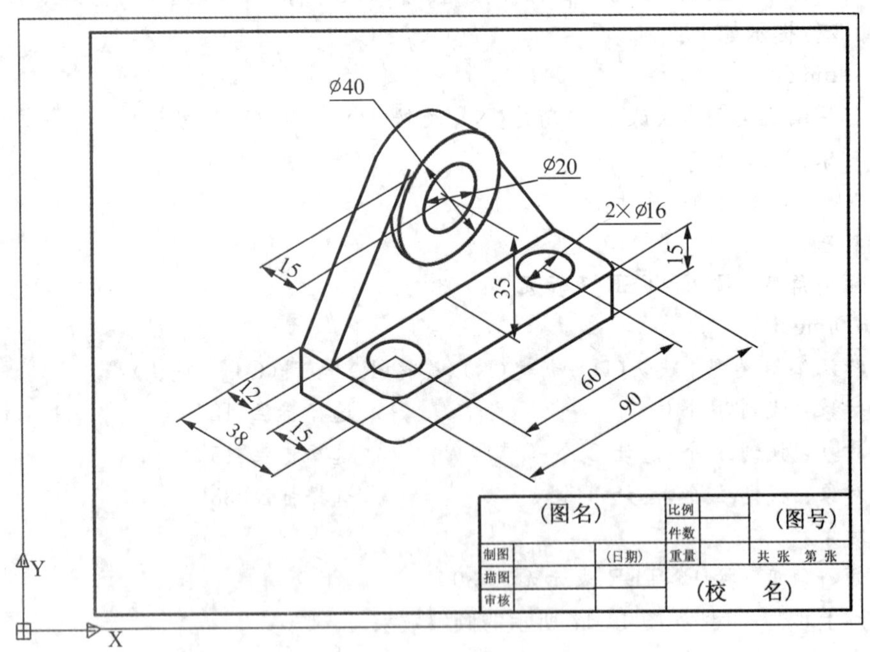

图 14-18 完成标注

14.5 典型三维立体图形范例上机实训指导

绘制如图 14-19 所示的机件图形。

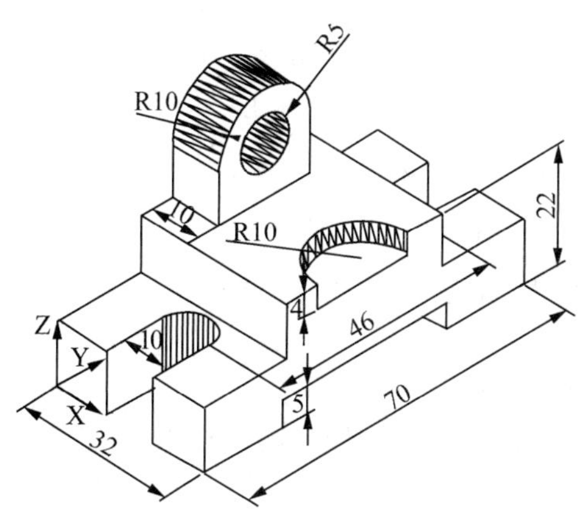

图 14-19 机件立体图形

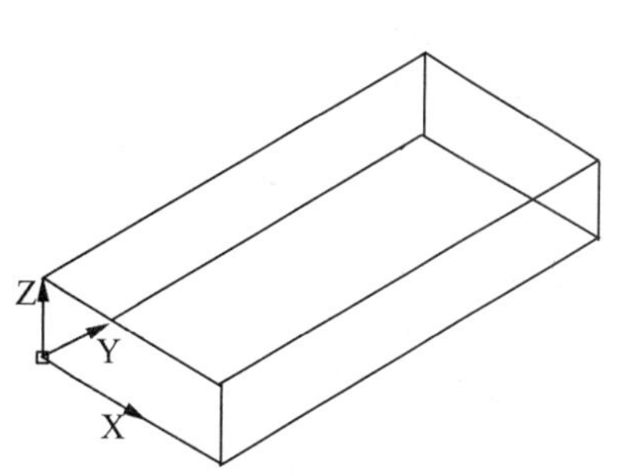

图 14-20 绘制长方体

具体操作过程如下：

(1)调用样板图，根据该图形的大小，使用 1∶1 的比例，选择 A4 样板图。调用方法为：利用“新建”命令，在“选择样板”对话框中选择“文件类型”为“图形样板 .dwt”文件，在图形样板文件列表中找到“A4 样板图 .dwt”并双击它即可(考虑篇幅，这里舍去图框，只保留图形)。

(2)选择“视图”|“三维视图”|“视口”命令，将视点设置为(1，−1，1)。

(3)选择“粗实线”所在图层。调出“绘图”|“建模”|“长方体”命令，以点(0，0，0)为长方体的第一个角点，绘制一个长 32、宽 70、高 12 的长方体，如图 14-20 所示。

(4)参照步骤(3)，以点(11，0，0)为长方体的第一个角点，绘制一个长 10、宽 12、高 12 的长方体，如图 14-21 所示。

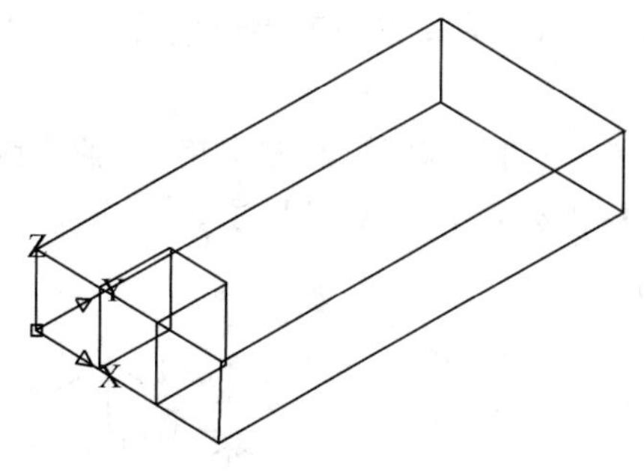

图 14-21 绘制长方体

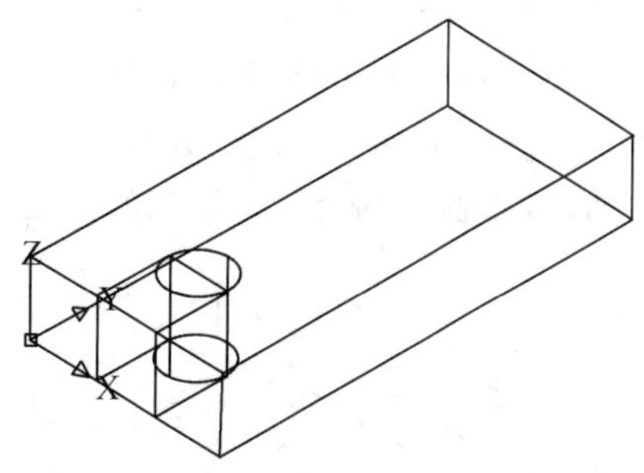

图 14-22 绘制圆柱体

(5)选择“绘图”|“建模”|“圆柱体”命令，以角点(16，12，0)为圆柱体底面的中心点，绘制一个半径为 5、高为 12 的圆柱体，如图 14-22 所示。

(6)在“修改”工具栏中单击“镜像”按钮，选择刚绘制好的小长方体和圆柱体，然后以大长方体棱边中心为对称轴，镜像复制图形，如图 14-23 所示。

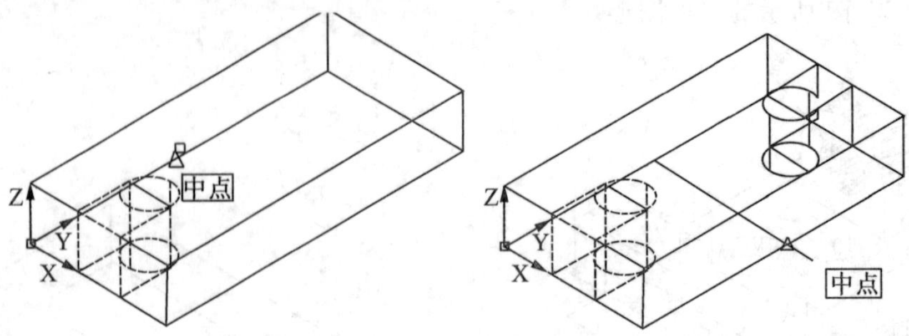

图 14-23 镜像复制图形

(7)选择“绘图”|“建模”|“长方体”命令，以点(0,17,0)为长方体的第一个角点，绘制一个长 32、宽 36、高 5 的长方体，如图 14-24 所示。

(8)选择“修改”|“实体编辑”|“差集”命令，使用绘制的大长方体减去绘制的所有小长方体和圆柱体，如图 14-25 所示。

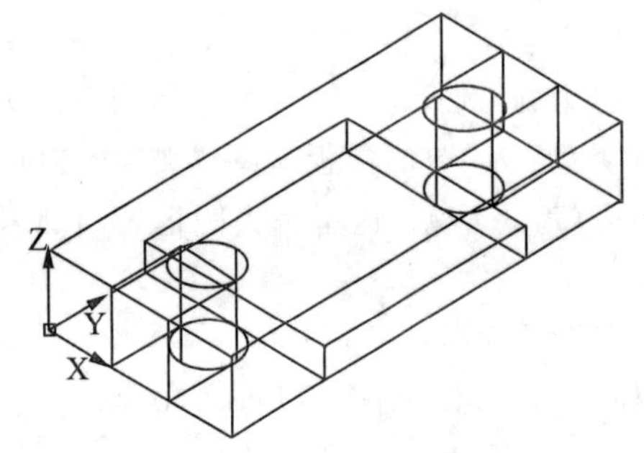

图 14-24 绘制长方体

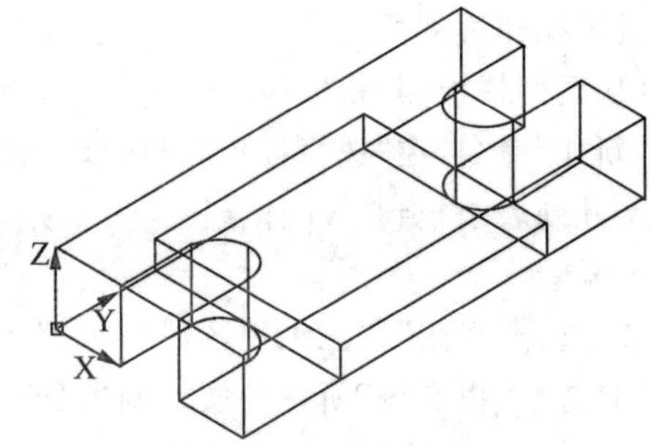

图 14-25 对图形进行差集运算

(9)选择“工具”|“新建 UCS”|“原点”命令，将坐标系移动到点(0,0,12)处。

(10)选择“绘图”|“建模”|“长方体”命令，以点(0,18,0)为长方体的第一个角点，绘制一个长 32、宽 34、高 10 的长方体，如图 14-26 所示。

(11)选择“工具”|“新建 UCS”|“原点”命令，并在“对象捕捉”工具栏中单击“捕捉到中点”按钮，将坐标系移动(10)绘制的到长方体的一边中点处，如图 14-27 所示。

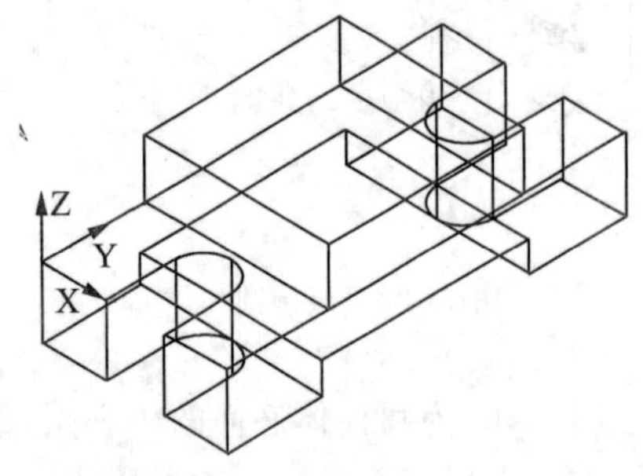

图 14-26 绘制长方体

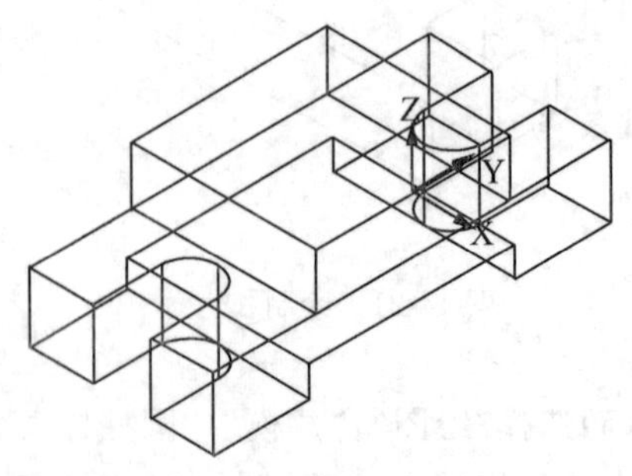

图 14-27 移动坐标系

(12)选择“绘图”|“建模”|“圆柱体”命令,以角点(0,0,0)为圆柱体底面的中心点,绘制一个半径为10、高为−4的圆柱体,如图14-28所示。

(13)选择“修改”|“实体编辑”|“差集”命令,使用(10)中绘制的长方体减去绘制的圆柱体,结果如图14-29所示。

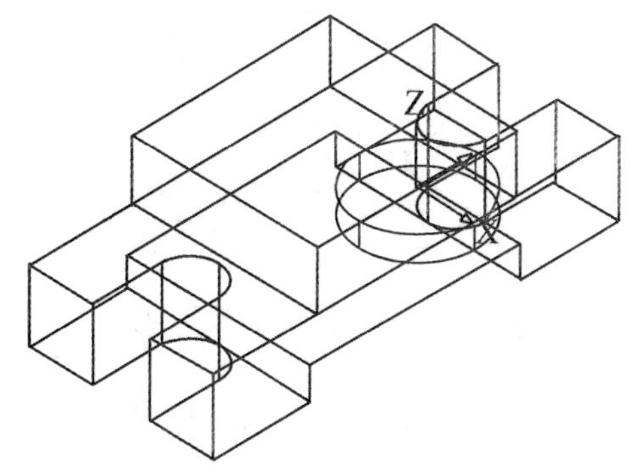

图14-28 绘制圆柱体

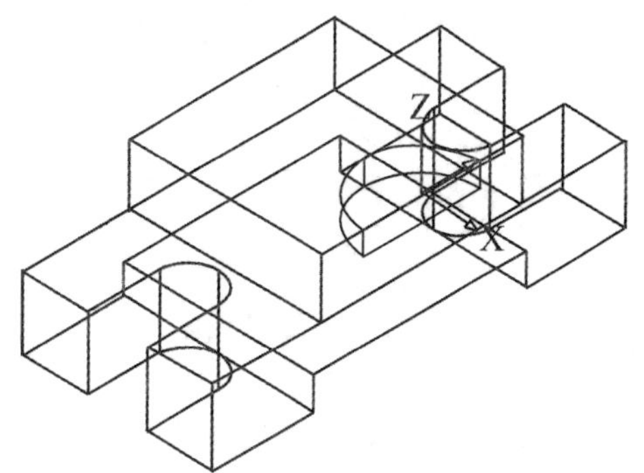

图14-29 对图形作差集运算

(14)选择“工具”|“新建UCS”|“原点”命令,将坐标系移动到点(−32,−17,0)处。

(15)选择“绘图”|“建模”|“长方体”命令,以点(0,7,0)为长方体的第一个角点,绘制一个长10、宽20、高10的长方体,如图14-30所示。

(16)选择“工具”|“新建UCS”|“原点”命令,将坐标系移动到点(0,17,10)处,然后再选择“工具”|“新建UCS”|“Y”命令,将坐标系绕Y轴旋转90°,如图14-31所示。

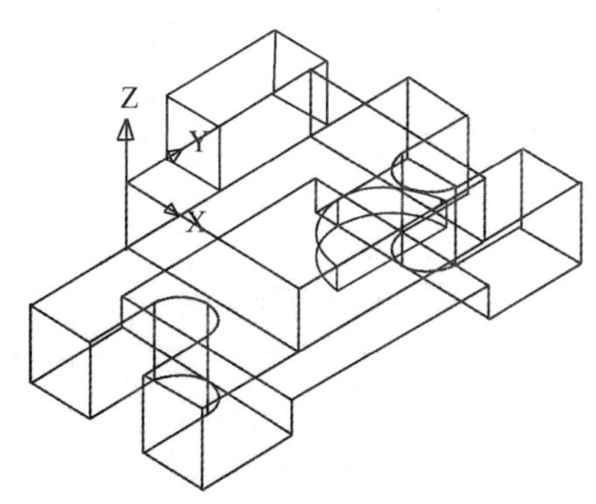

图14-30 绘制长方体

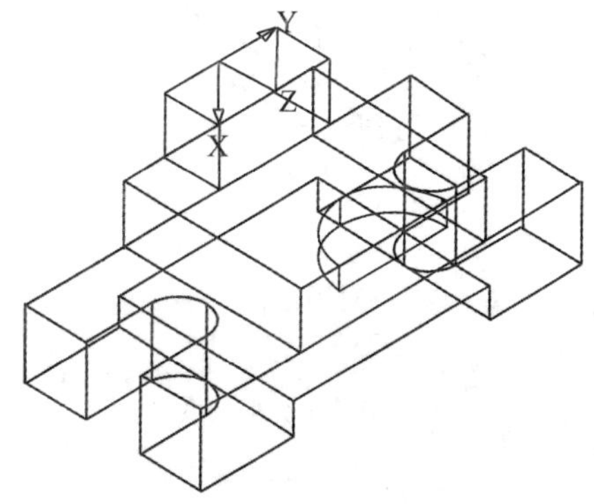

图14-31 移动并旋转坐标系

(17)选择“绘图”|“建模”|“圆柱体”命令,以角点(0,0,0)为圆柱体底面的中心点,绘制一个半径为10、高为10的圆柱体,和一个半径为5、高为10的圆柱体,如图14-32所示。

(18)选择“修改”|“实体编辑”|“差集”命令,使用(15)中绘制的长方体和大圆柱体(半径为10)减去绘制的小圆柱体(半径5),如图14-33所示。

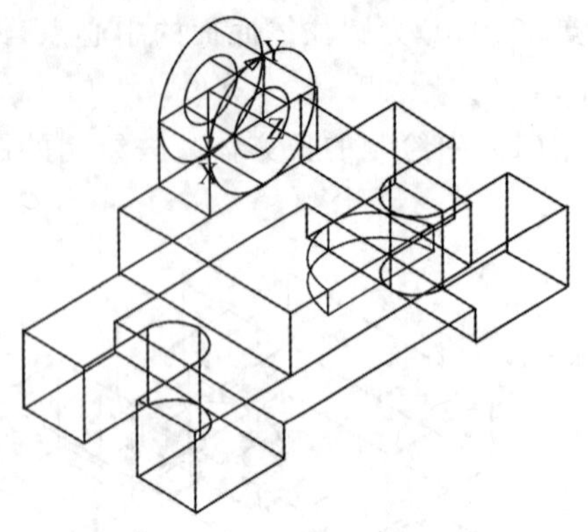

图 14-32　绘制圆柱体

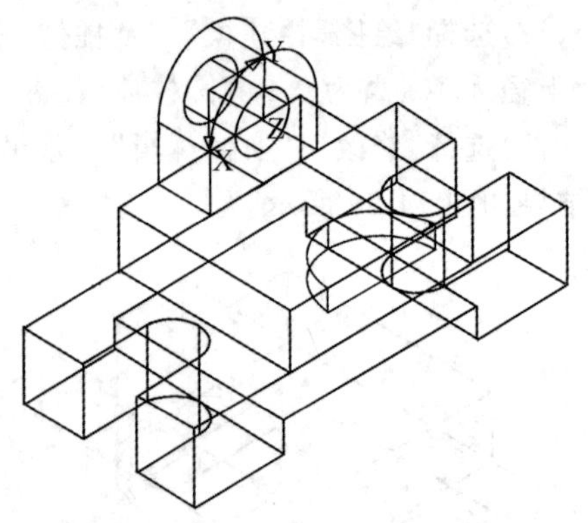

图 14-33　对图形进行差集运算

(19)选择“修改”|“实体编辑”|“并集”命令,然后选择绘制的所有图形,对它们求并集,结果如图 14-34 所示。

(20)选择“工具”|“新建 UCS”|“世界”命令,恢复世界坐标系。选择“视图”|“消隐”命令,消隐图形,结果如图 14-35 所示。

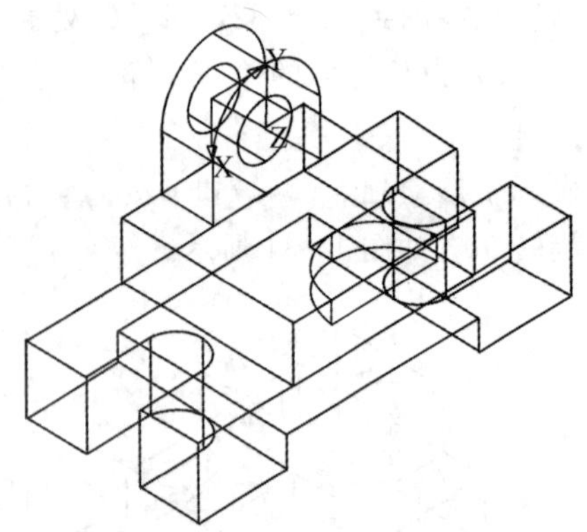

图 14-34　对图形作并集运算

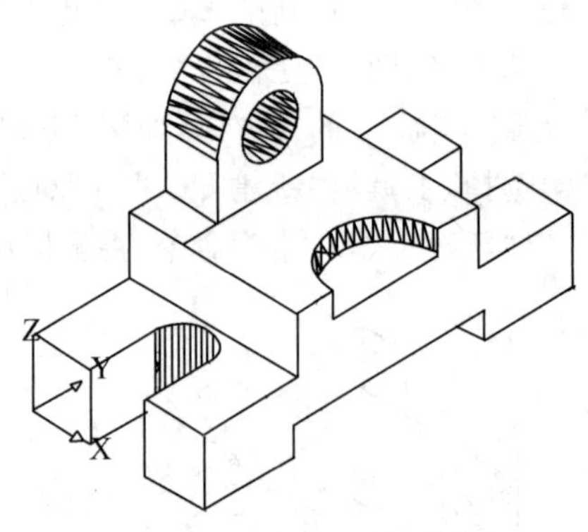

图 14-35　消隐图形

14.6　思考练习题

14.6.1　填空题

(1)轴测图根据投射线方向和轴测投影面的位置不同可分为________、________两大类。

(2)机械工程中常用的两种轴测图是________、________。

(3)用户可以使用“Dsettings”或________命令来设置轴测模式。

(4)绘制等轴测图过程中切换轴测面可以通过按“________”组合键或________功能键,可按顺时针方向在左平面、________和________三个轴测面之间切换。

(5)轴测图的尺寸标注要求和所在的等轴测面平行,所以需要将________、________倾斜某一角度,以使他们与相应的轴测轴平行。

14.6.2 上机练习题

(1)根据图 14-36 所示的组合体三视图,绘制等轴测图形。

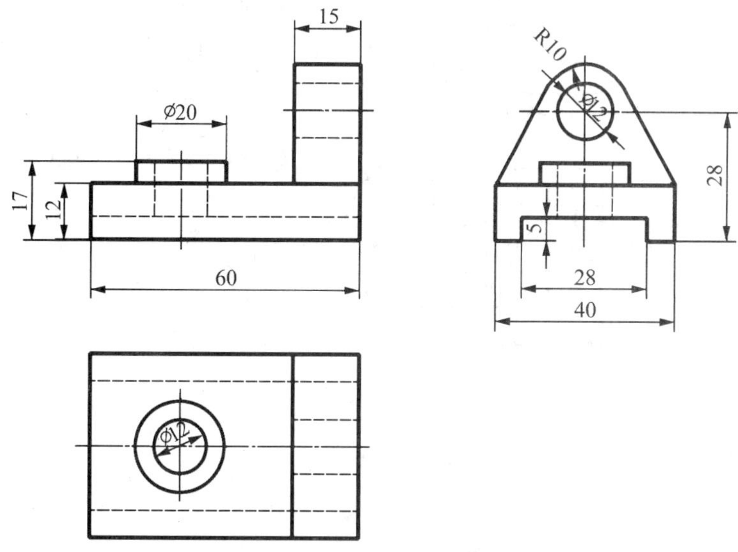

图 14-36 组合体的三视图

(2)根据图 14-37 所示的组合体三视图,绘制等轴测图形。

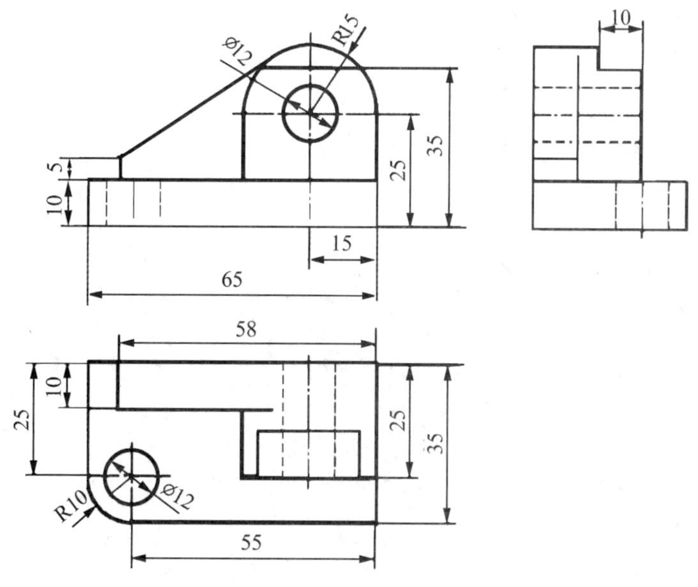

图 14-37 组合体的三视图

(3)根据图 14-38 所示的零件图，绘制三维立体图形。

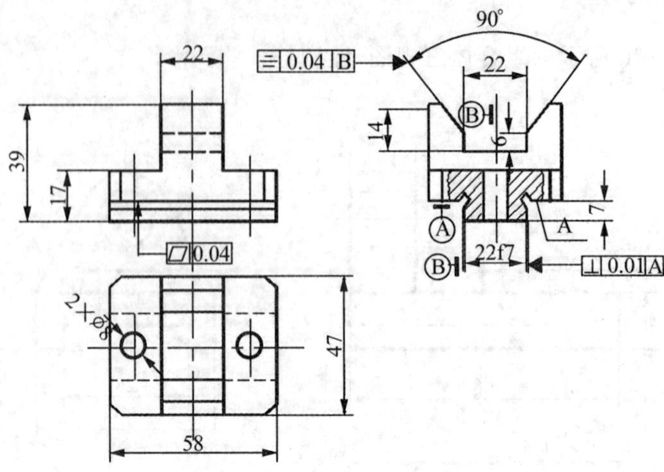

图 14-38 零件图

第 15 章　AutoCAD 中剖视图的绘制

［教学目标］

了解剖视图在机械制图中的应用，掌握剖视图的一般绘制方法和步骤，通过实例的实训练习能够熟练地运用 AutoCAD 绘制各种剖视图。

［教学重点与难点］

1. 剖视图的基本知识
2. 剖视图的一般绘制方法和步骤
3. 由轴测图绘制剖视图范例上机实训指导

15.1　剖视图的基本知识

15.1.1　剖视图的概念

剖视图（简称剖视）主要用于表达机件内部的结构形状，是假想用一剖切面（平面或柱面）剖开机件，移去观察者和剖切面之间的部分，将其余部分向投影面投射所得的图形。如图 15-1 所示。

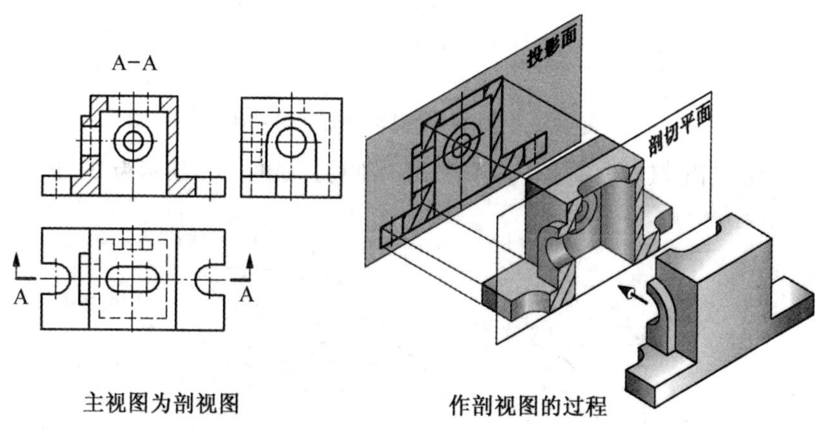

图 15-1　机件的剖视图及剖切过程

（1）画剖视图应注意的问题：

①剖面区域：在剖视图中，剖切面与机件接触的部分称为剖面区域。剖面区域内要画出剖面符号。不同的材料用不同的剖面符号表示。

②剖切假想性：虽然机件的某个视图画成剖视图，但机件仍是完整的，机件其他图形的

绘制不受其影响。

③剖切面位置：为清楚表达机件内形，应使剖切面尽量通过机件较多的内部结构（孔、槽等）的轴线、对称面。

④剖视图的标注：标注要素包括剖切符号、剖视图名和剖切线。

剖切符号：由粗短画（表示剖切面的位置，5～10mm 的粗实线，不与轮廓线相交）和箭头（表示投射方向，画在粗短画外端，且与其垂直）组成。

(2)剖视图名称："×—×"。"×"为大写拉丁字母，A、B、C ……顺次使用。"×—×"注在剖视图上方，相同的字母注在剖切符号附近。

(3)剖切线：表示剖切位置的细点画线，可省略。

15.1.2 剖切面种类

剖视图的剖切面有三种：单一剖切面、几个平行的剖切平面和几个相交的剖切面。

(1)单一剖切面：包括单一剖切平面、单一斜剖切平面、单一剖切柱面。

①用单一剖切平面（平行于基本投影面）剖切，如图 15-1 所示。

②用单一斜剖切平面（投影面垂直面）剖切，即斜剖，如图 15-2 所示。

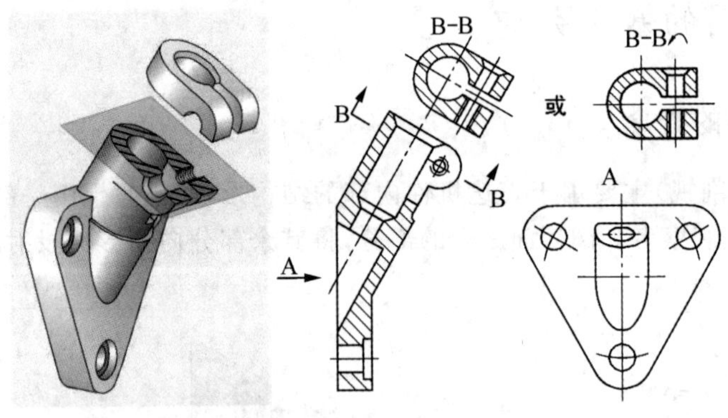

图 15-2 用单一斜剖切平面剖切机件

③用单一剖切柱面（其轴线垂直于基本投影面）剖切。如图 15-3 所示为 B—B 展开剖视图。

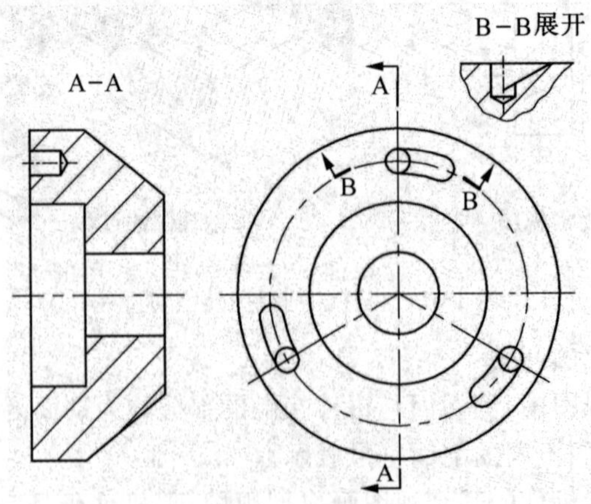

图 15-3 柱面剖切机件

(2)几个平行的剖切平面:机件的内部结构分布在不同层面上,用一个剖切平面无法将其内部剖切时,可采用几个平行的剖切平面剖切机件(又称阶梯剖),如图 15-4 所示。

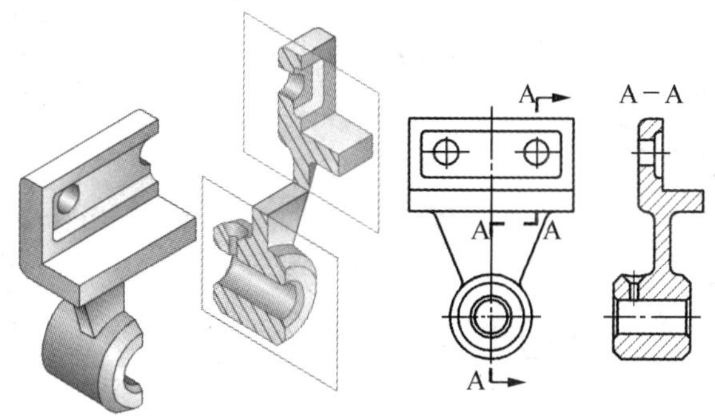

图 15-4 阶梯剖视

(3)几个相交的剖切面:用几个相交的剖切平面(这些平面的交线垂直于某投影面)剖切机件,又称为旋转剖视。如图 15-5 所示。

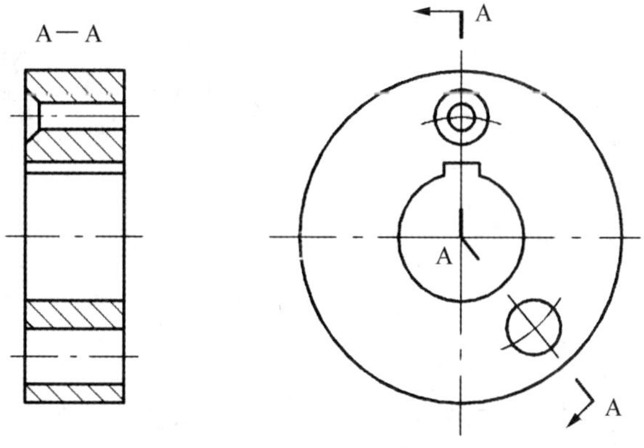

图 15-5 旋转剖视

15.1.3 剖视图种类

剖视图分为三类:全剖视图、半剖视图、局部剖视图。

(1)全剖视图:用剖切面完全地剖开机件所得的剖视图。全剖视图主要用于表达不对称机件、外形简单的对称机件的内形。全剖视图可使用各种剖切面剖得。

(2)半剖视图:当机件具有对称平面时,在垂直于对称平面的投影面上投射所得的图形,可以对称中心线为界,一半画成剖视图,另一半画成视图,这样的图形称为半剖视图。

半剖视图主要用于内形、外形都需表达的对称机件。半剖视图中表达清楚的虚线不应画出。如图 15-6 所示。

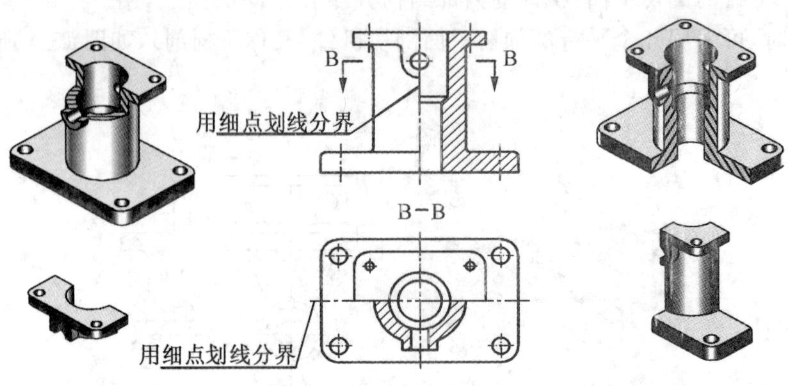

图 15-6　半剖视图

(3)局部剖视图:用剖切面局部地剖开机件所得的剖视图。用于表达局部内部结构形状(内外兼顾),或者不宜采用全、半剖的地方(轴、连杆、螺钉)等,如图 15-7 所示。

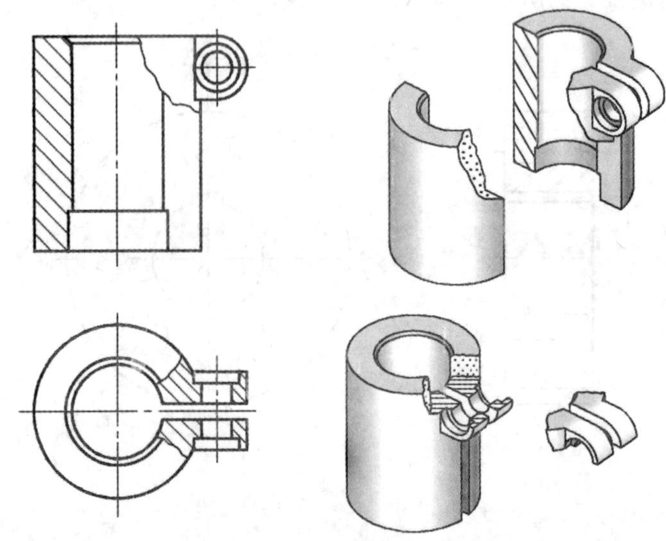

图 15-7　局部剖视图

15.2　剖视图的一般绘制方法和步骤

机械制图中剖视图的一般绘制方法如下:

①确定剖切平面的位置及投射方向。为了在主视图上反映机件内孔的实际大小,剖切面应通过孔的轴线并平行于投影面;以垂直于投影面的方向为投射方向。

②将处于观察者与剖切面之间的部分移去后,画出余下部分在投影面的投影,如图 15-1 所示。

③在剖面区域画出剖面符号,画出剖切平面后可见部分的投影,画出必要的细虚线。

④按规定标注剖视图。

15.3 由轴测图绘制剖视图范例上机实训指导

15.3.1 范例 1

根据图 15-8 所示的轴测图画剖视图。

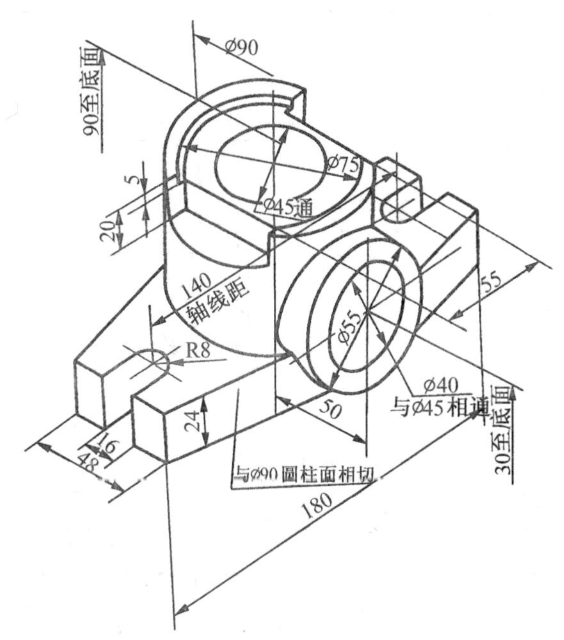

图 15-8 轴测图

具体操作步骤如下：

①根据图形的大小调用样板图，选择 A3 样板图。调用方法同前。

②打开“粗实线”所在图层，绘制轮廓线。用直线命令画出左视图右边界线 1 和主视图下边界线 2；用偏移命令进行复制，画出主要轮廓边界线 3、4、5、6、7、8、9、10、11、12。注意：打开“正交”模式，三个视图的位置合理布置，保证“长对正，高平齐，宽相等”，三视图之间预留 20mm 间距。将 5、6、9、10、11 号线转换成“中心线”。如图 15-9 所示。

③用画圆命令画俯视图上∅45、∅75、∅90 的圆及 R8 的圆弧；用“工具”|“移动”命令将坐标移至俯视图最左端，用直线输入坐标第一点(0,24)、第二点(0,−24)，与∅90 圆相切，画出俯视图中的斜线。

④作必要的修剪，用镜像命令镜像复制右侧对称部分；将 5 号线向下偏移 50，10 号线左右各偏移 27.5，更改部分线段属性，并作必要修剪；打开“虚线”图层，绘制∅40 通孔在俯视图的投影线。结果如图 15-10 所示。

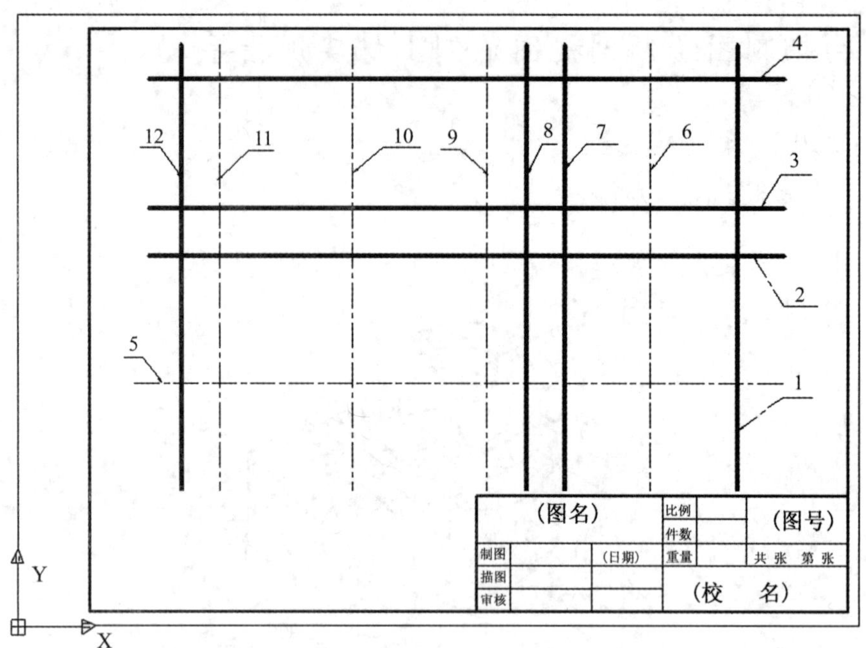

图 15-9 剖视图绘制步骤(一)

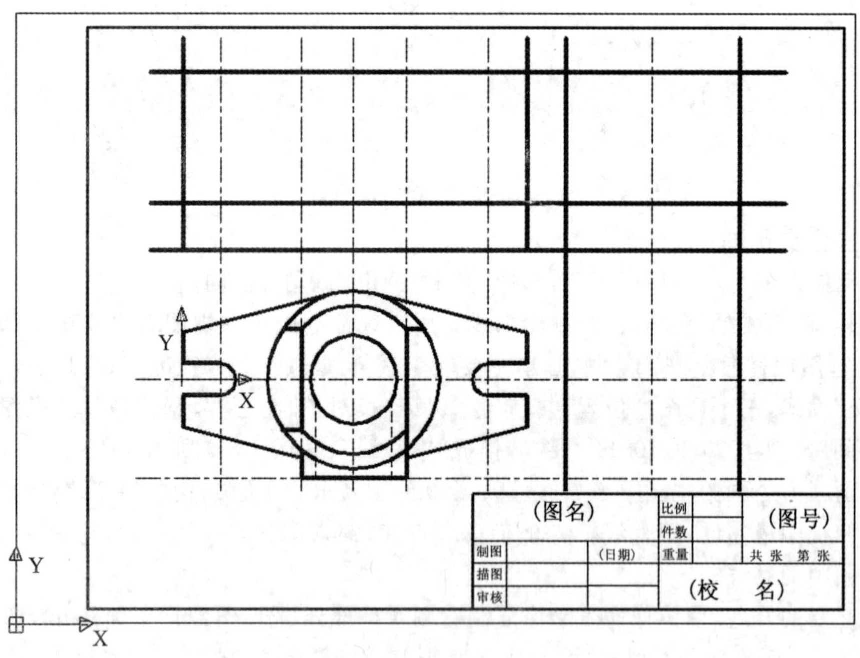

图 15-10 剖视图绘制步骤(二)

⑤按主视图全剖、左视图半剖绘图。利用投影连线确定各视图的线段位置。注意过渡线及相贯线的绘制方法。删除多余的线段,并检查投影关系是否正确。如图 15-11 所示。

⑥在工具栏中单击"图案填充"按钮,打开"图案填充和渐变色"对话框,选择"类型"为

"预定义",图案为"ASNI31",在需要填充的位置单击拾取点,查看填充效果,如果符合要求就单击确定,完成图案填充。打开"标注"工具栏,完成图形的尺寸标注。结果如图 15-12 所示。

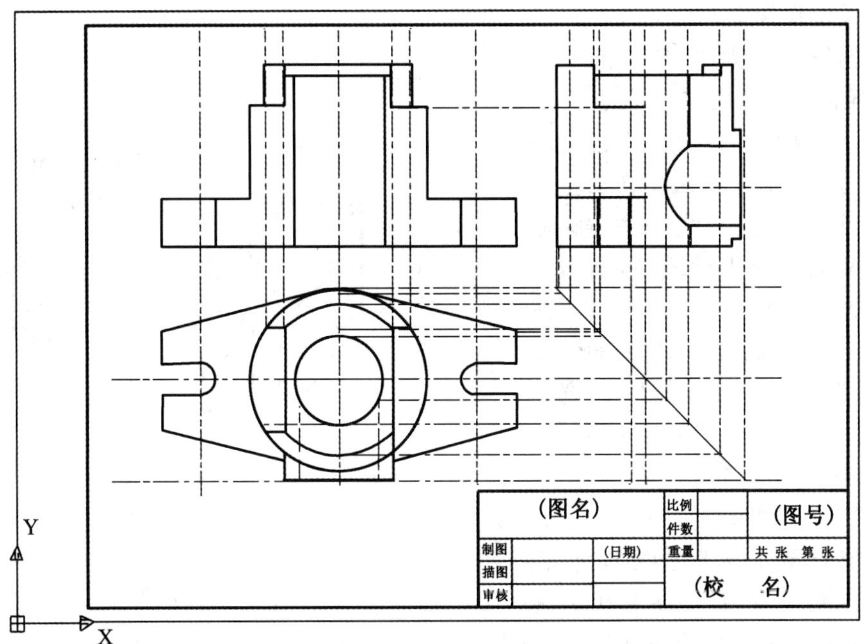

图 15-11 剖视图绘制步骤(三)

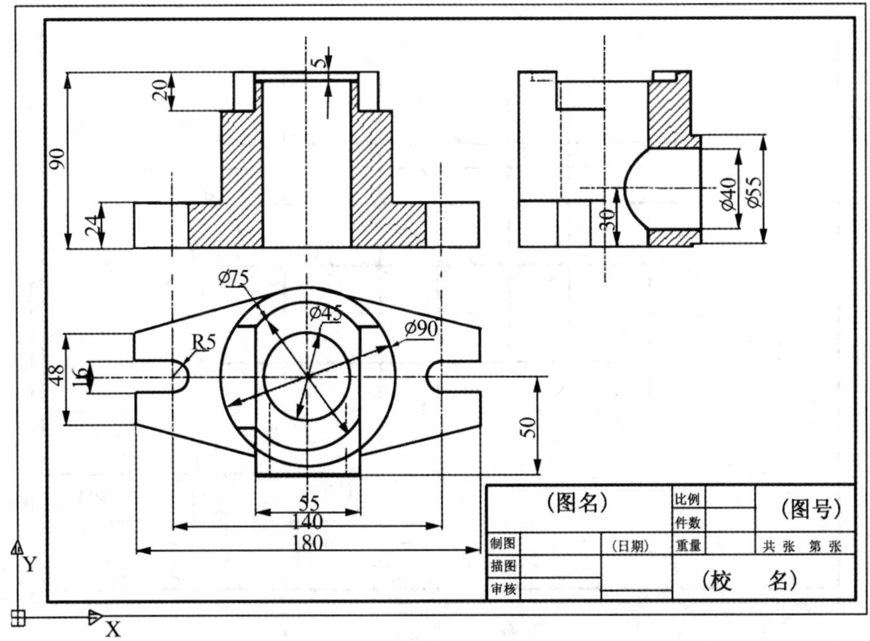

图 15-12 剖视图绘制步骤(四)

15.3.2 范例 2

根据图 15-13 所示的轴测图画剖视图。

具体操作步骤如下：

①根据图形的大小调用样板图，选择 A4 样板图。调用方法同前。

②打开“粗实线”所在图层，绘制轮廓线。用直线命令画出主视图左边界线 1 和俯视图下边界线 2；用偏移命令或多重复制命令进行复制，画出主要轮廓边界线 3、4、8、9、10、11、12。注意：打开“正交”模式，三个视图的位置合理布置，保证“长对正，高平齐，宽相等”，三视图之间预留 20mm 间距。将 12 号线转换成“中心线”。

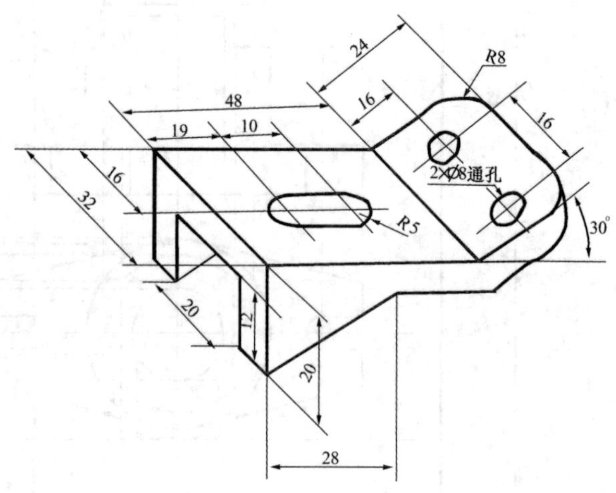

图 15-13 轴测图

③用“工具”|“新建”|“原点”命令将坐标原点移至 4 与 8 号线的交点，用“工具”|“新建”|“Z”命令将坐标旋转 30°，用直线输入坐标第一点(0,0)、第二点(24,0)、第三点(24,−8)、第四点(−10,−8)。用偏移命令画出 5、6、7 号线。如图 15-14 所示。

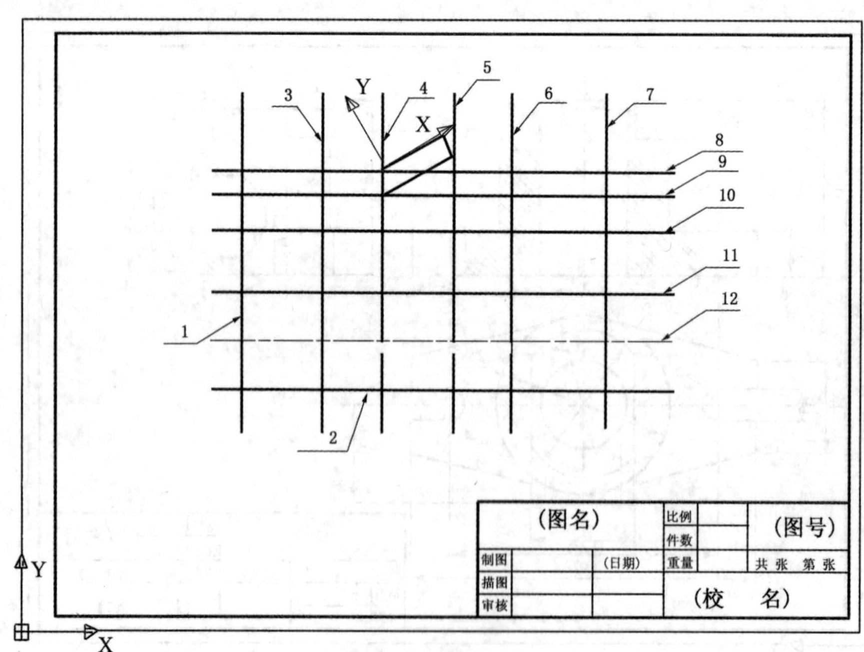

图 15-14 剖视图绘制步骤(一)

注意：步骤③中绘制与 X 轴成 30°夹角长为 24 的直线，也可使用相对极坐标法绘制。

即:调用“直线”命令,用鼠标捕捉4与8号线的交点作为直线的第一点,第二点输入“@24<30”即可。

④将1号线向右偏移19、29mm,2号线向上偏移8、24mm,定出俯视图圆的中心线位置。用画圆命令画俯视图上两个∅8圆、R5的两个圆弧。作图过程中随时作必要的修剪,俯视图按旋转视图绘制。结果如图15-15所示。

⑤用投影关系及椭圆命令绘出左视图的投影。删除多余的线段,调整中心线的长度,并检查投影关系是否正确,如图15-16所示。

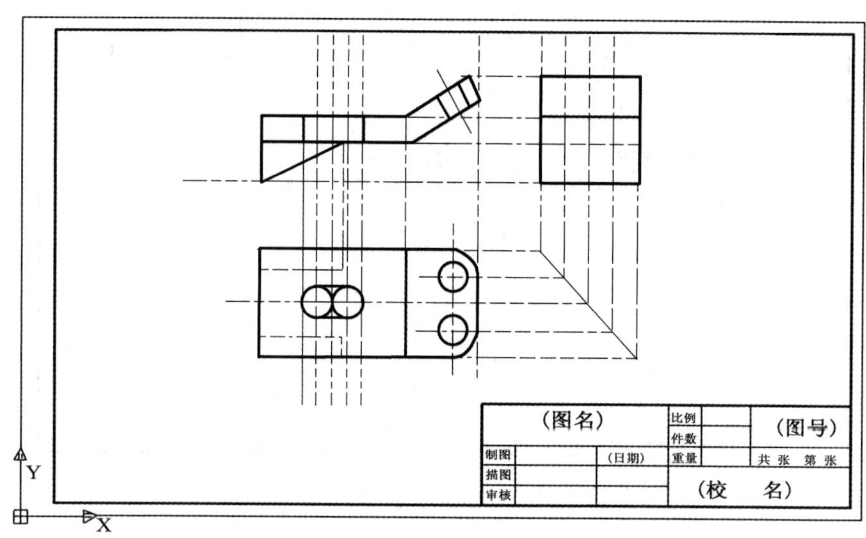

图15-15 剖视图绘制步骤(二)

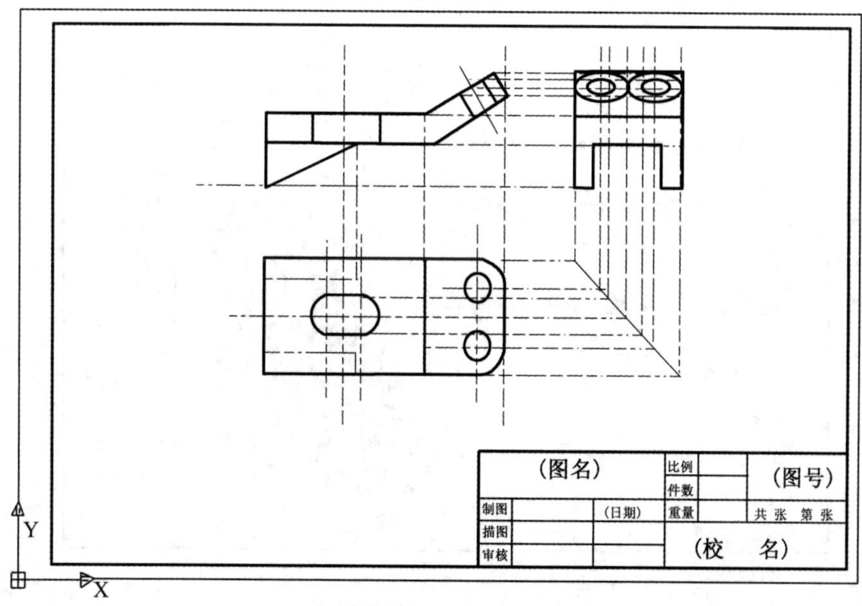

图15-16 剖视图绘制步骤(三)

⑥在工具栏中单击“图案填充”按钮，打开“图案填充和渐变色”对话框，选择“类型”为“预定义”，图案为“ASNI31”，在需要填充的位置单击拾取点，查看填充效果，如果符合要求就单击确定，完成图案填充。打开“标注”工具栏，完成图形的尺寸标注。结果如图 15-17 所示。

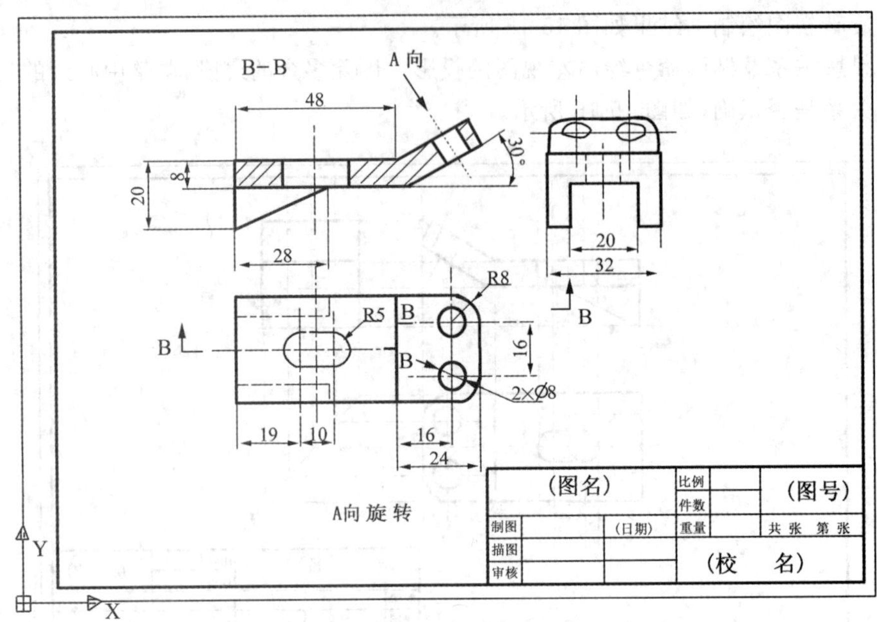

图 15-17　剖视图绘制步骤(四)

15.3.4　范例 3

根据作业指导书(图 15-18)的要求绘制圆柱齿轮啮合图。

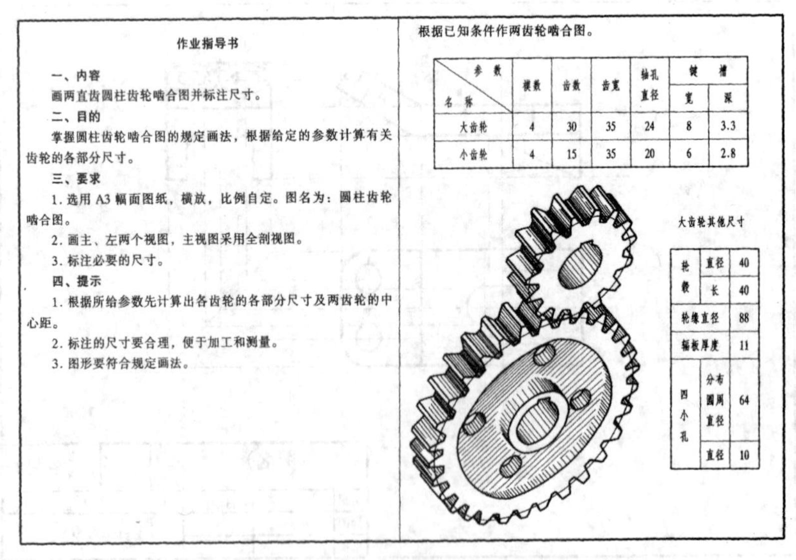

作业指导书

一、内容

画两直齿圆柱齿轮啮合图并标注尺寸。

二、目的

掌握圆柱齿轮啮合图的规定画法，根据给定的参数计算有关齿轮的各部分尺寸。

三、要求

1. 选用 A3 幅面图纸，横放，比例自定。图名为：圆柱齿轮啮合图。

2. 画主、左两个视图，主视图采用全剖视图。

3. 标注必要的尺寸。

四、提示

1. 根据所给参数先计算出各齿轮的各部分尺寸及两齿轮的中心距。

2. 标注的尺寸要合理，便于加工和测量。

3. 图形要符合规定画法。

根据已知条件作两齿轮啮合图。

参数 名称	模数	齿数	齿宽	轴孔直径	键槽	
					宽	深
大齿轮	4	30	35	24	8	3.3
小齿轮	4	15	35	20	6	2.8

大齿轮其他尺寸

轮毂	直径	40
	长	40
轮缘直径		88
辐板厚度		11
四小孔	分布圆周直径	64
	直径	10

图 15-18　圆柱齿轮啮合图

具体操作步骤如下：

①根据国标规定，在垂直于齿轮轴线的投影面的视图中，啮合区内的齿顶圆均用粗实线绘制，也可省略不画，相切的两分度圆用点画线绘出，两齿根圆省略不画。

②根据作业指导书给出的数据，计算出齿轮的各主要尺寸。

分度圆直径 $d_1=mz_1=4\times30=120\text{mm}$，$d_2=mz_2=4\times15=60\text{mm}$，齿顶圆直径 $d_{a1}=m(z_1+2)=4\times32=128\text{mm}$，$d_{a2}=m(z_2+2)=4\times17=68\text{mm}$，齿根圆 $d_{f1}=m(z_1-2.5)=4\times27.5=110\text{mm}$，$d_{f2}=m(z_2-2.5)=4\times12.5=50\text{mm}$，中心距 $a=(d_1+d_2)/2=90\text{mm}$，其他结构尺寸可从作业指导书中查得。

③根据图形的大小调用样板图，选择 A3 样板图。调用方法同前。

④打开“中心线”所在图层，绘制定位中心线。用直线命令画出主视图左侧轮廓线 5、左视图的中心线 1；用偏移命令进行复制，画出主要轮廓边界线 4 和大齿轮中心定位线 2、3；将 4、5 号线转换成“粗实线”。如图 15-19 所示。

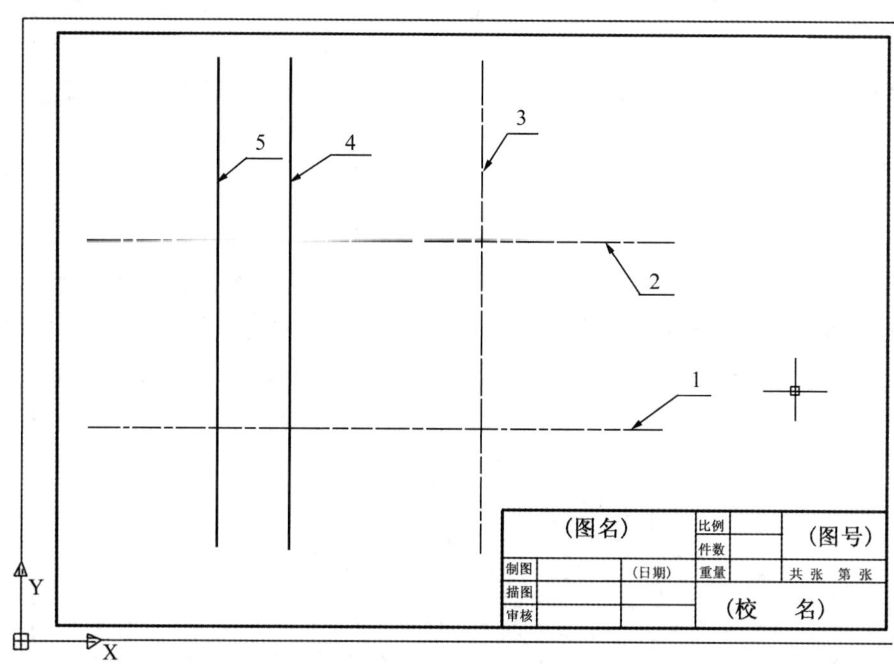

图 15-19 圆柱齿轮啮合图绘图步骤(一)

⑤打开“粗实线”所在图层，单击绘图工具栏的“⊙”，以 1、3 号线和 2、3 号线的交点为圆心，分别绘制大、小齿轮的齿顶圆∅128、∅68，轴孔直径∅24、∅20，大齿轮的轮毂直径∅40、轮缘直径∅88。

⑥打开“中心线”所在图层，用绘圆命令分别绘制节圆直径∅120、∅60，辐板圆孔中心线圆∅64，并绘出 4 个辐板小孔。作投影连线得主视图的外轮廓线。结果如图 15-20 所示。

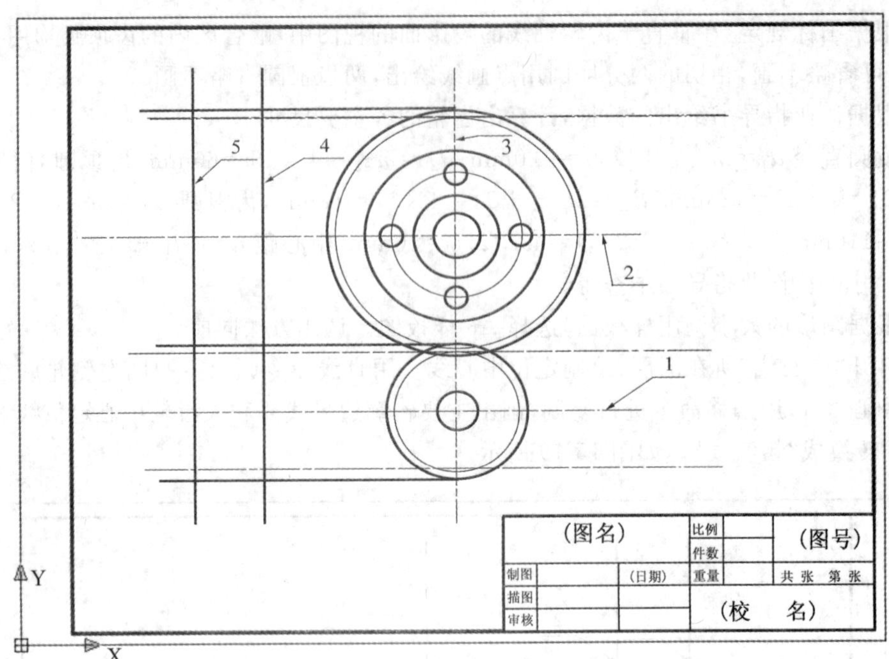

图 15-20 圆柱齿轮啮合图绘图步骤(二)

⑦利用偏移命令绘出左视图中大、小齿轮的键槽，主视图中大、小齿轮的齿根圆、轴孔及大齿轮的轮毂、轮缘的线段。用修剪命令对图形进行必要的修剪。结果如图 15-21 所示。

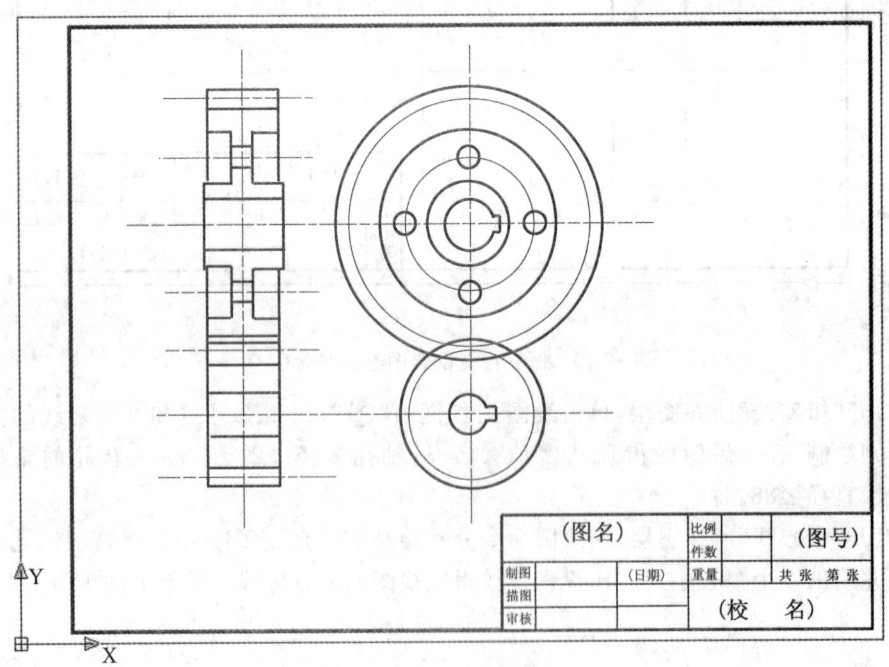

图 15-21 圆柱齿轮啮合图绘图步骤(三)

⑧在工具栏中单击“图案填充”按钮，打开“图案填充和渐变色”对话框，选择“类型”为“预定义”，图案为“ASNI31”，在需要填充的位置单击拾取点，查看填充效果，如果符合要求就单击确定，完成图案填充。打开“标注”工具栏，完成图形的尺寸标注。结果如图 15-22 所示。

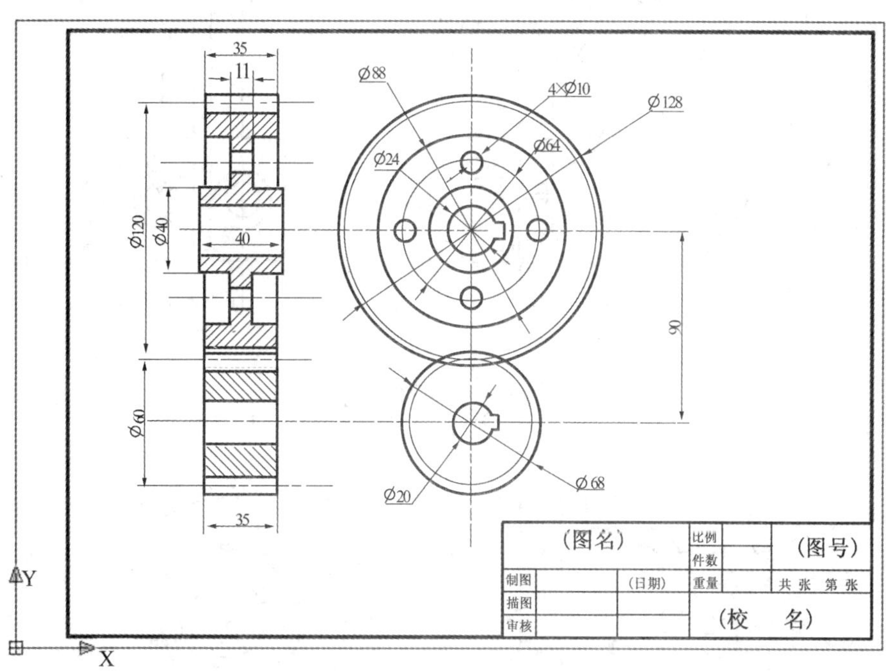

图 15-22 圆柱齿轮啮合图绘图步骤(四)

15.4 思考练习题

15.4.1 填空题

(1)剖视图分为三类，分别为：________、________、________。

(2)剖视图主要用于表达________的结构形状，它是假想用一剖切平面剖开机件，移去________之间的部分，将其余部分向投影面投射所得的图形。

(3)在剖视图中，剖切面与机件接触的部分称为________。剖面区域内要画出剖面符号。不同的材料用不同的________表示。

15.4.2 上机练习题

(1)绘制如图 15-23 所示的支撑件视图，其中包括局部剖视图。

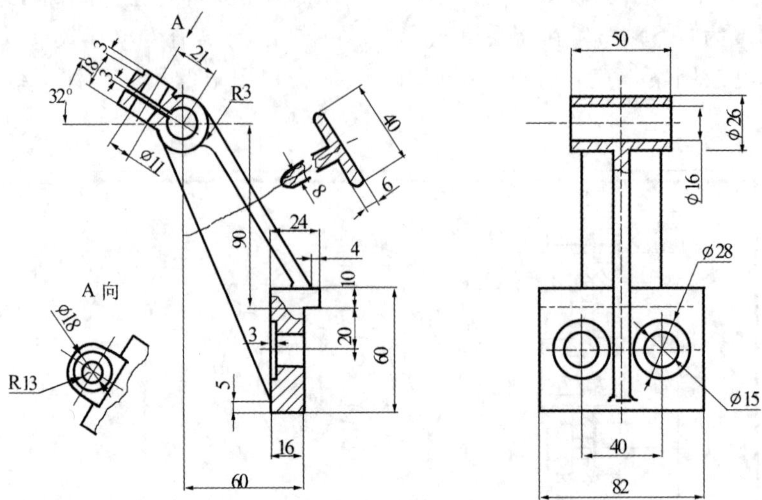

图 15-23 支撑件视图

(2)绘制如图 15-24 所示的端盖视图,其中主视图采用全剖视图。

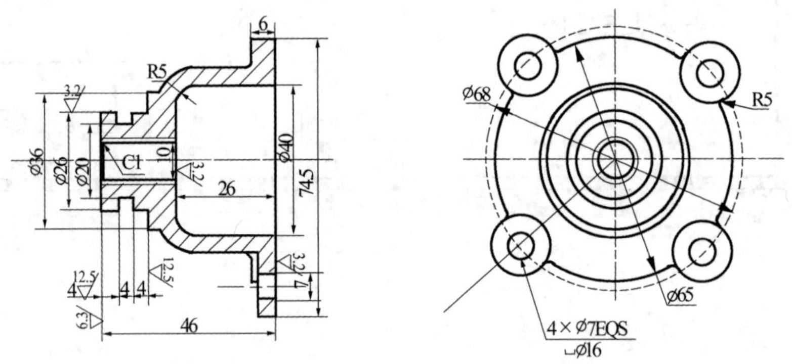

图 15-24 端盖二视图

(3)绘制如图 15-25 所示的轴承座三视图,其中左视图采用全剖,主、俯视图采用局部剖视图。

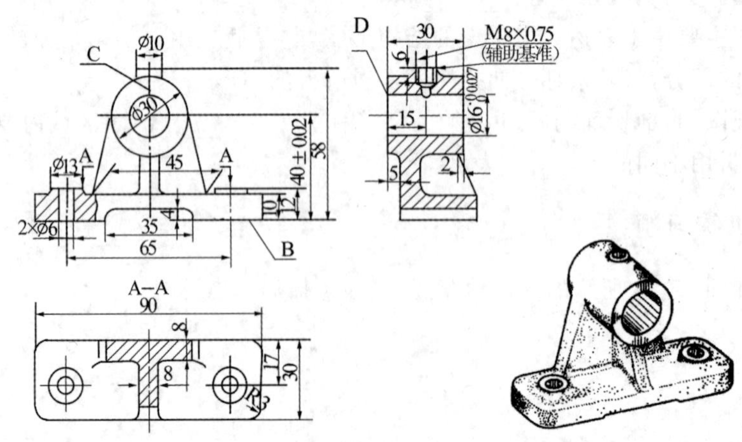

图 15-25 轴承座三视图

(4)绘制如图 15-26 所示的齿轮二视图,其中主视图采用全剖视图绘制。$n=2$,$d=96$,$d_r=91$,$d_a=100$。

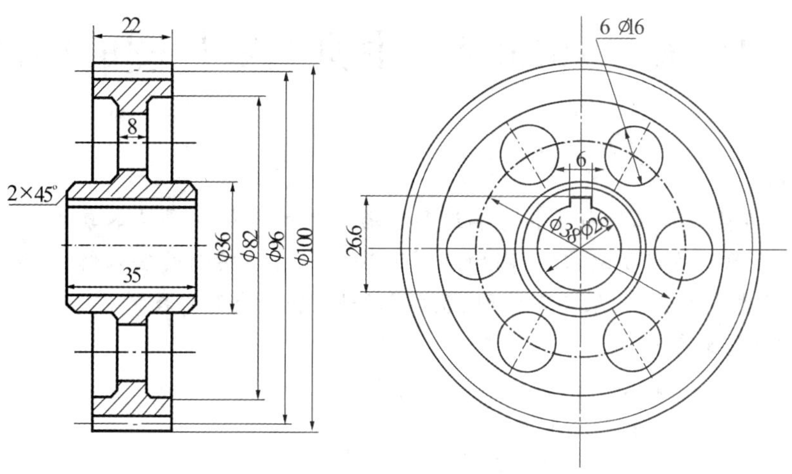

图 15-26 齿轮二视图

第 16 章　AutoCAD 中典型零件图的绘制

［教学目标］

零件图是在生产加工过程中指导制造和检验零件的图样。通过本章的学习，了解零件图的分类、零件图的技术要求、零件图的绘制方法等。通过实例的实训练习，掌握利用 AutoCAD 绘制轴类零件图、叉架类零件图、盘类零件图、箱壳类零件图的方法。

［教学重点与难点］

1. 零件图的基础知识
2. 零件图绘制的基本方法步骤
3. 零件图绘制范例上机实训指导

16.1　零件图的基础知识

表达零件的图样称为零件图。它是设计部门提交给生产部门的重要文件。它要反映出设计者的意图，是制造和检验零件的依据。

零件图涉及到机器对零件的要求，同时还涉及结构和制造的可能性和合理性。因此，要有一定的设计和工艺知识，才能学好零件图。

16.1.1　零件图的内容

(1)图形：用一组视图(包括视图、剖视图、断面图等)，完整、清晰和简洁地表达零件的结构形状。

(2)尺寸：用一组尺寸，完整、清晰和合理地标注出零件的结构形状及其相对位置。

(3)技术要求：用一些规定的符号和文字，简明、准确地给出零件在制造、检验和使用时应达到的技术要求(表面粗糙度、尺寸公差、形状和位置公差、表面处理和材料热处理的要求等)。

(4)标题栏：用标题栏填写出零件的名称、材料、图样的编号、比例、制图人与校核人的姓名和日期等。

16.1.2　零件视图的选择

零件视图的选择应包括主视图的选择和其他视图的选择两项。

(1)选择零件的主视图：选择零件的主视图一般应从主视图的投射方向和零件的摆放位置两方面来考虑。

选择主视图的投射方向，应考虑形体特征原则，即所选择的投射方向所得到的主视图应最能反映零件的形状特征，如图 16-1 所示。

选择主视图的位置，一般应从以下几个原则来考虑：

①工作位置原则：主视图的位置，应尽可能与零件在机械或部件中的工作位置相一致，如图 16-2 所示。

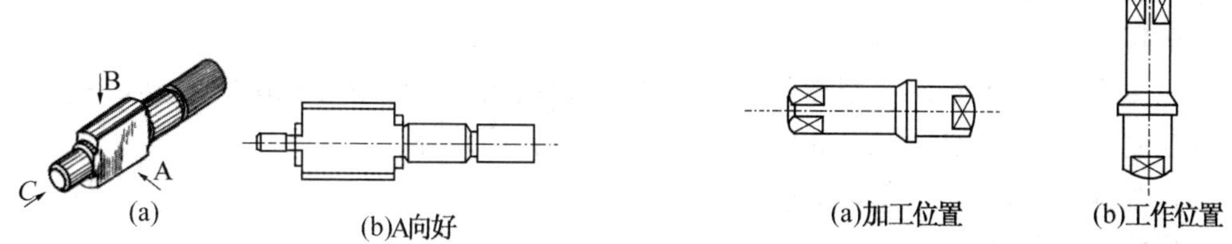

图 16-1 主视图的投射方向

图 16-2 零件图的加工位置与工作位置

②加工位置原则：工作位置不易确定或按工作位置画图不方便的零件，一般按零件在机械加工中所处的位置作为主视图的位置。

③自然摆放稳定原则：如果零件为运动件，工作位置不固定，或零件的加工工序较多而其加工位置多变，则可按其自然摆放平稳的位置为画主视图的位置。

除考虑以上原则外，还要适当照顾习惯画法，如图 16-2 所示，应选择加工位置为主视图的位置较好。

(2)其他视图的选择：对于一些较复杂的零件，只靠一个主视图是很难把整个零件的结构形状表达完全的，需要优先考虑用左、俯视图配合。一般原则是：在保证充分表达零件结构形状的前提下，尽可能使零件的视图数目为最少；应使每一个视图都有其表达的重点内容，其有独立存在的意义。如图 16-3 所示应补充 B 向视图。

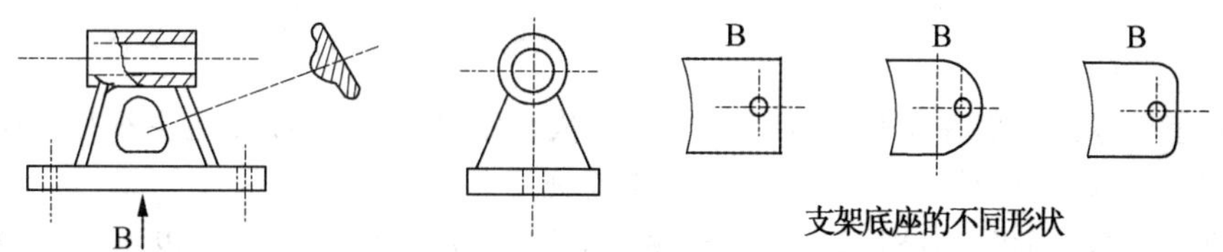

图 16-3 支架零件图

零件应选用哪些视图，完全是根据零件的具体结构形状来确定的。总之，零件的视图选择是一个比较灵活的问题。一般应多考虑几种方案，加以比较后，力求用较好的方案表达零件。

16.2 零件图绘制的基本步骤

(1)在实际工作中绘制零件图，可分为测绘和拆图两种途径。

①测绘：测绘指根据已有的零件实物绘制出零件图，多在无图样又需要仿制已有机器或修配损坏的零件时进行。

②拆图：在设计新机器时，先要绘制出机器的装配图，定出机器的主要结构和尺寸，再根据装配图绘制出零件的零件图。

(2)不管以何种途径来绘制零件图，其过程都可按以下步骤进行：

①根据零件的用途、形状特点、加工方法等选取主视图和其他视图。

②根据视图数量和实物大小确定适当的比例，并选择合适的标准图幅。

③绘制出图框和标题栏，或调用标准工具栏。

④绘制出各视图的中心线、轴线、基准线，并将各视图的位置定下来。各视图之间要留有充分的用于标注尺寸的余地。

⑤从主视图开始，绘制各视图的主要轮廓线，绘制图时要注意各视图间的投影关系。

⑥绘制出各视图上的细节，如螺钉孔、销孔、倒角、圆角等。

⑦仔细检查草稿后，绘制剖面线。

⑧标注出全部尺寸。

⑨标出公差其表面粗糙度符号等。

⑩填写技术要求和标题栏。

⑪最后进行检查，确认没有错误后，保存或打印出图。

注意：绘制零件图时先绘制轮廓，后绘制细部，绘制时要充分利用投影关系，几个视图同时绘制；绘制零件图时要先绘制图形，后标注尺寸、技术要求等。

16.3 零件图绘制范例上机实训指导

16.3.1 轴套类零件图

(1)用途

轴一般是用于支撑传动零件和传递动力。套一般是装在轴上，起轴向定位、传动或连接等作用。

(2)表达方案

①轴套类零件一般在车床上加工，应按形状特征和加工位置确定主视图，轴线水平放置；主要结构形状是回转体，一般只画一个主要视图。

②轴套类零件的其他结构形状，如键槽、螺纹退刀槽和螺纹孔等可以用剖视、断面、局部视图和局部放大图等加以补充。

③实心轴没有剖开的必要，但轴上个别部分的内部结构形状可以采用局部剖视。

(3)尺寸标注

①宽度方向和高度方向的主要基准是回转轴线，长度方向的主要基准是端面。

②主要形体是同轴组成的，因而省略定位尺寸。

③功能尺寸必须直接标注出来，其余尺寸多按加工顺序标注。

④为了清晰和便于测量，在剖视图上，内外结构形状的尺寸分开标注。

⑤零件上的标准结构(倒角、退刀槽、键槽等)，应按该结构标准的尺寸标注。

(4)技术要求

①有配合要求的表面，其表面粗糙度参数值较小。无配合要求表面的表面粗糙度参数值较大。

②有配合要求的轴颈尺寸公差等级较高，公差较小。无配合要求的轴颈尺寸公差等级低，或不需标注。

③有配合要求的轴颈和重要的端面一般应有形位公差的要求。

(5)范例

绘制如图 16-4 所示的齿轮轴的零件图。

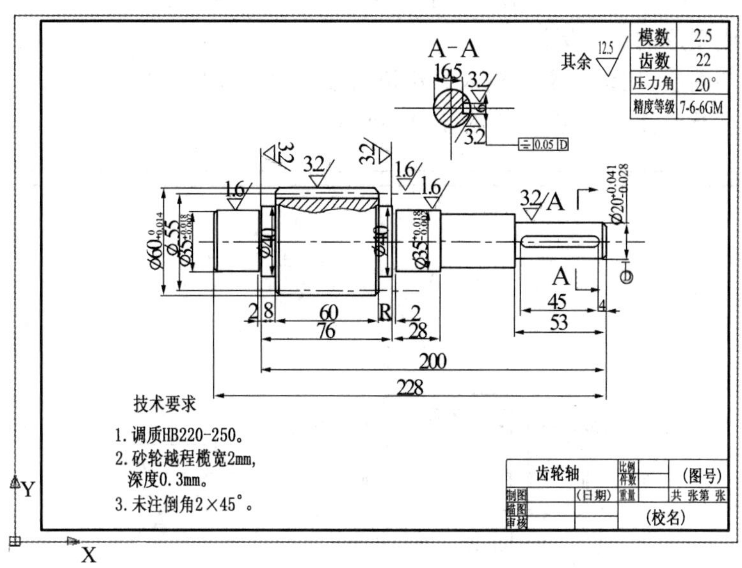

图 16-4 齿轮轴的零件图

具体操作步骤如下：

①根据图形的大小调用样板图，选择 A3 样板图。调用方法同前。

②打开“中心线”图层，用直线命令绘制轴的中心线，注意其位置要使图形布局合理；用偏移命令绘制轴线上方的主要轮廓线；用修剪命令进行修剪。

③用倒角、画圆及修剪命令绘制齿形轮廓、键槽和倒角，修改中心线属性，如图 16-5 所示。

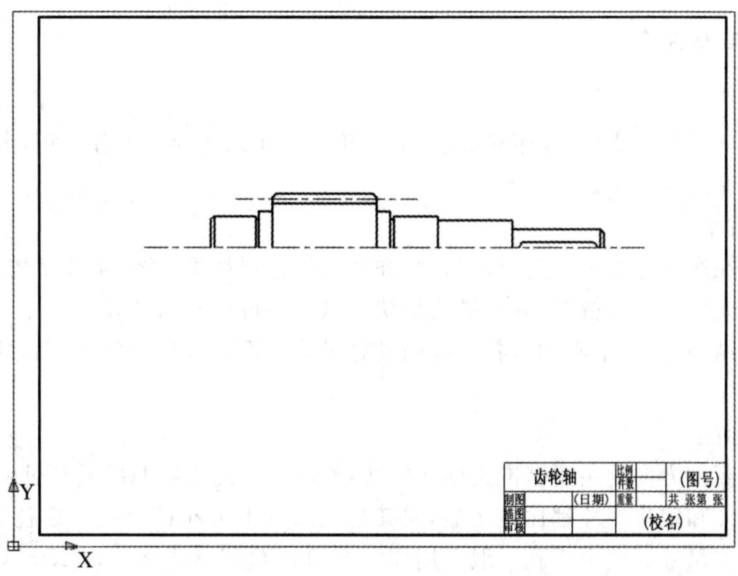

图 16-5 绘制轴类零件图步骤(一)

④用镜像命令复制轴线下方的轮廓;单击"绘图"工具栏的"样条曲线"图标,绘制局部断裂线;作移出剖面图并标注;用图案填充命令绘制剖面线。如图 16-6 所示。

⑤在"格式"下拉式菜单中选择"尺寸样式"项利用对话框设置尺寸标注样式,打开"标注"工具栏,完成图形的尺寸标注。

⑥打开文字图层,用多行文字输入方法填写技术要求及标题栏,如图 16-4 所示。

⑦检查图形及标注是否正确,并存盘或打印输出。

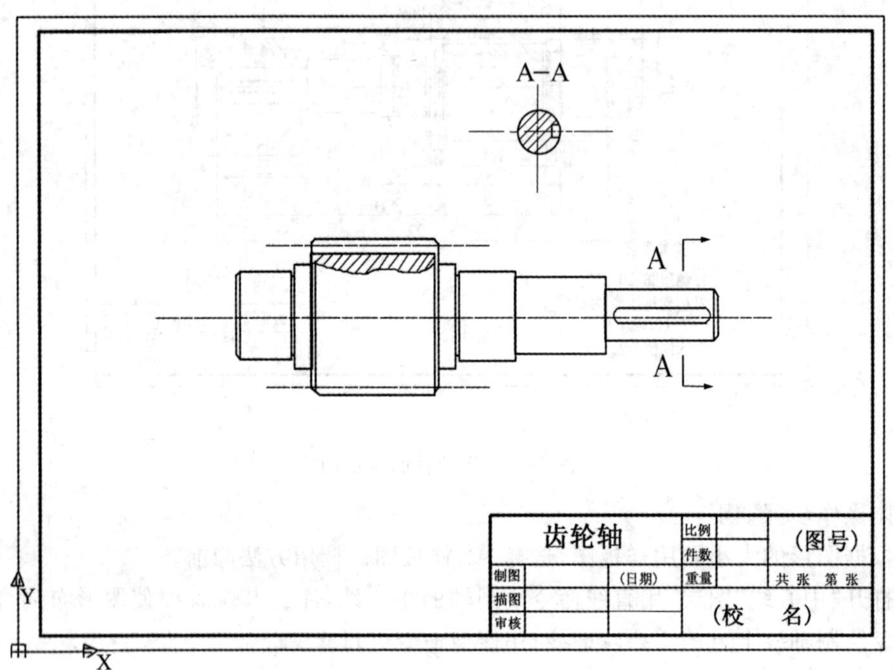

图 16-6 绘制轴类零件图步骤(二)

16.3.2 盘类零件图

(1)用途

轮盘类零件可包括手轮、胶带轮、端盖等。轮一般用来传递动力和扭矩,盘主要起支撑、轴向定位以及密封等作用。

(2)表达方案

①主要是在车床上加工,应按形状特征和加工位置选择主视图,轴线横放。

②一般需要两个主要视图,其他结构形状(如轮辐)可用断面图表示。

③根据其结构特点(空心的),各个视图具有对称平面时可作半剖视,无对称平面时可作全剖视。

(3)尺寸标注

①宽度和高度方向的主要基准是回转轴线,长度方向的主要基准是经过加工的大端面。

②定形尺寸和定位尺寸都比较明显,尤其是在圆周上分布的小孔的定位圆直径是这类零件的典型定位尺寸。多个小孔一般采用如"6×∅7EQS"形式标注,"EQS"(均布)就意味着等分圆周,如果均布很明显,"EQS"也可不加标注。

③内外结构形状应分开标注。

(4)技术要求

①有配合的内、外表面粗糙度参数值较小；用于轴向定位的端面，表面粗糙度参数值较小。

②有配合的孔和轴的尺寸公差较小；与其他运动零件相接触的表面应有平行度、垂直度的要求。

(5)范例

绘制如图 16-7 所示的盘类零件图。

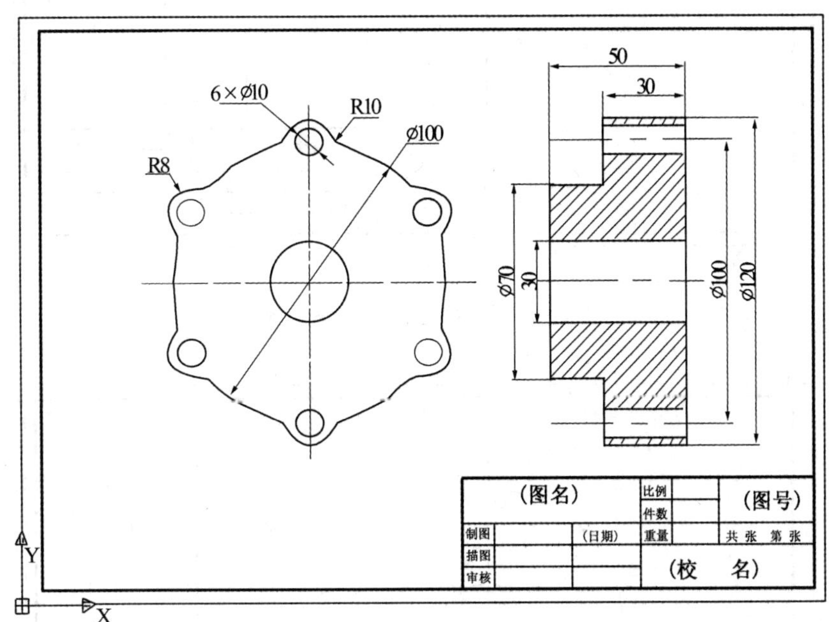

图 16-7 绘制盘类零件图

如图 16-7 所示，通过盘盖剖视图的制作来介绍平面图形绘图命令的综合使用。本例的制作过程主要用到了绘制圆、绘制直线、圆角命令、修剪命令、边界图案填充命令和标注命令等。

①单击“绘图”工具栏中的“直线”按钮，或在命令行中直接输入“Line”后按“Enter”键，绘制出如图 16-8 所示的 1、2 号中心线，3、4 号左视图的轮廓线。

②单击“绘图”工具栏中的“圆”按钮，或在命令行中直接输入“Circle”后按“Enter”键，以 1、2 号线交点为圆心分别绘制半径为 15 和 50 的圆；以 1 号线与半径为 50 的圆的交点为圆心分别绘制半径为 8 和 5 的圆；将 3、4、5 号线的属性改为粗实线。效果如图 16-9 所示。

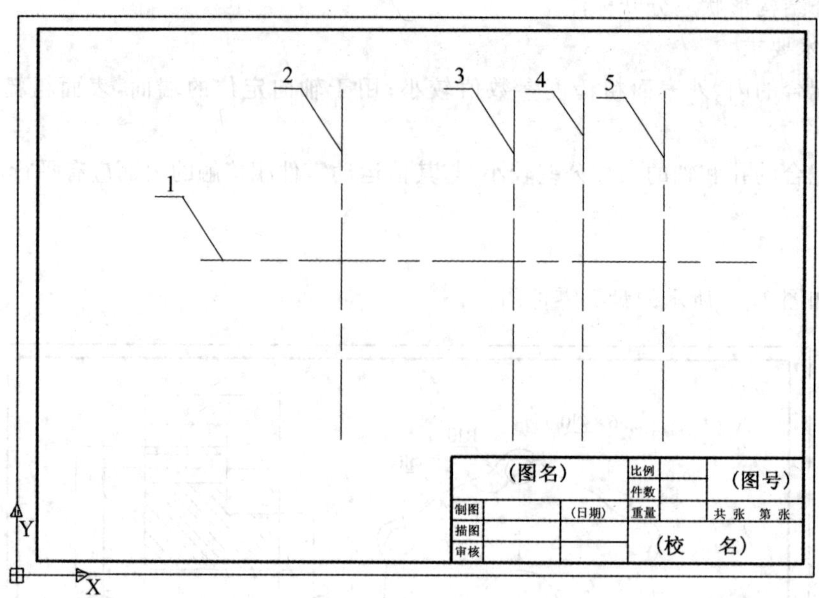

图 16-8　绘制中心线、左视图轮廓线

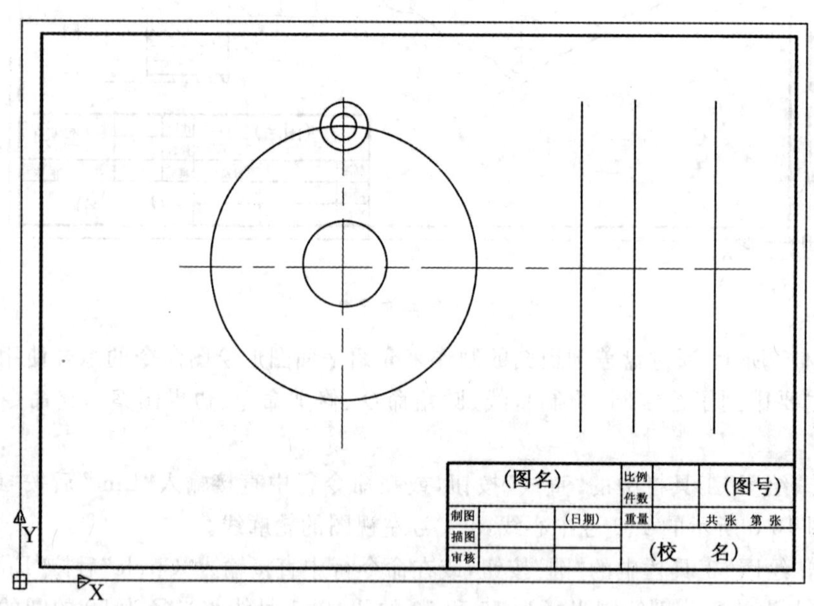

图 16-9　绘制圆

③单击“绘图”工具栏中的“阵列”按钮，或在命令行中直接输入“Array”后按“Enter”键，弹出如图 16-10 所示的“阵列”对话框。选中“环形阵列”单选按钮，单击“中心点”右侧按钮“”系统返回绘图空间，用鼠标拾取 1、2 号线交点为中心点，在“方法”下拉列表框中选择“项目总数和填充角度”选项，设置“填充角度”为 360，“项目总数”为 6。设置完成后，单击“选择对象”按钮“”，返回绘图窗口，选中上述两个小圆，按“Enter”键返回“阵列”对话框。

单击“确定”按钮。

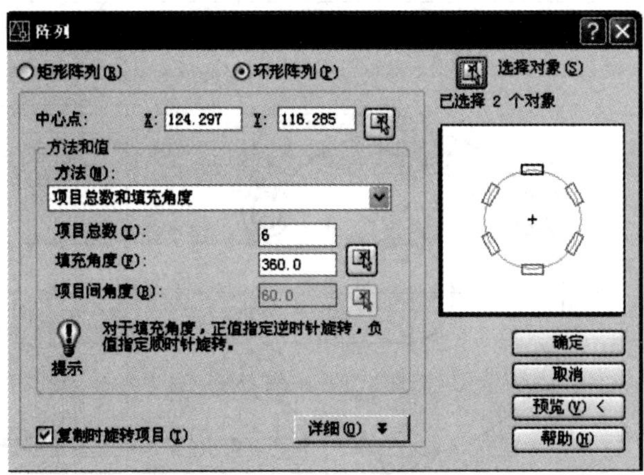

图 16-10 “阵列”对话框

④单击“修改”工具栏中的“圆角”按钮，或直接在命令行中输入“Fillet”后按回车键，设置圆角半径为 10，对各边进行圆角处理，效果如图 16-11 所示。

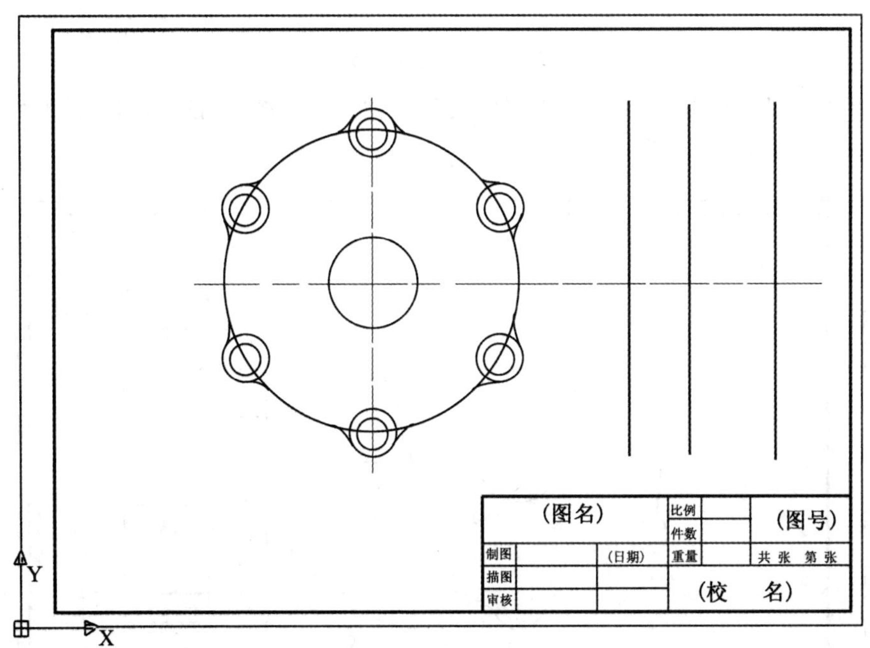

图 16-11 阵列与倒圆角的效果

⑤单击“绘图”工具栏中的“直线”按钮，或在命令行中直接输入“Line”后按“Enter”键，绘制一系列的直线作为辅助线，效果如图 16-12 所示。

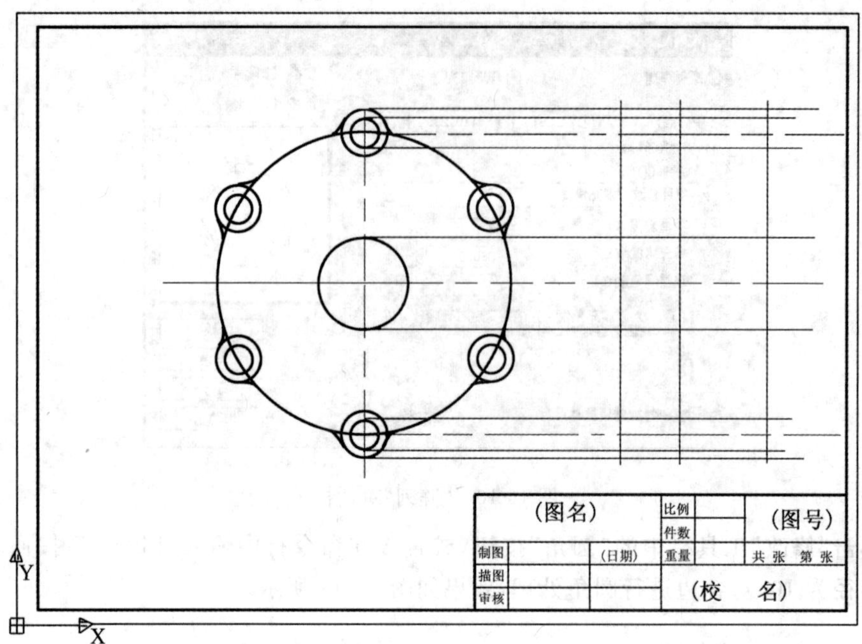

图 16-12 绘制辅助线

⑥选择“修改”|“修剪”命令，或单击“修改”工具栏中的“修剪”按钮，对上述直线进行必要的修剪，效果如图 16-13 所示。

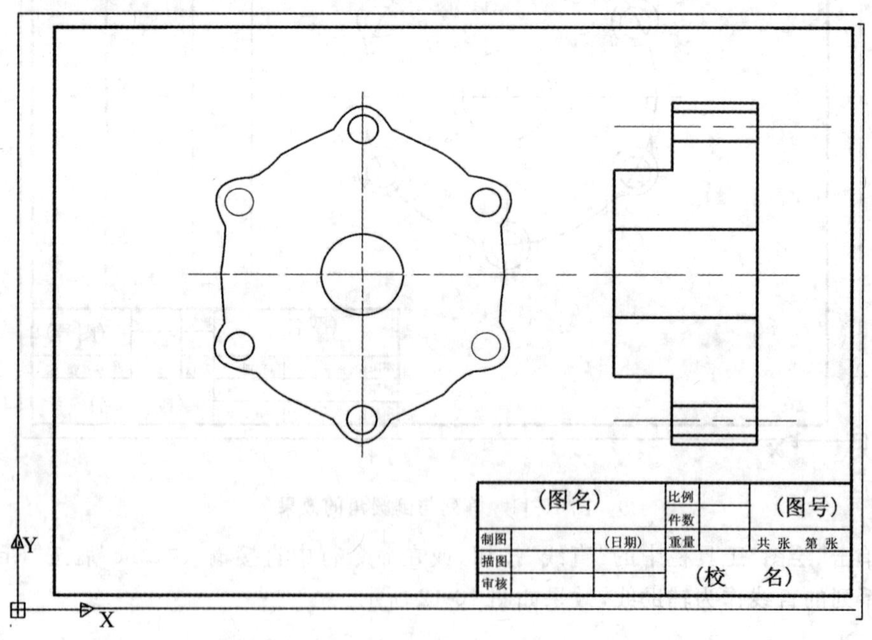

图 16-13 修剪后效果

⑦在工具栏中单击“图案填充”按钮，打开“图案填充和渐变色”对话框，选择“类型”为“预定义”，图案为“ASNI31”，在需要填充的位置单击拾取点，查看填充效果，如果符合要求

就单击确定，完成图案填充。

⑧打开“标注”工具栏，完成图形的尺寸标注，结果如图 16-7 所示。

16.3.3 叉架类零件图

(1)用途

叉架类零件包括拨叉和支架。拨叉主要用在机床、内燃机的操纵机构上，操纵机器、调节速度。支架主要起支撑和连接的作用。

(2)表达方案

①叉架类零件一般是铸件，毛坯形状较复杂，不同的加工位置难以分出主次。选主视图时，主要按形状特征和工作位置(或自然位置)确定。

②结构形状较复杂，一般需要两个以上的视图。由于它的某些结构形状不平行于基本投影面，所以常采用斜视图、斜剖视和断面表示。对内部结构形状可采用局部剖视。

(3)尺寸标注

①长度、宽度、高度方向的主要基准一般为孔的中心线、轴线、对称平面和较大的加工平面。

②定位尺寸较多，要注意能否保证定位的精度。一般要标注出孔中心线(或轴线)间的距离，或孔中心线(轴线)到平面的距离、平面到平面的距离。

③定形尺寸一般采用形体分析法标注尺寸，便于制作模样。内外结构形状要注意保持一致。起模斜度、圆角也要标注出来。

(4)技术要求

表面粗糙度、尺寸公差和形位公差没有特殊的要求。

(5)范例

绘制如图 16-14 所示的叉架类零件图。

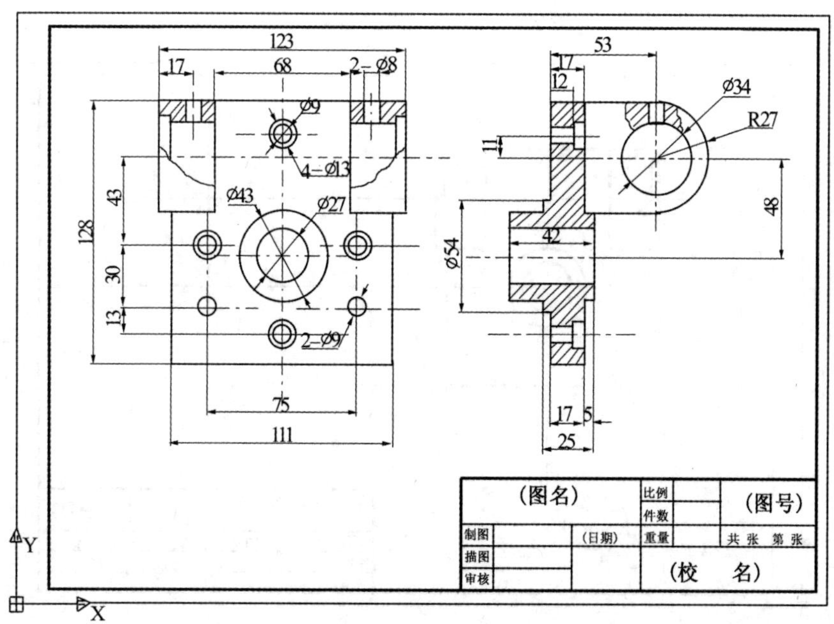

图 16-14 叉架零件图

本例通过绘制如图 16-14 所示的叉架零件图进一步学习 AutoCAD 的使用方法。阵列命令的用法:阵列命令用来阵列复制图形实体,它不仅可以沿矩形格式阵列复制图形,还可以沿环形阵列复制,熟练使用阵列命令可以高效地绘制有规律分布的圆孔类图形。

①调用 A3 标准图,绘制中心线。选择"绘图"|"直线"命令,按照尺寸绘制如图 16-15 所示的中心线,以确定大概绘图位置。因为主视图和侧视图是关联的,中心线应该一起绘制。

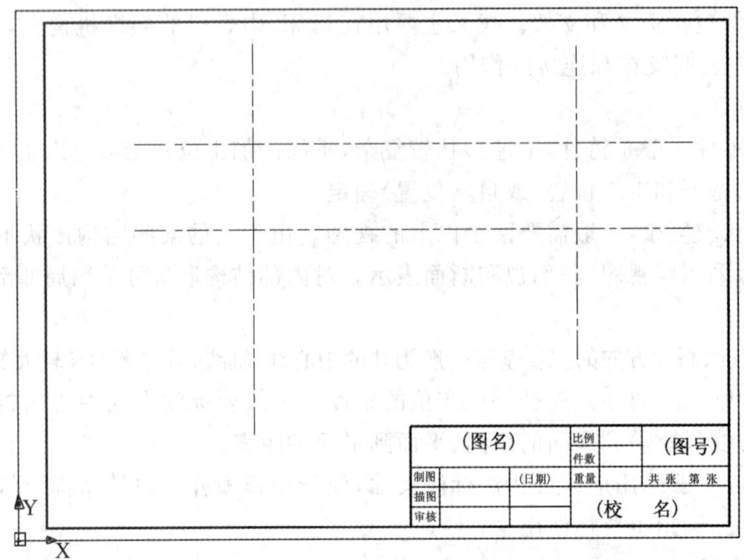

图 16-15 绘制中心线

②按照给定的尺寸绘制图形轮廓,以中心线为基准,选择"修改"|"偏移"命令,找出图中的关键点,按照尺寸画出轴另一侧相应的直线、矩形和一个圆。

③使用镜像命令绘制出另一边,选择"修改"|"镜像"命令,并以中轴为对称轴,镜像所画的左半个主视图,效果如图 16-16 所示。

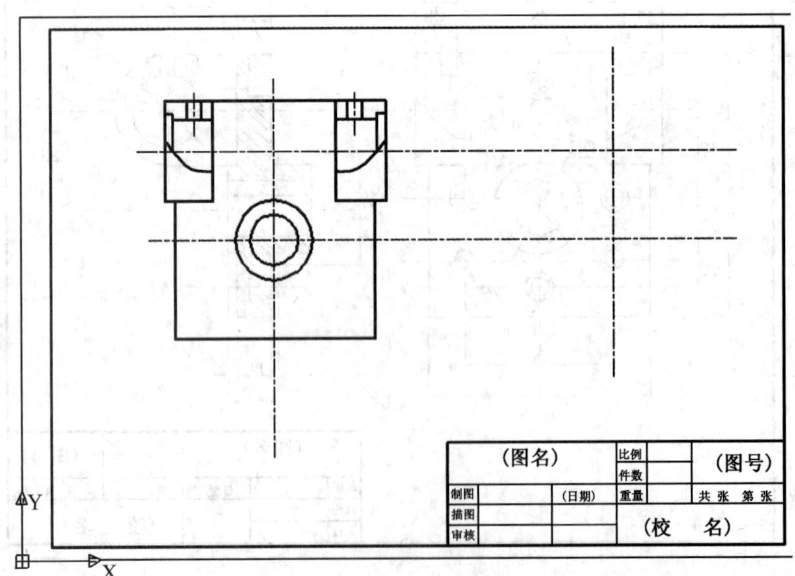

图 16-16 绘制主视图轮廓

④再次使用偏移命令找出各圆孔的轴线并绘制出圆孔，有关轴对称分布的则先绘制出轴一侧的图形，然后再使用镜像命令生成另一侧图形，完成的主视图如图 16-17 所示。

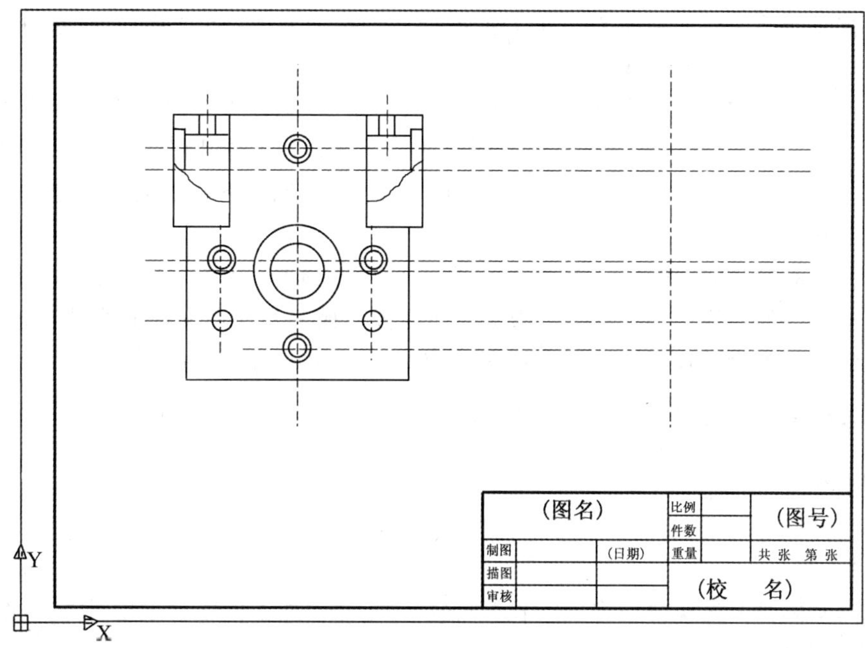

图 16-17 完成主视图

⑤按照给定尺寸绘制侧视图的轮廓。首先以圆孔中心点为基准，向上偏移 24mm 得到轮廓上的一点，选择“绘图”|“直线”命令，绘制直线段。开启极轴功能，捕捉两个坐标方向，在命令行提示中输入每段直线的长度。然后绘制出圆孔的内外轮廓，如图 16-18 所示。

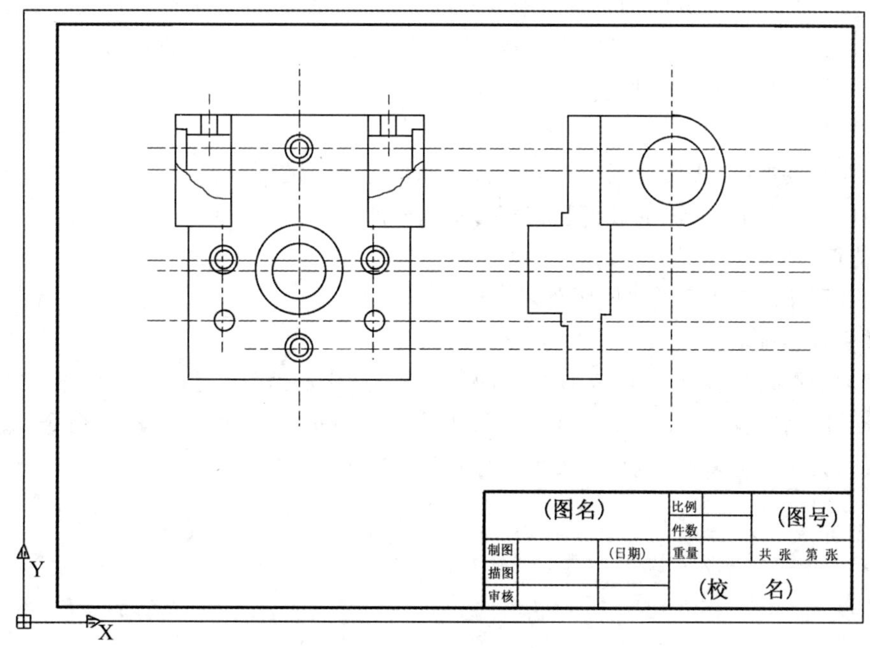

图 16-18 绘制侧视图轮廓

⑥添加剩余的直线段，完成侧视图的绘制。上下两个圆也完全重复，绘制出一处以后，使用右键快捷菜单中的“带基点复制”命令，以轴的一端点为基点进行复制粘贴。

⑦在需要的地方添加剖面的示意波浪线，关闭捕捉功能，选择“绘图”|“样条曲线”命令，绘制与相关轮廓线相交的曲线。

⑧选择“绘图”|“图案填充”命令，添加剖面线。单击“拾取点”按钮，用光标拾取图形中任意一点，程序将会自动分析并选中此点所在的最小封闭区域，按回车键，再进入“图案填充和渐变色”对话框。选择填充图案为“ANSI31”，角度为 0，比例不 1。单击“确定”按钮，完成剖面线的填充。

⑨选择“标注”|“线性”命令，对普通长度进行标注，选择“标注”|“半径”和“标注”|“直径”命令，对直径和半径进行标注。工程图纸标注应遵循先整体后局部的原则，取某一条或者几条直线为基准，标注时尽量与基准靠拢。最终的效果如图 16-14 所示。

16.3.4 箱类零件图

(1)用途

箱体类零件多为铸造件，一般可起支撑、容纳、定位和密封等作用。

(2)表达方法

①箱体类零件多数经过较多工序制造而成，各工序的加工位置不尽相同，主视图主要按形状特征和工作位置确定。

②结构形状一般较复杂，常需用三个以上的基本视图进行表达。

③视图投影关系一般较复杂，常会出现截交线和相贯线；由于它们是铸件毛坯，所以经常会遇到过渡线，要认真分析。

(3)尺寸标注

①长度、宽度、高度方向的主要基准为孔的中心线、轴线、对称平面和较大的加工平面。

②它们的定位尺寸较多，各孔中心线(或轴线)间的距离要直接标注出来。

③定形尺寸仍用形体分析法标注。

(4)技术要求

①箱体重要的孔、表面一般应有尺寸公差和形位公差的要求。

②箱体重要的孔、表面的表面粗糙度参数值较小。

(5)范例

绘制如图 16-19 所示的箱类零件图。

具体操作步骤如下：

①调用 A4 标准图，绘制中心线和轮廓线。打开“中心线”图层，选择“绘图”|“直线”命令，按照图幅的位置先绘制出 1、2、3、4、5 号中心线。再选择“绘图”|“偏移”命令，偏移出主视图的左右及上下轮廓线，以确定大概绘图位置，如图 16-20 所示。

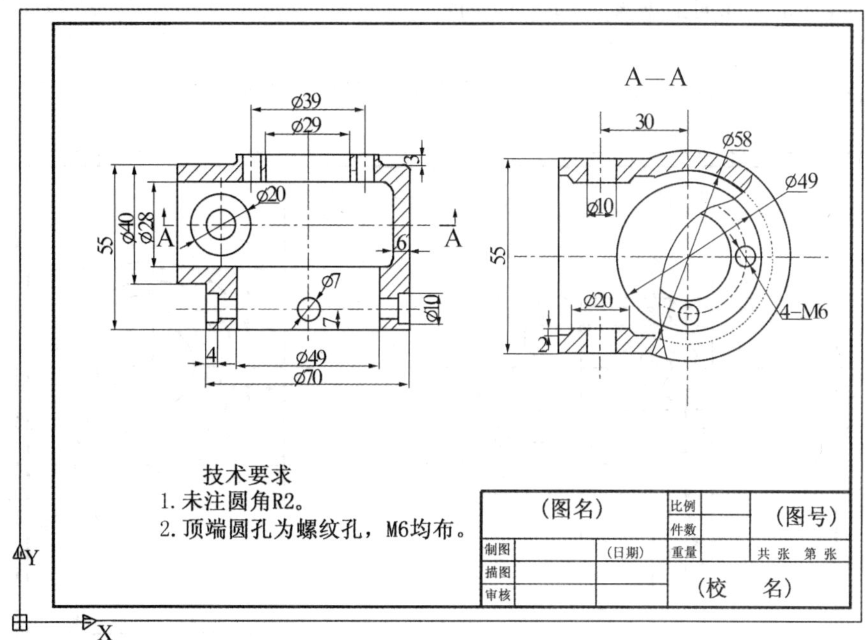

图 16-19 箱体的二视图

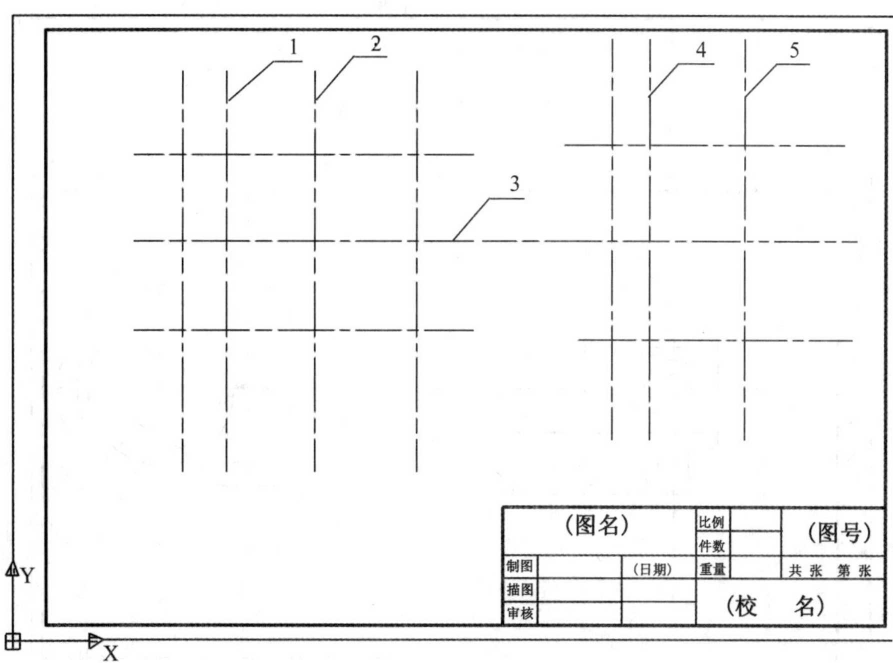

图 16-20 绘制轮廓线及中心线

②选择所绘制的轮廓线，改变线的属性为粗实线。选择“绘图”|“偏移”命令，根据图示尺寸偏移主视图中的直线段。选择“绘图”|“圆”命令，以 1、3 号线的交点为圆心，绘制∅10、∅20 的圆；以 3、5 号线的交点为圆心，绘制 A-A 视图的同心圆∅70、∅58、∅49、∅39、∅

29;以主视图下轮廓线向上偏移 7 与 2 号线的交点为圆心,绘制∅7 的圆。结果如图 16-21 所示。

③选择“修改”|“修剪”命令,对图形进行必要的修剪,得到如图 16-22 的效果。

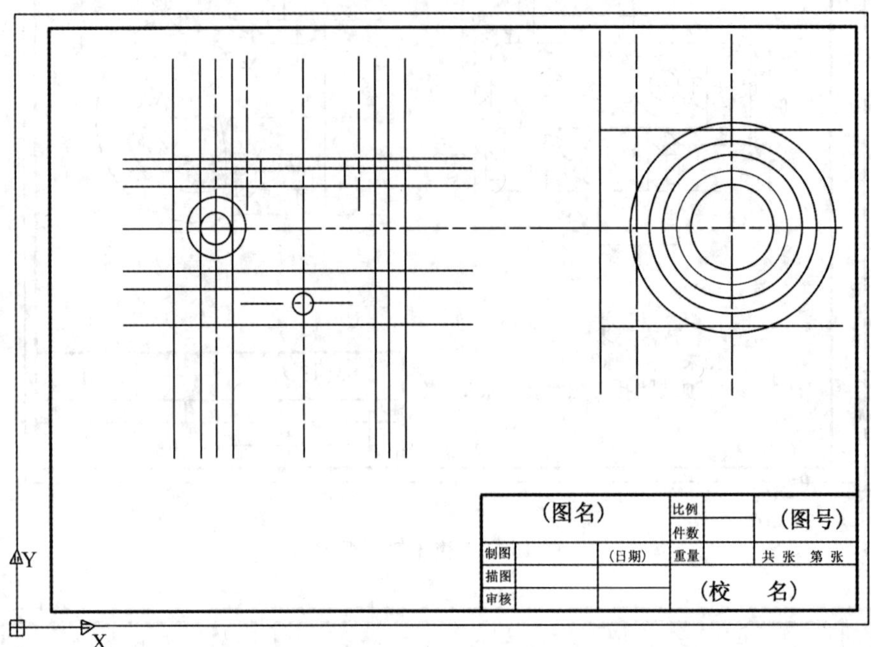

图 16-21　偏移线段绘制圆

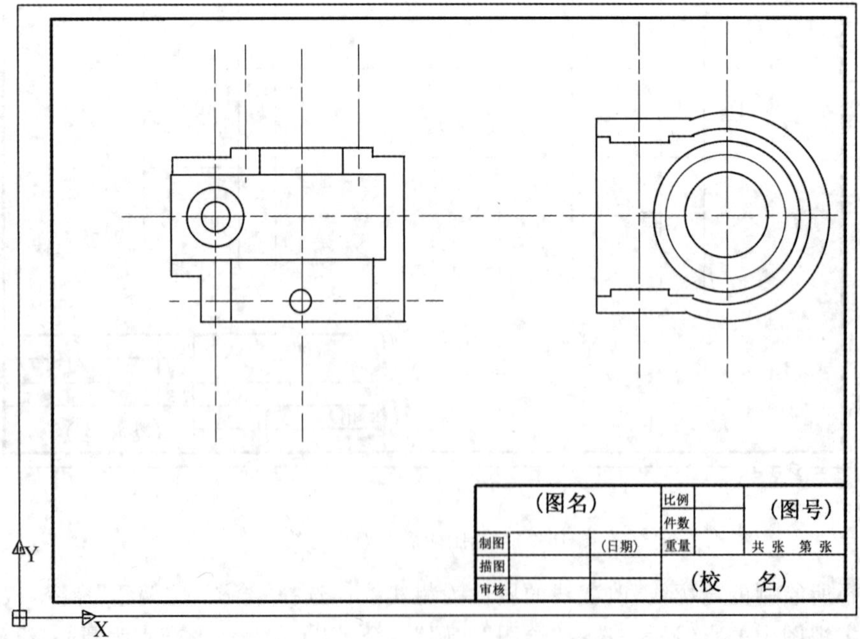

图 16-22　修剪线段后的效果

④采用“绘图”|“偏移”命令，绘制各部小孔等细部。选择“绘图”|“样条曲线”命令，绘制A-A视图中左侧的局部剖视图波浪线。选择“修改”|“修剪”命令，剪掉多余的线段。

⑤打开“虚线”图层，选择“绘图”|“圆”命令，以3号与5号线的交点为圆心，绘制直径为∅58的虚线圆，以∅39的圆与3、5号线的交点为圆心，绘制∅6的圆，效果如图16-23所示。

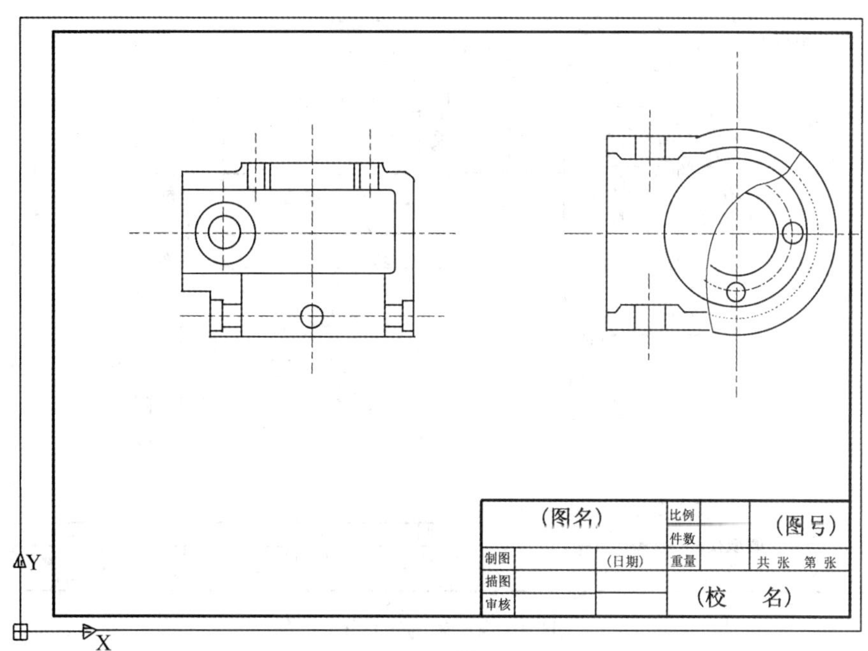

图16-23 绘制小孔等细部后的效果

⑥选择“绘图”|“图案填充”命令，添加剖面线。单击“拾取点”按钮，用光标拾取图形中任意一点，程序将会自动分析并选中此点所在的最小封闭区域，按回车键，再进入“图案填充和渐变色”对话框。选择填充图案为“ANSI31”，角度为0、比例为1。单击“确定”按钮，完成剖面线的填充。

⑦选择“标注”|“线性”命令，对普通长度进行标注，选择“标注”|“直径”命令，对直径进行标注。工程图纸标注应遵循先整体后局部的原则，取某一条或者几条直线为基准，标注时尽量与基准靠拢。最终的效果如图16-19所示。

16.4 思考练习题

16.4.1 填空题

(1)完整的零件图必须包含以下几项内容：________、________、________和________。

(2)在实际工作中绘制零件图，可分为________和________两种途径。

(3)选择零件的主视图一般应从主视图的________和零件的________两方面来考虑。

(4)零件图有几个典型的分类，本章实例上机实训指导把零件图分为________、________、________和________四大类。

16.4.2 上机练习题

(1)绘制如图16-24所示的轴的零件图。

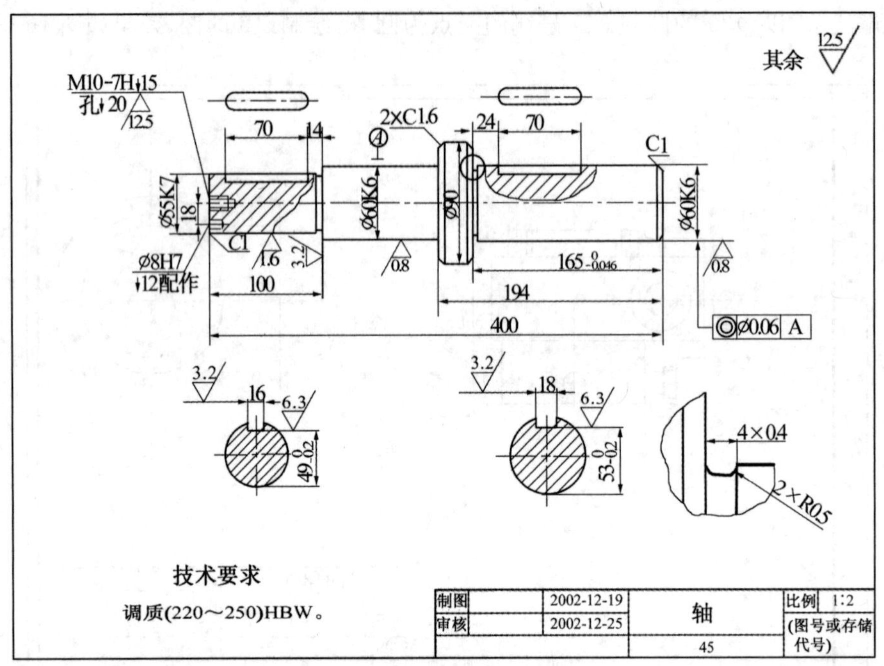

图 16-24　轴的零件图

(2)绘制如图16-25所示的柱塞套的零件图。

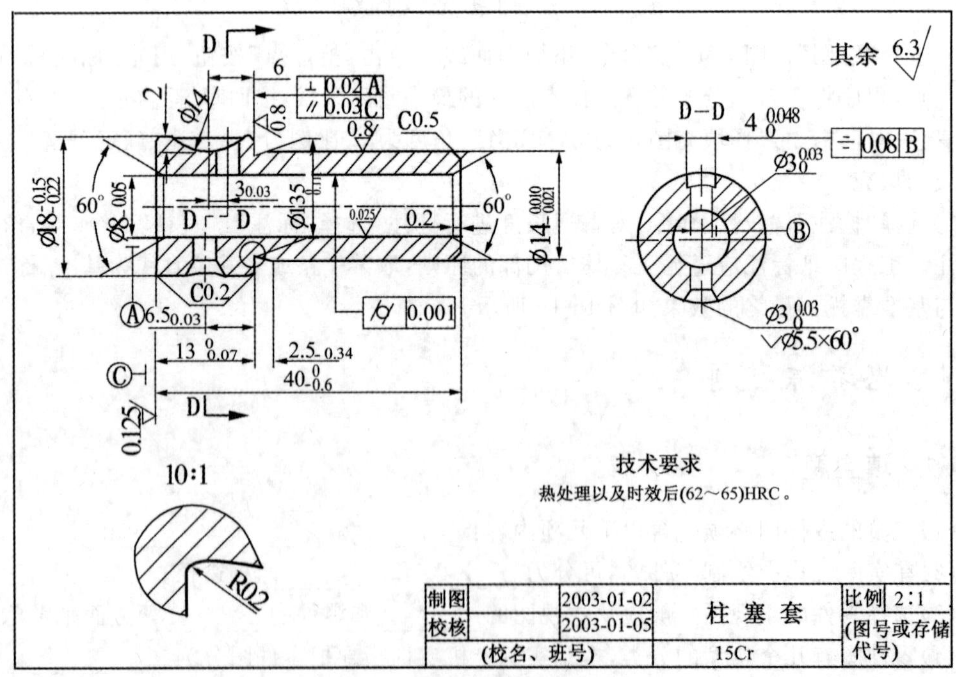

图 16-25　柱塞套零件图

(3)绘制如图 16-26 所示的压盖零件图。

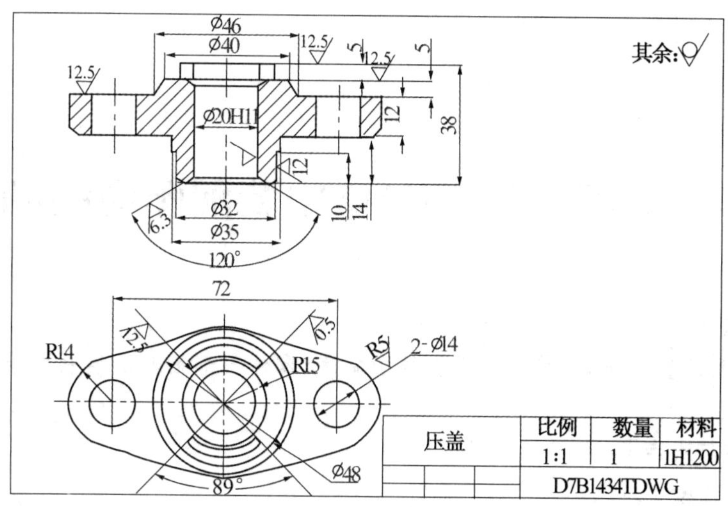

图 16-26 压盖零件图

(4)绘制如图 16-27 所示的阀体零件图。

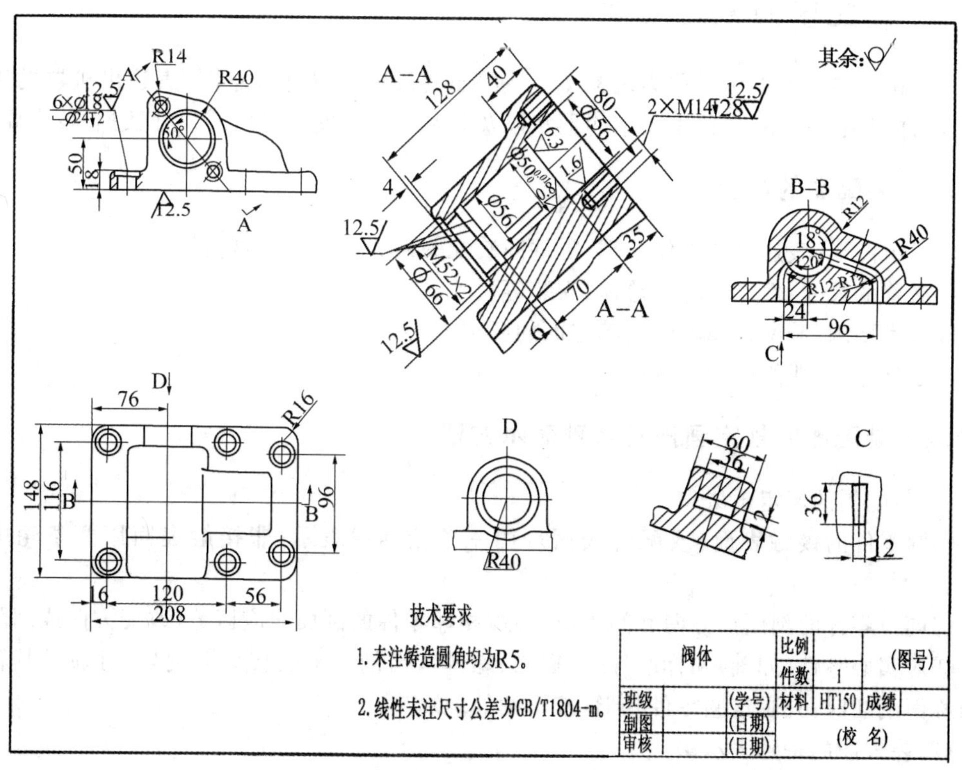

图 16-27 阀体零件图

第17章　AutoCAD中装配图的绘制

［教学目标］

了解装配图的基本知识，掌握采用直接绘制法、零件图形插入法绘制中等难度装配图的方法。

［教学重点与难点］

1. 装配图的基础知识
2. 装配图绘制的基本方法
3. 装配图绘制范例上机实训指导

17.1　装配图的基础知识

表达机器或部件的图样称为装配图。装配图要反映出设计者意图，表达出机器的工作原理、零件间装配关系、零件主要结构形状以及装配、检验、安装时所需尺寸数据、技术要求。

17.1.1　装配图的内容

①一组图形：表达机器工作原理、零件间装配关系、零件主要结构。

②必要的尺寸：性能、装配、总体、安装等尺寸。

③技术要求：装配、检验、使用等方面的要求。

④零件序号、明细栏和标题栏。

17.1.2　装配图的规定画法及特殊表示方法

(1)装配图的规定画法

①两零件的接触表面(或配合表面)，用一条轮廓线表示；非接触表面用两条轮廓线表示。

②同一零件的剖面线方向和间隔应一致，相邻零件的剖面线应区分(改变方向或间隔)。

③对实心零件(如轴)和标准件(如螺栓、螺母)，当剖切平面按纵向剖切，且通过其轴线或对称面剖切时，只画这些零件外形(按不剖处理)。

(2)装配图的特殊表示法

①拆卸画法：将某些零件拆卸后绘制欲表达的部分。

②沿结合面剖切画法：沿零件的结合面将部件剖切后投射。

③单独表示某个零件：根据需要单独画出某个零件。

④夸大画法：薄片零件、微小间隙夸大画出。

⑤假想画法：相邻零、部件用双点画线画出。

⑥展开画法:空间结构展开在平面上。

⑦简化画法:工艺结构(圆角、倒角等)可不画。

17.1.3 装配图中的尺寸标注

①性能尺寸(规格尺寸):它是表示机器或部件的性能和规格的尺寸。

②装配尺寸:配合尺寸、相对位置尺寸。

③外形尺寸:它是机器或部件的外形轮廓的尺寸,即总长、总宽、总高。

④安装尺寸:机器或部件安装在地基上或与其他机器或部件相连接时所需的尺寸,就是安装尺寸。

⑤其他重要尺寸:设计时需要保证而又未包括在上述四类尺寸之中的重要尺寸。这种尺寸是在设计中经过计算确定或选定的尺寸,在拆画零件时,不能改变。

17.1.4 装配图中的技术要求

①装配体的性能、安装、使用等要求。

②装配体的制造、检验等要求。

③装配体对润滑和密封等的特殊要求。

17.1.5 装配图的零、组件序号及明细栏、标题栏

(1)零、组件序号及其编排方法

①单个零、组件序号编排方法如图 17-1 所示。同一图样中形式应一样。指引线可以曲折一次。指引线不应与剖面线平行,指引线不能相交。

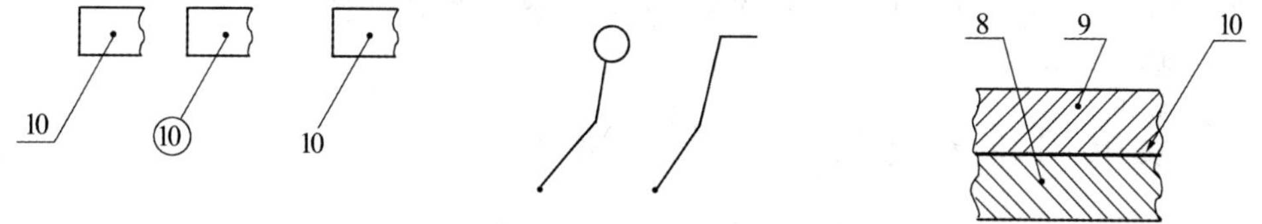

图 17-1 序号的编注方式(一)

②一组紧固件或装配关系清楚的零件组可按图 17-2 所示的方式编排。

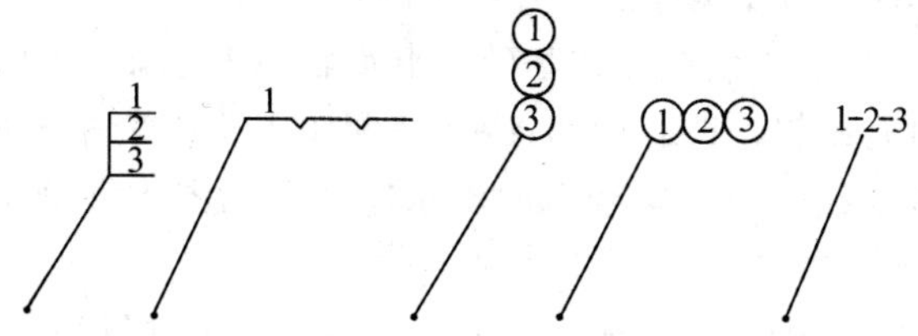

图 17-2 序号的编注方式(二)

③序号字比尺寸数字大两号。

④各序号按水平、竖直排成直线,优先采用不分视图的全图顺时针或逆时针排列。

(2)标题栏和明细栏

装配图的明细栏画在标题栏上方。明细栏中,零件序号编写顺序是从下向上,如图 17-3 所示。

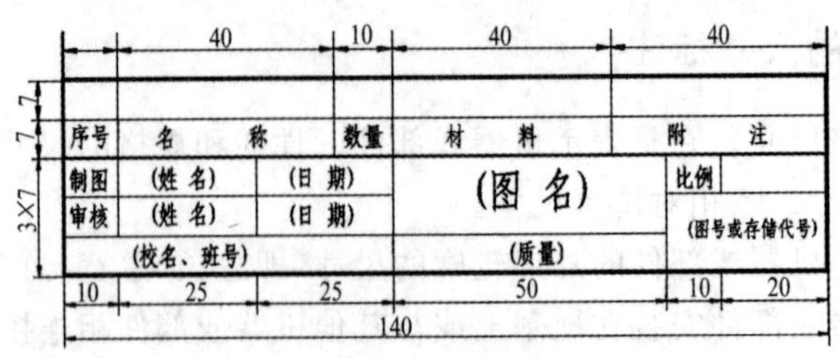

图 17-3 装配图的标题栏和明细栏

17.2 装配图绘制的基本方法

装配图的绘制方法主要包括以下几种:直接绘制装配图、零件图形文件插入拼画装配图、零件图块插入拼装装配图、使用设计中心资源拼画装配图。

(1)直接绘制装配图

直接绘制装配图是指像绘制零件图一样绘制装配图,一般用来绘制较简单的装配图。

(2)零件图形文件插入法

零件图形文件插入法是指将已经绘制好的零件图插入(复制)到装配图中,然后再进行适当的修剪,得到装配图的方法。

(3)零件图块插入法与设计中心插入法

零件图块插入法就是将绘制好的零件图创建成块,然后再插入块,并进行修剪、移动拼装得到装配图。基本操作方式与零件图形文件插入法相同,不同的是通过创建块、插入块来完成零件图的复制工作。

17.3 装配图绘制范例上机实训指导

——用文件插入法拼画如图 17-4 所示滑动轴承座的装配图

图 17-5、图 17-6、图 17-7、图 17-8 是由 AutoCAD 绘制的滑动轴承座、轴承盖、下、上轴衬的零件图,螺栓、螺母和油杯等已做成了公共图块,则可按下述步骤拼画滑动轴承装配图。

①调用 A2 样板图,绘图环境可根据需要进行修改。

②选择基础零件作为拼画装配图的基础。滑动轴承的基础是轴承座,所以复制一张轴承座零件图,并对其进行编辑修改。例如:删除装配图上不需要的表面粗糙度符号,关闭尺寸线层、文字图层和剖面线层等。修改后的轴承座视图如图 17-9 所示,并以此图作为拼画装配图的基础。

③插入轴承盖和上、下轴衬。在插入之前也需对零件图进行修改和编辑,删除多余的尺寸、表面粗糙度、剖面线等,如图 17-10 所示插入轴承盖视图;选择可用部分用移动命令插入到基础图的相应视图中,如图 17-11 所示;删除多余的图线,调整轴承盖左视图至相应位置。如图 17-12 所示。

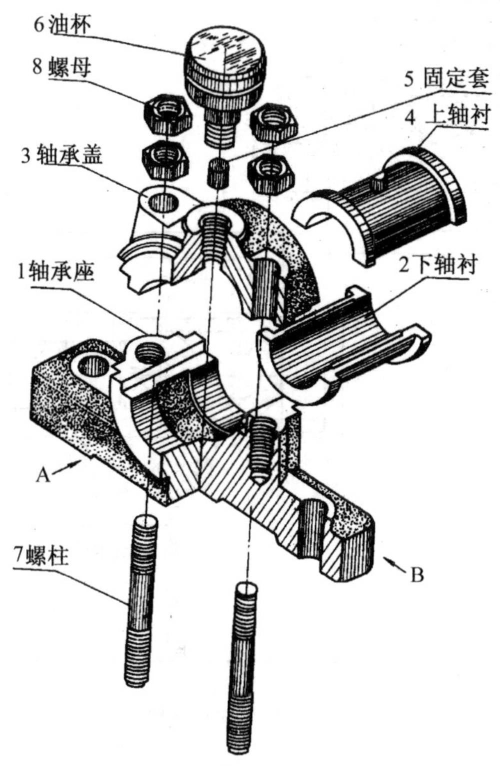

图 17-4 滑动轴承装配示意图

④补画轴承座左视图，插入螺栓、螺母、油杯等。按相同比例插入螺栓、螺母等标准件图块并对被遮部分进行消隐或修剪、删除等操作。

⑤整理视图、标注尺寸、对零件进行编号、绘制并填写明细栏等。整理视图时可绘制出剖面线及其它细小结构等，标题栏和明细栏可以做到样板图中，这样将更便于装配图的绘制；检查全图并修改，保证视图正确，如图 17-13 所示。

⑥存盘或打印输出。

注意：在拼画装配图时，每插入一个零件图后都要作适当的编辑和修改，不要把所有的零件都插入后再修改，这样由于图线太多，修改将变得非常困难。

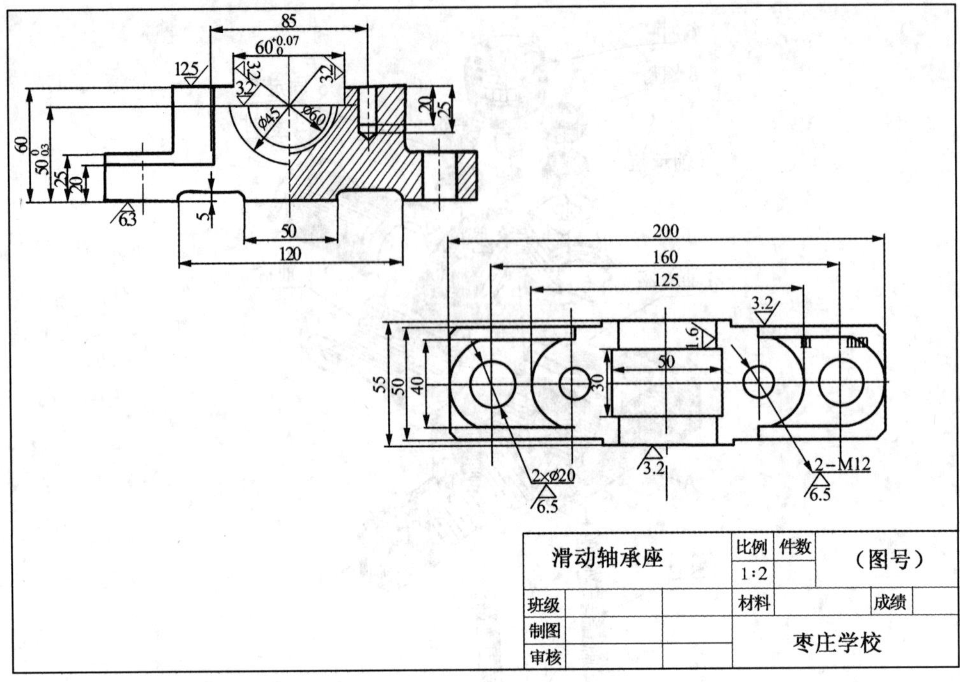

图 17-5　滑动轴承

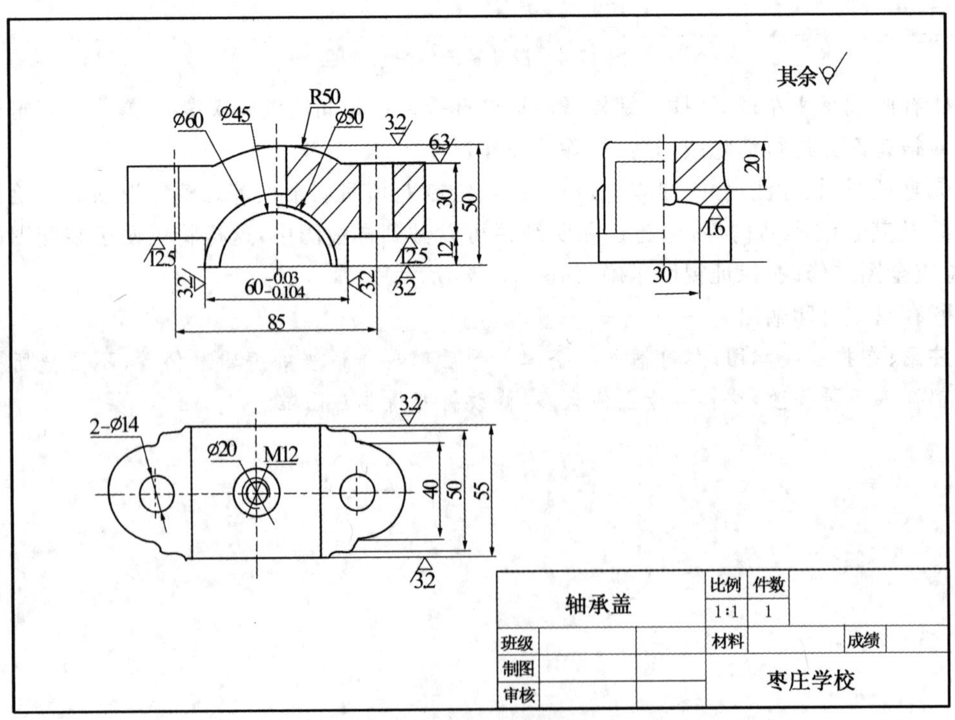

图 17-6　滑动轴承盖

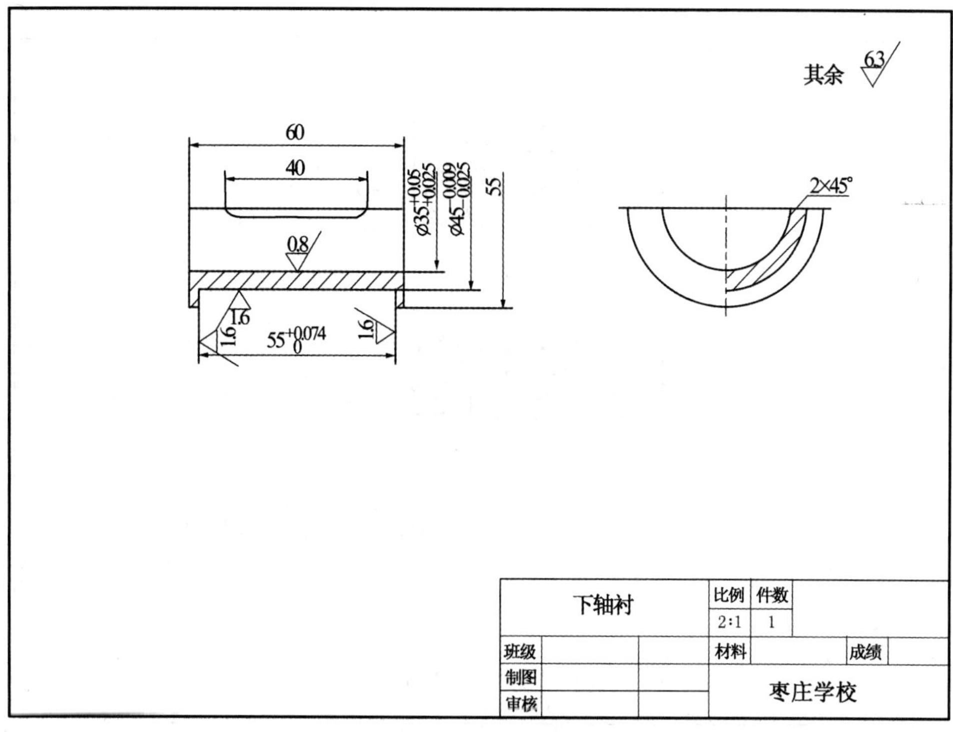

图 17-7 下轴衬

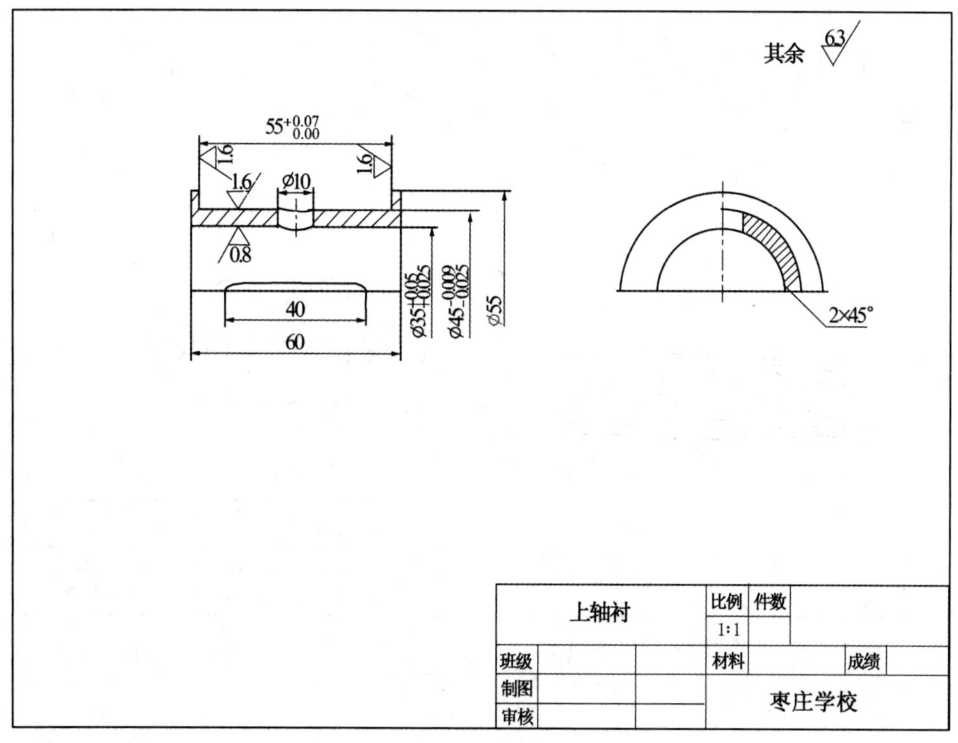

图 17-8 上轴衬

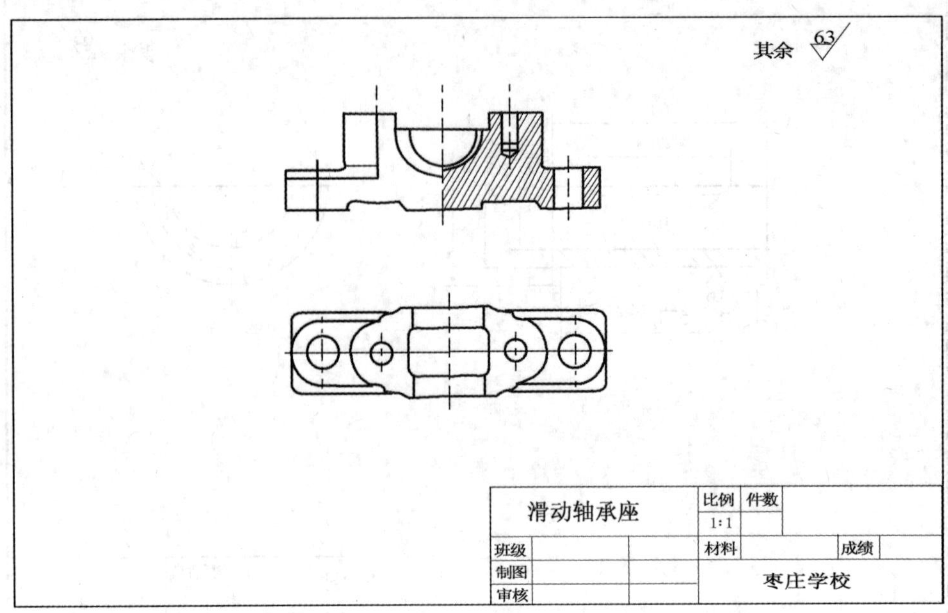

图 17-9　修改后的轴承座

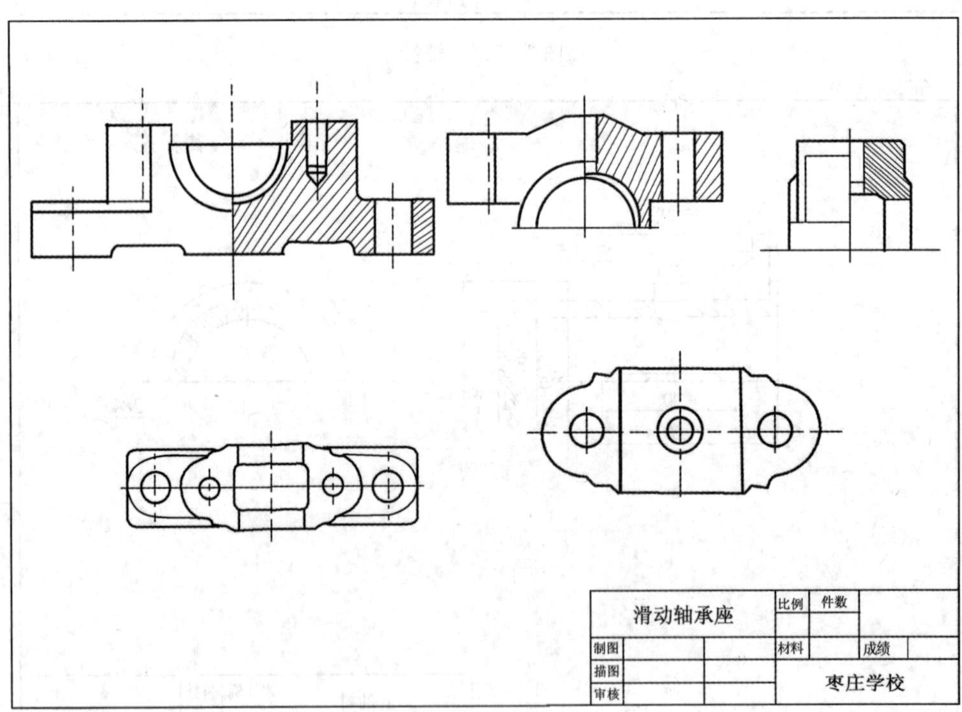

图 17-10　插入轴承盖

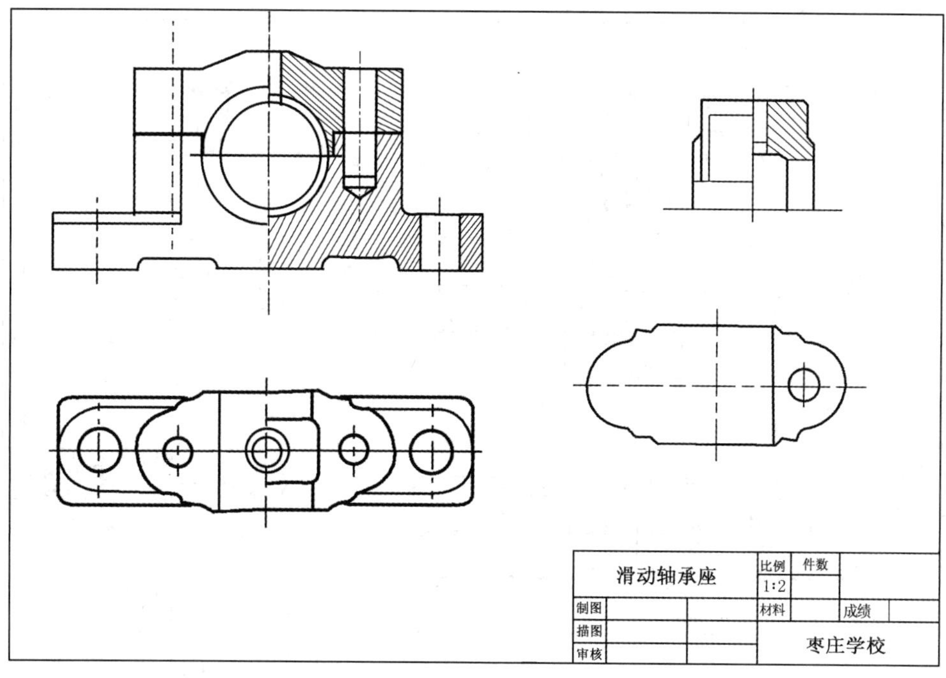

图 17-11 插入其他部分

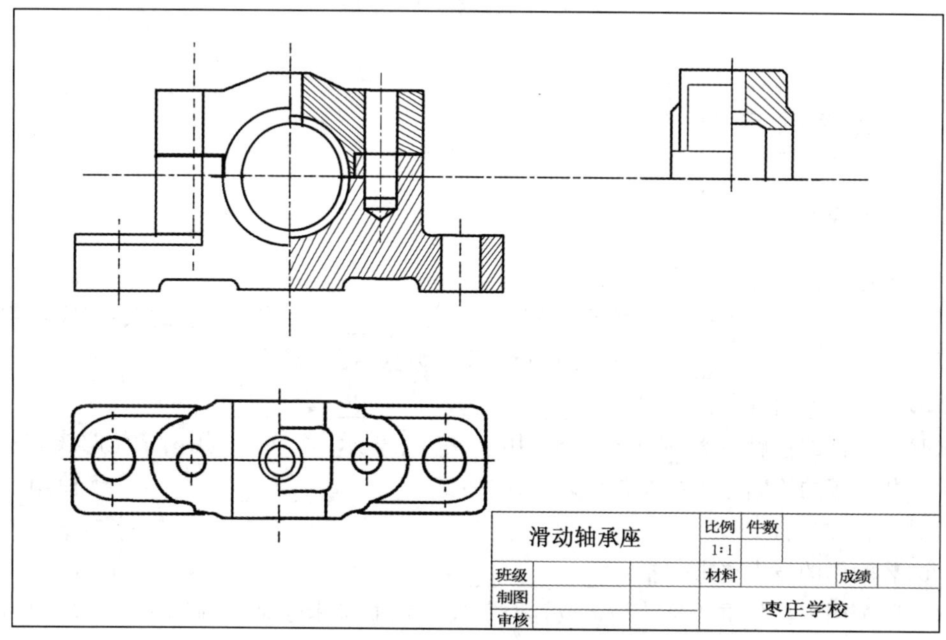

图 17-12 调整轴承盖左视图

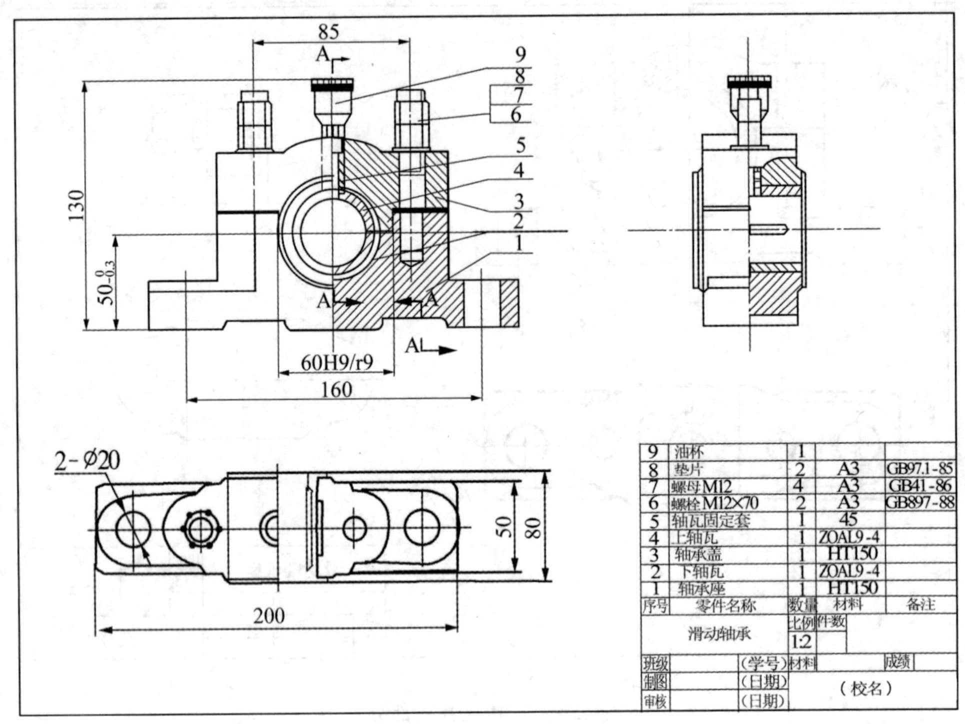

图 17-13　完成滑动轴承座

17.4　思考练习题

17.4.1　填空题

(1)表达机器或部件的图样称为____________。

(2)装配图要反映出设计者意图,表达出机器的________、零件间装配关系、零件主要结构形状以及________、________、安装时所需尺寸数据、技术要求。

(3)装配图的内容包括________、________、________、________。

(4)两零件的接触表面(或配合表面)用________表示,________用两条轮廓线表示。

(5)装配图的绘制方法主要包括以下几种:________、________、________、使用设计中心资源拼画装配图。

(6)装配图的技术要求包括:________,________,________。

(7)装配图中其他重要尺寸是指设计时需要保证而又未包括在前四类尺寸之中的________。这种尺寸是在设计中经过________或________,在拆画零件时,不能改变。

17.4.2　上机练习题

(1)利用图 17-15、图 17-16、图 17-17 所示的零件图所给出的尺寸,拼画图 17-14 所示的机用虎钳装配图。

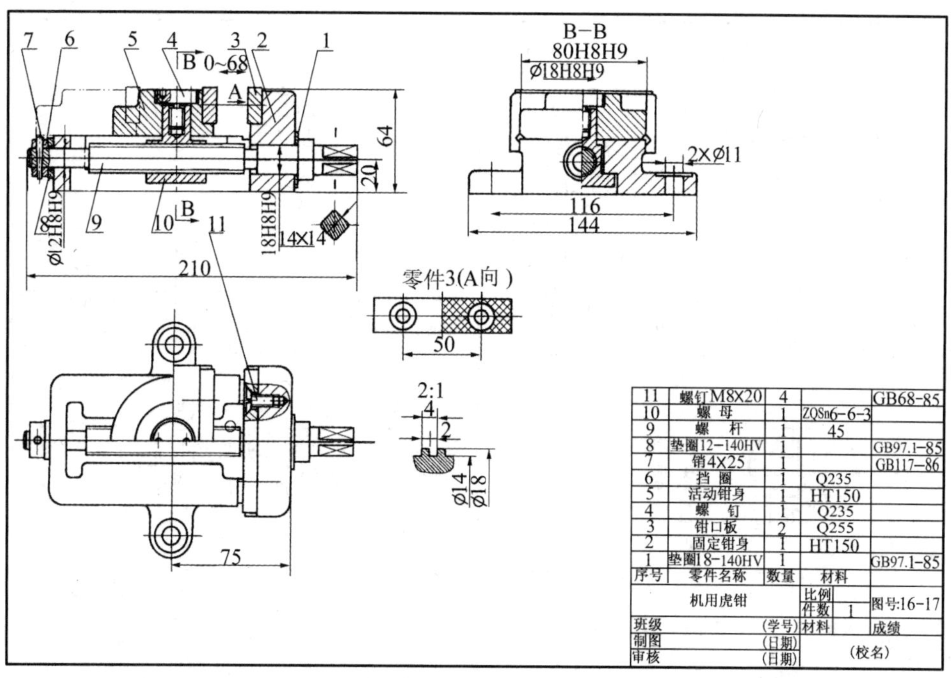

11	螺钉M8X20	4		GB68-85
10	螺　母	1	ZQSn6-6-3	
9	螺　杆	1	45	
8	垫圈12-140HV	1		GB97.1-85
7	销4X25	1		GB117-86
6	挡　圈	1	Q235	
5	活动钳身	1	HT150	
4	螺　钉	1	Q235	
3	钳口板	2	Q255	
2	固定钳身	1	HT150	
1	垫圈18-140HV	1		GB97.1-85
序号	零件名称	数量	材料	

机用虎钳		比例		图号:16-17
		件数	1	
班级	(学号)	材料		成绩
制图	(日期)	(校名)		
审核	(日期)			

图 17-14　机用虎钳装配图

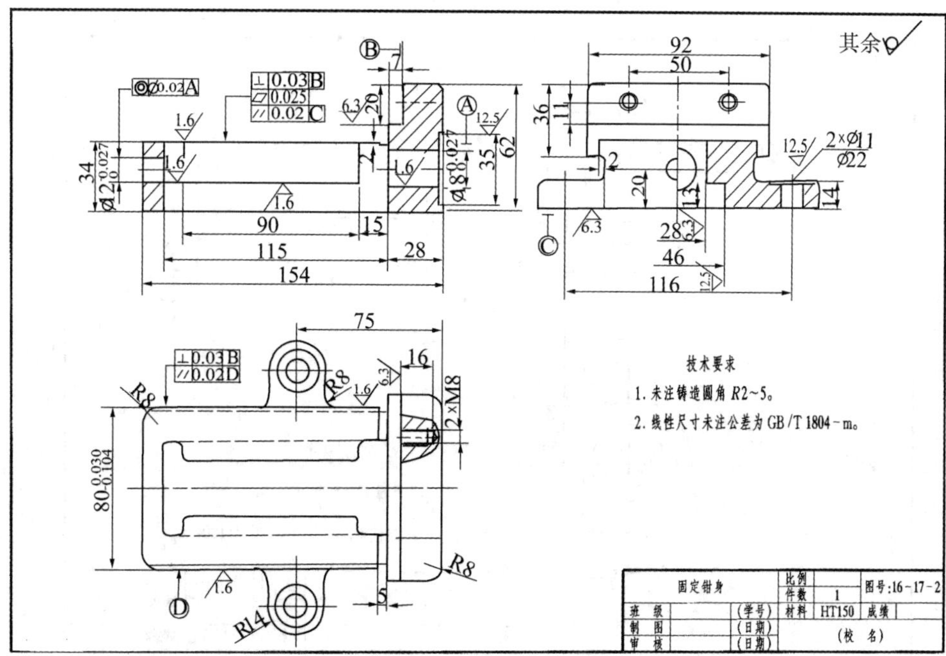

图 17-15　固定钳身零件图

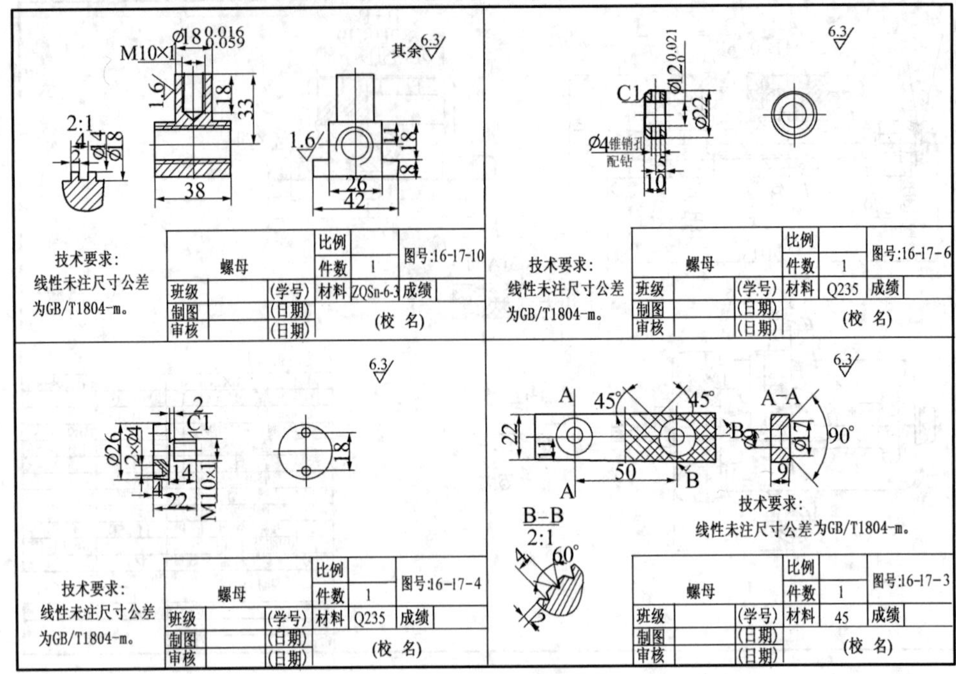

图 17-16　螺母、螺钉等零件图

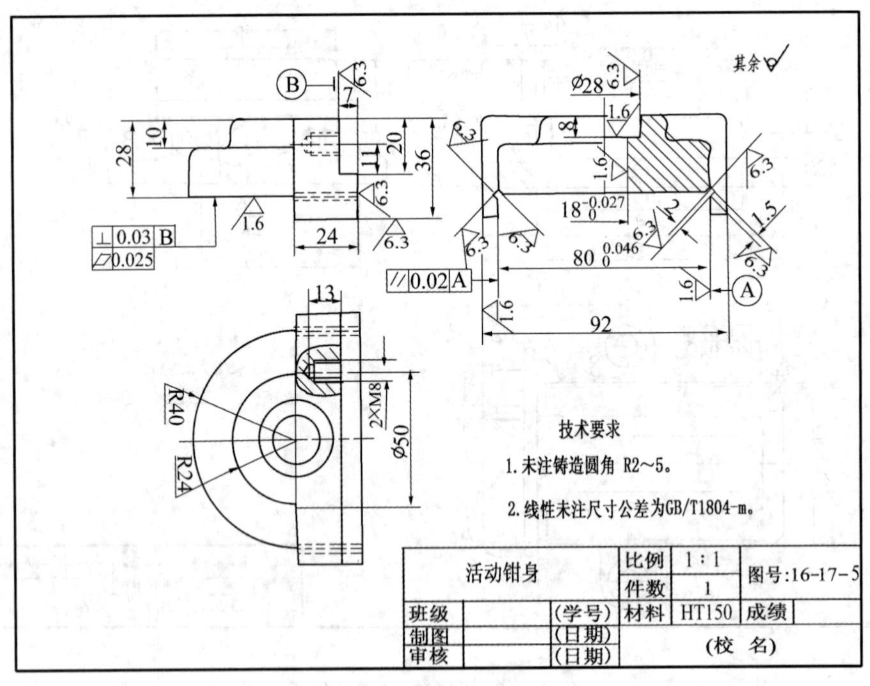

图 17-17　螺杆零件图(a)

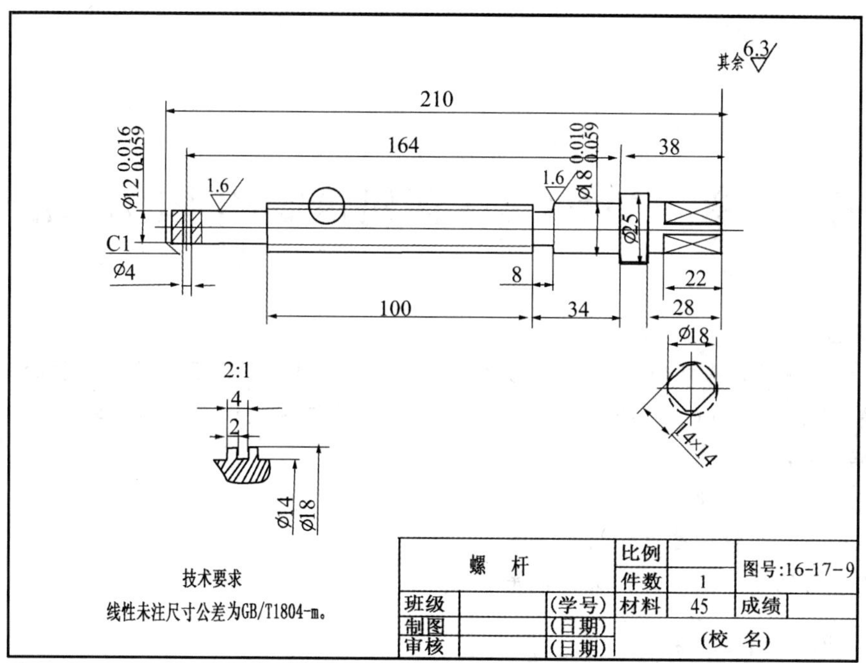

图 17-17 螺杆零件图(b)

第 18 章　AutoCAD 在建筑制图中的应用

[教学目标]

了解建筑制图的基础知识，熟悉建筑制图标准的各种规定、各类建筑图绘制的一般规定和方法，掌握使用 AutoCAD 绘制建筑平面图、建筑立面图和剖面图辅助线的方法。

[教学重点与难点]

1. 建筑制图的基础知识
2. 建筑制图中特殊符号的绘制方法
3. 建筑图纸绘制范例上机实训指导

18.1　建筑制图的基础知识

18.1.1　建筑制图的概念及分类

建筑制图也称为房屋建筑设计，通常分为初步设计、技术设计和施工设计三个阶段。在初步设计阶段，通常需要绘制建筑的总平面图、平面图、立面图和剖面图，从而确定房屋的形状及主要尺寸。在施工图阶段，通常需要根据结构方案和构造方案，绘制出一套完整的施工图纸。

房屋建筑施工图包括建筑施工图、结构施工图、设备施工图和电器施工图。通常情况下所指的是建筑施工图和结构施工图，统称为建筑施工图。

从不同类别分，建筑施工图由施工图主体、文字说明、尺寸标注和辅助定位轴线等几部分组成。施工图主体又分别由墙体、门窗、家具和电器组成。在 AutoCAD 中，用户可以建立不同的图层，然后在不同的图层上进行同一类对象的绘制。

18.1.2　建筑制图标准

建筑制图中应遵守的国家标准有《房屋建筑制图统一标准》、《总图制图标准》、《建筑制图标准》、《建筑结构制图标准》、《给水排水制图标准》和《暖通空调制图标准》等 6 项。《房屋建筑制图统一标准》是房屋建筑制图的基本规定，适用于总图、建筑、结构、给水排水、暖通空调和电气等各专业制图。

18.1.3　常用建筑材料的表示方法

在建筑制图中，建筑材料通常用各种专业图例来表示。常用的建筑材料图例标准中都有严格的规定。一般在建筑剖面图和建筑详图中会用到建筑材料图例。

在 AutoCAD 中，可以采用图案填充的方法给建筑制图添加图例。另外，如果系统提供的图例不能满足用户的需要，用户也可以根据建筑制图的标准自己绘制图例，并将绘制的图例保存为外部图形图块，建立自己的图例库。

18.2 建筑制图中特殊符号的绘制方法

在建筑制图中，有很多特别的符号可以用来辅助用户读图。建筑制图中的符号包括剖切符号、索引符号、详图符号、引出线、对称符号、连接符号和指北针等。这些符号都有严格的尺寸规定，用户可以查阅相关建筑制图标准。符号的绘制比较简单，通过最基本的二维绘图和编辑工具就可以完成。

18.2.1 指北针绘制

绘制如图 18-1 所示的指北针，指北针圆半径为 24mm，用细实线绘制。指北针尾部宽为 3mm，指北针头部应标注“北”或者“N”字，字体高度 3mm。

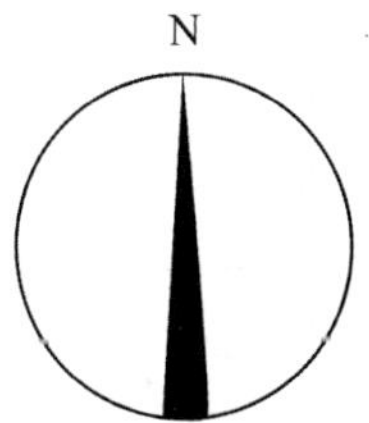

图 18-1 绘制完成的指北针

具体操作步骤如下：

①调用“绘图”|“圆”|“圆心、半径”命令，在绘图区中任意指定圆的圆心，输入圆半径为1200，单击“构造线”按钮“/”，绘制一条过圆心的垂直构造线。

②单击“修改”工具栏中的“偏移”按钮“△”，输入偏移距离为 150，向构造线两侧偏移构造线。

③打开状态栏上的“对象捕捉”功能，单击“直线”按钮“/”，在图 18-2 所示的 1 点和 2 点，以及 1 点和 3 点之间绘制直线，绘制完成后，删除两条偏移的辅助线。

④选择“绘图”|“文字”|“单行文字”命令，给指北针添加文字。

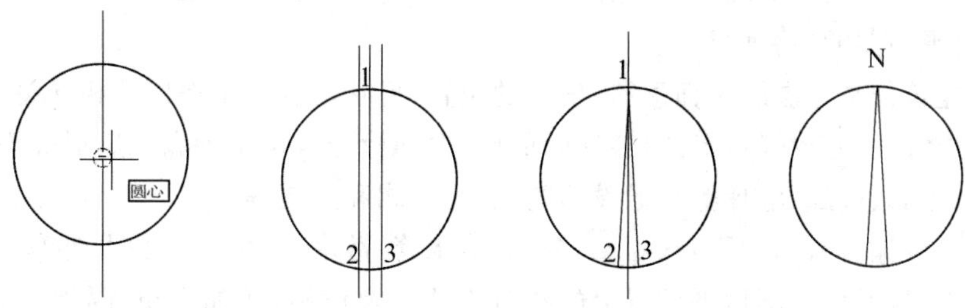

图 18-2 指北针绘制过程

⑤选择“绘图”|“图案填充”命令，在弹出的“图案填充与渐变色”对话框中，选择“图案填充”选项，在“图案”下拉菜单中选择名称为“SOLID”的填充图案，为指北针填充图案，效果如图 18-1 所示。

注意:本例是在建筑图常用绘图环境中绘制的,绘图界限设置为 29700×42000,因此在绘图区中,圆直径为 2400,指北针尾部宽为 300,文字高度为 300。

18.2.2 定位轴线的绘制

在建筑制图中,定位轴线是用来确定房屋主要结构或构件的位置及其标志尺寸的,因此在施工图中凡承重墙、梁、柱、屋架等主要承重构件的位置均应该画上定位轴线,并进行编号。《房屋建筑制图统一标准》规定,定位轴线应用细点划线绘制,编号应注写在轴线端部的圆内。圆应用细实线绘制,直径为 8~10mm。定位轴线圆的圆心必须在定位轴线上或者延长线的折线上。

定位轴线可以用“直线”命令,或者“构造线”命令结合“修剪”命令来绘制,图 18-3 所示是常见的几种轴线。

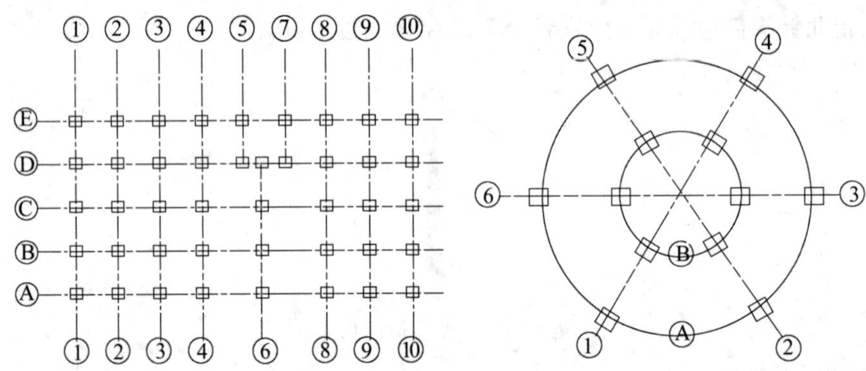

图 18-3 常见的定位轴线

18.3 建筑图纸绘制范例上机实训指导

18.3.1 绘制建筑平面图

建筑平面图是使用假想的一个水平剖切面,将建筑物在某层门窗洞口范围内剖开,并移去剖切平面以上的部分,对剩下的部分作水平面的正投影图所形成的。

(1)建筑平面图的主要内容

①反映建筑物某一层的平面形状,房屋的位置、形状、大小、用途以及相互关系。

②墙柱位置、尺寸、材料、形式,各房间的门、窗的标号以及位置和开启形式等。

③门厅、走廊、楼梯、电梯等交通设施的位置、形式和走向等。

④其他的设施、构造,如阳台、雨篷、台阶、落水管、散水、卫生器具和水池等。

⑤属于本层,但位于剖切平面以上的建筑构造以及设施,例如高窗、隔板、吊柜等(按规定采用虚线表示)。

⑥一层平面图应包括指北方向、建筑剖面的剖切位置,室内外地平面标高等。

⑦表明主要楼、地面及其他主要台面的标高,注明总尺寸、定位轴线间的尺寸和细部尺寸。

⑧屋顶平面图要标明屋面的平面形状、屋面坡度、排水方式、雨水口位置、挑檐、女儿墙、烟囱、上人孔、电梯间和水箱间等构造和设施。

⑨在有详图的部位，注有详图的索引符号。

⑩图名和绘制比例。

(2)平面图绘制一般规定

平面图在比例、定位轴线、线型、图例、尺寸标注、索引符号等方面有如下规定。

①比例：绘制平面图常用的比例有1∶50、1∶100和1∶200，一般采用1∶100的比例。当建筑物过小或过大时，可以选择1∶50或1∶200的比例。但在AutoCAD模型空间中绘图时，一般采用1∶100比例绘图，此规定可以在布局空间用于设置布局的出图比例，也用于样板图中尺寸标注样式、文字样式等的设置。

②定位轴线：凡是承重墙、柱子等主要承重构件都应该绘出轴线来确定位置。定位轴线采用细点画线表示，并给予编号。绘制轴线时一般根据图面布置，首先确定“A”和“1”轴线，然后依次画出其他轴线。轴线端部的圆圈采用细实线绘制，平面图上定位轴线的标号一般放在图的下方与左侧，有时当平面图过于复杂时，图上方和右侧也放置轴线。横向编号一般采用阿拉伯数字，从左至右顺序编写；竖向标号采用大写的拉丁字母，自上而下编写。但是大写拉丁字母中的I、O、Z不能作为轴线编号，以防止它们和数字相互混淆。

③线型：在建筑平面图中，被剖切到的墙、柱的断面轮廓线采用粗实线绘制，门的开启线采用中实线绘制，其余可见轮廓线采用细实线绘制，尺寸线、标高符号、定位轴线的圆圈、轴线等用细实线和点画线绘制。

④图例：平面图中所有的构件都应采用国家有关标准规定的图例来绘制，而相应的具体构造应在建筑详图中采用放大的比例来绘制。常用构件及配件的图例可以查阅有关建筑规范。

⑤尺寸标注：在建筑平面图中，平面图轮廓外的尺寸称为外部尺寸，主要有3道。第1道尺寸主要标明外墙门框洞口宽度及定位尺寸，同时标明窗间墙的宽度；第2道标明定位轴线距离，表明开间和进深的尺寸；第3道尺寸反映建筑物该层的总长度和总宽度。在外墙外轮廓内，应注明必要的尺寸，如房间的净尺寸，内墙上门、窗洞口宽，定位尺寸和内墙宽度。对于首层建筑物平面图，还应该标明室外台阶、散水等尺寸，有时候还要标明预留洞口的位置和标高等。

⑥详图索引符号：一般在屋顶平面图附近应有檐口、女儿墙和雨水口等构造详图，以配合平面图的识读。在建筑平面图中，凡是需要绘制详图的地方都要标注详图符号。索引符号的圆和水平直径均以细实线绘制，圆的直径一般为10mm；详图符号的圆圈直径为14mm，应以粗实线绘制。

(3)平面图绘制一般方法

平面图的绘制可以通过两种方法来完成。一种是通过三维模型自动生成，这种方法需要有三维绘图模型，不常用。另一种是使用二维绘图命令直接绘制完成，具体的步骤如下：

①设置绘图环境或者调用已设置好的样板图文件。

②绘制定位轴线：定位轴线通常使用“构造线”、“复制”、“偏移”、“修剪”等命令。

③绘制墙线：使用“多线”命令，并通过对多线的编辑绘制完成。

④绘制柱网：通常为方柱或圆柱，采用“矩形”或“圆”命令绘制，并保存为图块，使用对象

捕捉功能，捕捉定位轴线相交点插入柱子图块即可。

⑤绘制门窗：门窗通常使用“直线”、“圆弧”、“修剪”命令绘制，并保存为图块，然后插入到墙线中。

⑥绘制楼梯、卫生间：楼梯采用“直线”、“偏移”和“修剪”命令完成，卫生间物品通常采用“直线”、“圆弧”、“样条曲线”、“修剪”命令绘制而成，并保存为图块，然后插入即可。

⑦尺寸标注：尺寸标注通常使用“线性”、“连续”标注命令。

⑧添加图框和标题：如果使用样板图，则只需要部分修改标题即可。

(4)绘制平面图的墙线实例

绘制如图 18-4 所示的某建筑物平面图的墙线。

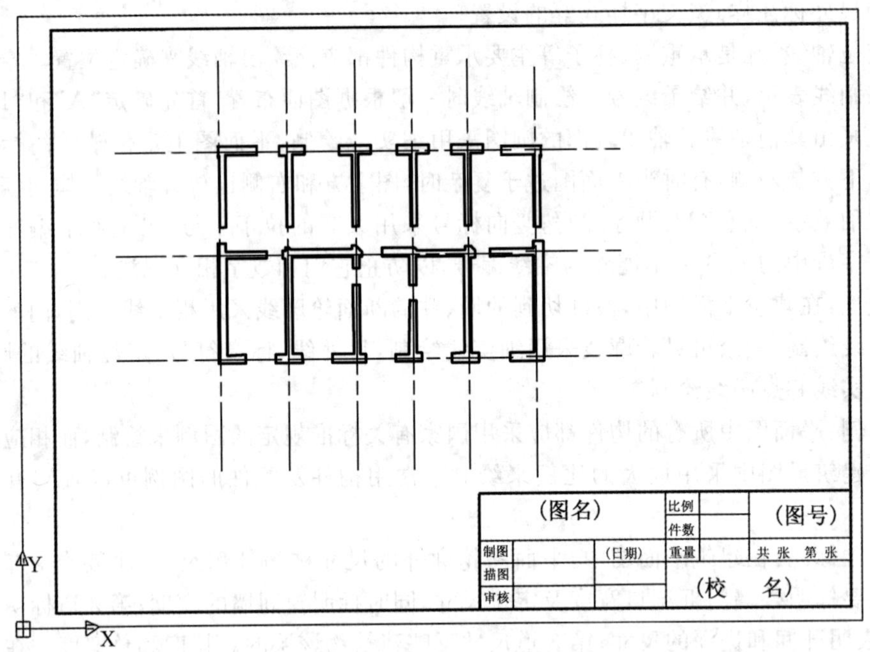

图 18-4　某建筑物平面图墙线

具体操作步骤如下：

①建立 A3 图幅样板图。要求设定图幅为 42000×29700；绘制建筑图纸中的标题栏和会签栏；设置绘图单位为 mm；建立比例为 1∶100 的图纸中的尺寸标注样式；建立建筑制图中常见的文字样式；建立建筑制图中常用的图层，包括辅助线、轴线、门窗、墙线、尺寸标注、文字标注等图层。A3 建筑图幅样板图的具体设置方法同前，与机械制图不同的地方只是建筑物尺寸较大，图纸的比例要缩放 50～200 倍，与图幅相应的文字、尺寸标注的参数、标题栏等应一起缩放。

②在“图层”工具栏中选择“轴线”图层。调用“绘图”|“构造线”命令，在命令行中分别输入“h”和“v”，绘制一条水平和垂直的构造线，即为如图 18-5 所示的 1 号线和 2 号线。单击“偏移”按钮，在 1 号线的基础上向上偏移 5020、4800，在 2 号线的基础上向右偏移 3300、3300、2700、2700、3300，绘制结果如图 18-5 所示。

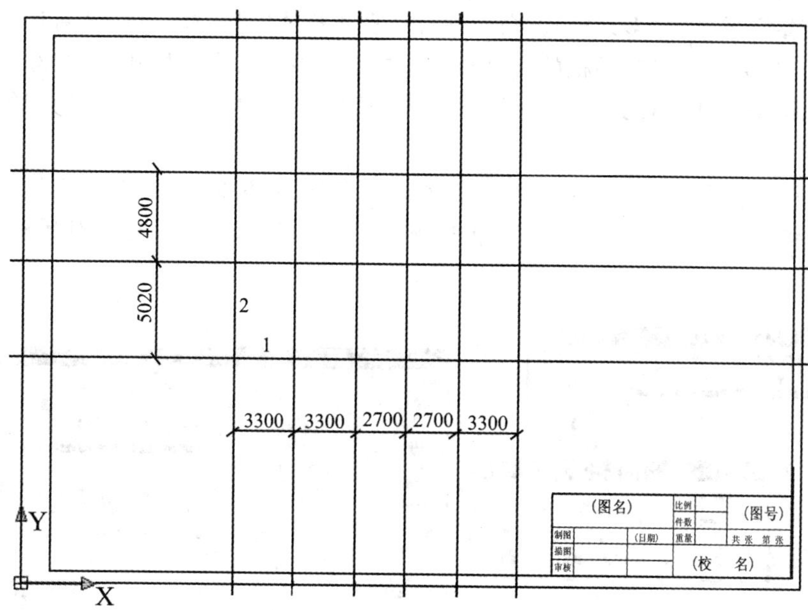

图 18-5 构造线绘制轴线

③"轴线"图层采用的是点画线，因为线型比例太小，在图 18-5 中看不出来。选中所有轴线，右击鼠标，在弹出的快捷菜单中选择"特性"命令，弹出"对象特性管理器"浮动窗口。在"基本"卷展栏的"线型比例"文本框中将比例修改为"50"，如图 18-6 所示。修改线型比例后的轴线效果如图 18-7 所示。

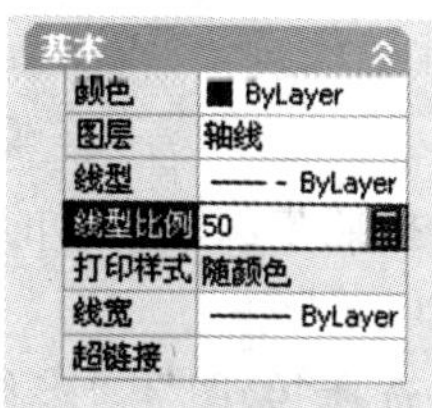

图 18-6 设置轴线线型比例

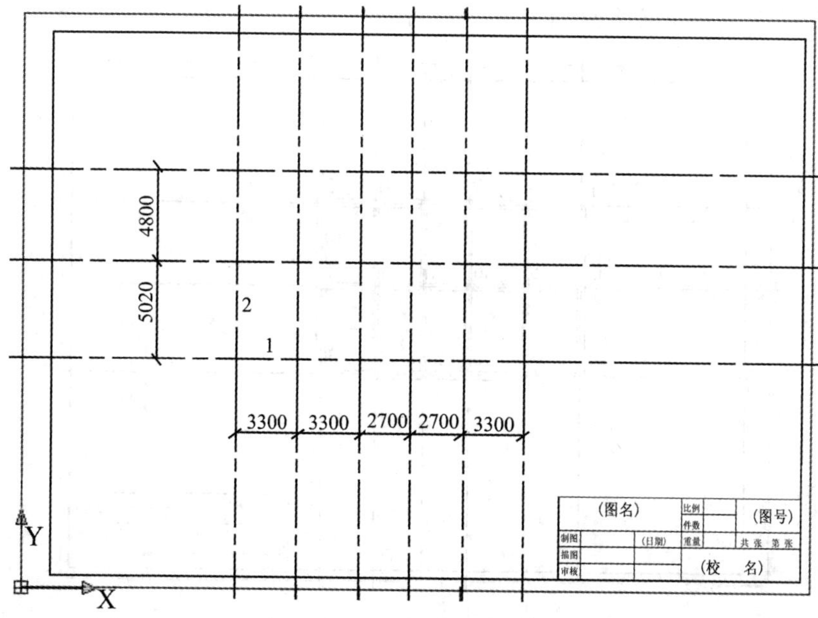

图 18-7 修改线型比例后的轴线

④选择“格式”|“多线样式”命令，弹出“多线样式”对话框。单击“新建”按钮，在弹出的“创建新的多线样式”对话框的“新样式名”文本框中输入多线样式名称“360”，单击“继续”按钮，弹出“新建多线样式:360”对话框，用户可以对“封口”、“图元”、“填充”等选项区进行编辑。

⑤在“图元”选项区，首先选择上方的元素，在“偏移”文本框中输入“240”，再选择下方的元素，在“偏移”文本框中输入“－120”，单击“确定”按钮，返回“多线样式”对话框，如图 18-8 所示。

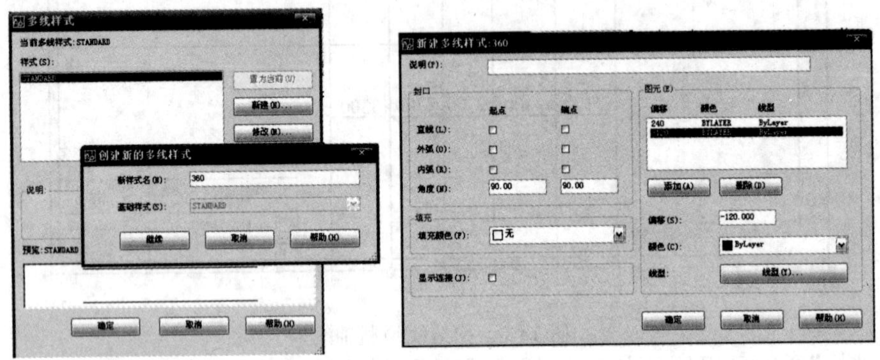

图 18-8　新建 360 多线样式

⑥按照步骤④和⑤的方法，再建立一个名称为“240”的多线样式，上下元素各偏移 120 和－120。

⑦选择“绘图”|“多线”命令，命令行提示：“指定起点或［对正(J)/比例(S)/样式(ST)］:”。设置：对正＝无，比例＝1.00，样式＝360。绘制如图 18-9 所示的外轮廓多线，即：1 点到 2 点，2 点到 3 点，3 点到 4 点，4 点到 1 点。

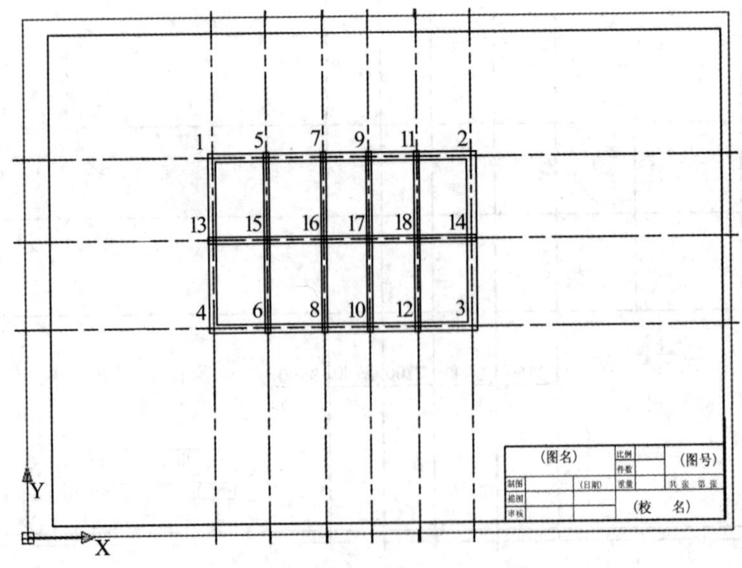

图 18-9　绘制 360 和 240 多线

⑧按照同样的方法，选择 240 多线样式，采用比例为 1，零线对齐岩石，连接点 5 和点 6、点 7 和点 8、点 9 和点 10、点 11 和点 12、点 13 和点 14，绘制多线，效果如图 18-9 所示。

⑨选择“修改”|“对象”|“多线”命令，弹出“多线编辑工具”对话框，单击图标“╚”，回到绘图区，在点 1 处选择两条相交的多线，完成点 1 处多线的编辑。采用同样的方法，使用“╦”图标完成编辑点 5、6、7、8、9、10、11、12、13、14 处的多线，点 15、16、17、18 处的多线使用“╬”图标编辑，效果如图 18-10 所示(为便于观看省去了图幅边框)。

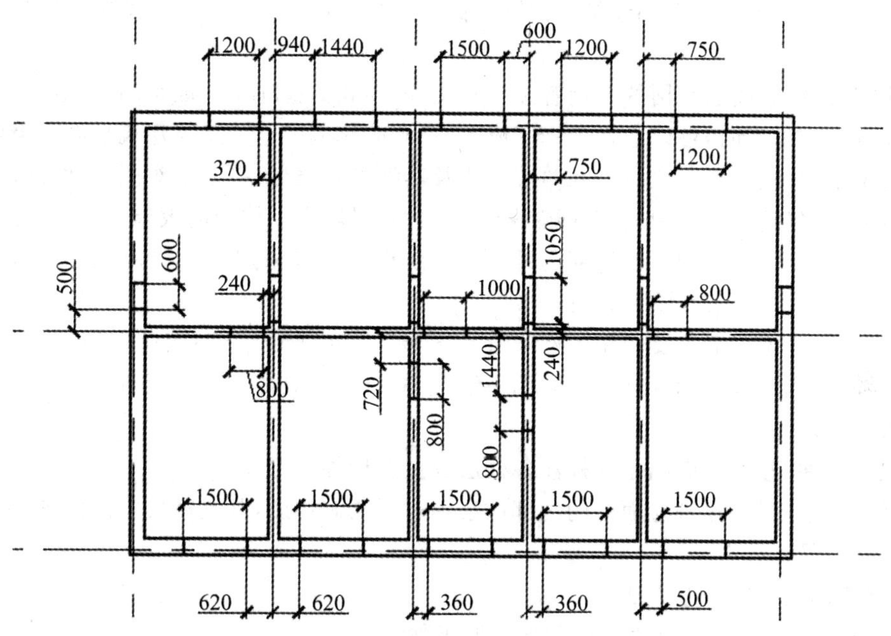

图 18-10 绘制窗口线和门口线

⑩使用“直线”和“偏移”命令，按照图 18-10 所示的尺寸绘制窗口线和门口线。重复使用“修剪”命令修剪多余的线段。打开“标注”工具栏，完成图形的尺寸标注。结果如图 18-4 所示。

18.3.2 绘制建筑立面图和剖面图

18.3.2.1 绘制建筑立面图

建筑立面图是建筑物在与建筑物立面平行的投影面上投影所得的正投影图，其展示了建筑物的外貌和外墙面装饰材料，是建筑施工中控制高度和外墙装饰效果的技术依据。建筑物的东、西、南、北每一个立面都要画出它的立面图。通常建筑立面图命名应根据建筑物的朝向，如南立面图、北立面图等；也可以根据建筑物的主要入口来命名，如正立面图、背立面图和侧立面图等。

(1)建筑立面图的主要内容

①图名、比例、立面图所反映的建筑物朝向。

②建筑物立面的外轮廓线形状、大小。

③建筑物立面图定位轴线的编号。

④建筑物立面造型。

⑤外墙上的建筑物配件,如门窗、阳台、落水管等位置和尺寸。

⑥外墙面的装修。

⑦立面标高。

⑧详图索引符号。

(2)立面图绘制的一般规定

建筑立面图的绘制要求和建筑平面图相似,在比例、定位轴线、线型、图例、尺寸标注、索引符号等方面有如下规定:

①比例:绘制立面图常用的比例有1∶50、1∶100和1∶200,一般采用1∶100的比例。当建筑物过小或过大时,可以选择1∶50或1∶200的比例。这一点与建筑平面图类似。

②定位轴线:立面图一般只绘制两端轴线及其编号,与建筑平面图对照,方便阅读。

③线型:在建筑立面图中,轮廓线常采用粗实线,以增强立体图的效果;室外地坪线一般采用加粗实线;外墙线上的起伏细部,如阳台、台阶等也可以采用粗实线;其他部分,如文字说明、标高等一般采用实线绘制即可。

④图例:立面图一般也要采用图例来绘制图形。一般来说,立面图所有的构件,如门窗等,都应该采用国家有关标准规定的图例来绘制,而相应的具体构造在建筑详图中采用较大的比例来绘制。

⑤尺寸标注:建筑立面图主要标注各楼层及主要构件的标高。

⑥详图索引符号:建筑立面图的细部做法均需要绘制详图,凡是需要绘制详图的地方都要标注详图符号。

(3)立面图绘制的一般方法

在AutoCAD中,建筑立面图绘制的一般步骤如下:

①设置绘图环境或者调用已建立好的样板图文件。

②绘制地坪线、外墙的轮廓线、定位轴线和各层的楼面线。

③绘制外墙面构件轮廓线。

④绘制各种建筑构配件的可见轮廓线。

⑤绘制建筑物细部,例如门窗、落水管和外墙分割线等。

⑥尺寸标注。

⑦绘制图框,填写标题。如果采用样板图,部分修改标题即可。

18.3.2.2 绘制建筑剖面图

剖面图是用假想的垂切面将房屋剖开后所得的立面图,主要表达垂直方向高程和高度设计内容。建筑剖面图还表达了建筑物在垂直方向上的各部分的形状和组合关系,以及在建筑物剖面位置的结构形式和构造方法。建筑剖面图和建筑立面图是互相配套的,都是表达建筑物整体概况的基本图样之一。

为了清楚地反映建筑物实际情况,建筑剖视图的剖切位置一般选在建筑物内部构造复杂或者具有代表性的位置。剖切平面应该平行于建筑物长度或者宽度方向,最好能通过门窗洞。投影方向一般是向左或者向上的。剖视图宜采用平行剖切面进行剖切,从而表达出建筑物不同位置的构造异同。

不同图形之间的剖切面数量也是不同的。结构简单的建筑物,可能绘制一两个剖切面就行了，但有的建筑物结构复杂，其内部功能又没有什么规律性，此时，需要绘制从多个角度剖切的剖切面才能满足要求。有的对称的建筑物，剖面图可以只绘制一半；有的建筑物在某一条轴线之间具有不同布置，也可以在同一剖面图上绘制出不同位置的剖面图，但是要给出说明。

剖面图应能反映出剖切后所能表现到的墙、柱及其定位轴线之间的关系，表现出各细部构造的标高和构造形式，表现出楼梯的梯段尺寸及踏步尺寸，位于墙体内的门窗高度和梁、板、柱的图面示意。

(1)建筑剖面图的主要内容

①外墙(或柱)的定位轴线和编号。

②建筑物内部分层情况。

③建筑物各层层高、水平向间隔。

④被剖切的室内外地面、楼板层、屋顶层、内外墙、楼梯，以及其他被剖切的构件的位置、形状和相互关系。

⑤投影可见部分的形状、位置。

⑥地面、楼面、屋面的分层构造，可用文字说明或图例表示。

⑦未经剖切，但在剖视图中应看到的建筑物构配件，例如楼梯扶手、窗户等。

⑧详图索引符号。

⑨垂直方向标高。

(2)建筑剖面图的绘制要求

①比例：绘制剖面图常用的比例有 1∶50、1∶100 和 1∶200，一般采用 1∶100 的比例。当建筑物过小或过大时，可以选择 1∶50 或 1∶200 的比例。这一点与建筑平面图、立面图类似。

②定位轴线：剖面图一般只绘制两端轴线及其编号，与建筑平面图对照，方便阅读。

③线型：在建筑剖面图中，被剖切轮廓线应采用粗实线表示，其余构配件采用细实线表示，被剖切构件内部材料也应该得到表示。

④图例：剖面图也要采用图例来绘制图形。一般来说，剖面图上的构件例如门窗等，都应该采用国家有关标准规定的图例来绘制，而相应的具体构造在建筑详图中采用较大的比例来绘制。

⑤尺寸标注：建筑剖面图主要标注建筑物的标高，具体为室外地坪、窗台、门窗洞口、各层层高、房屋建筑物的总高度等。

⑥详图索引符号：一般建筑剖面图的细部做法，如屋顶檐口、女儿墙、落水口等构造均需要绘制详图，凡是需要绘制详图的地方都要标注详图符号。

18.3.2.3　绘制建筑立面图和剖面图辅助线实例

利用平面图的轴线和剖面图的楼面标高绘制其他建筑物的辅助线，是建筑施工图绘制中常用的方法。

根据图 18-11 所示的平面图，绘制立面图的辅助线，立面图绘制出之后，利用图 18-11 所示的楼层标高，结合平面图绘制剖面图的辅助线。绘制出的效果如图 18-12 所示。

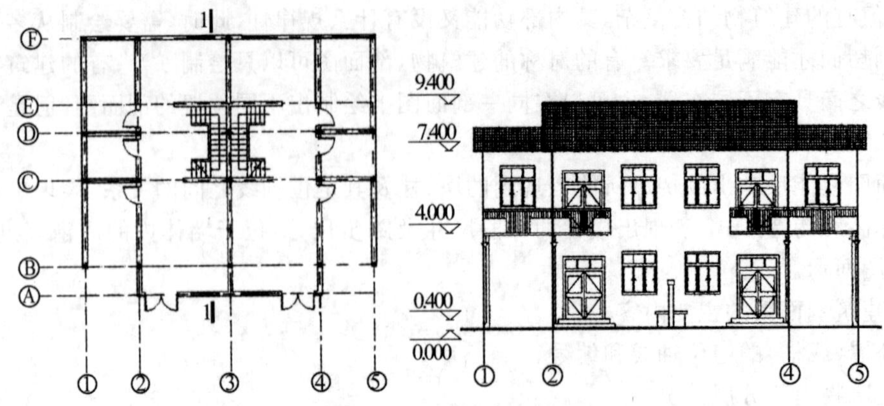

图 18-11 参考平面和立面图

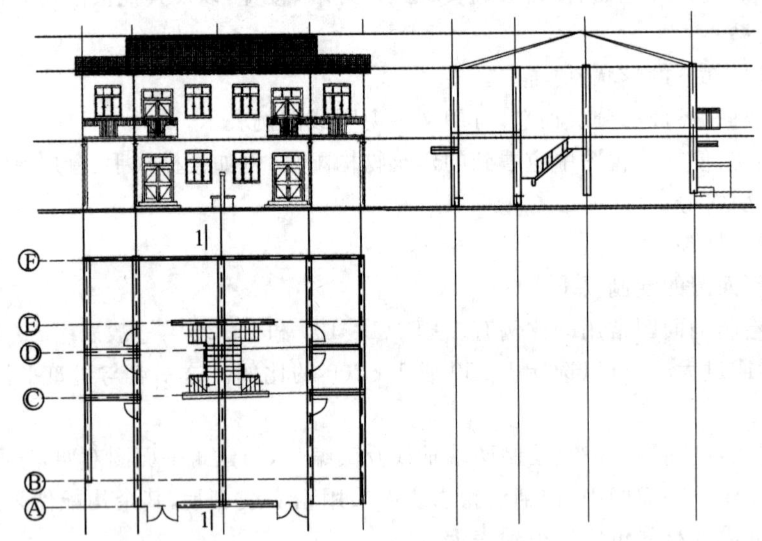

图 18-12 根据辅助线绘制的立面图和剖面图

具体操作步骤如下：

①打开“对象捕捉”功能，单击“构造线”按钮“⁄”，在命令行提示中输入字母“v”，捕捉平面图的 5 条竖向轴线，绘制 5 条与竖向轴线重合的构造线，如图 18-13 所示。

②单击“构造线”按钮“⁄”，在命令行提示中输入字母“h”，指定点 1 为通过点，绘制一条水平的构造线。

③单击“偏移”按钮“⁄”，根据图 18-11 所示立面图的标高，分别设置偏移距离为 400、4000、7400 和 9400，利用过点 1 的构造线，偏移出另外 4 条水平的构造线，效果如图 18-14 所示。立面图辅助线绘制完毕，用户可以利用这些辅助线绘制立面图。

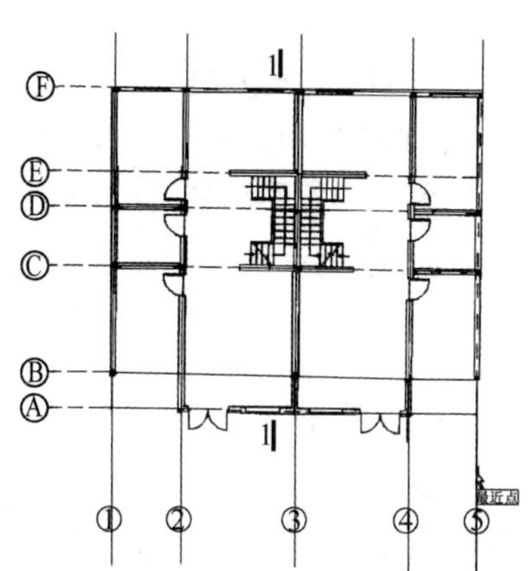

图 18-13　绘制立面图竖向辅助线

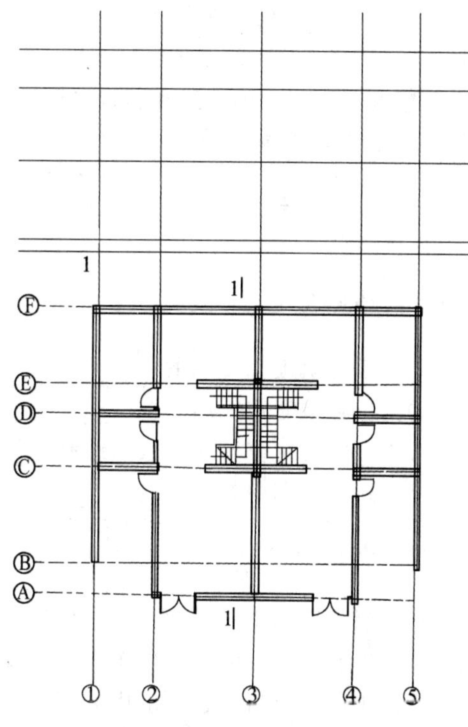

图 18-14　绘制立面图水平辅助线

④单击“构造线”按钮“/”，分别过平面图水平轴线 A、C、E 和 F 绘制水平构造线。

⑤单击“构造线”按钮“/”，命令行提示如下：“指定点或[水平(H)/垂直(V)/角度(A)/二等分(B)/偏移(O)]：”。输入“A”，使用角度方式绘制 135°构造线，通过点为图 18-15 中的点 2。

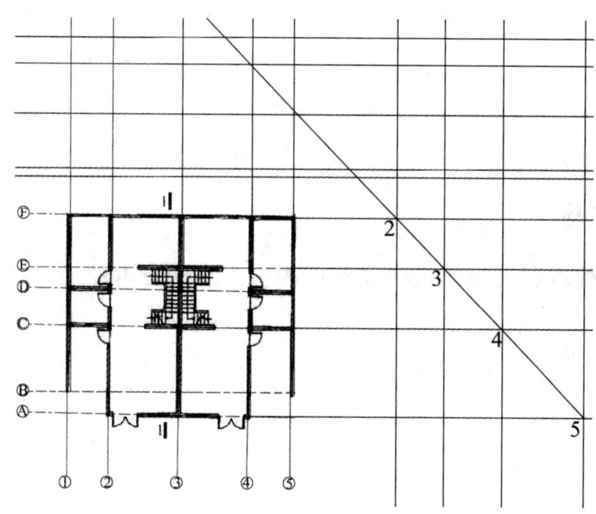

图 18-15　绘制剖面图竖向辅助线

⑥135°斜向构造线绘制完成后，与经过平面图 4 条水平轴线的构造线相交出点 2、点 3、

点 4 和点 5。单击“构造线”按钮“/”，在命令行中输入“v”，分别通过点 2、点 3、点 4 和点 5 绘制 4 条竖向的构造线，如图 18-15 所示。

⑦删除 135°斜向构造线和通过平面图 4 条轴线的构造线，利用所绘制的辅助线就可以进行剖面图的绘制，效果如图 18-12 所示。

18.4 思考练习题

18.4.1 填空题

(1)房屋建筑施工图包括________、________、设备施工图和电器施工图。

(2)定位轴线通常使用________、________、________、“修剪”等命令绘制。

(3)立面图的定位轴线一般只绘制________及________，与建筑平面图对照，方便阅读。

(4)建筑样板图中一般会设置________、________、________、________和________等。

18.4.2 选择题

(1)在建筑图纸中，需要绘制一个比例为 1∶10 的窗户节点详图，所有标注样式都是以 1∶100 的平面图建立的。在给窗户节点标注尺寸时，需要修改标注样式，则在“修改标注样式”对话框中的“主单位”选项卡中的“测量单位比例”选项组下的“比例因子”微调框中应输入(　　)。

A. 10　　B. 5　　C. 0.5　　D. 0.1

(2)下列所列标注类型中，在建筑制图中一般不会用到的是(　　)。

A. 线性标注　　B. 尺寸公差标注　　C. 对齐标注　　D. 连续标注

(3)在由平面图和立面图绘制剖面图时，需要绘制一条斜向的构造线，构造线角度为(　　)。

A. 60°　　B. 30°　　C. 135°　　D. 120°

(4)某建筑物长 45m，宽 15m，要求平面图、立面图和剖面图三张图纸放在一个图幅中，绘图比例均为 1∶100，则选择(　　)图幅的图纸最合适。

A. A0　　B. A1　　C. A2　　D. A3

18.4.3 上机练习题

(1)绘制枣庄学院教职工宿舍楼中建筑面积为 139 平方米的建筑平面图(图 18-16)。

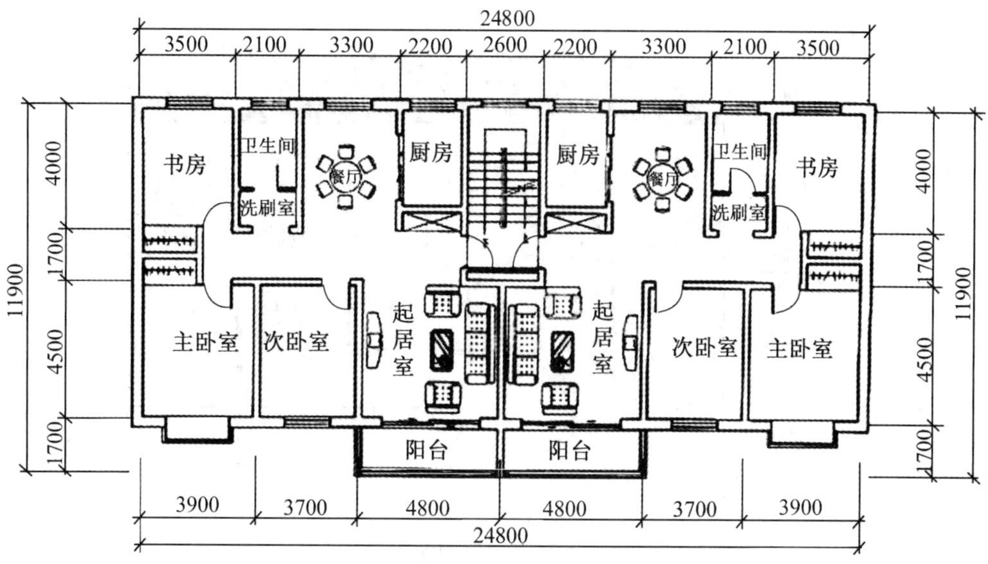

图 18-16 139 平方米住宅楼建筑平面图

(2)将图 18-17、图 18-18 和图 18-19 所示的平面图、立面图和剖面图绘制在一张图纸中,采用比例 1∶100。

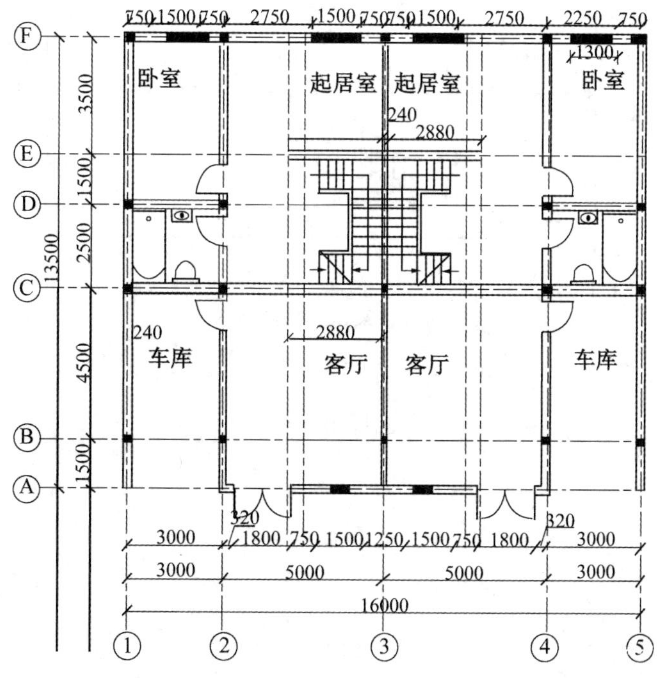

图 18-17 某建筑物平面图

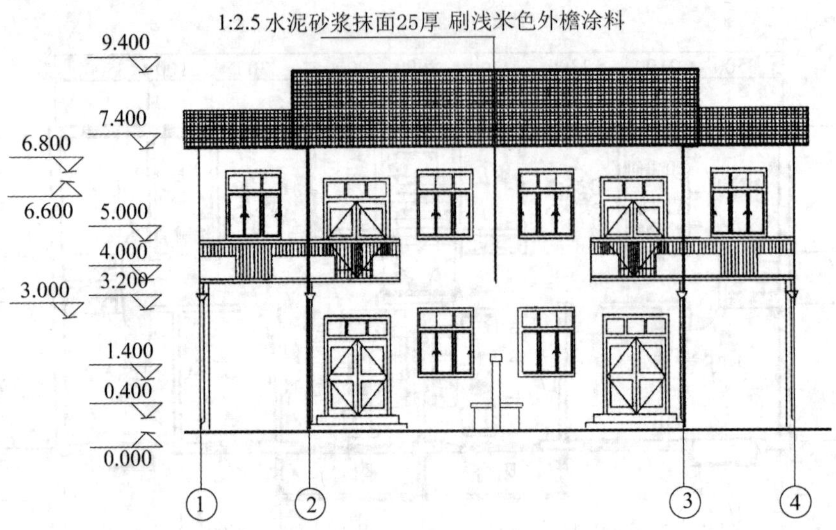

图 18-18　某建筑物立面图

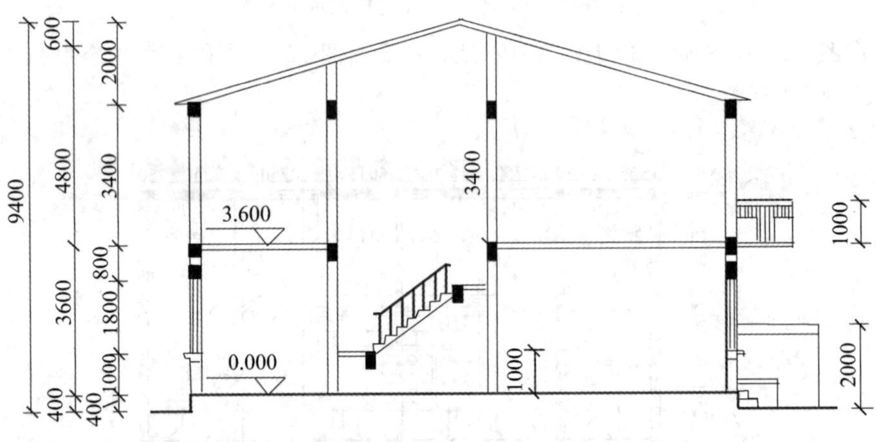

图 18-19　某建筑物剖面图

附录　思考练习题答案

第 1 章

1.7.1　填空题

(1)绘制图形　标注尺寸　渲染图形　打印图形　(2)面板控制台　二维草图与注释　以 Adobe® PDF 格式发布图形文件　(3)Limits　(4)鼠标　键盘

1.7.2　选择题

(1)A　(2)C　(3)C

第 2 章

2.6.1　填空题

(1)视图　(2)缩小　(3)鸟瞰　(4)关闭　(5)Qtext

2.6.2　选择题

(1)C　(2)C　(3)A

2.6.3　问答题

(1)答:具体方法参见 2.2.2 节“例题 2-2”。

(2)答:在“鸟瞰视口”中,可以使用矩形框来设置图形观察范围。其中,如要放大图形,可缩小矩形框,如要缩小图形,可放大矩形框。

第 3 章

3.4.1　填空题

(1)指定角度　特定关系　(2)直角坐标　绝对极坐标　相对极坐标　相对直角坐标　(3)自动捕捉　(4)临时追踪点　(5)坐标值　坐标值　动态更新

3.4.2　选择题

(1)B　(2)C　(3)B

第 4 章

4.6.1　填空题

(1)菜单　工具栏　屏幕菜单　绘图命令　(2)ELLIPSE　(3)三维　矩形线宽　(4)单点　多点　定数等分　定距等分　(5)直线段　圆弧段　(6)全部接合　(7)拟合　不规则变化曲率半径的曲线

4.6.2　选择题

(1)D (2)C (3)B (4)A (5)A

第5章

5.4.1 填空题

(1)直接用鼠标拾取 全部选择 窗口选择 交叉窗口选择 (2)拉伸 移动 旋转 缩放 (3)鼠标拾取 (4)特性 (5)倒圆角 倒直角

5.4.2 选择题

(1)C (2)A (3)C (4)A

第6章

6.6.1 填空题

(1)Standard Txt.shx (2)表格样式 创建 (3)汉字 “字体”选项区的“字体名” (4)绘制和编辑 控制文字 (5)字符影射表

6.6.2 选择题

(1)C (2)B (3)B (4)A

第7章

7.5.1 填空题

(1)标注文字 尺寸线 尺寸界线 尺寸线的端点符号 起点 (2)新建标注样式 文字 (3)线性标注 基线标注 对齐标注 连续标注 (4)快速标注 (5)注释 引线和箭头 附着 (6)修改编辑文字 文字格式 尺寸对象

7.5.2 选择题

(1)C (2)B (3)C (4)B

第8章

8.5.1 填空题

(1)Fillmode (2)多段线 面域 (3)封闭区域 (4)填充四边形 (5)创建独立的图案填充 (6)并集 差集 交集

8.5.2 选择题

(1)A (2)C (3)D (4)B (5)C

第9章

9.5.1 填空题

(1)不可见 固定 验证 预置 锁定位置 多行 (2)内部块 外部块 (3)Wblock Insert (4)块属性 属性标记名 属性值

9.5.2 选择题

(1)B (2)D (3)D

第 10 章

10.6.1 填空题

(1)长 宽 高 (2)并集 差集 交集 干涉 (3)复制 镜像 对齐 剖切 (4)拉伸 移动 偏移 旋转 (5)三维对象 变换坐标系 (6)面域 主体

10.6.2 选择题

(1)C (2)B (3)A (4)A

第 11 章

11.5.1 填空题

(1)Windows 图元文件 ACIS 3DStudio (2)模型空间 图纸空间 (3)布局 (4)DWG DWT (5)图形名 布局名称 日期和时间 打印比例 设备名

11.5.2 选择题

(1)C (2)C (3)A

第 12 章

12.4.1 填空题

(1)5 297 210 (2)4 粗实线 图框内部 (3)名称及代号区 签字区 更改区

第 13 章

13.4.1 填空题

(1)主视图 俯视图 左视图 (2)主俯视图长对正 主左视图高平齐 俯左视图宽相等 (3)形体分析法 组合形式 相对位置 (4)形体分析 确定主视图 选比例,定图幅 布图,画基准线 逐个画出各形体的三视图

第 14 章

14.6.1 填空题

(1)正轴测图 斜轴测图 (2)正等轴测图 斜二轴测图 (3)Snap (4)Ctrl+E F5 顶平面 右平面 (5)尺寸线 尺寸界线

第 15 章

15.4.1 填空题

(1)全剖视图 半剖视图 局部剖视图 (2)机件内部 观察者与剖切面 (3)剖面区域 剖面符号

第 16 章

16.4.1 填空题

(1)一组图形 尺寸 技术要求 标题栏 (2)测绘 拆图 (3)投射方向 摆放位置 (4)轴套类 盘类 叉架类 箱类

第 17 章

17.4.1 填空题

(1)装配图 (2)工作原理 装配 检验 (3)一组视图 必要的尺寸 技术要求 标题栏及明细栏 (4)一条线 两零件的非接触表面 (5)直接绘制装配图 零件图块插入拼装装配图 零件图形文件插入拼画装配图 (6)装配体的性能、安装、使用等要求 装配体的制造、检验等要求 装配体对润滑和密封等的特殊要求 (7)重要尺寸 计算确定 选定的尺寸

第 18 章

18.4.1 填空题

(1)建筑施工图 结构施工图 (2)直线 构造线 射线 (3)两端轴线 编号 (4)绘图界线 绘图单位 基本图层 基本文字样式 基本尺寸标注样式

18.4.2 选择题

(1)D (2)B (3)C (4)A